冶金轧制设备技术现状与发展趋势

燕山大学国家冷轧板带装备及工艺工程技术研究中心
燕山大学图书馆　编著

燕山大学出版社
·秦皇岛·

图书在版编目（CIP）数据

冶金轧制设备技术现状与发展趋势/燕山大学国家冷轧板带装备及工艺工程技术研究中心，燕山大学图书馆编著．—秦皇岛：燕山大学出版社，2022.6（2026.1 重印）

ISBN 978-7-5761-0044-0

I.①冶… II.①燕…②燕… III.①冶金设备－轧制设备－技术发展－研究 IV.①TG333

中国版本图书馆 CIP 数据核字（2020）第 150195 号

冶金轧制设备技术现状与发展趋势

燕山大学国家冷轧板带装备及工艺工程技术研究中心 燕山大学图书馆 编著

出 版 人： 陈 玉
责任编辑： 朱红波 **策划编辑：** 李 冉
责任印制： 吴 波 **封面设计：** 方志强
出版发行： 燕山大学出版社 YANSHAN UNIVERSITY PRESS **地　　址：** 河北省秦皇岛市河北大街西段 438 号
邮政编码： 066004 **电　　话：** 0335-8387555
印　　刷： 廊坊市印艺阁数字科技有限公司 **经　　销：** 全国新华书店

开　　本： 170mm×240mm 16 开 **印　　张：** 27.5
版　　次： 2022 年 6 月第 1 版 **印　　次：** 2026 年 1 月第 2 次印刷
书　　号： ISBN 978-7-5761-0044-0 **字　　数：** 440 千字
定　　价： 99.00 元

前　言

我国冶金轧制设备制造业为钢铁和有色等基础工业提供了大量装备技术，为了贯彻国家“五位一体”发展战略，特别是新时代节能、绿色和高质量的发展要求，有必要开展新一代冶金轧制设备技术发展方向、科研课题和新产品项目选择等方面的调研，明确发展方向、梳理关键技术问题和实现任务的目标路径。燕山大学国家冷轧板带装备及工艺工程技术研究中心承担了中国重型机械工业协会《关于开展“冶金轧制设备技术现状与发展趋势研究”任务的通知》（重机协字〔2019〕第013号）的调研任务，组织开展了相关专题调研工作。

本书由燕山大学国家冷轧板带装备及工艺工程技术研究中心牵头，燕山大学图书馆协助编写而成。总结了近年来国内外冶金黑色金属、有色金属轧制设备技术发展情况，分析了板、带、管、棒、线、型等钢材轧制设备、精整设备、热处理设备和轧制智能化系统的技术现状；对金属轧制设备标准情况、专利情况和相关科研成果进行了统计和分析，从标准和专利等角度反映出冶金轧制设备技术发展和研究热点；为金属轧制产业和技术领域在高质量发展的新形势下，在高效、节能、环保和新轧制工艺设备升级换代及关键技术共性难题研究提供了基础性调研资料，为政府部门、企事业单位涉及本行业的技术、规划、投资、金融等专业人员提供了参考资料。

本书共分为11章，第1章国内外冶金轧制设备技术历史演变，由孙建亮、孔玲编写；第2章板带钢轧制设备技术现状与发展趋势，由王东城编写；第3章钢管轧制设备技术现状与发展趋势，由刘丰编写；第4章型钢轧制设备技术现状与发展趋势，由王健编写；第5章有色金属轧制设备技术现状与发展趋势，由孙静娜、郝露菡编写；第6章精整及深加工设备技术现状与发展趋势，由王鹏飞、孙建亮编写；第7章轧材热处理设备工艺技术现状与发展趋势，由陈雷编写；第8章冶金轧制智能化设备技术现状与发展趋势，由陈树宗、邢建康编写；第9章冶金轧制设备标准现状与发展趋势，由邢建康编写；第10章近十年我国冶金轧制领域科研成果现状与趋势分析，由吴玉娟编写；第11章冶金轧制设备技术专利现状与发展趋势，由单伟、陈淑平、李凤媛、王珉和张丽舸编写。本书调研过程中得到了中冶京诚、中冶赛迪、中国一重、中国二重、中国重型机械研究院、中色科技、中信重工等单位的大力支持。全书得到彭艳教授、刘宏民教授、肖宏教授、于恩林教授和孙登月教授等专家的审阅斧正。

由于作者水平有限，不足及谬误之处在所难免，恭请广大读者批评指正！

目　　录

第1章　国内外冶金轧制设备技术历史演变

现代钢铁工业始建于19世纪初期，在20世纪得到大规模发展。钢铁产量1937年为1亿t，2000年突破8亿t，2019年已达18.7亿t，几十年间增长了几十倍。随着国际市场变化和科技发展，钢铁产品品种质量、装备工艺和技术经济指标都发生了革命性的变化和质的飞跃。20世纪世界钢铁工业最深刻的变化是一些钢铁工业先进国家完成了从规模扩张到结构优化的战略转移；21世纪钢铁工业进入全新发展模式，产品装备更新换代，工艺流程紧凑高效，向着绿色化、智能化方向发展，同时也遇到了前所未有的机遇和挑战。

1.1 国外冶金轧制设备技术历史演变

20世纪初到50年代初，是第一代钢铁技术快速发展和钢产量迅速扩张的阶段，钢铁工业在基数较低的基础上起步，钢铁生产国也十分集中，大多分布在大西洋北部沿岸地区的美国和西欧（以西德为主）以及苏联，这些国家的钢铁产量占全世界的87.5%，成为战前世界三大钢铁生产基地。由于两次世界大战都是在欧洲爆发，对西欧钢铁工业破坏极大。美国因其远离战场，经济技术迅速发展，很快成为世界钢铁工业的霸主。“二战”对日本钢铁工业也造成了极大影响，战后日本政府为了振兴工业，对钢铁工业实施倾斜政策，使其在之后十年迅速发展。这一时期大型初轧机、中厚板轧机、冷热板带连轧机、管材轧机和线材型钢轧机等轧制设备技术逐步完善发展。初轧机向大型化方面发展，轧辊直径由1150 mm增加到1500 mm，电机容量达到14000 kW，钢锭重量可达50 t；万能式板坯初轧机水平辊尺寸达2440 mm，立辊尺寸达2667 mm，年产量400万t。中厚板轧机发展相对较快，经历了二辊轧机、三辊劳特式轧机、四辊可逆轧机、二辊-四辊双机架厚板轧机，辊身长度可达5 m以上，品种规格相对齐全，能够为航空母舰战斗群及核潜艇等供料。冷连轧机建设较早，美国1944

年全部薄板已经采用冷轧生产，轧机机架数逐渐增多，轧制速度不断提高，1946年美国威尔顿厂五机架冷连轧机速度可达28 m/s。带钢热连轧机精轧机基本是手动控制，钢卷单重较小，生产能力在200万t左右，最大出口速度为10～12 m/s。无缝钢管轧制设备技术方面，自动轧管机占主导地位，350～400 mm大型机组数量较少，140 mm机组数量居多，生产能力和自动化程度较低；连轧管机采用集体传动，不能调速，无张力减径机配合，产品范围窄、产量低、质量差。焊管设备方面主要有UOE焊管机、螺旋焊管机、连续炉焊管机和高频电焊管机，UOE设备大部分是美国威尔逊和凯赛尔设计制造；螺旋焊管只能单面焊，焊接质量较低，不能用于重要的输送管道上。线材轧机多为摩根公司设计制造的连续式线材轧机（老摩根式），年产量最高达300万t，质量差。轨梁轧机较为老旧，一般为3或4个机架，二列或三列布置；H型钢轧机数量不多，20世纪50年代末全世界总共11台；中小型型钢轧机大多为横列式和少量串列式，轧制速度低，产量低。

20世纪50年代到70年代，是第二代钢铁技术推动世界钢铁产业加速扩张的阶段。首先以欧洲各国为首，由于受到“二战”的重创，战后急需恢复重工业，比利时、联邦德国、法国、荷兰、卢森堡、意大利成立欧洲共同体，大力扶植钢铁产业，使钢铁工业战后初期成功重建，同时英国钢铁联合公司，法国于齐诺尔，德国的蒂森、卢森堡阿尔贝德等大型公司逐渐壮大，引领了欧洲及世界钢铁行业的发展。日本连续实施第一次钢铁合理化计划和第二次合理化计划，使日本钢铁工业技术和规模飞速发展；韩国颁布《钢铁工业育成法》，使韩国钢铁工业快速发展，还成立了韩国最大的钢铁公司——浦项钢铁公司。而美国钢铁工业由于效益低下无法吸引投资，逐步由盛转衰，尽管美国政府对钢铁工业进行了一系列改造，钢铁产量和设备技术仍出现负增长。从世界钢铁工业的发展速度来看，日本逐步取代美国、欧洲国家而居于霸主地位。这一时期轧制设备技术主要以冷热带钢连轧机新装备和连轧管机自动化技术为主，日本和美国的轧制装备技术水平居世界前列。板带轧制设备方面，日本日立与新日铁公司合作开发HC系列和UC系列轧机、日本住友发明VC轧机、日本三菱开发了PC轧机，德国西马克和蒂森合作开发CVC轧机，使板形理论和控制技术进入了一个新时期。带钢冷热连轧技术向大型化和高速化方面发展，轧机不断增大辊径，配备弯辊装置、快速换辊装置、厚度自动控制系统、层流冷却系统，机组连续化自动化程度进一步提高。中厚板轧机具有工作辊弯辊装置、快速换辊装置和厚度自动控制系统，配备辊式淬火机和非接触式测厚仪，美国设备技术一直领先，日本继续往大型化方面发展。无缝钢管轧制设备技术方面，连轧管机自动化程度提高，采用单独可调速传动装置，并配备张力减径机，扩大了产品规格，提高了产量，1959年后新建的轧管机几乎全是连轧管机和三辊轧管机；焊管轧制主要是发展了大直径UOE直缝焊管，提高钢管强度，满足输油输气管线用钢要求。线材轧制设备技术方面，20世纪60年代中期摩根公司设计制造了45°无扭精轧机，轧制速度可达到75 m/s，同期研发的新型线材轧机还有西德施劳曼公司的大辊径非悬臂式45°线材轧机和考克司公司的Y型三辊线材精轧机。型钢轧制设备技术方面，主要对轨梁轧机进行了改造，实现了万能轧机生产轨梁。美国在万能轨梁轧机方面水平先进，1962年美国西北钢铁公司投产的610 mm连续轧制中型轧机，生产能力大，产品质量好；日本相比美国技术还要领先一筹，1972年日本新日铁君津厂大型车间实现了全连续轧制。

20世纪70年代到20世纪末，世界钢铁工业进入了结构优化和重吨位增长两种类型共存的发展阶段，一种是日本、西欧和美国等工业化成熟国家和地区，在吨位负增长的同时，走上了品种质量型和集约效益型的发展道路，设备能力400万t以上的钢厂50多家，占世界总数的2%，却拥有总生产能力的1/2；另一种是处于工业化初期的发展中国家，为了推动工业化进程，偏重于吨位增长，加快产能扩张速度。美国20世纪80年代利用发达的信息技术进行了大规模的管理及技术改革，促进了钢铁工业技术革新和结构重组；21世纪初掀起并购浪潮，同时压缩生产规模，淘汰落后产能，优化了钢铁产业结构，提高了核心竞争力。日本20世纪70年代制定《自然环境保护法》，加大环境保护力度，钢铁工业开展节能减排改革；80年代贯彻“技术立国”策略，以科学技术带动日本钢铁工业发展；90年代提出以科技开拓海外钢铁市场战略，使钢铁工业重新崛起；21世纪初调整产业结构，建设知识密集型产业，提出“新技术立国”和“科学技术立国”方针，通过科技消化成本。俄罗斯受政治经济影响在20世纪末才大力发展现代化钢铁工业，政府援助资金进行钢铁工业结构优化和现代化改造，淘汰落后产能，提高生产效率。这一时期轧钢设备技术出现突破性进展，最具代表性的设备技术是无头轧制技术、连铸连轧技术和热处理装备技术等。带钢无头轧制技术方面，日本新日铁利用高能激光器对中间板坯实现对焊的钢板无头轧制生产线；德国德马克、西马克，韩国浦项和意大利阿尔维迪公司也都在其薄板坯连铸连轧生产线上开发了无头轧制技术。棒线材无头轧制技术方面，达涅利与瑞典ESAB公司联合研制出无头焊接轧制系统EWR（Endless Welding Rolling），2000年达涅利成功研制出世界上第一套年产50万t特种钢棒线材无头连铸连轧ECR（Endless Casting Rolling）生产线；2005年世界上第一条无头轧制工字轮卷取作业线在意大利布雷西亚Alfa Acciai投产，将达涅利ERW无头焊接轧制技术和工字轮卷取作业线有机融合。连铸连轧设备技术方面，德国施勒曼-西马克（SMS）公司1989年开发第一代薄板坯连铸连轧技术CSP（Compact Strip Production），应用于美国纽柯公司，建成世界上第一条双辊浇铸超薄带钢生产线，1990年至1999年各种薄板坯连铸连轧生产工艺不断出现，欧洲多国、亚洲的日本韩国走在各项技术前列。Castrip是美国纽柯钢铁公司、日本IHI、澳大利亚Blue Scope钢铁公司共同研发，2002年纽柯公司第一条Casttrip商业生产线在美国克劳福兹维尔投产。热处理装备技术方面，在线热处理技术受到普遍重视，日本JFE公司开发超级加速冷却技术SUPER-OLAC，对3 mm热轧带钢可实现700 ℃/s的超快冷却；2004年JFE投产一套中厚板在线热处理设备HOP（Heat treatment Online Process），可处理钢板宽度达4.5 m；2010年韩国浦项钢铁开发热连轧超快速冷却技术HDC（High Density Cooling）。

进入21世纪以来，历经百年的钢铁工业在高新技术改造下继续发展，轧制设备技术也得到飞速发展，主要体现在生产流程连续化紧凑化、产品品种多样化、性能高品质化、控制和管理信息化，以及整个钢铁工业的绿色化和智能化。在行业发展的大趋势下，各国政府都相继出台相关政策，促进实现钢铁工业绿色化和智能化。英国2008年提出《高价值战略（2008—2011）》，鼓励先进制造业发展、提高制造业价值含量；2012年美国发布《先进制造战略》，部署战略研究方向为数字化与智能制造、先进材料和先进制造技术，强化本土制造业竞争能力，确保其世界领先地位；2013年德国发布《工业4.0战略》，提出建立以CPS为核心的智能工厂，使德国供应商和市场双领先；2013年法国发布《新工业法国战略》，旨在通过创新重塑法国工业实力；2014年韩国发布《制造业创新3.0战略》，2015年3月，韩国政府颁布补充完善后的《制造业创新3.0战略实施方案》；2011年日本发布第四期《科技发展基本计划》，部署多项智能制造领域技术攻关项目，出台多项政策支持发展人工智能技术的企业。在世界制造业蓬勃发展的环境下，大数据、物联网等核心智能制造技术被重视和应用到钢铁工业，冶金轧制新设备新技术也得到迅速发展，朝着短流程、高速化、绿色化和智能化方向发展。短流程装备技术方面，德国西马克CSP薄板坯连铸连轧技术已得到广泛推广和应用；意大利达涅利成功开发铸轧型无头轧制技术；薄板坯无头连铸连轧生产线ESP在意大利阿尔维迪公司正式投产；意大利达涅利公司万能无头轧制（QSP-DUE）技术实现多模式轧制。西马克-梅尔公司（SMS Meer）开发一种轧机数目最小化的紧凑式钢轨轧制技术。绿色化轧制设备技术方面，美国TMW（The Material Works）公司研发SCS（Smooth Clean Surface）光滑清洁表面技术和EPS（Eco-Pickled Surface）表面生态酸洗技术；日本新日铁住金提出“三个CEO”的理念，即通过采用生态友好的钢铁生产工艺，生产出环境友好型钢铁产品，为减少环境影响提供创新解决方案。智能化轧制设备技术方面，美国大河钢厂借助西马克特种钢生产技术并融合美国本土公司的人工智能技术，建成世界第一家人工智能学习型钢厂，在生产线调度、物流运营和环境保护等领域取得突破性进展；韩国浦项在全公司范围各工序全面启动人工智能等先进信息技术的建设规划，全面建设智能化工厂；日本JEE2017年成立数据科学项目部，推广利用人工智能进行设备维护、设备诊断、品质设计、物流管理；奥钢联2017年在奥地利多纳维茨新建了智能化棒线材生产线；达涅利将工业4.0概念带来的先进技术广泛应用于冶金工业过程自动化；普瑞特开展涵盖钢铁生产价值链每一个环节的数字化技术、产品、服务，以及面向有色金属行业的先进轧制方案。

1.2 国内冶金轧制设备技术历史演变

新中国成立前我国钢铁工业基础薄弱，所采用的冶金设备大都是从英、美、日、德等国采购，轧钢设备技术方面基础薄弱。新中国成立后，我国明确提出了工业建设以重工业为主，出台了建立和扩建钢铁产业、有色金属工业的产业政策，以鞍钢为重点，从苏联引进一批大型冶金设备，包括1150 mm初轧机、1700 mm热连轧机和1700 mm可逆式冷轧机及相应的生产技术，该装备技术水平当时属世界先进水平。1952年在鞍钢兴建大型高炉、大型轧钢厂、薄板厂和无缝钢管厂，标志着我国轧钢设备技术发展到一个新阶段。为了解决冶金设备自主研发和设计制造问题，20世纪50年代先后成立了黑色冶金设计院（中冶京诚前身）、重庆钢铁设计研究总院（中冶赛迪前身）、冶金工业部武汉黑色冶金设计院（中冶南方前身）、中国一重和中国二重等企业。这一时期先后设计制造了2300 mm劳特式中厚板轧机，500 mm、430 mm、300 mm等中小型轧机，76 mm无缝钢管机组等，为我国设计制造轧钢成套设备打下良好基础。1958年到1978年，中国钢铁产业经历了急于求成的“大跃进”、充满阵痛的治理和调整、十年“文革”的冲击三个阶段，前后整整20年的时间，使中国钢铁产业已远远落后于发达国家。20世纪60年代鞍钢建设我国第一套单机架宽带冷轧机，之后陆续建设了本钢1700 mm热连轧机、攀钢1450 mm热连轧机。20世纪70年代武钢引进德国西马克和日本新日铁最先进轧制技术和自动化技术建设了1700 mm轧机工程，包括4个主体工程，即板坯连铸车间、1700 mm热轧薄板厂、1700 mm冷轧薄板厂和冷轧硅钢片厂，显著提高了我国轧钢技术水平。

20世纪80年代至20世纪末，我国进行钢铁产业布局调整，从强调“均衡布局”转向“非均衡布局战略”，充分发挥和利用各地区优势，重点在华东、华北、中南以及东北地区发展钢铁产业，分阶段、有重点、求效益地开展布局，提升整体发展速度和宏观经济效益。在此期间，我国举全国之力建成了第一家现代化钢铁基地——宝钢，采用第一套全套引进、第二套合作制造、第三套全部由国内制造的策略来引进技术、合作制造和建设，宝钢二期工程引进建设了2030 mm冷连轧机和2050 mm热连轧机，宝钢三期工程建设了1450 mm板坯连铸、1580 mm热连轧机、1420 mm冷连轧机组、1550 mm冷连轧机组、高强度高速线材轧线等设备，2000年全部投产。由于经济效益极好，后续又建设了1800 mm四冷轧项目，5 m宽厚板轧机、高规格硅钢轧机1880 mm热连轧机和五冷轧项目，以及大口径直缝焊管机组，使宝钢能够生产各种品种规格的精品板、管、线、棒等产品。1989年国务院颁布第一部正式的产业政策文件《国务院关于当前产业政策要点的决定》，开启了我国大力发展钢铁等基础产业的新篇章。这一时期内，我国设计制造并建成了多套大型冶金设备，实现冶金轧制设备技术的跨越式发展。中厚板轧机方面，20世纪90年代引进一些先进设备和技术，如酒泉3000 mm轧机引进了自动化技术和水幕冷却技术、舞阳4200 mm轧机引进了液压厚度控制技术、济钢3500 mm轧机引进了Siemens厚度控制技术和住友加速冷却技术、鞍钢引进了二手4300 mm中厚板轧机并进行技术改造和提升，20

世纪末期大力进行中厚板轧机的改造、消化技术和自主研发，主要是自动控制系统、加速冷却系统、液压压下系统、热处理装备等方面，3500 mm以下中厚板轧机可以完全立足于国内技术，也开始了大型中厚板轧机自主集成和创新的道路。冷轧设备技术方面，20世纪80年代我国设计制造了2300 mm四辊可逆式冷轧机、1700 mm半连续式带钢冷轧机和三十六辊极薄带材轧机。20世纪90年代以引进国外先进技术为主，其中武钢引进的1700 mm冷连轧机和宝钢引进的2030 mm冷连轧机，是代表当时国内和国际最先进水平的冷连轧机，显著提高了我国冷轧板带生产水平和产量。同期我国还引进和新建了多套冷连轧机，如宝钢1550 mm、1420 mm冷连轧机，鞍钢1680 mm、1700 mm等冷轧机，本钢1676 mm、1970 mm冷轧机，武钢2150 mm冷轧机等。热轧设备技术方面，继武钢从日本成套引进1700 mm热连轧机，宝钢采用日本三菱、中冶赛迪和一重二重合作制造1580 mm热连轧机后，鞍钢建设了1780 mm大型冷轧宽带钢生产线，应用了热装、大侧压、液压AGC和板形控制等先进技术，实现了中国热连轧机第一次自主集成和创新，代表了当时世界传统热连轧带钢轧机最先进水平，之后我国在多条热连轧线上实现自主集成和创新，建设了新疆八一1700 mm、天铁1780 mm、莱钢1500 mm、日照2150 mm、宁波1780 mm等多套热连轧机及全套自动控制系统，实现了中国在热连轧机技术方面的跨越式发展。型钢轧制设备技术方面，1998年马钢从德国曼内斯曼·德马克·萨克（MDS）公司、西门子（SIEMENS）公司和美国依太姆（I-TAM）公司引进设备技术，建成我国第一条大规格热轧H型钢生产线，同年莱钢引进日本新日铁和东芝设备技术，建成热轧H型钢万能轧机，以生产中小规格H型钢为主。东北重型机械学院自主研发的波纹腹板H型钢轧制技术，荣获国家发明协会银牌奖和第35届布鲁塞尔尤里卡世界博览会金牌奖。

21世纪钢铁工业在装备技术、品种质量、结构调整、节能环保、新型工业化方面持续高速发展，国家产业政策扶持力度更大。2005年《钢铁产业发展政策》出台，通过国家政策导向，引进一批国外先进技术的同时，国产先进装备和技术得到大规模应用。2010年至今，我国经济增长从高速转为中高速，国务院出台《关于进一步加大节能减排力度加快钢铁工业结构调整的若干意见》，淘汰落后产能工作取得了实质性进展，优化了产业结构，促进了节能减排，推动了钢铁工业转型升级。2011年出台《钢铁工业“十二五”发展规划》，旨在控制钢铁产能，营造公平竞争的市场环境，加强行业标准化工作。2015年国务院正式印发《中国制造2025》，其核心是实现制造业智能升级，用三个十年左右时间实现制造业大国向制造业强国的转变。由于能源、资源及环境问题的出现，2016年工信部发布《钢铁工业调整升级规划（2016—2020年）》，明确到2020年钢铁工业供给侧结构性改革取得重大进展。绿色化是钢铁工业发展趋势，钢铁企业间环保水平仍存在差距，环保投入参差不齐，2017年环保部正式发布《排污许可证申请与核发技术规范 钢铁工业》，初步建立钢铁行业固定污染源环境管理的核心制度。2019年，生态环境部等五部委印发《关于推进实施钢铁行业超低排放的意见》，明确了推进实施钢铁行业超低排放工作的总体思路、基本原则、主要目标、指标要求、重点任务、政策措施和实施保障。中国钢铁工业协会钢标委于2017年完成了《冶金行业“十三五”节能与综合利用技术标准体系方案》，完善了传统的冶金节能与综合利用标准体系，新构建了冶金绿色制造标准体系。其中，冶金绿色制造标准体系形成了涵盖综合基础、绿色产品、绿色工厂、绿色企业、绿色园区、绿色供应链和绿色评价与服务等方面的标准的基本完善构架，有效指导了行业绿色制造标准化工作。经过近二十年的发展，中国钢铁工业基本完成了工业化过程，开始走新型工业化道路，冶金轧制设备技术持续创新，也向着绿色化和智能化方向发展。

大型连续化轧制设备技术方面，近年来我国主要冶金设备设计制造单位如中国一重、中国二重、中冶京诚、中冶赛迪、中国重型机械研究院、中冶南方、中色科技、常州宝菱和陕压等都具有较多的轧制工程业绩，技术水平较高，比如450 mm板坯连铸机、冷轧连续热镀锌机组、不锈钢冷轧带钢全连续生产线、508 mm无缝钢管生产线、特大型钢CMA万能轧机等。短流程轧制设备技术方面，薄板坯连铸连轧生产线1999—2005年已投产15条，主要采用CSP、ASP、FTSR、ESP等四种生产线形式。2013年日照钢铁引进国内首条ESP无头轧制生产线，后续又建设四条ESP生产线，2018年轧出0.6 mm厚高强度带钢；目前福建鼎盛钢铁ESP生产线和唐山东华钢铁ESP生产线项目正在筹备建设中。薄带铸轧方面，2011年宝钢自主集成建设了国内第一条薄带铸轧示范线，2016年宝钢薄带连铸连轧宁波工业化示范线项目建成投入使用，加快了薄带铸轧设备技术的研发和应用。2016年沙钢引进美国纽柯Castrip技术并结合自主创新，建成国内首条工业化超薄带铸轧生产线，节能环保效果显著，推动了中国超薄带产线建设和技术推广。热处理装备技术方面，我国进行了新一代控制冷却工艺、装备与产品的开发，东北大学、北京科技大学、中冶京诚和中冶赛迪等都做了大量研究工作，提出了超快冷条件下细晶强化、析出强化、相变强化的基本原理和组织调控方法，先后在热带轧机、中厚板轧机、H型钢轧机、棒材轧机、线材轧机上实施，为实现钢材产品的升级换代作出了贡献。绿色化轧制技术方面，无酸酸洗除鳞技术是轧制领域最具代表性的绿色化技术之一。2013年太钢引进投产国内第一条EPS卷线，随后浙江金固和鞍钢相继建设了EPS卷线。2017年宝钢成功自主研发出BMD（Baosteel Mechanical Descaling）新型环保型除鳞工艺，可处理1800 mm以上的极限宽规格带钢，与EPS技术相比除鳞能效更优。智能制造在钢铁行业掀起了新一轮变革性技术发展的大潮，我国主要钢铁企业和相关科研单位在智能化轧制设备技术方面都开展了大量工作，比如：2016年宝钢与西门子签署《宝钢与西门子智慧制造（工业4.0）战略协议》，确定宝钢的智慧制造为3+1的模式（智能装备、智能工厂、智能互联和基础设施）；2017年宝钢完成工信部智能制造试点示范项目“钢铁热轧智能车间试点示范”，建成现代化1580智能车间，随后全面启动钢铁冷轧数字化车间智能制造试点示范项目；2018年宝钢无人化仓库正式投运，是目前国内面积最大、智能化程度最高的无人化仓库。鞍钢重点实施ERP改造、大数据平台、数字化车间等信息化项目，加快新冶金流程下的智慧透明工厂建设，5500 mm厚板项目被评为国家智能制造试点示范项目。南钢与德国巴登集团合作建立了中德巴登南钢智能制造协同创新基地，打造全流程制造、服务和物流的智能化板材生产线，实现从钢厂到终端的准时制配送。河钢唐钢通过改造和升级，设计实现了面向钢铁企业智能制造的系统架构，搭建了唐钢设备全生命周期管理平台，实现设备管理体系中的人力资源、项目资源、设备资源的统一、全面的管理。华菱衡钢180PQF无缝钢管智能工厂改造试点示范项目成为钢管行业首个国家级智能制造试点示范项目。中色科技、中南大学与金田铜业在智能制造领域开展战略合作公关。2019年，誉为5G元年，基于5G技术的一键炼钢、无人天车等已投入使用，未来，工业互联网将与5G进一步深度融合，叠加出更大的创新发展力量，促进钢铁行业数字化、网络化、智能化升级。国内高校和科研院所在轧制智能化设备自主研发方面也进行了大量科研工作，取得了一批科研成果，推动了冶金轧制设备技术的创新，比如，燕山大学研制的整辊无缝式板形仪及板形闭环控制系统，中国钢研科技集团在精炼炉平台无人化、智能测温取样、连铸坯智能标识、智能盘库系统等钢铁无人化应用研究的探索工作；北京科技大学研发的冶金工业互联网平台和QMS工艺质量管控模块；东北大学开发的钢铁组织性能预测与优化智能化技术等。

上述冶金轧制设备技术历史演变分析表明，冶金轧制设备技术的进步与发展，对创新性和变革性科学技术发展起到了显著的催化和推动作用，对于钢铁工业科学技术整体水平的提升和进步具有重要的促进作用。

1.3 近年来国内外冶金轧制产品产能情况

1.3.1 主要国家和公司粗钢产量统计分析

根据世界钢铁协会统计数据，2019年全球粗钢产量18.699亿t，同比增长3.4%，同比增速出现三连降，除亚洲和中东地区外，其他地区的粗钢产量同比均下降，图1-1为全球粗钢产量增速变化。分国家来看，产钢量前十位的国家分别是中国、印度、日本、美国、俄罗斯、韩国、德国、土耳其、巴西和伊朗。与2018年相比，产钢量前十位的国家中，韩国超过俄罗斯进入产钢国前五名，2019年主要产能国家占比如图1-2所示。

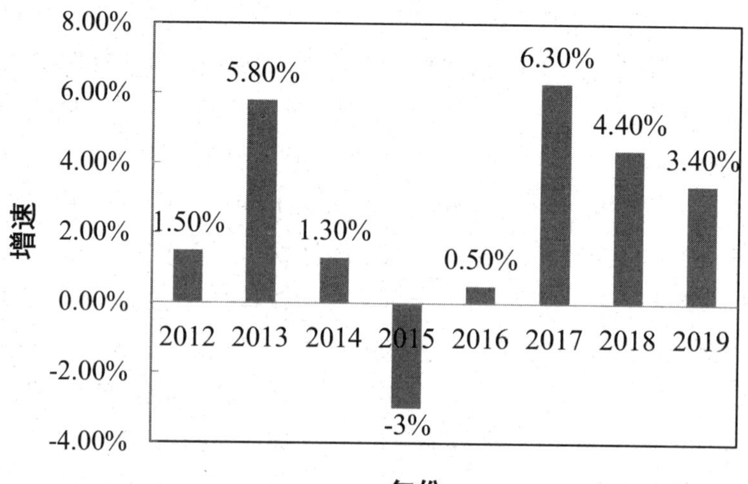

图 1-1 全球粗钢产量增速变化图

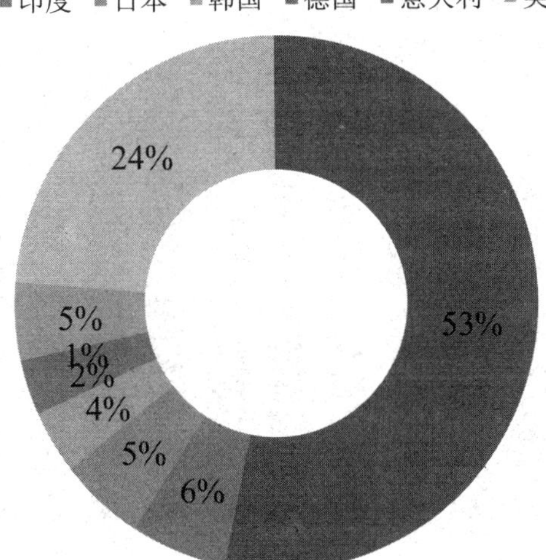

图 1-2　2019 世界钢铁产量分布

其中，亚洲2019年粗钢产量13.416亿t，同比增长5.7%，中国的粗钢产量为9.963亿t，同比增长8.3%。中国占全球粗钢产量的份额从2018年的50.9%上升至2019年的53.3%。印度2019年的粗钢产量为1.112亿t，同比增长1.8%。日本2019年的粗钢产量为9930万t，同比下降4.8%。韩国2019年的粗钢产量为7140万t，同比下降1.4%。欧盟2019年的粗钢产量为1.594亿t，同比下降4.9%。德国2019年的粗钢产量为3970万t，同比下降6.5%。意大利2019年的粗钢产量为2320万t，同比下降5.2%。法国2019年的粗钢产量为1450万t，同比下降6.1%。西班牙2019年的粗钢产量为1360万t，同比下降5.2%。北美2019年的粗钢产量为1.200亿t，同比下降0.8%。美国2019年的粗钢产量为8790万t，同比增长1.5%。

图1-3是2008—2018年中国粗钢全球占比变化，从图中可以看出我国的钢铁产量呈现逐年增加态势，且占比逐年增高，稳居全球第一。表1-1列出2019年世界排名前二十的钢铁公司，中国有8家企业上榜。其中，2019年中国宝武成功重组马钢集团，实现对重庆钢铁的实际控制，集团公司实现粗钢产量9600万t，超过全球最大钢铁集团安赛乐米塔尔成为全球产钢量最大钢企。

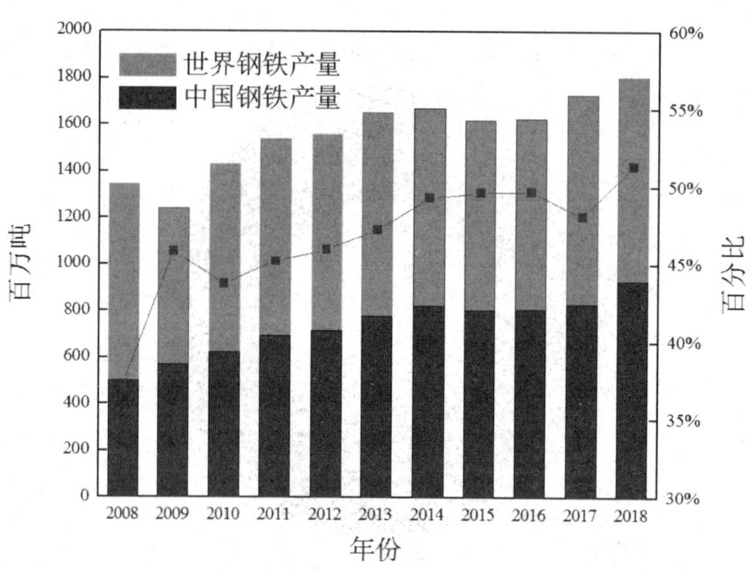

图 1-3　中国粗钢产量历年全球占比

表 1-1　2019 年主要钢铁公司粗钢产量排名

排名	公司	总部	产量/百万t
1	中国宝武钢铁集团	中国	95.22
2	安赛乐米塔尔	卢森堡	89.81
3	日本制铁株式会社	日本	47.85
4	河钢集团	中国	46.80
5	沙钢集团	中国	41.10
6	浦项制铁	韩国	38.01
7	鞍钢集团	中国	37.36
8	建龙集团	中国	31.19
9	首钢集团	中国	29.34
10	塔塔钢铁集团	印度	28.30
11	JFE钢铁	日本	27.33
12	华菱集团	中国	24.31
13	纽柯公司	美国	23.36
14	现代制铁	韩国	21.48
15	伊朗矿业开发和革新组织	伊朗	18.50
16	京德勒西南钢铁公司	印度	16.29
17	本钢集团	中国	16.18
18	新利佩茨克钢铁公司	俄罗斯	15.67

（续表）

排名	公司	总部	产量/百万t
19	美国钢铁公司	美国	15.31
20	耶弗拉兹集团	俄罗斯	13.81

注：河钢集团和鞍钢集团统计数据为2018年数据。

中国钢铁产量2019年再创新高，根据国家统计局数据，2019年全国规模以上工业企业粗钢、生铁、钢材产量分别为99634万t、80937万t和120477万t，同比分别增长8.3%、5.3%和9.8%。据不完全统计，2018年我国共有22家钢企粗钢产量达到或超过1000万t，如表1-2所示。总体来看，我国钢铁行业的企业竞争较为激烈，钢铁行业集中度还有较大的上升空间。结合国际钢铁协会统计数据，2018年日本前三家钢企产量占日本总产量的79.8%，美国前三家钢企占比为54.0%，韩国前三家钢企占比为93.2%；同期中国排名前十位的钢铁企业粗钢产量总计达到3.27亿t，产业集中度仅为35.3%，而且这一数据距离工信部发布的《钢铁工业调整升级规划（2016—2020）》中的行业集中度达到60%的目标相差甚远。钢铁行业必须继续深入做好去产能工作，加快推进兼并重组、智能化绿色化改造，积极拓展市场空间，鼓励科技创新，着力做好行业补短板、堵漏洞、强弱项，化危为机，促进行业平稳运行。在2020年，以下这些地区将进一步完成钢企整合：安阳市11家钢企将整合为4家；邯郸市力争今年17家钢企整合到8家；徐州市18家钢企整合至3家，其余全部关停；八一钢铁完成疆内产能整合。

表 1-2　2018 年中国粗钢产量达到或超过 1000 万 t 钢企名单

序号	企业名称	粗钢产量/万t	同比增长/%
1	宝武集团	6742.94	4.52
2	河钢集团有限公司	4489.38	1.89
3	江苏沙钢集团	4066.07	1.77
4	鞍钢集团有限公司	3735.88	4.48
5	北京建龙重工集团有限公司	2788.48	37.63
6	首钢集团	2734.22	- 1.04
7	山东钢铁集团有限公司	2320.94	25.25
8	湖南华菱钢铁集团有限责任公司	2301.17	14.22

（续表）

序号	企业名称	粗钢产量/万t	同比增长/%
9	马钢（集团）控股有限公司	1964.19	- 0.37
10	本钢集团有限公司	1589.68	0.81
11	方大钢铁集团有限公司	1551.19	2.65
12	包头钢铁（集团）有限责任公司	1524.54	7.36
13	日照钢铁控股集团有限公司	1495.08	- 0.21
14	广西柳州钢铁集团有限公司	1352.94	10
15	中信泰富特钢集团有限公司	1255.07	8.38
16	福建省三钢（集团）有限责任公司	1168.2	4.36
17	陕西钢铁集团有限公司	1138.14	11.17
18	河北敬业集团有限责任公司	1124.53	8.06
19	安阳钢铁集团公司	1097.21	9.09
20	太原钢铁（集团）有限公司	1070.39	1.92
21	河北津西钢铁集团	1033.12	- 11.84
22	南京钢铁集团有限公司	1005.01	2.04

国家统计局数据显示，2019年我国31个省市自治区中，河北粗钢产量为24157.7万t，占全国总量的24.2%，位居榜首。有3个地区无钢铁，分别是海南、西藏自治区（无统计）、北京（粗钢产量为0）。2019年各省市区具体产量如表1-3所示。

表 1-3　2019 年中国粗钢分省市产量统计

地区	产量/万t	占比
河北省	24157.7	24.2%
江苏省	12017.1	12.1%
辽宁省	7361.91	7.4%
山东省	6356.98	6.4%
山西省	6038.05	6.1%
湖北省	3611.51	3.6%
河南省	3299.09	3.3%
广东省	3229.12	3.2%
安徽省	3222.47	3.2%
四川省	2733.31	2.7%
广西壮族自治区	2662.71	2.7%
内蒙古自治区	2653.69	2.7%
江西省	2524.48	2.5%
福建省	2390.28	2.4%

（续表）

地区	产量/万t	占比
湖南省	2385.72	2.4%
天津市	2194.77	2.2%
云南省	2154.68	2.2%
上海市	1640.25	1.6%
陕西省	1430.75	1.4%
吉林省	1356.55	1.4%
浙江省	1350.68	1.4%
新疆维吾尔自治区	1236.88	1.2%
重庆市	920.88	0.9%
黑龙江省	896.12	0.9%
甘肃省	877.77	0.9%
贵州省	442.34	0.4%
宁夏回族自治区	308.56	0.3%
青海省	178.83	0.2%

2019年粗钢产量排名前十位的省份分别为河北、江苏、辽宁、山东、山西、湖北、河南、广东、安徽、四川。与2018年相比，河北、山东、安徽粗钢产量占比有所下降，降幅最大的为河北，下降了0.88个百分点；江苏、辽宁、山西、湖北、河南、广东、四川粗钢产量占比有所增加，增幅最大的为江苏，上升了0.68个百分点。详细数据如表1-4所示。

表 1-4　粗钢产量排名前十位的省份变化表

地区	2019年		2018年	
	产量/万t	占比	产量万t	占比
河北省	24157.7	24.2%	23280	25.08%
江苏省	12017.1	12.1%	10601	11.41%
辽宁省	7361.91	7.4%	6762	7.28%
山东省	6356.98	6.4%	7386	7.96%
山西省	6038.05	6.1%	5389	5.81%
湖北省	3611.51	3.6%	3074	3.31%
河南省	3299.09	3.3%	3005	3.24%
广东省	3229.12	3.2%	2880	3.10%
安徽省	3222.47	3.2%	3101	3.34%
四川省	2733.31	2.7%	2400	2.5%

在钢产量增长的同时，钢材价格同比明显下降。据中国钢铁行业协会监测，2019年1—11月中国钢材价格指数均值为108.5点，同比下降6.9%，其中长材下降5.5%，板材下降7.2%。2019年以来，钢材价格指数虽有波动，但总体呈现震荡下行态势。2019年5月初达到最高点113.1点，随后震荡下降至当年10月底的年内最低点104.3点，波动幅度达8.8%。近期价格又有所上涨，截至2019年11月末，钢材价格指数为108.2点，环比上涨3.9%。

在世界钢材贸易方面，据世界钢铁协会统计，世界钢铁贸易量最大的品种为热轧板卷，2017年贸易量达到8480万t，其次是钢锭及半成品钢材，以及镀锌板和钢管及配件，详细内容如表1-5所示。

表 1-5　2012—2017 年世界钢铁按品种分出口量

单位：百万 t

品种	2012年	2013年	2014年	2015年	2016年	2017年
钢锭和半成品材料	58.5	54.1	54.3	51.8	51.1	60.1
钢轨材料	2.6	3.0	2.2	2.1	1.9	2.7
角钢和型钢	21.8	22.1	24.6	21.7	24.8	22.1
钢筋	21.9	18.9	22.2	18.9	20.2	18.3
热轧棒材和条材	15.4	18.1	29.7	40.7	40.6	21.2
盘条	23.2	24.2	29.4	29.0	29.7	27.0
冷拉钢丝	7.6	7.7	8.9	8.4	8.8	8.9
其他棒材和条材	4.9	4.9	6.0	5.3	5.9	5.9
热轧带钢	3.1	3.0	3.3	2.9	3.3	3.9
冷轧带钢	3.6	3.5	4.1	3.9	4.1	4.5
热轧薄板和卷材	64.4	67.3	75.8	77.7	82.5	84.8
中厚板	31.0	29.0	34.5	30.1	34.1	33.1
冷轧薄板和卷材	32.7	33.0	37.2	32.8	34.3	37.4
电工薄板和带材	4.3	4.0	4.2	4.1	4.2	4.5
镀锡产品	6.2	6.4	6.7	6.3	7.2	7.0
镀锌产品	36.1	37.1	40.7	37.6	43.2	46.2
其他镀层板	15.2	15.4	17.9	16.3	19.7	18.0
钢管和配件	41.6	39.7	43.6	35.3	33.9	41.9
总计	396.4	393.8	447.7	427.0	451.9	451.7

2020年伊始，世界遭遇新冠肺炎疫情影响，国内钢铁企业生产所受影响有限，除了2月份，由于全国交通运输系统尤其是公路和水路交通系统的限制，

产生部分钢铁企业的原料供应短时受限，自4月初，原料供应和钢铁成品的交付已基本恢复正常，由于钢铁企业持有合理的原料库存，2020年第一季度中国的粗钢产量并未出现大幅下跌，反而同比增长了1.2%。但中国所有用钢行业都受到新冠肺炎疫情的严重影响，钢铁需求萎缩，其中建筑业受到的影响最为严重。国家统计局最新发布的第一季度经济运行数据，GDP下降6.8%，房地产投资下降7.7%，基建投资下降19.7%，通用机械下降17.2%，汽车产量下降44.6%，船舶交货量下降28.5%，空调产量下降27.5%。虽然4月开始国内钢铁需求在逐步恢复阶段，但国外需求减少，部分用钢行业的产能利用率尚未恢复至新冠肺炎疫情之前的水平。基本正常的钢铁产量叠加萎缩的下游需求量，导致钢材库存急剧增加。根据中国钢铁工业协会和我的钢铁网的统计，3月底钢铁生产企业和流通环节的钢材库存总量超过5500万t，这是有记录的最高库存量，比2019年12月底的库存量高出160%。

1.3.2 我国主要轧制产品及产量统计分析

轧制产品种类很多，根据中国钢铁协会2018年统计数据，在二十二大类钢材品种中，2017年产量前五位的品种为钢筋、宽带钢、盘条（线材）、棒材和热轧薄宽带钢，产量分别为19998万t、13780万t、12973万t、6807万t和5491万t；增量前五位的为中厚宽带钢、钢筋、棒材、冷轧薄宽带钢和中板，增产分别为702万t、689万t、466万t、248万t和245万t；产量增幅前五位的品种为电工钢板、铁道用钢材、中板、棒材和中厚宽带钢，增幅为12.7%、9.4%、7.4%、7.3%和5.4%。产量下滑较大的品种为热轧窄带钢、冷轧窄带钢、盘条、焊接钢管和热轧薄宽带钢，减产分别为1039万t、235万t、224万t、102万t和102万t，详情如表1-6所示。

表 1-6　2016—2017 主要钢材品种产量

单位：万 t

品种名称	2016年	2017年	同比增加量	同比增长/%
中厚宽带钢	13078	13780	702	5.4
钢筋	19309	19998	689	3.6
棒材	6341	6807	466	7.3
冷轧薄宽带钢	5023	5271	248	4.9
中板	3326	3571	245	7.4
电工钢板（带）	905	1020	115	12.7
厚板	2496	2609	113	4.5

（续表）

品种名称	2016年	2017年	同比增加量	同比增长（%）
无缝钢管	2527	2610	83	3.3
铁道用钢材	438	479	41	9.4
热轧薄板	957	991	34	3.6
镀层板（带）	5235	5263	28	0.5
中小型型钢	4593	4613	20	0.4
特厚板	749	730	- 19	- 2.5
涂层板（带）	799	778	- 21	- 2.6
冷轧薄板	3351	3277	- 74	- 2.2
大型型钢	1550	1461	- 89	- 5.7
热轧薄宽带钢	5593	5491	- 102	- 1.8
焊接钢管	5419	5317	- 102	- 1.9
盘条（线材）	13197	12973	- 224	- 1.7
冷轧窄带钢	1099	864	- 235	- 21.4
热轧窄带钢	5499	4460	- 1039	- 18.9

从产业集中度来看，2016—2017年22种钢材产品以CR4进行计算，由大到小排序如图1-4所示。从图中看出，仅有铁道用钢材1种CR4＞75%，为极高寡占型；电工钢板、特厚板、大型型钢、冷轧薄宽带钢、中板、厚板、热轧薄宽带钢等7种35%＜CR4＜65%；热轧窄带钢和镀层板30%＜CR4＜35%，为低集中寡占型；而中厚宽带钢、无缝钢管、涂层板、棒材、钢筋、其他钢材、线材、冷轧薄板、中小型型钢、冷轧窄带钢、焊接钢管、热轧薄板等12种产品集中度很低，CR4＜30%。因此整体看，绝大多数钢材产品集中度偏低。

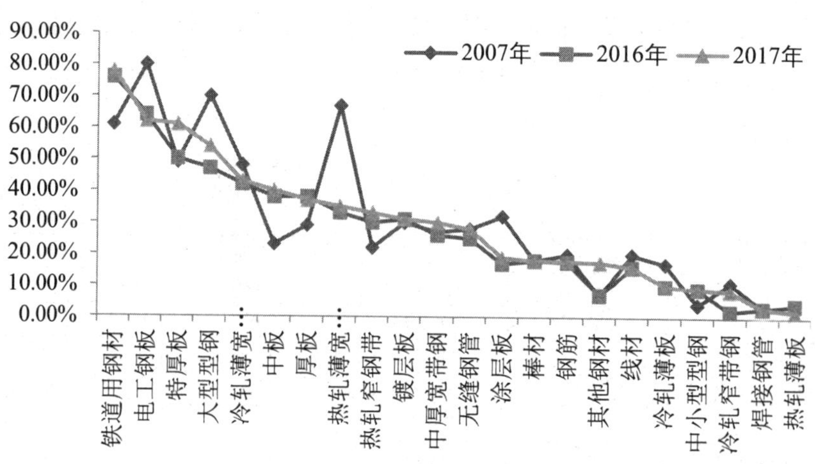

图 1-4　2016—2017 年 22 种钢材产品 CR4 值

下面根据中国钢铁工业协会的数据，将所有品种按板材、长材和管材分类总结近年的产量及变化趋势。

（1）板材产品

随着我国经济快速发展，汽车、家电、造船、工程机械等行业对板材的需求迅速增加，但整体产品整体集中度不高。图1-5表示了2012—2017主要板带材产品产量及表观消费量。在板带材产品中，中厚宽带钢产量近年连续位居第一位，2017年占板带材比重28.7%，在22个钢材品种比重中排名第二位。而镀层板是进出口数量较大的产品，近几年进口量排名第一。

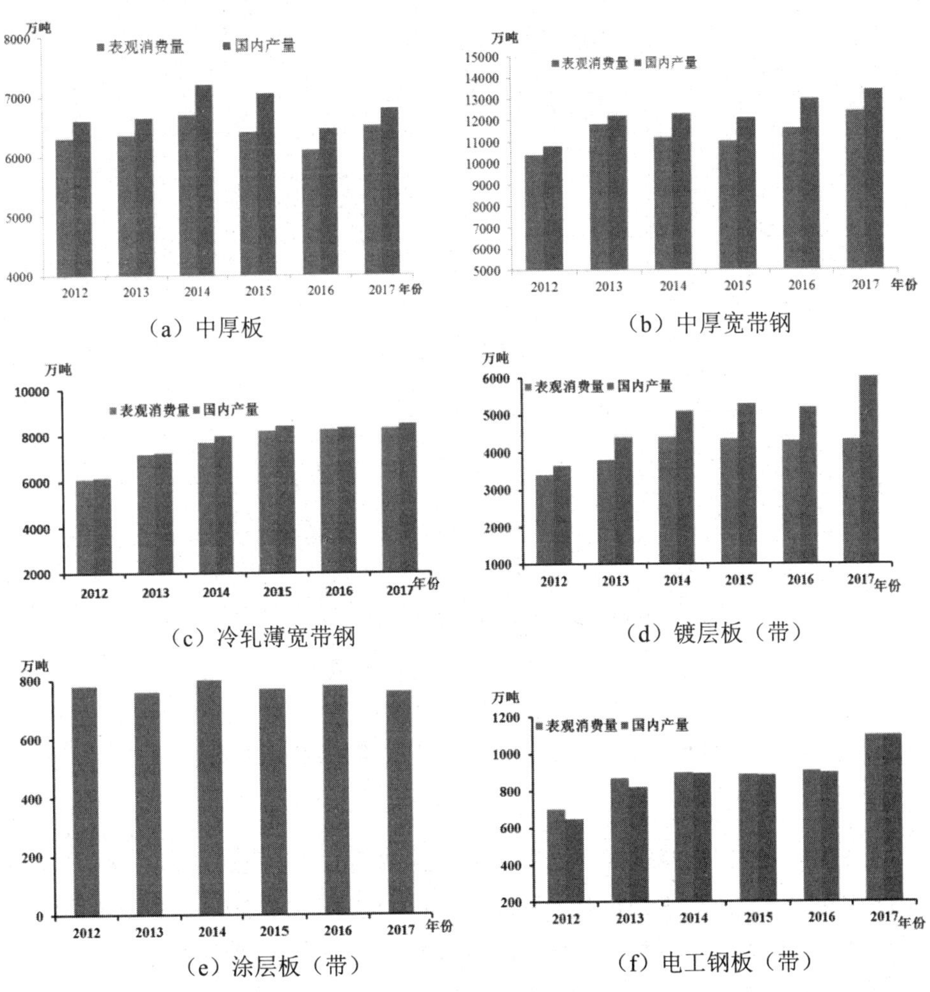

（a）中厚板

（b）中厚宽带钢

（c）冷轧薄宽带钢

（d）镀层板（带）

（e）涂层板（带）

（f）电工钢板（带）

图 1-5　板带材主要产品 2012—2017 年产量及表观消费量

（2）长材产品

2017年，中国钢筋产量为19998万t，同比增长3.6%，是产量最大的钢材品种。线材产量为12973万t，同比下降1.7%，占钢材总产量比重为12.38%，是所有钢材品种中产量第三大品种。大型型钢产量为1461万t，同比下降5.7%，占钢材总产量比重为1.39%，中小型型钢产量为4613万t，同比增长0.4%，占总产量比重为4.40%。图1-6显示了2011—2017年主要长材产品月均产量情况。

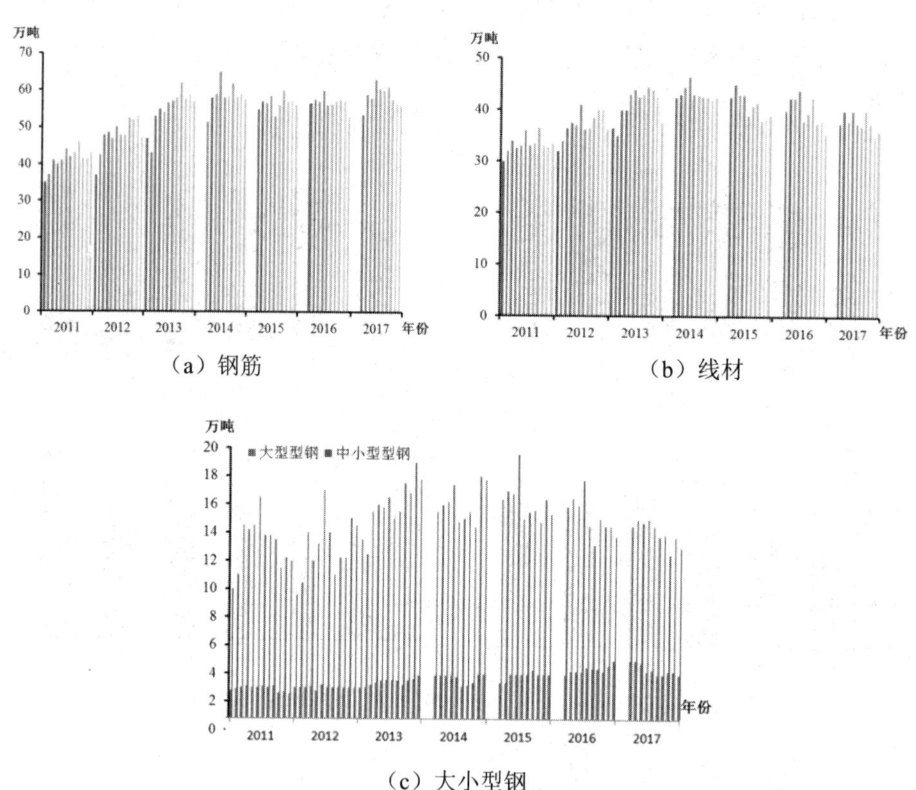

（a）钢筋

（b）线材

（c）大小型钢

图1-6　主要长材产品2011—2017年月均产量情况

（3）管材产品

2017年，中国无缝钢管产量为2610万t，占钢材总产量比重为2.49%；焊接钢管产量为5317万t，占钢材总产量比重为5.07%。图1-7是2011—2017年中国管材主要产品月均产量情况。近几年，中国无缝钢管消费量整体呈现下降趋势，2017年出现回升，国内产品占有率逐年提高，2017年产品自给率为117.67%。

焊接钢管的消费量稳步增长，国内产品市场占有率逐年提高，产品自给率在2017年为107.89%。

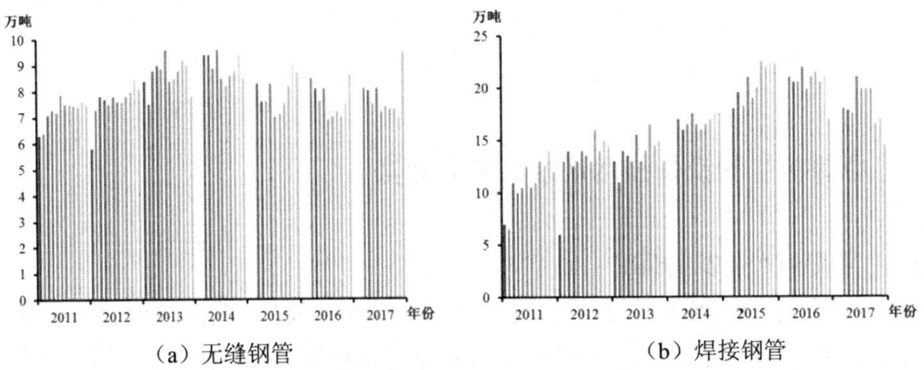

（a）无缝钢管　　（b）焊接钢管

图 1-7　管材主要产品 2011—2017 年月均产量情况

第2章 板带钢轧制设备技术现状与发展趋势

2.1 中厚板轧制设备技术现状与发展趋势

2.1.1 中厚板产业发展概况

中厚板包括中板、厚板和特厚板，是建造潜艇、航母、海洋平台、核电站、石化容器、石油管线、桥梁及高层建筑的必需关键材料。根据用途分为碳素结构钢、低合金高强度钢、船舶与海洋工程用钢、石油天然气输送用管线钢、锅炉及压力容器用钢、工程机械用高强度耐磨钢板、建筑与桥梁用钢、耐腐蚀钢、水电核电钢、模具钢、特殊金属产品11个品种大类，其中特殊金属产品属于不常见中厚板产品，包括不锈钢、双金属复合板及电磁纯铁等，随着工业领域的不断细分其产量有增加趋势。

（1）中厚板产量发展情况

图2-1给出了2005—2018年我国中厚板产量情况。中厚板总产量在2005—2011年迅速增长，2012年略有下降后又稳步增长，2013年至今产量相对平稳。2016—2018年，中板产量逐年递减、厚板产量逐年递增、特厚板产量相对稳定。2018年中厚板总产量为6987.93万t，特厚板产量为764.42万t，较2017年增加4.76%。据相关统计，随着下游市场需求饱和，我国中厚板整体产量将持续供大于求，高等级特厚板产品需求量仍有增加空间。

（2）我国中厚板产品进出口情况

图2-2给出了2005—2018年我国中厚板进出口情况。由图2-2可知，2005—2018年我国中厚板进口主要以厚板和特厚板为主，占进口总量的92%以上；出口也以厚板和特厚板为主，2018年厚板和特厚板出口量占出口总量的99.59%。

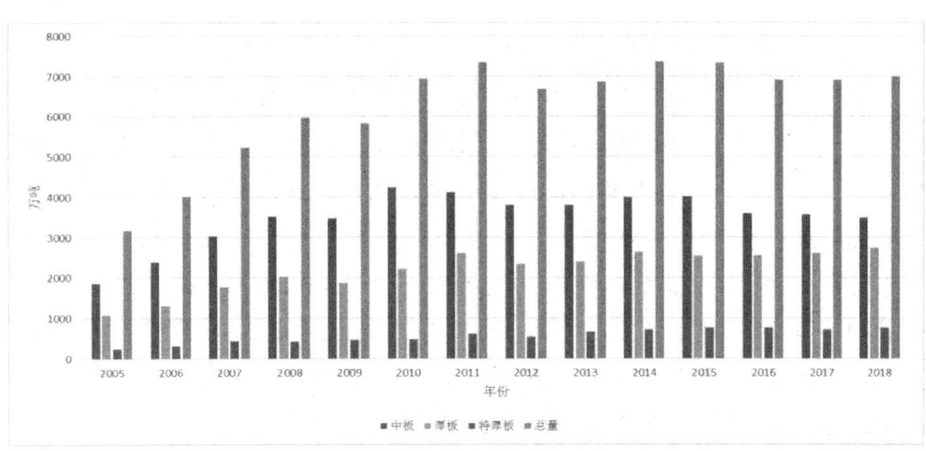

图 2-1　2005—2018 年我国中厚板产量及增长情况

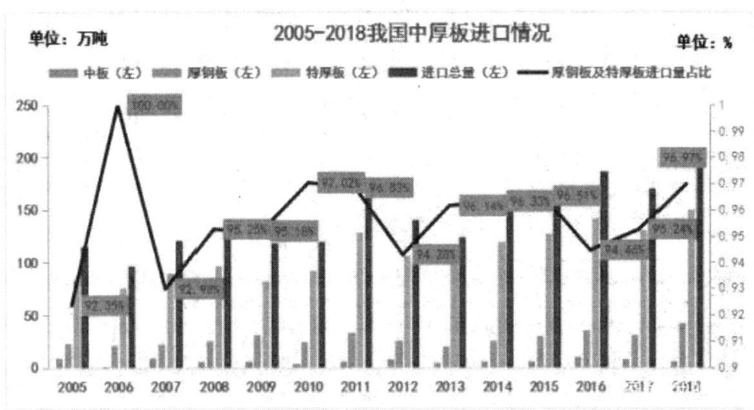

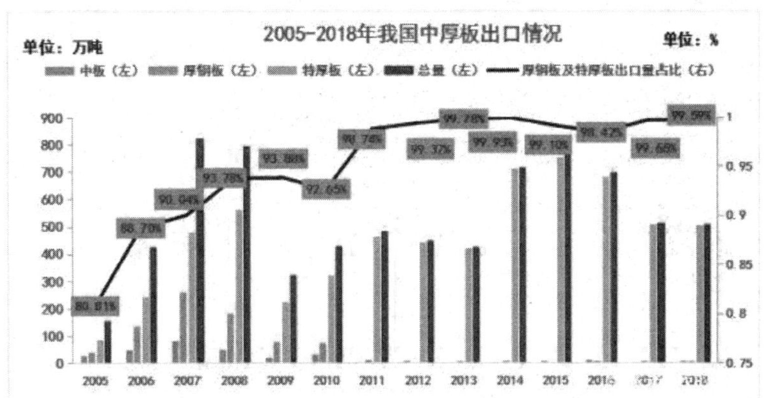

图 2-2　2005—2018 年我国中厚板进出口情况

（3）产品品种规格和性能指标的发展情况

图2-3是2018年国内外主要钢铁企业在中厚板品种数量、性能等级和极限规格等方面的比较。由图2-3可知，日本制铁在品种数量、性能等级和极限规格方面保持着全球领先优势，Industeel、德国Dillinger、韩国浦项和鞍钢的综合能力紧跟日本制铁。浦项的产品数量和业绩略少于日本制铁，Industeel的高温临氢容器钢和模具钢的品种和业绩全球领先，工程机械用钢拥有大量高端自研品种，但管线和桥梁用钢品种不多。德国Dillinger和Industeel产品结构类似，其海工、容器、工程机械和模具钢等具有较高的知名度。国内宝钢和首钢在产品结构方面保持领先，鞍钢和舞钢在品种数量方面保持前列。莱钢在建筑桥梁用钢、容器用钢和海工钢等方面具有较丰富的产品结构和品种数量。包钢丰富产品结构尚需时间，韶钢产品结构相对简单。2005年后，南钢、湘钢、兴澄特钢等新兴宽厚板企业快速丰富了企业的产品结构。鞍钢、宝钢、南钢、兴澄特钢均可实现LNG工程用9Ni低温容器钢的批量供货。南钢和莱钢可供应1300MPa级别的工程机械用钢。总体上国内中厚板在品种、规格和质量等方面与国外仍存在一定差距。

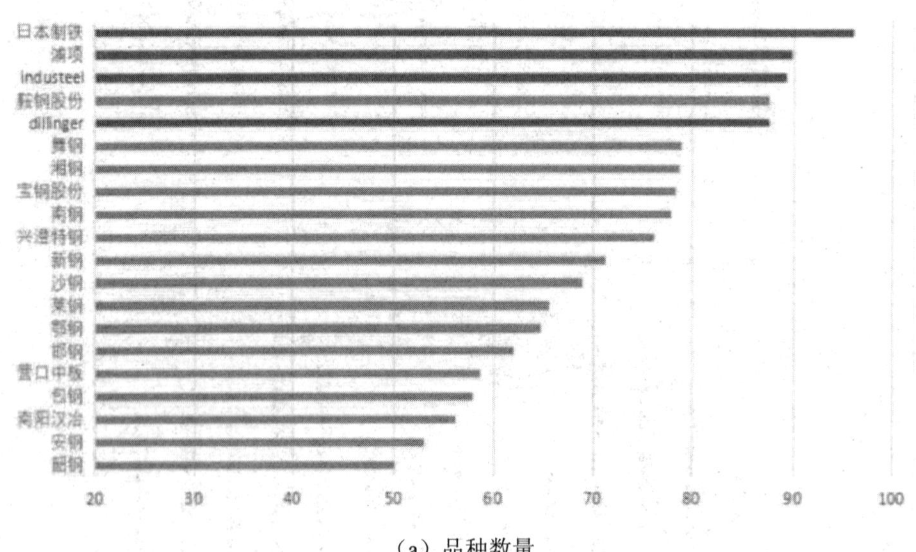

（a）品种数量

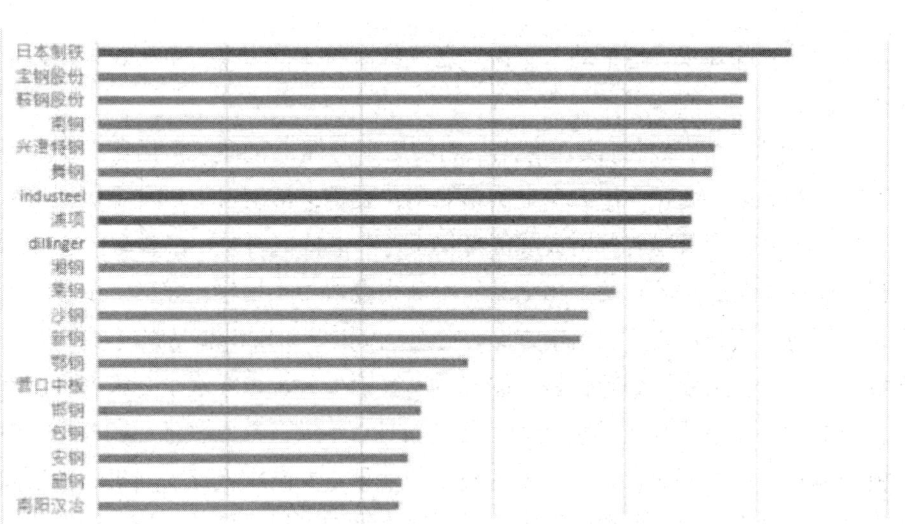

（b）性能等级

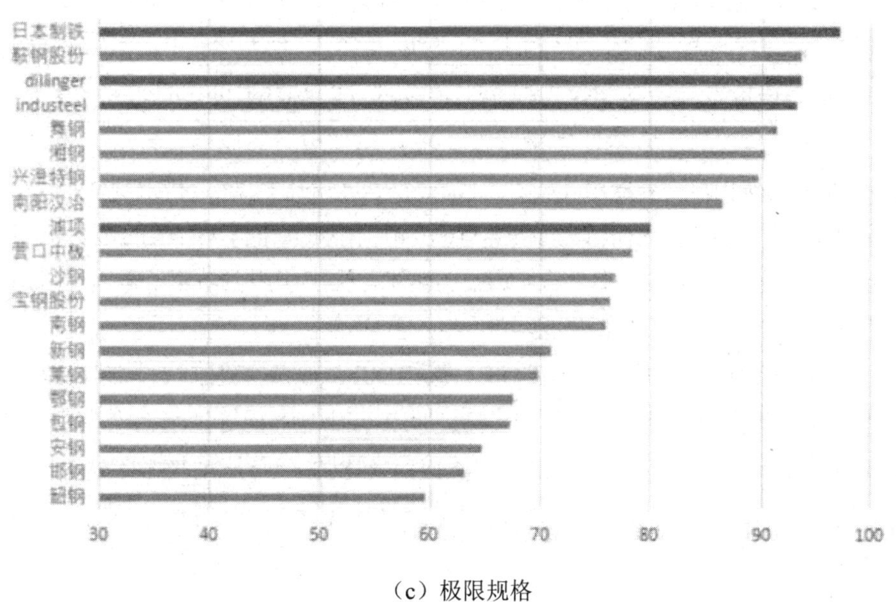

（c）极限规格

图 2-3　2018 年国内外主要钢铁企业在中厚板品种数量、性能等级和极限规格等方面的比较

2.1.2 中厚板轧制设备技术发展现状

2.1.2.1 中厚板生产新工艺新技术

国民经济和国防建设的重大需求，对中厚板产品品种、尺寸规格和产品性

能都提出了新的要求，也推动了生产装备和控制技术的发展，主要表现在以下四个方面。

（1）中厚板新品种开发。海洋与船舶用钢方面，鞍钢、宝钢自主研发了最大厚度90 mm极限规格超大型集装箱船用止裂钢；舞钢自主研发了极地破冰船、极地凝析船等高端装备用大线能量钢板；宝钢特钢研发了薄膜型LNG船用殷瓦合金；首钢、太钢研发了化学品船用高强度双相不锈钢；鞍钢研发了大厚度超高强海工钢产品。管线用钢方面，宝钢、太钢等研发出超高强度X120管线钢板，力学性能指标达到新日铁、住友金属等国外公司技术水平。压力容器钢除少数品种如超临界高压锅炉钢仍需要进口外，绝大多数品种都已国产化。中厚板新品种开发的同时，推动了装备技术的变革，如高刚度强力轧机、先进加热设备、超快速冷却设备和液压控制系统等先进装备以及低速大压下、控轧控冷等先进技术，为中厚板新产品的研发和生产提供了设备技术保障。

（2）控轧控冷工艺（TMCP）技术。2007年后控轧+新一代超快冷工艺在我国推广后，中厚板轧制生产有了质的飞跃。我国东北大学、中冶京诚等单位在中厚板超快速冷却装备和控轧控冷工艺技术方面取得了可喜的研究成果。

（3）复合板轧制技术。宝钢开发了多种品种规格的核电、管道、桥梁用复合板，并将国内压力容器用轧制复合板规格从过去的1个牌号、极限规格40 mm，拓展到目前的30个牌号、极限规格至116 mm，拓展了轧制复合板的选材范围。东北大学研发的全轧制真空复合（VRC）技术，推广应用到济钢、鞍钢、南钢、番禺珠江钢管和文丰钢铁等企业。

（4）LP钢板轧制技术。日本JFE、德国Dillinger和捷克维特科维策等都能够生产多种级别的造船和桥梁用LP钢板，我国鞍钢、宝钢等多家钢铁企业也具备LP板的生产能力，其中鞍钢创新开发出LP钢板生产与应用技术集成，包括模型设计、轧制设备优化以及轧制过程中的具体控制方法，打破了国外的长期技术垄断。

2.1.2.2 中厚板轧制设备技术发展现状

图2-4是典型的中厚板生产工艺，产线主要设备包括：加热炉、除鳞箱、粗轧机、精轧机、预矫直机、快速冷却装置、热矫直机、冷床、压平机、冷矫直机、涂漆机、淬火机、热处理炉、火切机、切头剪、双边剪、定尺剪、检查翻板机、预堆垛机。

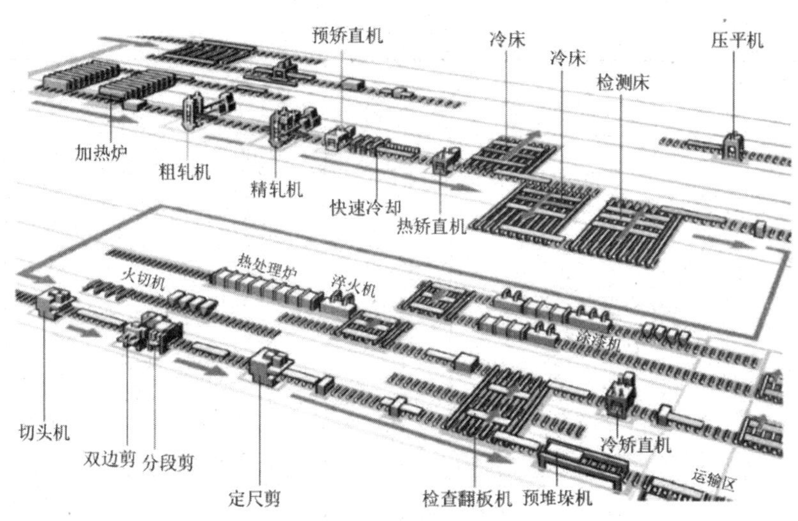

图 2-4　中厚板生产工艺流程

（1）中厚板产线情况

表2-1给出了国外主要中厚板产线，其中，美国10余套、日本12套、德国12套、俄罗斯8套、韩国8套。机型大部分采用单机架四辊和双机架四辊轧机，美国、日本、德国等发达国家建设的中厚板轧机大部分在20世纪50年代到70年代之间，少数几个国家中厚板轧机建于20世纪90年代末和21世纪初。总体而言，国外近年来新建的中厚板轧机产线数量不多，但新建产线大部分都是5000 mm及以上的宽厚板轧机。

表 2-1　国外目前仍生产的中厚板厂

序号	工厂名称	轧机		投产时间
		形式	规格/mm	
1	美国公司格里厂	4h+4h	5340+5335	1962年
2	伯利恒伯恩思港厂	4h+4h	4064+4064	1964年
3	美国公司巴铰厂	2h+4h	4064+4064	1969年
4	俄勒冈波特兰厂	4h单炉卷	3758	1997年
5	IPSCO蒙特利埃厂	4h单炉卷	3400	1997年
6	IPSCO莫比尔厂	4h单炉卷	3400	1997年
7	纽柯公司	4h单炉卷	3400	2000年
8	阿姆科奥斯领	4h	406	1962年
9	凤凰克莱蒙特	2h+4h	3050+4064	1968年
10	共和国加兹登	2h+4h	3404+3404	1965年

（续表）

序号	工厂名称	轧机		投产时间
		形式	规格/mm	
11	JFE川崎水岛厂（一）	4h+4h	4700+ 4080	1967年2月
12	新日铁住金名古屋厂	4h+4h	4800+4700	1968年3月
13	新日铁住金君津厂	4h+4h	4727+4724	1968年3月
14	新日铁住金神户加古川厂	4h+4h	4727+4724	1968年4月
15	JFE（原日本钢管）福山厂	4h+4h	4700+4700	1968年4月
16	新日铁住金鹿岛厂	4h+4h	5335+4724	1970年10月
17	JFE川崎水岛厂（二）	4h	5490	1975年4月
18	新日铁住金大分厂	4h	5500	1976年6月
19	JFE（原日本钢管）扇岛厂	4h	5500	1976年12月
20	JEF京滨	4h	5280	1976年
21	日本制钢室兰	4h	4800+4300	1977年改造
22	新日铁八幡	2h+4h	4700+4080	1972年
23	多特崇德赫尔德厂	4h	3150	1965年
24	米尔海姆厂	4h	5100	1972年
25	迪林根厂	4h 4h+4h	4300 5500+4800	1971年 1986年改造
26	含尔茨吉特尔埃尔森堡厂	4h	3700	2002年
27	莱茵米尔海姆厂	4h	4800 5000 5100	1950年 1956年改造 1969年改造
28	波鸿多特蒙德厂	4h+4h	4000+3150	1952年 1966年改造
29	含尔茨吉特尔瓦坦斯坦厂	4h+4h	3200+3200	1952年
30	杜伊斯堡厂	4h	3650 3700 3900	1955年 1964年改造 1978年改造
31	多特蒙德林尔德厂	4h	3150	1965年
32	米尔海姆厂	4h	5100	1972年
33	合尔茨吉特尔埃尔森堡厂	4h	3700	2002年
34	西西伯利亚公司	4h+4h	5000	1981年
35	日丹诺夫公司依里奇厂	4h+4h	3600+3600	1983年
36	伊诺尔斯克公司	4h	2800	1984年
37	诺伏特罗斯克厂	4h	5000	1985年
38	谢韦尔钢铁公司	4h	5000	2004年
39	马格尼托格尔斯克公司	4h	5000	2007年

（续表）

序号	工厂名称	轧机		投产时间
		形式	规格/mm	
40	下塔吉尔公司	4h	5000	2009年
41	联合冶金公司维可萨厂	4h	5000	2010年
42	浦项1号中厚板	4h	3400	1972年
43	浦项2号宽厚板	4h+4h	4724+4724	1978年
44	清项3号中厚板	4h	4300	1997年
45	东国2号中厚板	4h+4h	4300+4300	1997年
46	东国1号中厚板	4h	3400	1991年
47	东国3号宽厚板	4h	5000	2008年
48	现代1号宽厚板	4h+4h	5000+5000	2008年
49	浦项4号宽厚板	4h+4h	5000+5000	2009年

表2-2给出了我国主要中厚板产线。目前我国拥有中厚板产线约76条，原有的14套三辊劳特式轧机已全部淘汰，总设计产能约10000万t。机型也基本采用单机架四辊和双机架四辊轧机，投产年份在2004年和2010年之间。2010年之后，新建中厚板产线数量不多，只有南钢宽厚板、鞍钢鲅鱼圈中厚板和文丰唐海县宽厚板3套，营口3800 mm双机架中厚板轧机在2019年年底投产。

表 2-2　2001—2017 年全国中厚板轧机建设情况

序号	厂名	投产初始轧机状况		初始投产年份	投产初始产能/万 t	备注
		形式	规格/mm			
1	南岗板卷	4h	3500	2004	100	
2	河北文丰中板	2h+4h	2800+3000	2004	80	
3	宝钢宽厚板	4h	5000	2005	140	2008 年改成 4h 5000m+4h 5000m
4	安阳永兴厚板	4h	3500	2005	80	已迁往沙钢
5	湘钢 1 号厚板	4h+4h	3800+3800	2005	140	
6	河南濮阳中板	4h+4h	3500+3500	2005	80	
7	河南汉冶中板	4h+4h	3200+3500	2005	120	
8	无锡兆顺中板	4h+4h	3300+3300	2005	120	半停产
9	临汾中厚板	4h	3000	2005	100	2007 年改成 4h 3000 mm+4h 3300 mm
10	新余中厚板	4h+4h	3800+3800	2006	140	
11	河北敬业中板	4h+4h	3000+3000	2006	100	
12	沙钢 1 号宽厚板	4h	5000	2006	140	
13	首秦宽厚板	4h	4300	2006	120	二期改成 4h 4300 mm+4h 4300 mm

（续表）

序号	厂名	投产初始轧机状况		初始投产年份	投产初始产能/万 t	备注
		形式	规格/ mm			
14	天津中厚板（塘沽新建）	4h+4h	3500+3500	2006	130	
15	邯钢二中厚板	4h	3500	2006	100	
16	唐山中厚板	4h+4h	3500+3500	2006	120	
17	上海嘉定中板	4h	2500	2006	40	靠购买坯料生产
18	张家港华伟中板	4h	2300	2006	30	靠购买坯料生产
19	安钢炼轧炉卷	4h	3450	2006	110	未实现炉卷，全部产品为板
20	韶钢厚板炉卷	4h	3450	2006	110	未实现炉卷，全部产品为板
21	包钢宽厚板	4h	3800	2007	120	
22	舞钢新厚板	4h	4100	2007	100	2008 年改成 4h 4100 mm+4h 4100 mm
23	福建三明中厚板	4h	3000	2007	80	现改成 4h 3000 mm+4h 3000 mm
24	江苏丹阳飞达中厚板	4h+4h	2800+2500	2007	90	
25	天（津）钢中厚板	4h+4h	3500+3500	2007	120	
26	江苏常达中板	4h	2500	2007	50	靠购买坯料生产
27	湘钢 2 号宽厚板	4h	3800	2008	100	2012 年停产、2017 年恢复生产
28	沙钢 2 号宽厚板	4h	5000	2008	160	
29	河南汉冶厚板	4h	3800	2008	120	
30	莱钢宽厚板	4h+4h	4300+4300	2008	140	
31	鄂钢宽厚板	4h	4300	2008	120	
32	宝钢罗泾宽厚板	4h+4h	4290+4290	2008	160	现已搬至广东湛江
33	鞍钢鲅鱼圈宽厚板	4h+4h	5500+5000	2008	200	
34	新疆八一宽厚板	4h+4h	4200+3500	2008	100	
35	江苏常熟益城中板	4h	2500	2008	50	靠购买坯料生产
36	湘钢 3 号宽厚板	4h+4h	5000+5000	2009	180	
37	营口宽厚板	4h+4h	5000+5000	2009	180	
38	宝钢特钢中厚板	4h	2800	2009	30	
39	兴澄特钢炉卷	4h	3500	2009	100	二期改成 3500 mm+3500 mm
40	九江中厚板	4h+4h	3500+3500	2009	130	
41	兴澄特钢宽厚板	4h+4h	4300+4300	2010	160	
42	重钢新宽厚板	4h+4h	4100+4100	2010	140	
43	济钢宽厚板	4h+4h	4300+4300	2010	150	
44	南钢宽厚板	4h	5000	2012	160	

（续表）

序号	厂名	投产初始轧机状况		初始投产年份	投产初始产能/万 t	备注
		形式	规格/ mm			
45	鞍钢鲅鱼圈中厚板	4h	3800	2012	80	因市场形势，未启动生产
46	文丰唐海县宽厚板	4h	4300	2014	120	
47	营口宽厚板	4h+4h	3800	2019	150	在建

图2-5给出了我国中厚板产线宽度分类占比情况。辊身长度小于3000 mm的轧机生产线42条，占比39.47%，其中单机架15套，双机架27套；3500 mm轧机生产线12条，占比15%，其中单机架6套，双机架6套；3800 mm轧机生产线5条，占比6%，其中单机架2套，双机架3套；4200 mm/4300 mm轧机生产线14条，占比17%，其中单机架5套，双机架9套；5000 mm及以上的轧机占比9%，全国共7台，其中单机架2套，双机架5套，均为2005年以后建设，其轧制力大、轧制板宽大、前后工序配套能力强，主要用于生产厚板和特厚板高端产品。

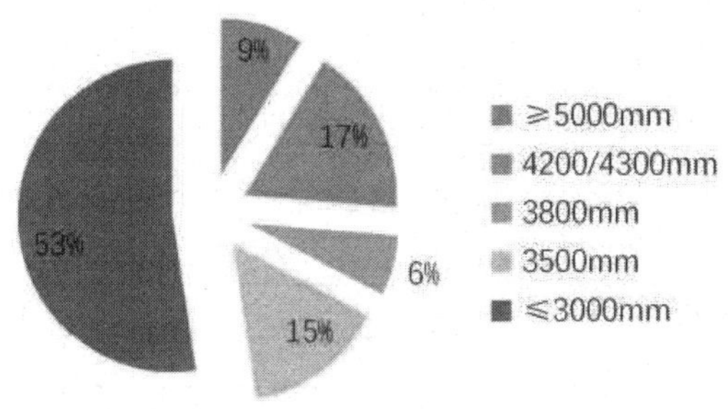

图 2-5　国内中厚板轧机宽度分类占比情况

除九江中厚板3500 mm轧机、重钢中厚板4100 mm轧机等少数几套轧机主要依靠国内技术和设备建设之外，其他3800 mm及以上轧机都依靠引进西马克、奥钢联、达涅利等国外核心技术。在中厚板设备国产化方面，中冶京诚具有厚板自主创新技术，研发了新一代大型中厚板轧机，形成了2800 mm、3500 mm、3800 mm、4300 mm及5000 mm等全系列产品，提出中厚板产线直通新生产工艺，即轧制→冷却→矫直→剪切，显著提升了生产效率。

（2）中厚板轧制设备技术水平

我国21世纪前建设的四辊轧机，经过多轮技术改造，轧机各项指标都有大幅提高，如鞍钢4300 mm轧机的轧制力已达到80000 kN。21世纪建设的3800 mm

轧机也都具有强力型轧机的高刚度、大轧制力矩等特征；建设的4000～4300 mm级轧机，轧制力在80000～90000 kN、主马达功率在2×（8000～9000）kW之间；建设的5000 mm级轧机，轧制力在100000～120000 kN之间，主马达功率在2×（10000～11000）kW之间。表2-3给出了中、日、美三国代表性宽厚板精轧机装备参数对比情况。

表 2-3　中、日、美三国代表性宽厚板精轧机装备参数对比

序号	对比项目	中国宝钢5000 mm精轧机	日本水岛5490 mm精轧机	美国格里5335 mm精轧机
1	投产时间	2005年3月	1976年4月	1961年（1991年已改造）
2	牌坊截面面积/cm^2	9400	10000	5800
3	牌坊重量/t	400	380	220
4	工作辊直径/mm	1210	1200	825
5	轧制力/kN	10000	10000	5000
6	主电机功率/kW	2×10000	2×8000	2×4472
7	轧机刚度/$kN \cdot mm^{-1}$	84000	100000	4800
8	开口度/ mm	550（750）	850（1024）	1000（1010）
9	轧制速度/$m \cdot s^{-1}$	7.3	7.5	3.5
10	热矫直力/kN	44000	41000	2000
11	矫直钢板厚度/mm	80	40	≤38
12	冷床形式	步进格式	步进格式	拉钢式
13	冷床面积/m^2	5000	6700	2700
14	剪切机形式	滚切双边剪	滚切双边剪	闸刀剪
15	热处理炉形式	氮气保护无氧化辊底式	无氧化和直辊底式	直火辊底式
16	加热炉形式	步进式	步进式	推钢式
17	加热能力/$t \cdot h^{-1}$	265×2座	230×2座	135×2座
18	原料单重/t	锭70/坯25.3	锭110/坯36	锭132/坯27.5
19	年产能力/万t	单机架140/双机架180	双机架160	双机架120
20	装备水平	20世纪90年代末	20世纪70年代末	20世纪60年代末

目前，世界最宽的宽厚板轧机规格为5500 mm，全世界仅6台，分别位于日本新日铁大分钢厂、JEF京滨厂（原日本钢管扇岛厂）、JEF仓敷厂（原川崎制铁水岛厂）、住友金属鹿岛厂、德国迪林根钢厂和中国鞍钢鲅鱼圈新厂。图

2-6是我国鞍钢5500 mm中厚板轧机。该机组工艺设计由鞍钢总负责，联合德国SMS及Siemens公司、德国LOI公司、中国一重等单位进行设计和集成建设，主要包括加热、轧制、加速冷却、矫直、自动化剪切、超声波无损探伤和无氧化热处理等工序，开发了PVPC平面形状控制、LP钢板工艺控制、轧后在线DQ+离线回火等先进技术。

图 2-6　鞍钢 5500 mm 中厚板轧机

我国新建中厚板轧机大部分设置了立辊轧机，如宝钢、沙钢、营口、兴澄、宝钢罗泾及舞钢新厚板厂，主要功能是辅助实现平面板形控制。但在实际生产中，由于立辊轧机削弱轧线产能的矛盾突出，无法达到提高成材率的目标，因此立辊轧机在实际生产中投入较少。因此，立辊轧机平面形状控制技术、立辊轧机是否需要存在都值得进一步深入研究探讨。

图2-7是以卷轧方式生产中厚板和热轧卷的炉卷轧机，在20世纪80年代中后期开始受到广泛关注。表2-4给出了我国炉卷轧机的基本情况，国内共有10套炉卷轧机，投产时间在2002—2006年，大部分引进西马克、奥钢联、达涅利公司技术。日照钢铁有限公司委托西马克为其提供一台炉卷/中厚板轧机，于2019年投产。该产线设备配置为：主轧机、入口侧立辊轧机、液压辊缝调节系统、CVC®plus装置、立辊宽度控制系统（AWC），其中四辊可逆式轧机的轧制力为90000 kN。

图 2-7　炉卷中厚板轧机

表 2-4　我国炉卷轧机基本情况

公司（厂）名	投产时间	轧机规格	轧机组成	产品规格/mm	年产量/万t
酒钢炉卷轧机	2002	1800 mm	双机架	卷1.5～12.7×900～1600 单重31 t	80
昆明炉卷轧机	2002	1725 mm	双机架 串列式	卷2.5～12.7×600～1550 单重28.5 t	70 （120）
泰山炉卷轧机	2008	1800 mm	双机架	卷2～25×800～1600 单重33 t	80
南钢3500 mm中厚板卷厂	2004	3500 mm	板炉卷	卷2.5～20×1600～2500 板4.5～50×1600～3200	100
安钢3450 mm中厚板厂	2005	3450 mm	板炉卷	板4.5～50×1600～3200	110
江苏兴澄特钢中厚板卷厂	2009	3500 mm	板炉卷	卷：2.5～20×1500～2500 板：5～50×1500～3200	100
宝钢特钢厂炉卷轧机	2010	2800 mm 2000 mm	开坯轧机 炉卷轧机	卷：2.5～7 ×800～1600 板：6～50×600～2100 卷单重30 t	28 （75）
韶钢	2005	3450 mm	板炉卷	板9～40×15003～250	100
东方特钢	2009	1800 mm	开坯轧机 炉卷轧机	卷：3～32×1000～1550 单重25 t	50
张家港浦项	2006	1800 mm	开坯轧机 炉卷轧机	卷：2～12.7×800～1600 单重30 t	60

2.1.3 中厚板轧制设备技术发展趋势

中国中厚板从无到有，从弱到强，从依赖进口到自主研发，为我国成为制造业大国、制造业强国发挥了积极的支撑作用。新时代、新征程，去产能问题、发展转型问题、安全环保问题、市场竞争问题等等，都是摆在中国中厚板钢铁企业面前必须解答的问题。纵观中国中厚板几十年的发展和当前所面临的实际状况，中国中厚板的发展趋势主要体现在以下几个方面：

（1）限制和优化产能的问题。目前我国中厚板产能近1亿t，而我国的基础设施建设达到一定阶段后，市场需求将趋于饱和。2019年一季度GDP增长6.4%，而粗钢产量同比增长了9.92%，粗钢产量的增长将进一步透支以后的钢铁需求。因此，大多数中厚板钢铁企业不可能再持续原有的规模效益，必须实施中厚板产品的结构转型，实现从粗放生产到精致生产的转型。

（2）实现价格比拼到科技比拼的转型。目前，对于低端中厚板市场产品，由于生产门槛较低，残酷激烈的价格战势必导致企业压低成本，由此导致部分企业采取一些急功近利的做法并在一定时期内形成恶性循环。而对于中厚板高端产品，生产门槛高、难度大、周期长、成本高、占用生产资源多，必然要求生产企业具有勇于探索和奉献的精神，需要国家加大政策扶持力度，引导企业加大科研研发力度，提升高端产品品质。当前，我国每年依然要从国外进口中厚板上百万吨，各类板材上千万吨。2019年一季度我国进口钢材290万t。用自主生产的高端产品替代进口产品需要中厚板钢铁企业持续不断的科技创新投入。

（3）装备技术的提升需要制造企业和钢铁企业联合研究开发。目前我国中厚板轧机的轧制自动控制技术的一些关键部件仍被国外企业所垄断，例如弯辊装置、液压AGC油缸、关键的伺服阀及阀组、安全联轴器等。中厚板轧机自动控制技术和关键装备与部件急需实现国产化，整体生产水平急需得到突破和提高。因此，装备技术的升级换代和技术国产化都是未来发展的课题，需要制造企业和钢铁企业联合进行研究开发。

（4）节能环保问题。十多年前甚至更早建设的中厚板企业，高耗能高污染是绑在企业身上的沉重负担。加快节能环保改造，适应新时代的国家环保要求势在必行，是企业长远生存和发展的根本所在。

（5）实施国际化钢铁产能合作，走国际化钢铁发展之路。2019年4月25日，中宣部向全社会发布河钢集团塞尔维亚公司管理团队的先进事迹，授予他们“时代楷模”称号。中厚板钢铁企业应当积极实施国际化钢铁产能合作，走国际化钢铁发展之路，聚焦重点地区、重点国家、重点项目，以基础设施互联互通、产能合作为抓手，谋划和实施一批能够真正为当地带来福祉、具有示范意义的项目，加快“走出去”步伐。

2.2 板带热轧设备技术现状与发展趋势

2.2.1 热轧板带产业发展概况

热轧板带厚度一般为1～20 mm，宽度一般为600～2000 mm，具有强度高、韧性好、易于加工成型等优良性能，是重要的钢材品种，可以直接使用，也可以供给冷轧作为原料，广泛用于汽车、电机、化工、造船等工业部门。热轧板带一般分为中厚宽带钢、热轧薄宽带钢和热轧薄板，如表2-5所示。其中中厚宽带钢是最具代表性的品种，其产量占比约为热轧板带总产量的2/3。

表 2-5　热轧钢板分类

中厚宽带钢	厚度≥3 mm且＜20 mm，宽度≥600 mm，用连续式宽带钢热轧机或炉卷轧机等设备生产、卷状交货的带钢
热轧薄宽带钢	热轧薄宽带钢是指厚度＜3 mm，宽度≥600 mm，用连续式宽带钢热轧机或炉卷轧机或薄板坯连轧等设备生产、卷状交货的带钢
热轧薄板	厚度＜3 mm的单张钢板。热轧薄板通常用连续式宽带钢轧机、薄板坯连铸连轧等设备生产、板状交货的带钢

（1）热轧板带产量发展情况

截至2019年，全国热轧板带的年产能约为2.5亿t。分区域看，华北地区是我国热轧板带产能最大的地区，产能10398.5万t，占国内总产能的42%，其中单河北省年产能就高达9296.3万t；华东地区产能5712.3万t，占国内总产能的23%；东北地区产能4149.34万t，占国内总产能的17%；西南地区产能2191.8万t，占国内总产能的9%；中南地区产能1750万t，占国内总产能的7%；西北地区产能612.3万t，占国内总产能的2%，如图2-8所示。

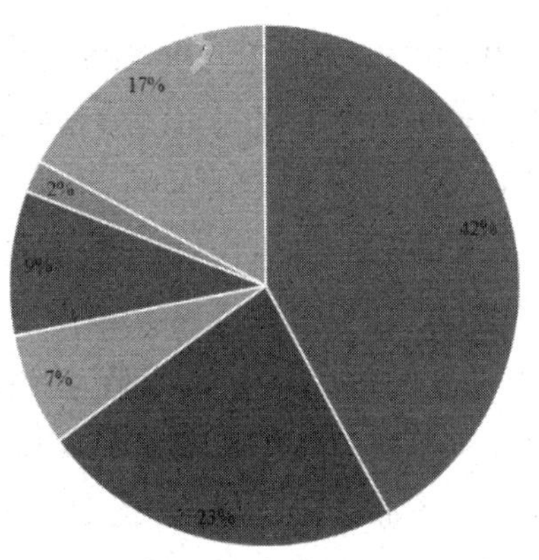

图 2-8　热轧板带区域产能分布占比

（2）我国热轧板带产品进出口情况

2005年前我国热轧板带基本呈净进口的态势。自2006年开始，随着国内产能的快速增长，我国热轧板带出口量明显增长。除金融危机后的2009年外，均为净出口。其中2006—2008年出口量维持较高水平，这三年出口量均占国内产量的10%以上。2010年后热轧板带出口量虽有所增加，但出口量占国内产量比例较低，2011—2013年基本维持在3.3%～3.7%。近年来，热轧板带进口数量逐年上升，出口数量逐年下降。总体来看，2018年1—12月累计进口219.19万t，与2017年同期相比增加16.71吨，同比增加8.3%，主要从日本进口。累计出口1077.57万t，与2017年同期相比减少265.78万t，同比减幅19.8%，主要向东南亚出口。其中热轧中厚宽带钢为热轧钢板进出口大头，占进口数量的96%、出口数量的97%。从季度来看，历年冬季都是热轧板带的出口淡季，历年的10、11月的进口量都是最高点，2018年高达27.23万t。

2.2.2 板带常规热连轧设备技术发展现状

2.2.2.1 常规热连轧生产新工艺新技术

新建成的热轧宽带钢连轧机组极大地促进了我国热轧带钢装备水平的提高和生产技术的进步，实现了热轧带钢装备技术的跨越式发展。热轧宽带钢的先进技术主要体现在：高精度断面形状及板形控制，高表面质量控制，柔性轧制，减量化生产，节能降耗，高效生产，热轧超薄带钢生产，以及结合快速冷却和高效冷却路径控制的高性能带钢生产技术等。

（1）热轧新品种开发。在热轧高性能高强钢方面，已开发成功390～780

MPa级高强度低合金钢、590 MPa级双相钢、590 MPa级高扩孔铁素体贝氏体钢、780 MPa和980 MPa级复相钢以及1270 MPa和1470 MPa级含硼钢等汽车用钢。但高强汽车用钢的生产还存在性能不稳定等问题。随着工程机械行业的跳跃式发展，屈服强度700 MPa级高强钢得到大规模应用，在起重机和泵车上已逐步取代600 MPa级钢板，900 MPa级以上产品也实现了商业化。但与国外同类产品相比，残余应力和板形控制方面还存在很大差距，更高强度级别以及薄规格调质产品还需进一步开发。国内多家热连轧生产线都可以生产X80级的18.4 mm规格的产品，尺寸精度、表面质量、性能稳定性都有明显的进步，但抗酸性环境腐蚀管线钢，包括抗HS和CO_2腐蚀管线钢还需要进一步研究开发。在耐候、耐火等特殊性能钢方面，已开发出屈服强度600 MPa级高耐大气腐蚀钢和700 MPa级耐大气腐蚀钢，用于集装箱生产。屈服强度700 MPa以上级别高耐大气腐蚀高强度钢还需进一步开发。与美国的高耐候COR-TEN钢相当的建筑用抗拉强度400 MPa级和490 MPa级耐火耐候钢也开发成功，并有一定的使用业绩，但还需要与建筑设计单位进一步协同开发，一方面拓展其使用领域，另一方面提升品种规格范围。

（2）板形控制技术。粗轧机和精轧机的全部机架采用变接触长度支撑辊技术，自动消除辊间“有害接触区”，将低横向刚度辊缝转化为高横向刚度辊缝，增加轧机对板形干扰因素的抵抗能力，改善轧机的板形调控性能，降低轧辊消耗。在精轧机组的上游机架（如F1～F4）采用高效变凸度工作辊技术，通过窜辊使其板形调节能力与带钢宽度成线性关系，在大幅度增加轧机整体板形控制能力的同时，增强对窄规格的板形调控能力。在下游机架采用常规工作辊，通过轧辊往复周期的窜动，均匀化轧辊的磨损，以适应自由规程轧制的要求。为兼顾整个轧制单位内的板形控制，设计了特殊的变行程的常规工作辊窜辊策略。针对特殊的品种，如硅钢，也可在末机架或末两个机架采用非对称工作辊技术，实现板形控制和磨损控制的双重功能，对带钢边部板形进行有效控制。考虑到热带钢轧机板形控制特性的上下游辊形配置策略，采用能适应灵活辊形配置的、功能齐全的板形控制模型，包括过程控制级的板形设定模型、板形自学习模型和基础自动化级的平坦度反馈控制模型、凸度反馈控制模型、弯辊力前馈控制模型、板形板厚解耦模型及轧后冷却平坦度补偿策略，实现高精度的板形自动控制。

（3）自动控制技术。自动控制技术对热轧宽带钢的产品性能、生产效率、成材率等有重要的影响，决定着热连轧生产线的先进程度。我国经过多年的消化、吸收和创新，成功开发了全套热连轧工艺模型和控制模块，并成功应用于武钢1700 mm、重钢1780 mm等多条热连轧生产线，取得了良好的控制效果。自动控制系统的开发和应用也为今后的技术升级和进步奠定了扎实的基础。为了满足热连轧快速、精确控制的要求，控制系统的配置需充分考虑热连轧生产工艺特点以及自动控制系统硬件、软件的发展趋势，以保证整个系统的先进性、可靠性、开放性和便于维护。先进控制功能主要包括规程计算、AGC子系统、精轧温度控制、卷取温度控制等功能。规程计算对带钢头部的厚度控制精度有决定性的影响。根据生产工艺特点，轧件从出炉到卷取完成这段时间内要进行多次规程设定计算，包括预计算、再计算、后计算、模型自适应。开发了各种AGC控制算法及组合使用策略，包括厚度计AGC、监控AGC、前馈AGC等。另外为了提高厚度控制精度，使穿带、抛钢过程稳定，采用多种补偿方案，如两侧油缸的同步控制、伺服阀流量补偿、咬钢冲击补偿、轧辊偏心补偿等。AGC的关键参数采用专家系统、神经网络等先进算法进行整定和优化。终轧温度控制包括头部终轧温度控制和全长终轧温度控制两部分。轧件头部终轧温度控制的目的是将轧件头部离开精轧机组时的温度控制在所要求的范围内，并为全长终轧温度控制提供良好的初始条件。在精轧预设定计算时，该系统根据预测的精轧入口处带钢全长温度变化，计算出合适的温度加速度，通过加速度控制带材全长温度的波动趋势。卷取温度控制。相对于传统的统计回归模型，该系统采用基于有限差分算法的温度预报模型，可以比较细致地考虑换热边界条件、厚度方向热传导、带钢热物性参数与带钢的温降之间相互影响的关系。

2.2.2.2 常规热连轧轧制设备技术现状

带钢常规热连轧仍是生产热轧钢板的主要方式，如图2-9所示，其设备布置包括：步进式加热炉、一次高压水除鳞机、定宽压力机、四辊粗轧机组（单机架或双机架）、切头剪、精轧前高压水除鳞机、精轧机组、带钢层流冷却装置、地下卷取机等。部分机组还配有保温罩、热板卷箱、边部加热器等设备。轧制完毕后，钢卷运输线还配有取样检查装置、整分卷线、条横切线、热轧磨辊间、与生产线相配套的电气自动化系统、水处理设施、液压润滑等辅助设施。

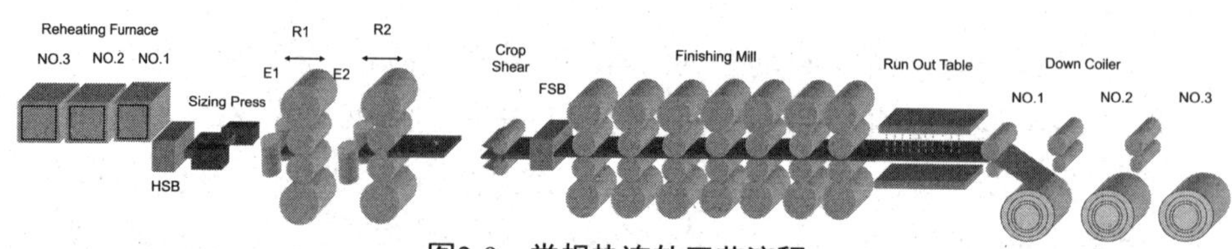

图2-9 常规热连轧工艺流程

20世纪90年代末，在鞍钢的现代化改造中，热连轧带钢成套设备国产化的目标得以初步实现，由鞍钢、北科大、一重共同完成了第一套机械设备、自动化控制系统和模型全部国产化的现代化热连轧宽带钢轧机的建设。此后，莱钢1500 mm热连轧、日照钢铁1580 mm热连轧、济钢1700 mm热连轧、重钢1780 mm热连轧、鞍钢2250 mm热连轧等机组均成功建设。近年来新建的常规热连轧的建设主要是以自主集成为主，1250～2250 mm热连轧，其机械设备国产化无论一重还是二重都已成熟，只是传动和自动化系统的配置有差别，有国内的也有引进的，目前国内水平与国外还有一些差距。2017年，青山集团、一重、北京科技大学在印尼合作建设的1780 mm不锈钢热连轧机成功投产，这是我国在现代化热连轧机成套技术装备出口方面迈出的有意义的一步。

从轧机规格看，我国现有宽度500～1000 mm机型：850、880、950、1150、1250等中宽带热连轧机约20套；宽度1000～1600 mm机型：1450、1500、1580、1700、1750、1780、1880等常规热连轧机约35套；宽度1000～2000 mm机型：2050、2150、2160、2250、2300等超宽带热连轧机约15套。武钢二热轧2250 mm热连轧生产线是国内首条“超宽”热轧中薄板生产线，全机组均采用CVC技术，其板形控制处于国际先进水平。2250 mm产线以产品规格范围宽、轧制品种多为特征，在汽车面板、战备石油大型储罐用钢、高强度石油焊管、高强度结构用钢等方面具有较大的优势。随后，太钢、马钢、邯钢等企业相继投产了同宽度的热连轧机组。表2-6是我国2000 mm以上主要热连轧产线统计结果。

表 2-6 我国 2000 mm 以上主要热连轧产线统计

名称	投产年份	机械设备	电气设备
宝钢2050	1989	SMS	SIEMENS
武钢2250	2003	SMS	SIEMENS
鞍钢2150	2005	一重	鞍钢-北科大
首钢迁钢2160	2007	SMS	SIEMENS
首钢京唐2250	2009	SMS	TMEIC
太钢2250	2006	SMS	TMEIC

（续表）

名称	投产年份	机械设备	电气设备
日钢2250	2008	一重	SIEMENS
邯钢2250	2008	一重	TMEIC
马钢2250	2007	SMS	TMEIC
本钢2300	2008	SMS	TMEIC
柳钢2032	2005	DAVY	BESTPOWER
涟钢2250	2009	一重	TMEIC
宝钢湛钢2250	2015		

常规热连轧设备中粗轧机组和精轧机组是主要的轧制设备。粗轧机组设备中主要包括定宽压力机和二辊/四辊轧机，如图2-10所示。四辊轧机的应用更为广泛，目前我国主要热连轧产线四辊粗轧机主要技术参数如表2-7所示。粗轧机组的配置具有多种型式，目前主要型式有以下4种。

图 2-10　侧压定宽机与粗轧机

（1）1架带附属立辊的四辊可逆粗轧机，该种配置型式的特点：所有粗轧道均由1架粗轧机来完成，立辊轧机负责板坯调宽及宽度控制，粗轧机组工作繁重，轧线长度最短、设备重量最轻，建设投资低，根据生产的产品品种不同，生产规模在400万～450万t之间。

（2）板坯定宽压力机+1架不可逆二辊粗轧机+1架带附属立辊的四辊可逆粗轧机，该种配置型式特点：定宽压力机用于实现板坯调宽，第一架不可逆粗轧机只能进行一个道次的轧制，主要用于压平定宽压力机侧压产生的狗骨或对不侧压的板坯进行一道次减薄，第二架粗轧机承担板坯厚度的主要减薄轧制，第二架粗轧机前立辊用于对中间坯进行宽度控制，适合于450万t左右的生产规模。

（3）板坯定宽压力机+1架带附属立辊的可逆二辊粗轧机+1架带附属立辊的四辊可逆粗轧机，该种配置型式特点：定宽压力机用于实现板坯调宽，第一架可逆粗轧机用于压平定宽压力机侧压产生的狗骨并承担一部分板坯的减薄任务，第二架粗轧机用于对板坯进行进一步减薄轧制。粗轧轧制道次分配较为灵活，生产低碳软钢产品时可利用出炉板坯温度较高，第一架粗轧机辊径大适合大压下的特点，对板坯采用轧制节奏快的“3+3”的轧制策略；生产高强钢产品时可利用第二粗轧机刚度好、主传动功率大的特点，对板坯采用“1+5”的轧制策略，两个立辊用于对中间坯进行宽度控制，生产规模可达550万t。

表 2-7　我国主要热连轧产线四辊粗轧机主要技术参数

规格/mm	轧制力/kN	轧制速度/（m·s^{-1}）	主电机		原料规格	年产量/万t
			数量	额定功率/kW	连铸坯（厚×宽×长）/mm	
1250	25000	0～2.5/5.0	2	4500	150～250×1100～2000×1500～2800	150
1450	42000	0～2.85/5.7	2	6500	180～200×900～1300×12000	200
1580	42000	0～2.8/6.6	2	7500	180～200×800～1500×9000～10000	250
1700	42000	0～2.8/6.3	2	7500	230×800～1550×9000～11000	320
1780	43000	0～2.8/6.3	2	7500	230×800～1650×9000～11000	350
2060	50000	0～3.27/6.54	2	9000	230×900～1930×9000～11000	450
2250	55000	0～3.0/6.5	2	9500	230×1100～2180×9000～11000	500

（4）板坯定宽压力机+1架带附属立辊的四辊可逆粗轧机+1架带附属立辊的四辊可逆粗轧机，该种配置型式特点：板坯定宽压力机用于实现板坯调宽，第一架可逆粗轧机用于压平定宽压力机侧压产生的狗骨并承担板坯的减薄任务，第二架粗轧机可对板坯进行进一步减薄轧制。粗轧轧制道次分配更为灵活，无论生产低碳软钢还是高强钢产品，粗轧机组均可对板坯采用轧制节奏快的“3+3”的轧制策略，仅对少数更硬的产品采用“3+5”等其他轧制策略。两个立辊用于对中间坯进行宽度控制。设备重量在四种配置型式中最重、粗轧主传动装机容量最大。粗轧机组生产能力较精轧机组高很多，生产规模可达550万t。

精轧机组是热轧带钢的成品轧机，是热轧带钢生产的核心部分，轧制产品的质量水平主要取决于精轧机组的技术装备水平和控制水平，如图2-11所示。板坯进入精轧机组之前，首先要进行测温、测厚并接着用飞剪切去头部和尾部，带钢切头后即进行除鳞，轧机在飞剪与第一架精轧机间设置高压水除鳞箱以及在精轧机前机架设有高压水喷头清除次生氧化铁皮。精轧轧制工序中采取低速穿带再与卷取机同步升速进行高速轧制，使得轧制速度大幅提高。末架轧制速度一般已提高到24 m/s，最大可达到28 m/s。精轧机组一般是由6～7架四辊轧机组成。现代热连轧精轧机很多的技术发展依然集中在板形、厚度精度、温度与性能的精准控制、表面的质量控制等方面，比如广泛使用的强力弯辊（WRB）系统、工作辊窜辊（HCW、CVC）和对辊交叉（PC）技术，工作辊的精细冷却、高精度的数学模型的不断改进等，都使热轧产品的质量不断提高。日本提出的新型轧机技术在热连轧机组的最后3个机架上采用单辊驱动和不同辊径工作辊，轧制过程中驱动大直径的下工作辊（直径620 mm），而较小直径的上工作辊从动，其优点是轧制中有剪应力产生，降低轧制力，减少边降和增大压下量。在国内称为异步轧制技术，国内的实验室实验也表明，该生产方法对降低轧制力有明显的效果。在目前的情况下用低温大变形生产超细晶粒钢和超高强度钢，这种设备是很有效的。

图 2-11　精轧机组

2.2.3 薄板坯连铸连轧设备技术发展现状

薄板坯连铸连轧是20世纪80年代末开发成功的生产热轧钢卷的一种全新的短流程工艺技术，该技术将过去的炼钢厂和热轧厂有机地压缩、组合到一起，缩短了生产周期，降低了能量消耗，从而大幅度提高了经济效益。对此各国都给予了高度关注，并先后投入了大量的人力、物力进行研究、开发和推广。

2.2.3.1 薄板坯连铸连轧生产工艺

CSP紧凑式热轧带钢生产技术是较为成熟的典型薄板坯连铸连轧工艺技术之一。CSP生产线的设备布置一般为：电炉或转炉炼钢→钢包精炼炉→薄板坯连铸机→剪切机→辊底式隧道加热炉→粗轧机（或没有）→均热炉（或没有）→事故剪→高压水除鳞机→小立辊轧机（或没有）→精轧机→输出辊道和层流冷却→卷取机。轧机的布置与传统生产线不同，精轧机组与均热炉紧密衔接，大压下和高刚度轧制是现代薄板坯连铸连轧的技术特点之一。

ISP技术也称在线热带钢生产工艺。ISP生产线的设备布置一般为：电炉或转炉炼钢→钢包精炼炉→连铸机→大压下量粗轧机→剪切机→感应加热炉→克雷莫纳炉→热轧钢板箱→高压水除鳞机→精轧机→输出辊道和层流冷却→卷取机。ISP技术在带液芯压下、铸坯输送及开卷等方面采用很多的新技术，其流程短、设备紧凑，两流或三流生产时，由于工艺成卷过渡操作方便，因而优点明显。阿维迪厂几年的生产也证明，其产品质量较好。其缺点是水口寿命短，克雷莫纳炉缓冲时间短，连浇炉数少，产量不稳定。此外还有一个突出的特点是，该技术在压下轧机和连铸之间为真正的连铸连轧，二者为刚性联结，一旦发生故障将对连铸机生产造成较大的影响。

FTSR技术被称为生产高质量产品的灵活性薄板坯轧制工艺。FTSR生产线的设备布置一般为：电炉或转炉炼钢→钢包精炼炉→薄板坯连铸机→旋转式除鳞机→剪切机→辊底隧道式加热炉→二次除鳞机→立辊轧机→粗轧机→保温辊道→三次除鳞装置→精轧机组→输出辊道和带钢冷却段→卷取机。

CONROLL技术是奥钢联工程技术公司开发的用于生产不同钢种的连铸连轧生产工艺。CONROLL生产线的设备布置一般为：常规连铸机→板坯热装（或直接）进步进梁式加热炉→带立辊可逆粗轧机→精轧机组→输出辊道和层流冷却→卷取机。经过几年的生产实践证明，该工艺具有灵活性强、质量高及生产效率高等特点。

QSP技术是日本住友金属开发出的生产中厚板坯的技术。QSP生产线的设备布置一般为：电炉或转炉炼钢→钢包精炼炉→薄板坯连铸机→剪切机→辊底隧道式加热炉→立辊轧边机→粗轧机→高压水除鳞机→精轧机组→卷取机。

薄板坯连铸连轧工艺采用了许多关键技术，从而保证自身特点的实现。表

2-8给出了几种薄板坯连铸连轧技术的主要特点。与常规热连轧流程相比，薄板坯连铸连轧具有如下特点：1）工艺流程简化，设备配套减少，生产线减短，基础投资大幅度降低；2）生产周期短，从原料入炉至成品钢卷仅需2.5 h；3）能耗减少，降低了生产成本，增强了产品的竞争力；4）铸坯凝固速度快，铸态组织较均匀，第二相析出粒子细小；5）采用奥氏体直接轧制工艺，精轧前原始奥氏体晶粒粗大；6）总变形量小，道次变形量大，采用高刚度轧机大压下轧制；7）连铸坯薄，成品最大厚度受到限制；8）对包晶反应敏感，成分设计需避开包晶区；9）板坯具有良好的温度均匀性和稳定性，适于生产对温度均匀性要求较高、加工温度范围较窄的钢种；10）钢板厚度纵横向精度高，生产的薄规格热轧钢卷可以替代部分冷轧产品，从而提高了产品附加值，可以获得更好的经济效益。图2-12为常规热连轧与连铸连轧设备技术对比。

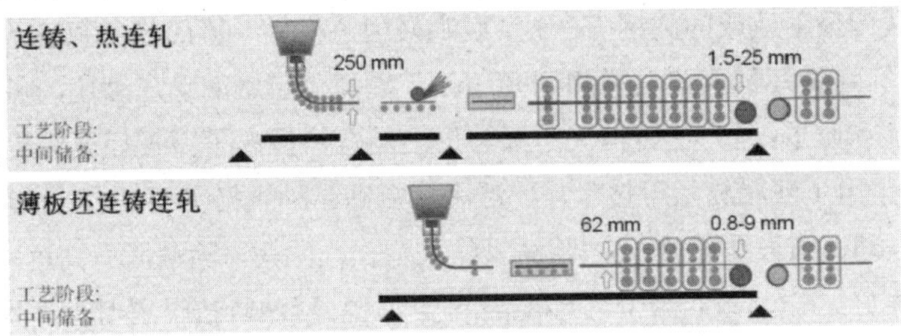

图 2-12　常规热连轧与连铸连轧设备技术对比

表 2-8　几种薄板坯连铸连轧技术主要特点

项目	CSP	ISP	FTSR	CONROOL	QSP
坯厚/mm	40～70	75～100	70～90	75～125	90～100
连铸机型	立弯式	直弧形	直弧形	直弧形	直弧形
结晶器	漏斗形	平行板形→小漏斗形	H^2（凸透镜式）	平行板形	平行板形
冶金长度/m	6～9.7	11～15.1	约15	14.6	11.2～15.7
液芯压下	未采用→采用	最早采用	采用动态软压下	无	采用或不采用
拉坯速度/（m·min^{-1}）	4～6	3.5～5	3.5～5.5	3～4	3.5～5
均热炉	辊底式均热炉	感应加热+卷取箱→辊底式均热炉	辊底式均热炉+保温轨道	步进梁式加热炉	辊底式均热炉
轧机组成	5-7F，1R+5（6）F	2R+5F	1R+6F	6F	2R+5F，2R+6F

2.2.3.2 薄板坯连铸连轧设备技术现状

我国薄板坯连铸连轧生产线目前可大批量生产碳素结构钢、低合金高强度钢、汽车用结构钢、耐候钢、管线钢、冷轧基料及电工钢等，并且各生产线产品开发各有特色。最早投产的珠钢CSP生产线以生产集装箱用钢为主，包钢和马钢CSP生产线以生产冷轧基料为主，目前马钢生产的冷轧基料在热轧卷产量中的比例接近50%。包钢在国内率先建立了CSP流程生产低合金钢、微合金钢合金化技术体系，成功开发出系列微合金化高强度管线钢、高强度汽车大梁钢等。马钢还在国内率先利用CSP工艺试制成功冷轧中低牌号无取向硅钢。涟钢CSP生产线以生产薄规格产品为主，实现了采用269 m长坯应用半无头轧制技术批量生产0.78 mm带卷的历史性突破，并且在CSP生产线上批量生产1.5 mm厚低合金高碳高强钢65Mn，该产品比传统工艺生产的65Mn钢的强度明显提高。而我国最新建成的武钢CSP生产线则采用了世界一流的技术和装备，主要包括：1）连铸坯最大厚度增加到90 mm，提高了带钢的总压缩比，可提高产品的性能和质量；2）连铸机采用漏斗形结晶器，提高了薄板坯连铸机连浇炉数；3）采用了液芯软压下技术，灵活满足轧钢品种规格需要；4）设置立辊轧机，能自动调节板坯宽度；5）除鳞系统采用二次除鳞，除鳞压力高达38 MPa，除鳞效果好；6）连轧机组采用七机架精轧机，这是兼顾到最大铸坯厚度为90 mm以及轧制成品最小厚度0.8 mm的综合结果；7）在F1和F2、F2和F3轧机之间设置快速冷却系统，可实现铁素体轧制；8）预留了高速飞剪设备和半无头轧制工艺。以上配置的高端技术和装备为生产高端产品提供了有利条件，该生产线主要生产硅钢基料、普通碳钢薄材、出口材、耐候结构钢、优碳钢、集装箱用钢、花纹板、中高碳钢等产品，其中硅钢产品比例高达40%，目前正在开发绿色低成本汽车用高强钢，主要包括低合金钢、双相钢、热成型钢。武钢CSP产品的最小厚度可达1.0 mm，可部分替代同类型的冷轧产品，大幅度降低制造成本。CSP热轧薄板因其相比于传统热轧工艺，可以使热轧板的典型生产范围从1.8 mm降低至1.2 mm，甚至1.0 mm，因而大大扩展了热轧钢板在汽车上的应用范围。目前武钢CSP短流程生产线已经完成了双相钢、热成型钢、低合金钢系列产品的工业试制，材料性能和相关应用性能试验结果与冷轧产品相当，具备批量供货能力。已与北汽、广汽等主机厂开展项目合作，目前热成型钢已经通过北汽认证，进入装车试用阶段，双相钢和低合金钢在北汽和广汽开展零件认证，广汽也在新车型上选用双相钢和低合金钢开展零件试制。表2-9是我国薄板坯连铸连轧生产线统计，是我国几处主要的CSP产线的装备技术情况。

表 2-9　我国薄板坯连铸连轧生产线统计

企业名称	产线形式	连铸流数	铸坯厚度/mm	产品厚度/mm	设计年产能/万t	投产时间
珠钢	CSP	2	50～60	1.2～12.7	180	1999.08
邯钢	CSP	2	60～90	1.2～12.7	250	1999.12
包钢	CSP	2	50～70	1.2～12.0	200	2001.08
鞍钢	ASP（1700）	2	100～135	1.5～25.0	240	2000.07
鞍钢	ASP（2150）	4	135～170	1.5～25.0	500	2005
马钢	CSP	2	50～90	0.8～12.7	200	2003.10
唐钢	FTSR	2	70～90	0.8～12.0	250	2002.01
涟钢	CSP	2	55～70	0.8～12.7	240	2004.02
本钢	FTSR	2	70～85	0.8～12.7	280	2004.11
通钢	FTSR	2	70～90	1.0～12.0	250	2005.12
济钢	ASP（1700）	2	135～150	1.5～25.0	250	2006.11
酒钢	CSP	2	52～70	1.2～12.7	200	2005.05
武钢	CSP	2	50～90	1.0～12.7	253	2009.03

武钢CSP产线于2009年3月投产运行。该产线由连铸机、辊底式均热炉和热连轧机三部分组成。主要设备：2台单流连铸机、2套旋转除鳞装置、2台摆动剪、2座辊底式均热炉、1台事故剪、1套高压水除鳞机、1架立辊轧机、1套七机架精轧机、1套带钢层流冷却系统、2台地下卷取机以及1套钢卷运输系统。预留1台用于半无头轧制的高速飞剪。武钢CSP产线产量一直维持在200万t水平，所生产的主要产品包括硅钢基料、普碳钢薄材、集装箱用钢、中高碳钢、花纹板、高强钢等，其中，硅钢基料占比超过40%，普碳钢薄材占比接近30%，另外，出口材所占比重接近16%。

马钢CSP建成于2003年10月，拥有2台薄板坯连铸机、2座辊底式加热炉、1套七机架连轧机组、2台地下卷取机及相应的水处理配套设施。该生产线配置能够进行铁素体轧制的机架间冷却和终轧强冷系统，用于半无头轧制的飞剪系统。产品尺寸规格：厚度为1.0（0.8）～12.7 mm，宽度为900～1600 mm，产品最大卷重为28.8 t。产线设计生产规模为200万t/年。马钢CSP生产线经过10多年的运行，产品大纲进行了扩展，目前主要生产的钢种包括碳素结构钢、优质碳素结构钢、低合金高强度结构钢、耐候钢、汽车用结构钢以及硅钢等。

邯钢CSP生产线是国内首批引进的薄板坯连铸连轧生产线，设计年产量为

246万t，主要钢种为低碳钢、中碳钢、低合金高强度钢等；产品宽度为900～1680 mm，厚度为1.0～20 mm，最大卷重33.6 t。主要设备包括2台薄板坯连铸机、1架带立辊的粗轧机、2座辊底式加热炉和1座辊底式均热炉、1套六机架连轧精轧机、1套带钢层流冷却设备、2台地下卷取机等。目前，邯钢CSP产线主要品种有：冷轧用钢、酸洗用钢、热基镀锌用钢、中低碳结构钢、汽车结构钢、低合金钢、大梁钢、车轮钢、花纹板等。

连续化是实现钢铁制造流程简约、高效的重要途径。薄板坯连铸无头轧制技术即由钢水浇铸成薄板坯后直送轧机轧成带钢，生产线连续运行。世界首台薄板坯无头轧制带钢生产线建在意大利阿尔维迪厂，是在该厂长达20年ISP生产线丰富生产实践经验基础上发展而成的，名为ESP。在阿尔维迪厂取得成功实践后，我国山东日照钢铁公司引进5条ESP生产线，其中3条ESP产线已于2015年相继投产运行，另外2条于2018年投产运行。首钢京唐MCCR多模式连续铸轧生产线和唐山全丰薄板“节能型-ESP”薄板坯无头轧制生产线已于2019年和2018年投产。由此可见，薄板坯连铸连轧工艺经历了第一代的单坯轧制、第二代的半无头轧制之后，目前已发展进入第三代的无头轧制阶段。以下对目前几种无头轧制技术进行介绍。

（1）ESP无头轧制技术

ESP生产线的设备布置一般为：连铸机→大压下轧机→摆剪→推废→转鼓剪→感应加热炉→高压除鳞箱→精轧机→层流冷却→高速飞剪→地下卷取机，如图2-13所示。

图 2-13　ESP 产线设备布置图

ESP生产线全长180 m，产品厚度为0.8～6.0 mm，最大宽度达1600 mm。ESP无头轧制生产技术适合生产的钢种范围宽，目前已经证明可以生产的钢种包括低碳钢（一般结构钢、耐蚀钢、冷成型钢）、微合金钢、多相钢、管线钢、压力容器钢、含硼钢以及高碳钢（见表2-10），未来将开发生产先进高强钢（DP1200、TRIP800）、硅钢（无取向和取向）和超低碳钢（DD14、DC03-DC06/IF）。ESP无头轧制生产线拥有众多先进的技术和系统，主要包括：

1）高拉速连铸机与控制，如图2-14所示。连铸机采用直弧形，弧半径5 m，冶金长度20.14 m，共11个扇形段。结晶器为漏斗形，并配有电磁制动功能，长度为1200 mm，宽度920～1640 mm，厚度90 mm/110 mm。铸坯厚度为70～90 mm和90～110 mm，设计最高拉速为7.0 m/min。为了保证无头生产的稳定性，ESP连铸机提供了更薄的铸坯厚度、更高的拉速、更纯净的钢水、更安全的智能结晶器及专家系统、液芯压下、二冷水动态配水等功能。

2）大压下粗轧机，如图2-15所示。粗轧机为三机架布置，其功能是提供满足精轧厚度、板形需求的中间坯，将铸坯从70～90 mm压下到10～18 mm的中间坯。为了满足功能需求，粗轧机配备了长行程AGC液压缸、正弯和负弯系统、工作辊动态冷却、张力辊以及出口检测厚度、凸度和宽度的大型仪表等。由于连铸机与大压下粗轧机紧密联结，从连铸机出来的薄板坯直接进入粗轧机进行轧制，铸坯中心温度高于表面温度的反向分布温度场，可利于更好地对凸度和楔形进行调节控制；铸坯芯部温度高且较软，在轧制过程中节省了大量能量，且变形更多集中于带钢芯部，从而相比于传统轧制工艺芯部更加致密，可以获得更好的材料性能。

图 2-14　ESP 连铸机

图 2-15　ESP 大压下粗轧机

3）感应加热炉和高压除鳞箱，如图2-16所示。感应加热炉共12个模块，总温升可达300 ℃。灵活的加热方式可以保证精确控制精轧入口温度，为薄规格的轧制提供了温度基础；设置了温度闭环控制，可根据终轧温度进行调整，满足终轧温度的需求；感应加热长度只有10 m，氧化铁皮生成量少，减少金属损失；在空载和维护期没有能量消耗，提高了能源利用效率，降低了生产能耗。除鳞机采用了单排布置喷嘴，除鳞压力最大为40 MPa，远大于常规压力除鳞机，小水量、大压力的设计，在保证除鳞效果的基础上，进一步减少了带钢温降，节省了能源。

图 2-16　ESP 感应加热炉与除鳞箱

4）精轧机组，如图2-17所示。精轧机为五机架布置，为实现极限薄规格轧制的主要设备，将10～18 mm的中间坯轧制到0.8～6.0 mm的钢板。为了满足功能，精轧机配备了长行程液压AGC、工作辊正弯辊系统、带负荷动态窜辊系统、工作辊动态冷却系统、低惯量快速响应活套和轧制润滑系统、表面检测系统、接触式板形测量辊等。

图 2-17　ESP 精轧机组

5）高速飞剪，如图2-18所示。无头生产模式下，高速飞剪需要对厚度为0.8～4 mm的带钢进行剪切分卷。高速飞剪前后配备夹送辊，保证带钢剪切过程中带钢的稳定，同时在剪切和卷取建立张力前与精轧和卷取夹送辊建立张力，保证带钢张力的稳定。

图 2-18　ESP 高速飞剪机与地下卷取机

表 2-10　ESP 产线已经证明可以生产的钢种及牌号

品种	牌号
SAPH系列	SAPH370、SAPH400、SAPH440
QSrE系列	QsrE340/380/420/460/500/550/600/650/700TM
REXT系列	RE500/550/600/650/700XT
SMC系列	S355/420/460/500/550/600/650/700MC
大梁钢系列	RE510L/610L/700L/800L
双相钢系列	DP590/DP780/FB450/FB540/FB590
高碳钢系列	40Mn/40#/45Mn/45#/40Mn/40#/55Mn/65Mn/75Cr1
中碳钢系列	Q235B/Q345B/Q390/Q420
镀锌产品	DX51D+Z、SGCC、CSB、S220/290/320/350DG+Z、SGH340/400/440/490、SGHC
耐候钢	S355JOW、S355J2W、S355K2W、NH550、NH700MC
超低碳钢	RW1300/800

（2）MCCR多模式连续铸轧技术

MCCR生产线的主要产品特点：1）以薄为主，以热带冷。以薄规格低碳软钢为主，替代传统冷轧中低端产品，也可为单机架冷轧提供薄规格基料，降低轧制成本；2）生产薄规格耐候钢和薄规格结构钢；3）开发高强度高性能薄规格热轧产品，产线具备生产1000 MPa以上的3.0 mm以下薄规格高强热轧品种的能力。主要工艺设备特点：弧半径5.5 m直弧型连铸机，板坯厚度为110～123 mm，根据钢种要求，设计最大拉速6.0 m/min，能够使一台单流薄板连铸机最大年产能达到约220万t；隧道式加热炉长约80 m，具有基本缓冲功能，设备操作更灵活；轧机分两组，分别是三机架大压下量轧机和五机架精轧机；专用高压水除鳞机；一个强制冷却系统；一个感应加热系统，用于在无头轧制模式下稳定地生产薄带钢和超薄带钢。MCCR多模式连续铸轧生产线主要设备参数如表2-11所示。

表 2-11　MCCR 多模式连续铸轧生产线主要设备参数

项目	参数
产线生产能力	200～220万t/年
铸机类型	直弧形，R5.5 m
钢包与中包容量	200～250 t，70 t
结晶器类型	长漏斗或短漏斗形，出口130 mm
铸坯规格范围	900～1600 mm×110～123 mm
液芯压下能力	液芯压下/动态软压下“双模式”，20 mm
最大在线调宽量	无限制，700 mm
设计最大拉速	6.0 m/min
加热炉类型与长度	辊底式隧道炉，长度79.2 m
感应加热功率	4.3MW×9组
轧机布置	粗轧机3架+精轧机5架
层流冷却类型及冷却长度	24段加强型层流冷却，55.68 m
生产线总长度	286 m

（3）节能型-ESP无头轧制技术

节能型-ESP无头轧制生产线主要生产冷轧基板、一般结构钢、汽车用结构钢、耐候钢、热轧酸洗板、高强钢、双相钢等，产线的产品大纲如表2-12所示。

表 2-12　节能型-ESP 产线生产的钢种及牌号

钢种	牌号	占比/%
汽车结构钢	S355MC、S500MC、SAPH310-440	4.5
高强钢	S315MC-S700MC	2.5
耐候钢	SPA-H	13
酸洗板	—	13
热轧专用板	Q235B、Q345B、S235J2、S275J2、S355J2	23.5
双相钢	DP540、DP600	2
高扩孔钢	HR300/400HE	1
冷轧基料	—	40.5

主要工艺设备技术特点：1）以全无头轧制工艺为主，并具备单坯和半无头轧制工艺灵活转换的特点；2）配置单流高拉速板坯连铸机1台；3）在连铸和粗轧之间布置1座以均热和缓冲为主的双蓄热辊底式加热炉，在粗轧和精轧之间布置同时具备升温和控温能力的双蓄热辊底式加热炉；4）轧机区配置2架粗轧机和6架精轧机，卷取区配置1台高速飞剪和2台卷取机；5）可采用铁素体轧制技术，在显著降低轧制能耗的条件下，大批量稳定生产性能优质的薄规格和超薄规格低碳软钢。具体工艺如下：适当降低TF1的加热温度，控制粗轧

机开轧温度为1100 ℃，比常规开轧温度降低50 ℃；经过R1+R2粗轧，R2出口温度1000 ℃；TF2进行控温操作，采用脉冲燃烧技术，保证中间坯料炉子出口温度在900 ℃，坯料经缓冷，温度和晶粒度较强冷方式更加均匀，并避免了后续精轧阶段的混晶轧制。

（4）DUE®多功能无头轧制技术

目前，达涅利团队正在首钢京唐公司调试世界上第一条DUE®多功能无头轧制生产线。新的薄板坯连铸连轧概念在一条产线上集成了所有迄今为止经过验证的纯单块轧制和纯无头轧制的各自优势，并消除了其各自的限制因素。单流薄板坯连铸机通过达涅利成熟的动态轻压下技术，将典型板坯结晶器出口厚度130 mm压下到扇形段出口的110 mm。单块轧制和半无头轧制工艺的巩固，为实现全无头轧制奠定了基础。首钢京唐的DUE®产线自热试以来，在仅轧制45000 t热轧卷的情况下便实现了一个重要里程碑，以全无头模式生产了第一个钢卷，规格是3.0 mm×1250 mm，钢种为中碳钢，各方团队对此感到满意。DUE®产线独特的工艺布置能实现多种生产模式，其无与伦比的灵活性正在逐步得到验证。

（5）铸轧

河北敬业集团启动了我国首个完全自主知识产权短流程E2Strip薄带铸轧项目。该项目由我国钢铁轧制技术领域著名专家王国栋院士带领的薄带铸轧科研团队承担。东北大学采用其薄带铸轧试验设备，成功制备出了取向硅钢、无取向硅钢及6.5% Si电工钢，该项目的主要研究成果如下：

1）形成了基于薄带铸轧的全流程无取向硅钢工艺技术，成功制备出高磁感、高牌号无取向硅钢，磁感指标B50优于国内外现有产品0.03～0.04 T以上。提供了一条无须加热、无须常化处理、无须两步冷轧和中间退火的短流程、低难度、低成本制造高效无取向硅钢的全新工艺流程，为无取向硅钢薄带铸轧产业化生产提供了技术原型。

2）提供了一条无须高温加热、无须渗氮处理的短流程、低难度、低成本制造取向硅钢的全新工艺流程，为产业化生产提供了技术原型，成功制备出0.27 mm厚的普通取向硅钢，磁感指标B8达到1.85 T，与国内外现有CGO产品相当；成功制备出0.23 mm厚的高磁感取向硅钢，B8达到1.94 T，优于国内外现有Hi-B产品。

3）形成了基于超低碳成分设计的全流程高磁感取向硅钢工艺技术，成功制备出0.27 mm厚的高磁感取向硅钢，B8达到1.94 T，优于国内外现有Hi-B产品。提供了一条无须高温加热、无须渗氮处理、无须脱碳处理的短流程、低难度、低成本制造取向硅钢的全新工艺流程，为取向硅钢薄带铸轧产业化生产提供了技术原型。

4）形成了基于超低碳成分设计的全流程高硅取向硅钢工艺技术，成功制备出0.18～0.23 mm厚的4.5% Si、6.5% Si取向硅钢，B8分别达到1.78 T、1.74 T，显著优于国外产品。提供了一条利用温轧、冷轧技术，无须高温加热、无须脱碳、无须渗氮处理的短流程、低难度、低成本制造4.5% Si、6.5% Si取向硅钢的全新工艺流程，为取向硅钢薄带铸轧产业化生产提供了技术原型。

2.2.4 板带热轧设备技术发展趋势

从设备角度上看，为了提高产品质量，未来需要进一步实现高度自动化和全面计算机控制，开发多种板形控制新技术和新轧机；从产品结构上，未来热轧板带钢应以深冲钢板、耐腐蚀高强度热轧钢板、成型性优异的高强及超高强钢板、超宽幅汽车钢板、热镀锌钢板、超细晶高强度钢板为发展目标。从超薄热轧带钢的市场需求和生产现状上看，“以热代冷”实现超薄热轧带钢的生产是热轧宽带钢的另一个发展方向。可以预见，采用无头轧制和低温轧制工艺将是薄板坯连铸直接轧制生产超薄带钢的主要发展方向，热轧钢板轧制设备的短流程、直接式、绿色化是一个重要的发展趋势。

2.3 板带冷轧设备技术现状与发展趋势

2.3.1 冷轧板带产业发展概况

冷轧板带以热轧带钢和钢板为原料，在常温下经冷轧机轧制成带钢和薄板。一般厚度为0.1～3 mm，宽度为100～2000 mm。冷轧带钢具有表面光洁度好、平整性好、尺寸精度高和力学性能好等优点。通常产品成卷，有很大一部分加工成涂层钢板。

如表2-13所示，目前我国冷轧产线共325条，目前拥有产线数量最多的地区为华东地区，该地区共有产线169条，所占比例达到52%；其次华北地区有产线77条，占比为23.7%；中南地区有产线55条，占比为16.9%；东北地区有产线15条，占比为4.6%；西南地区有产线6条，占比为1.8%；西北地区有产线3条，占比为0.9%。从产能区域分布上来看，生产能力最强的地区为华东地区，该地区冷轧生产能力6247万t，所占比例达到43.7%；其次华北地区，冷轧生产能力3481万t，占比为24.4%；中南地区冷轧生产能力3024万t，占比为21.2%；东北地区冷轧生产能力1000万t，占比为7%；西南地区冷轧生产能力357万t，占比为2.5%；西北地区冷轧生产能力175万t，占比为1.2%。

表 2-13　我国冷轧生产线数量与产能统计

区域	省份	产线数量	产能/万t	产能占比/%
华东	安徽	4	420	3.02
	福建	6	240	1.73
	江苏	42	1510	10.87
	山东	62	1774	12.77
	上海	17	1558	11.22
	浙江	38	745	5.36
华北	北京	2	270	1.94
	河北	46	2341	16.85
	内蒙古	2	150	1.08
	天津	27	720	5.18
中南	广东	21	517	3.72
	广西	2	150	1.08
	海南	1	10	0.07
	河南	4	180	1.30
	湖北	24	1867	13.44
	湖南	2	180	1.30
	江西	1	120	0.86
东北	吉林	2	60	0.43
	辽宁	13	940	6.77
西南	四川	3	135	0.97
	云南	1	40	0.29
	重庆	2	182	1.31
西北	甘肃	1	75	0.54
	新疆	2	100	0.72

2.3.2 板带常规冷轧设备技术发展现状

冷轧轧制工艺技术分为可逆式轧制和连续式轧制，其中可逆式轧制是指带钢在机架上来回往复地进行多道次压下变形，一次次地减薄，最终获得成品厚度的轧制过程。可逆式轧机由开卷与卷取系统、轧机机架、检测与控制等系统组成，一般采用单机架和多机架布置，单机架可逆轧机只有一个机架，每道次会对带钢轧制一次。为了提高生产效率，可以同时布置两个机架，每道次对带钢轧制两次。可逆式冷轧机由于方便调节生产规格和品种而被广泛应用。冷轧产线设备配置主要包括：夹送辊、板形仪和张力测量辊、带钢测厚仪、激光测速仪、可摆动的带钢传送台、摆动的带钢导板台、横切剪等设备，如图2-19与图2-20所示。

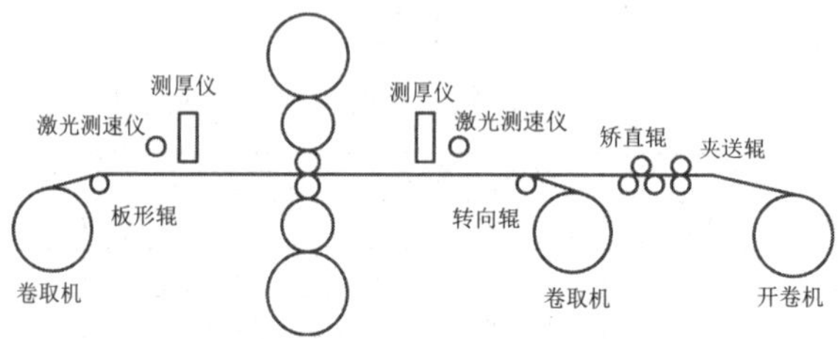

图 2-19　单机架可逆轧机

可逆式冷轧机主要有两大类型，即四辊轧机和六辊轧机。四辊轧机是典型的冷轧机机型，一直沿用至今，由于板形控制的需要，还发展了以四辊轧机为基础的CVC、VC、PC和HCW等；六辊轧机主要有HC六辊系列、CVC六辊轧机等。

图 2-20　单机架与双机架可逆冷轧机

连续式冷轧是指一般将4～6个机架串联布置起来，生产时带钢连续通过各个机架，在每一个机架均经历一次轧制变形，因此可以产生连续的变形，不改变轧制方向，通过一个方向的运行就可以轧制到所需的厚度。图2-21为一套五机架全连续式冷轧机组。

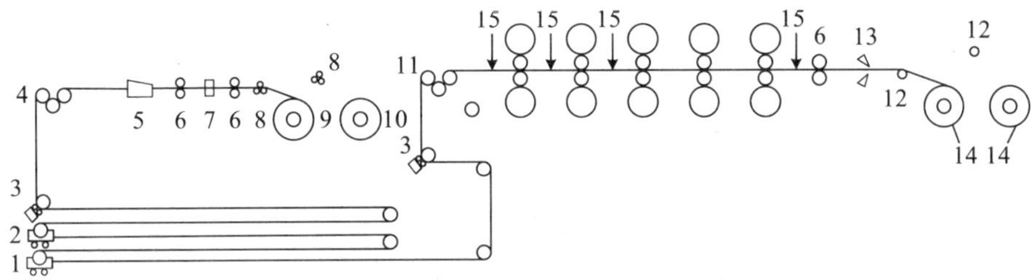

1、2—活套小车；3—焊缝检测器；4—活套入口勒导装置；5—焊接机；6—夹送辊；7—剪断机；8—三辊矫平机；9、10—开卷机；11—机组入口勒导装置；12—导向辊；13—分切剪断机；14—卷取机；15—X射线测厚仪

图 2-21　五机架全连续式冷轧机组

为了满足冷轧带钢的品种、规格、质量及不同生产规模的要求，冷轧带钢的生产经历了从单张轧制到成卷生产的变革，也经历了由可逆式轧制到全连续轧制以及酸洗和轧机联合机组的发展。目前，大规模、高效率地生产优质冷轧薄带钢也主要是在连轧机组上进行的。酸洗冷连轧联合机组集成技术是国际公认的系统复杂、技术密集、精度极高的综合性技术，需要拥有对机组总成、工艺、机械和电器等方面深厚的专业综合能力，其产线设备组成如图2-22所示。国际上仅有德国西马克、日本三菱等少数顶尖公司具备集成能力。经过几十年的发展，特别是近20多年来大量的技术引进，并通过消化、吸收和改进、创新，

我国在酸洗冷连轧技术的积累和创新以及在工程设计、设备制造、生产机组的自主集成等方面都达到了一个新的水平。

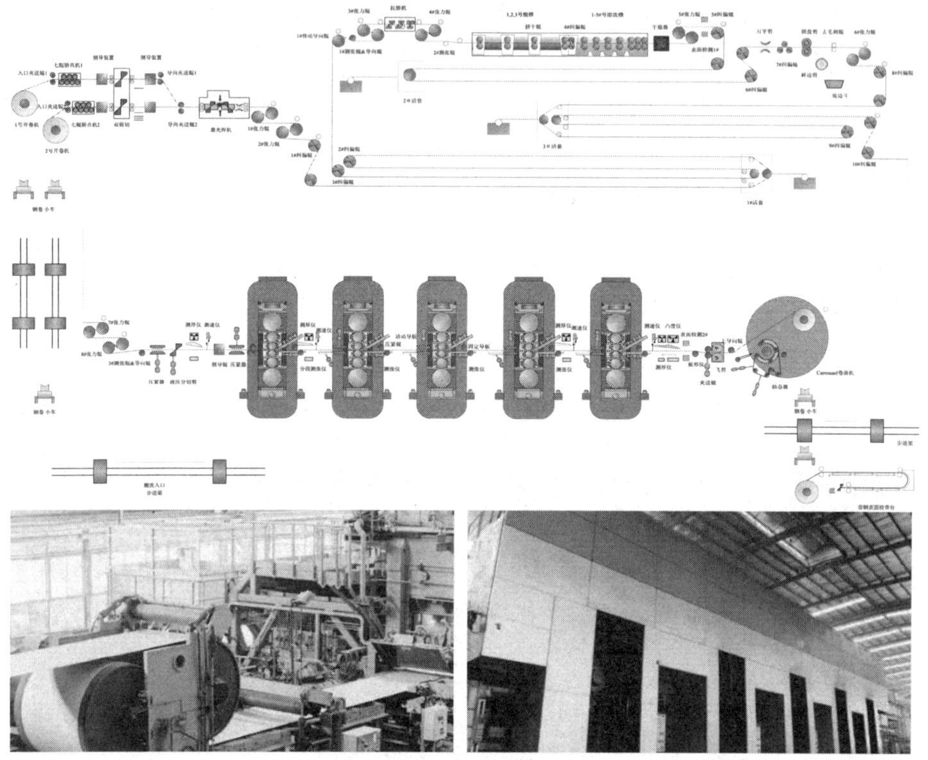

图 2-22　酸洗全连续式冷轧机组

宝钢湛钢1550冷轧智能化产线以构建智能化、网络化、集成化、柔性化的新一代冷轧生产线为主要目标，以传感技术、网络技术、人工智能技术、大数据技术、工业软件技术、现代管理技术的交叉融合作为理论依据，通过1550冷轧智能化产线的探索实践，以及智能化车间的建设，实现了智能感知探测、管控智能化、知识自动化、业务协同多目标优化等建立涵盖制造全过程的智能化应用，达到了生产各环节的信息集成、信息资源的开发利用，使得自动化作业水平得到提升，制造过程的效率和质量得到提高，制造成本得到降低。

主要技术：通过无人化行车、自动缠绕式包装、自动贴标签、自动取样等一系列新技术的运用，在自动化装备、无人化操作、降低劳动强度、提高设备检修便利性、优化人员配置等方面作了进一步的创新。采用了先进的冷轧生产工艺技术，实行科学严格的生产组织管理，保证生产的高效率、能源的低消耗，达到国际清洁生产先进水平。

产品范围：热轧酸洗产品、家电板产品和高级建材产品，其中以优质家电板和汽车板为主，年产能为255万t成品卷。其中酸洗成品卷100万t，普冷卷68万t，GI热镀锌卷27万t，中低牌号电工钢卷60万t，是宝钢湛江钢铁的重点项目。

该生产线主要设备包括：1条酸洗机组、1条酸洗连轧机组、1条连退机组、1条热镀锌机组、2条中低牌号电工钢机组、2条重卷机组、2条全自动包装机组等多条机组，如图2-23所示。

图 2-23　湛钢 1550 智能冷轧生产线

2.3.3 极薄带材冷轧设备技术发展现状

金属极薄带也称箔材，不同行业对极薄带厚度范围有不同理解。有色金属加工行业通常把铜箔、铝箔厚度限定为0.1～0.2 mm；生产硅钢时，把厚度为0.03～0.35 mm的产品都称为硅钢极薄带；也曾有人建议：把厚度在0.02～0.10 mm范围内的产品称为极薄带，把0.02 mm以下的产品称为超薄带。

近年来市场对极薄带的需求在迅速增长，如0.009～0.020 mm的铜箔大量应用于电动汽车的动力电池、印刷电路板和锂离子电池等领域，0.04～0.07 mm哈氏合金可用来制造长尺寸超导电缆。随着“中国制造2025”规划的提出，微机电、微制造、机器人、智能制造等高新技术领域对优质极薄带有了更高要求，如直径2.5～5.0 mm、头部和机身总长6～25 mm可在血管中行走的机器人；可在人手掌、甚至指尖上起落，各向尺寸均小于150 mm，重量小于100 g的飞行器等，这些尖端微制造领域所需要的微材料、微器件尺寸更小、精度要求更高。极薄带生产水平成为实现微制造、推进产品微型化的关键，也是一个国家微成型、微制造能力的标志之一。在传统最小可轧厚度理论指导下，人们想出各种办法来减小轧辊直径，以便获得更薄的轧件。于是出现了以十八辊、二十辊（见图2-24）、安德里兹森德维克S6机型为代表的各种多辊轧机。

图 2-24　二十辊轧机

目前可见报道的最小辊径是1.5 mm，在苏联黑色冶金研究院研制的三十六辊轧机上使用，用来轧制0.005 mm的79HM合金极薄带。几种典型的极薄带轧机及其轧薄能力如表2-14所示。

表 2-14　几种典型极薄带轧机及其轧薄能力

国家及单位	轧机类型	工作辊径/mm	最小厚度/mm	辊径厚度比D/h
苏联黑色冶金研究院	二十六辊	2.0	0.001	2000
中国钢铁研究总院	三十六辊	1.7～3.0	0.001	1700～3000
日本	三十辊	3.0	0.002	1500
上海有色金属研究所	三十辊	2.0～3.5	0.001	2000～3500
东北大学	异步四辊	90	0.005	18000

太钢生产的目前世界上唯一宽幅软态不锈钢精密箔材，厚度仅有0.02 mm，而宽度达到600 mm，也叫“手撕钢”，如图2-25所示。国内其他厂家最薄只能生产0.038 mm，太钢则把厚度又压薄了近一半，这让从来都是论吨卖的钢铁产品也实现了按克卖。

该类产品质量要求高，工艺控制难度大，高端品种长期被日本、德国等少数国家垄断。目前，该公司生产的超宽软态0.02 mm不锈钢箔材世界领先，HV600以上沉淀硬化钢、特殊301、去应力超平材料等多种产品国内独有，铁铬铝、高端不锈钢焊带市场占有率分别达50%和80%以上，产品供应于世界三大汽车配套厂商和著名手机、高端家电制造企业。

该产线配置了4架立柱二十辊冷轧机、全氢光亮退火线、二十三辊拉矫机组、精密纵切机组、圆边机组，去应力TA产品线等一整套世界顶级工艺装备。

图 2-25　太钢超薄不锈钢

2.3.4 板带冷轧设备技术发展趋势

（1）国产化

目前，我国冷轧先进设备的设计制造过程的国产化程度越来越高，某些长期被国外公司垄断的设备也开始逐渐国产化。随着我国与先进国家贸易战的进行，可以预期板带冷轧装备技术国产化是极为重要的发展趋势。

（2）标准化

经过多年的研究与应用，我国从冷轧装备的设计、制造、安装到调试、运行、维护等，已经积累了系统丰富的成果和经验，但还没有总结、提炼、发展、形成高要求的国家或行业标准，影响引领推动行业技术发展的能力。今后，需要加快研究制定高要求的行业技术标准和国家技术标准，引领行业技术发展，推动行业转型升级，进一步提升该项技术的整体水平。

（3）智能化

目前全世界的制造业拉开了第四次工业革命的帷幕：德国制定了“工业4.0”计划，美国提出了再工业化战略，我国制定了“中国制造2025”规划。钢铁工业在制造业中占有相当大比重，因此是实施“中国制造2025”规划的重点行业。第四次工业革命的一项关键技术是智能化。与冷轧装备技术智能化密切相关的技术是智能化设计技术，该技术需要综合运用参数化建模、数据库、有限元方法、金属成型理论等，进行装备的数字化设计，可有效缩短设备调试时间，提高产品质量。

第3章　钢管轧制设备技术现状与发展趋势

钢管被誉为“工业血管”，在石油、电力、海洋工程和船舶、建筑、三化、机械、汽车等多个行业有着广泛应用，为国民经济的快速发展提供了原料保障，也是我国国家战略性产业发展的重要保证。钢管按生产方法可分为两大类：无缝钢管和有缝焊接钢管。无缝钢管根据制造方法分为热轧无缝钢管、冷拔冷轧无缝钢管，可用于各种行业的液体气压管道和气体管道等；焊接管道可用于输水管道、煤气管道、暖气管道、电器管道等。

从1949至2019年70年间，特别是改革开放后的40年，我国钢管行业成绩斐然，新建钢管机组不断增多，生产规模及产量得到快速增长，工艺技术、装备水平显著提升，产品质量明显提高，品种结构不断优化，油井管、管线管、电站用钢管、核电用钢管、海洋工程用管、高压油管、高强度建筑结构用管、双金属复合管等产品的开发，成长迅速，甚至已经赶超国际先进水平，在满足国民经济快速发展需要的同时，极大地增强了国际市场竞争力。

在钢管生产技术与装备水平创新提高方面，自1985年宝钢引进国内第一套 ϕ140 mm浮动芯棒连轧管机组建成投产和宝鸡钢管引进 ϕ426 mm ERW焊管生产线以来，国内钢管生产企业陆续引进了世界最先进的钢管生产技术与装备，特别是天津钢管引进的我国第一套 ϕ250 mm限动芯棒连轧管机组和世界第一套 ϕ168 mm PQF三辊连轧管机组、渤海石油装备引进的我国第一条JCOE直缝埋弧焊管生产线、宝钢引进的UOE直缝埋弧焊管生产线等典型技术装备的建成投产，对我国钢管生产工艺技术和装备的发展产生了重大的影响。在引进、消化、吸收、创新的基础上，国内开发了类似引进机型的钢管生产机组，极大地促进了我国钢管生产技术和装备制造水平的提高。目前，我国已拥有世界上最先进的无缝和焊接钢管生产机型及现代化的工艺与技术，成为世界上能够自主设计、制造大型无缝钢管机组和焊接钢管机组的国家。

3.1 无缝钢管轧制设备技术现状与发展趋势

3.1.1 无缝钢管产业发展概况

1953—1978年，我国无缝钢管生产的主要装备是以鞍钢无缝厂 ϕ140 mm机组和包钢无缝厂 ϕ400 mm机组为代表的自动轧管机组为主体；另有成都无缝厂的 ϕ318 mm、ϕ216 mm周期轧管机组和 ϕ133 mm顶管机组等几套其他机型机组；以及数十台套以 ϕ76 mm穿孔+自动轧管+冷拔轧机组和 ϕ76 mm穿孔+冷拔/轧机组，形成了我国无缝钢管早期生产的工业体系。

1978—2000年期间，1985年宝钢引进了我国第一套现代化的连轧管机组，此后天津钢管、衡用钢管、包钢钢管也都引进了连轧管机组以及烟宝、成都无缝、新冶钢等企业也都建设了较先进的斜轧管机组（包括精密轧管机组、三辊轧管机组），使我国无缝钢管的装备水平有了很大的改变。

进入21世纪以来，随着全球经济复苏、增长，尤其中国的经济快速增长带动世界经济的发展，带动了全球的能源需求增长。以石油、天然气、煤炭为主的能源需求大幅度增长和以包括汽车、工程机械、机床等为代表的制造业快速增长，极大地带动了钢管行业的发展，也带动了无缝钢管的发展。为了满足对上述工业增长的需要，一大批现代化无缝钢管项目快速建设并投入生产，其中包括引进世界上最先进的三辊连轧管机组、三辊斜轧管机组、周期式轧管机组和挤压机组以及国内制造的一大批连轧、斜轧管机组，使我国的无缝钢管产能呈快速增长，极大地满足了各行业发展的需要。同时我国无缝钢管的装备水平也得到大幅度提升，其整体装备达到了世界先进水平，部分装备达到了世界领先水平。表3-1为我国无缝钢管产线基本情况。

表 3-1　我国无缝管生产行业现状（截至 2018 年年底）

生产线	机型与规格	台套数	产能	占比
热轧无缝钢管生产线	连轧管、精密/斜轧管、三辊轧管、自动轧管、顶管、挤压管、周期轧管等	239条	产能规模突破4500万t，实际产能3574万t	占全国无缝钢管产能87.73%
冷拔冷轧无缝钢管生产线	ϕ90 mm及以下	约220条	约500万t	占全国无缝钢管产能12.27%

（续表）

生产线	机型与规格	台套数	产能
总计	约459套	约5019万t 去除关、停、拆机组产能945万t，实际产能约4074万t（含在建机组产能）	

3.1.2 热轧无缝钢管轧制设备技术现状

热轧无缝钢管机组主要包括：自动轧管机组、连轧管机组、精密/斜轧管机组、三辊轧管机组、顶管机组、挤压管机组、周期轧管机组等。生产工艺根据轧管机组的类型而定，按工艺流程分为三个主变形工序：（1）毛管，穿孔成中空状“毛管”；（2）荒管，轧制成要求壁厚的热成品管“荒管”；（3）热光管，轧制成要求外径的热成品管“热光管”。

3.1.2.1 毛管生产设备技术

毛管是无缝钢管生产过程中的第一道变形工序，其中包括管坯加热、穿孔或冲孔并延伸等工序。根据轧管延伸（第二道）工序的不同要求，穿孔或冲孔工序也不同。现有无缝钢管的生产，无论是冷轧还是热轧轧管工艺，除少数热挤压机组采用压力冲孔工艺外，由实心管坯（圆钢坯）变形成空心坯的加工绝大多数都是采用斜轧穿孔工艺。

（1）斜轧穿孔

现在的无缝钢管生产线，不论是高产能、大批量、以石油用管为代表品种的纵轧连轧管机组，还是生产更灵活并强调多规格、多品种、高合金（不锈钢）的斜轧管机，所有的第一步变形轧制都是采用斜轧穿孔方式来实现由实心坯到空心坯的轧制变形，为后面连接的轧管机提供合格的穿孔空心坯（毛管）。

此外，冷轧（拔）管机组，如国内传统的不锈钢管生产机组或小型机组，也是将斜轧穿孔作为初道次加工变形工艺；也有企业直接在穿孔工序后接定（减）径机，但只能生产质量较差的低档热轧无缝钢管。

1890年，德国曼内斯曼兄弟发明了二辊斜轧穿孔机。目前，除了极少数特殊钢种外，二辊斜轧穿孔机广泛用于无缝钢管生产，包括高合金钢（大多类型的不锈钢）、钛合金都已经在斜轧穿孔机上实现了实心坯穿孔轧制。此外，还有一种三辊穿孔机，穿孔原理与二辊是相同的，只是主机结构有变化。由于二辊穿孔机技术日臻完善，能够满足生产发展的需要，而三辊穿孔机固有的缺点却难以克服，已基本退出市场。

随着人们对穿孔原理的深入研究和机电技术的全面发展，在传统曼式（桶形辊）穿孔机基础上又形成了每个轧辊单独传动的锥形辊二辊斜轧穿孔机。以德国西马克为代表的无缝钢管工艺及设备供应商近年来也将斜轧锥形辊穿孔工艺及设备相对固定成标准配置，用于其高产能连轧管机的配套。

斜轧穿孔新技术主要包括：

1）新型高刚性斜轧穿孔机

穿孔机主机全封闭框架结构、侧向换辊的全新机架结构是成都诚悟钢管技术有限公司专利技术。其主要核心是采用新型全封闭框形机架（轧辊侧向移出更换）代替目前斜轧穿孔机上使用的剖分式主机结构。使用全封闭式结构的工作机架，替代现有的U形断面主机座+机盖组合构成工作机架，从根本上解决了或大幅度减少了现有斜轧穿孔机存在的穿孔不稳定因素，将穿孔工艺建立在一个刚性变形机械结构的穿孔机上。配合穿孔轧辊在机内固定方式的全方位改进，全面减少现有斜轧穿孔机固有的、较多的分散接触副所带来的累计间隙，准确确定轧辊定位。实现穿孔机轧制工艺全面创新，为实现精密穿孔创造必要条件。全封闭框架结构、侧向换辊新型高刚性斜轧穿孔机及其水平换辊、全封闭框式主机结构如图3-1、图3-2所示。

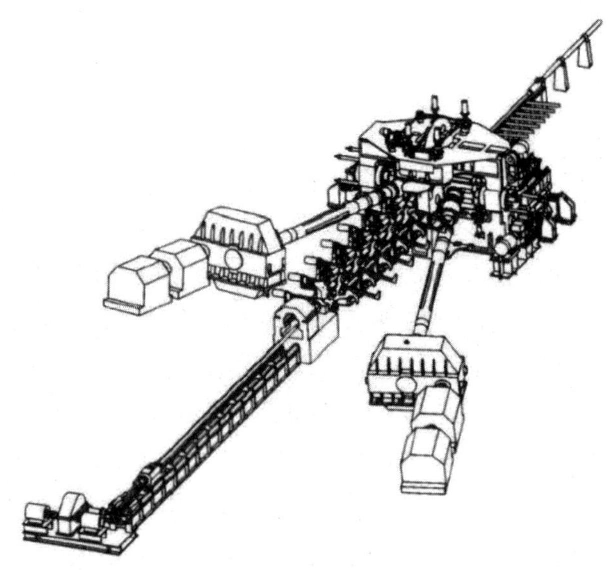

图 3-1　全封闭框架结构、侧向换辊新型高刚性斜轧穿孔机示意图

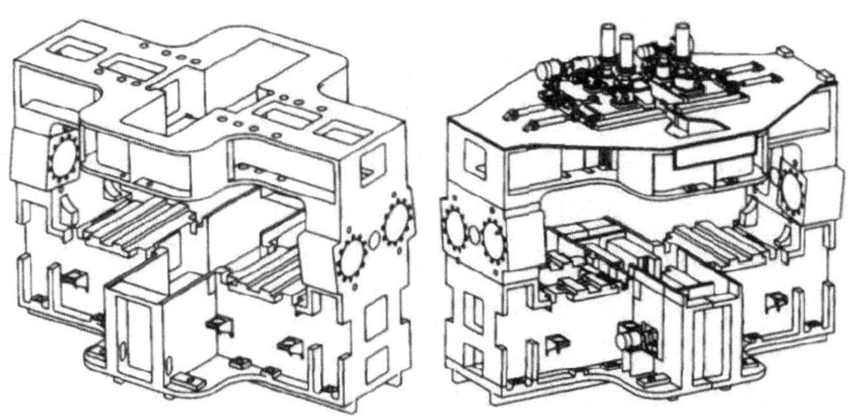

图 3-2　新型高刚性斜轧穿孔机水平换辊、全封闭框式主机结构示意

与传统辊式斜轧穿孔机相比，新型高刚性斜轧穿孔机有以下优势：

①高刚性。全面提高了斜轧穿孔机设备的刚性，加强了穿孔变形稳定性，提高了斜轧穿孔轧制变形量；在相同条件下，可以穿轧更薄壁的毛管，实现斜轧穿孔机更精确的轧制变形。

②高产品质量。配合斜轧工艺技术及斜轧穿孔机前、后台相应改良，能大大提高现有斜轧穿孔机的产品质量，最大限度地避免传统斜轧穿孔机常见的无缝钢管内、外表面缺陷，提高产品壁厚精度，实现穿孔毛管高质量提升突破。

③高穿孔速度。与现有斜轧穿孔机相比，新型全封闭框式机架穿孔机整机刚性提升，改良了斜轧穿孔变形状态，穿孔速度可以进一步提升，对热加工温度范围要求严格的特殊难变形钢种也能实现穿孔轧制。

④减少二次加工变形量。斜轧穿孔机作为冷加工初步变形的特殊生产设备，利用新型高刚性斜轧穿孔机能生产质量好、变形量更大的产品，可以极大减少二次加工变形量或减少加工道次。

2）管坯预旋转技术

大型的穿孔机组，管坯直径大，如 ϕ350 mm、ϕ380 mm、ϕ450 mm、ϕ500 mm，管坯重量大。为方便管坯咬入，防止前卡事故，在前台设置了管坯预旋转装置，大管坯在推钢机推入轧辊前在预旋转的驱动下旋转起来，这样很大程度改善了咬入条件，减少了事故，提高了轧辊寿命。国内攀成钢 ϕ340 mm机组、湖北新冶钢 ϕ460 mm机组、天淮 ϕ508 mm机组均采用了管坯预旋转，使用效果良好。

◆ 顶杆预旋转技术

为了解决大规格特重管坯的穿孔咬入问题，减少穿孔前卡，在个别大型穿孔机上不仅在机组前台设计有大型辅助咬入装置，另外还采用了顶杆顶头预旋转斜轧穿孔工艺。天津钢管 ϕ250 mm连轧管机组、成都无缝 ϕ180 mm精密轧管机组、扬州诚德钢管的 ϕ600 mm和 ϕ800 mm大型穿孔机组都采用顶杆预旋转机构。天津钢管 ϕ460 mm PQF机组也采用顶杆预旋转机构。但是由于顶杆预旋转机构维护成本较高，没能在国内较大范围推广。

◆ 顶杆小车驱动方式

顶杆止推小车的运行多采用钢丝绳卷筒拖动，靠液压缸张紧钢丝绳保证小车运行的定位，这种方式投资少，维护简单，但不能满足高节奏的需要。天津钢管 ϕ168 mm PQF机组，穿孔机采用了带有齿条驱动的顶杆止推小车，这种小车的运行，启停速度快、定位精度高，最高节奏可以保证24秒/根。

（2）水压冲孔

水压冲孔机是顶管机组和周期轧管机组生产毛管的前道工序，也是挤压管机组生产毛管的第一道工序。冲孔过程主要是改变管坯（钢锭）横断面的形状，而横断面的面积变化不大，即基本没有或仅有很小的延伸。水压冲孔机有立式和卧式之分，一般立式用于较短的管坯，卧式用于较长的管坯或钢锭。

立式水压冲孔机为了减小冲孔偏心，一般方管坯冲孔之前先经过管坯定型机定型。挤压管机组一般是使用圆管坯，事先经过车外圆（剥皮），以保证直径尺寸的准确；而对不锈钢或高合金钢还需在管坯上钻一通孔保证壁厚均匀。对不锈钢或高合金钢已不是冲孔而是扩孔。

3.1.2.2 荒管生产设备技术

荒管生产是热轧无缝钢管生产流程的重要变形工序，其生产方法包括连续轧管、自动轧管、精密轧管、三辊轧管、周期轧管、顶管、挤压管等。

（1）连续轧管

连续轧管是指内穿有长芯棒的毛管连续地通过一系列布置的机架，纵轧成为符合轧制荒管尺寸要求的轧管方法，其显著特点是生产能力大、生产效率高、轧制荒管更长、产品质量好、规格范围大，是世界无缝钢管主要生产企业的首选机型，但其投资大，相关技术多及自动控制要求高。

20世纪50年代以来，由于传动技术和电气控制技术的突破，连轧管生产技术得到了长足的发展。棒料运行方式从浮动式芯棒轧机到限动式芯棒轧机以及半浮动式芯棒轧机改变，机架数从9～7架减少到6～5架，轧制工艺从二辊变为三辊。

20世纪80年代后，大口径、少机架限动芯棒连轧管技术的出现，使得钢管连轧更是炉火纯青。生产过程的操作方式，由手动到区域自动化，到整条线由CPU、PLC控制的全自动化运行方式，采用液压控制技术，配套了工艺控制软件技术，连轧管机的整体装备水平有了很大的改变。

20世纪90年代，意大利Italimpianti公司向天津无缝钢管公司提供成套的MPM机组；主要设备使用德国MDH公司提供的半浮芯棒无缝钢管连轧机的机组于1995年在衡阳钢管投产。至此连轧无缝钢管机组经历了第一代（Fassel轧机）、第二代（Foran轧机）及第三代（以RK2为代表的连轧无缝钢管机）而发展到以限动、半浮连轧工艺并存的第四代，连轧无缝钢管技术推进到了一个崭新的阶段。

为了进一步提高钢管质量即尺寸精度和表面质量，德国Meer公司和意大利Danieli公司分别开发了PQF（Premium Quality Finishing）和FQM（Fine Quality Mill）三辊轧管机组。根据换辊方式的不同，德国SMS Meer公司研发出3种PQF连轧管机机型，换辊方式分别为轴向换辊（ACO，Axial change-over）、侧向换辊（LCO，Lateral change-over）和双侧换辊（BCO，Bilateral change-over），三种换辊方式如图3-3所示，其中侧向换辊的连轧管机已被天津钢管集团股份有限公司的美国项目采用。而意大利Danieli公司研发的FQM连轧管机只有轴向换辊和双侧换辊两种换辊方式。

（a）轴向换辊

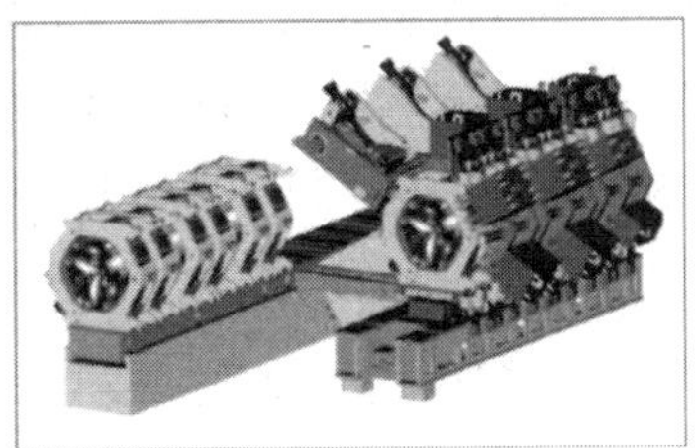

（b）侧向换辊

（c）双侧换辊

图 3-3 三辊连轧管机的 3 种换辊方式示意

SMS Meer公司和Danieli公司开发的三辊连轧管机虽然在机型上十分相

近，但在核心部分轧制机架上，二者却拥有不同的设计思路。PQF和FQM连轧管机的机架结构分别如图3-4和图3-5所示。

图 3-4　PQF 连轧管机轧制机架结构

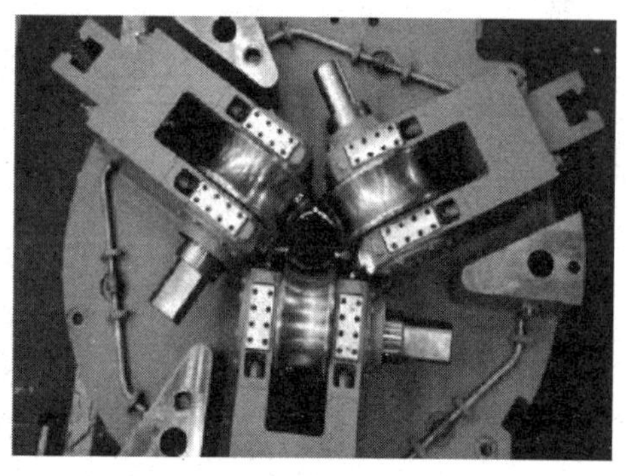

图 3-5　FQM 连轧管机轧制机架结构

三种结构连轧管机的差异性如下：①轴向换辊方式的牌坊为圆形隧道，机架刚性好，易于维护。隧道式封闭性的牌坊决定了其结构的稳定性和刚性，能够承受较大的轧制负荷冲击，因此适合大直径钢管的轧制；换辊装置布置在连轧管机和脱管机之间，换辊时整个机架从圆形隧道内抽出，然后换辊小车横移实现换辊。但在处理轧卡事故时，需要将轧制机架从隧道抽出，占用生产时间。②侧向换辊方式的牌坊为C形钢结构，机架刚性不及轴向换辊方式的。换辊装置布置在连轧管机侧面，换辊时设置在牌坊上的侧压下液压缸摆开，让出空间，实现机架侧向抽出，通过换辊小车横移实现换辊。在处理轧卡事故时，通过机架摆动杠杆摆出轧辊，可以较快处理轧卡事故。③双侧换辊方式的牌坊兼容了轴向换辊式牌坊刚性好，侧向换辊式牌坊轧卡事故易处理、换辊便捷的优点，换辊时两侧的换辊小车对连轧管机两侧的3个机架进行换辊。

经过30余年的消化、吸收、再创新，国产连轧管机已基本达到国际先进水平。太原重工继与国外联合设计宝钢 ϕ140 mm机组和天津 ϕ250 mm机组后，又陆续制造了多套 ϕ159 mm、 ϕ180 mm三辊连轧机组；太原通泽重工继2006年建设了 ϕ250 mm五机架限动芯棒连轧机后，又陆续制造了 ϕ114 mm二辊连轧机组和 ϕ159 mm、 ϕ273 mm、 ϕ356 mm等多个规格的三辊连轧机组；中冶赛迪分别于2012年、2017年自主集成建设了 ϕ76 mm四机架、 ϕ89 mm六机架三辊连轧机组，正在建设 ϕ159 mm三辊连轧管机组。以上机组的设备的控制精度逐步提高，代表了我国轧管设备制造和工艺水平。国产的连轧管机组的建设推动了中国钢管工业的高速发展。截至2018年，国内共有连轧管机组46套（含在建机组），国产机组24套。

（2）精密轧管和三辊轧管

1）精密轧管机

精密轧管机又称Accu-Roll轧管机，如图3-6所示，是在狄塞尔轧管机结构的基础上，将鼓形轧辊改成锥形轧辊，增设了碾轧角，加长了辊身长度，增大了导盘直径，并将浮动芯棒轧制方式改为限动芯棒轧制方式，从而减小了金属扭转变形，增加了均壁钢管的重轧次数，提高了钢管壁厚精度。

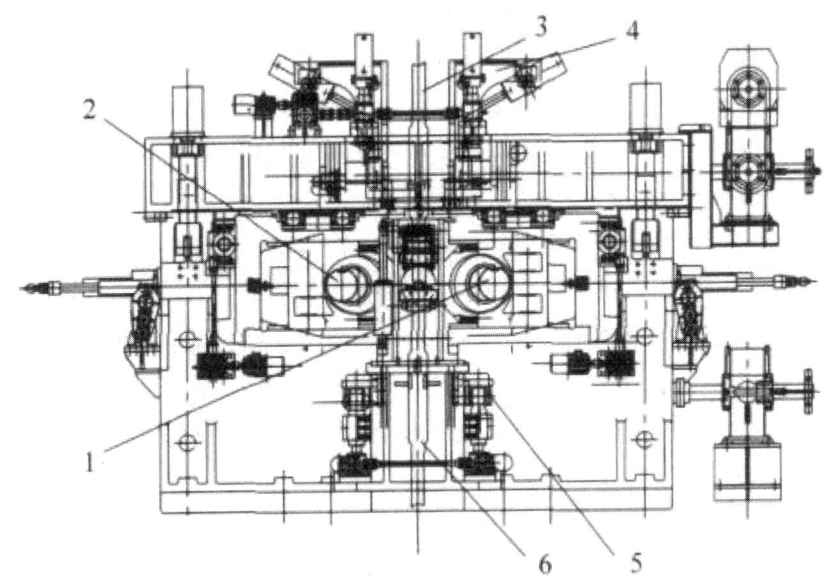

1—右侧低轴轧辊；2—左侧高轴轧辊；3—上导盘；
4—上导盘架；5—下导盘；6—下导盘架

图3-6　Accu-Roll轧管机结构示意图

精密轧管机是美国埃特纳标准公司提出的设计思想，由中美合作设计制造。近年来，精密轧管机以其轧制工序短、设备投资成本低（国内可以整条线制造）、更换规格容易、品种适应的范围宽，以及适合于小批量多品种生产等优势，已成为国内中小型钢管企业技术改造和新建轧机的首选机型，在国内迅速推广。目前，全球共有33套精密轧管轧机，全部都在中国。与此同时，我国设备制造企业还自主研发了具有管端削尖能力的二辊斜轧管机，提高了钢管成材率。

2）三辊轧管机

三辊轧管机又称Assel轧管机，也是一种高轧制精度的无缝钢管轧机。除延伸机采用三辊斜轧外，前后工序的配置基本与Accu-Roll轧管机相同。三辊轧管机轧制的品种以轴承管、液压支柱管、机械加工用管、中厚壁高压锅炉管和套管接箍料及钻杆、钻铤料为主。该类轧机因适应轧制中厚壁和厚壁无缝钢管且壁厚精度高等特点而被称为品种轧机。

20世纪90年代以来，德国Meer公司对三辊轧管机进行了一系列技术改进：采用限动阶梯芯棒轧制方式或采用头部轧后“快关”方法，以解决荒管头部喇叭口问题；采用尾部“快开”方法以解决荒管尾部三角形问题；采用轧辊碾轧角可调整的设计，改变了过去以辊肩为中心线的调整方法，而变为以碾轧带为中心的调整方法，提高了轧制过程的稳定性和重轧系数；在轧机后台采用长导向辊结构以防止轧制过程中荒管扭曲和划伤。

这些新技术已经应用于瑞典的Ovako、中国天津钢管公司 ϕ219 mm三辊轧管机和新冶钢 ϕ460 mm三辊轧管机上。与精密轧管机一样，三辊轧管机以其轧制工序短、设备投资少、更换规格容易、壁厚精度高等优点，在中国成为中小型钢管企业技术改造以及新建轧机的另一种主要机型。另外，三辊轧管轧机也适合于小批量、多品种的生产。目前全球已经建成和正在建设的三辊轧管轧机共39套，中国占26套。

世界上最大的三辊轧管机——新冶钢管厂 ϕ460 mm三辊轧管机，于2009年6月建成投产。该轧机生产的最大外径为 ϕ508 mm，最大壁厚为100 mm。

虽然精密轧管轧机、三辊轧管轧机有许多优势和特点，但是这两种机型由于是斜轧轧机，必然会在钢管的内表面留下内螺旋痕迹（尽管内螺旋手感不明显），这会给客户留下不佳的印象。另外，精密轧管轧机采用导盘与轧辊组成孔型，其封闭性较导板差，当轧制薄壁管时尤其是导盘磨损严重、边部破损时，易产生头尾撕破造成轧卡。三辊轧管轧机在生产薄壁管时也易产生头部喇叭口和尾部三角形。

（3）CPE顶管

随着连铸圆坯技术和斜轧穿孔技术的发展，人们倾向于将斜轧穿孔和顶管工艺联合使用，这两种工艺的结合构成了CPE顶管工艺，工艺示意如图3-7所示，即用斜轧穿孔机代替传统的水压冲孔机和延伸机，生产用于顶管机的穿孔毛管。这里所说的斜轧穿孔机可采用带狄塞尔导盘的高效能斜轧穿孔机，它生产的穿孔毛管壁厚公差较小。顶管机的特点在于用1根芯棒作内工具，推着穿孔毛管通过若干个惰辊机架（见图3-8）而将其轧成荒管。该工艺需要1台缩口机（见图3-9）对穿孔毛管的一端进行缩口，以便芯棒在头几个机架中能将足够的顶推力传递给穿孔毛管。

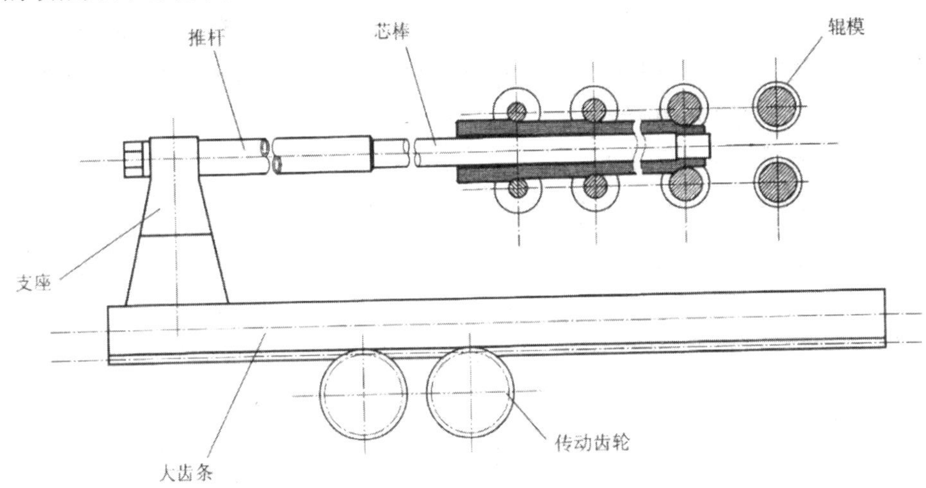

图 3-7　CPE 生产工艺流程图

图 3-8　顶管机机架

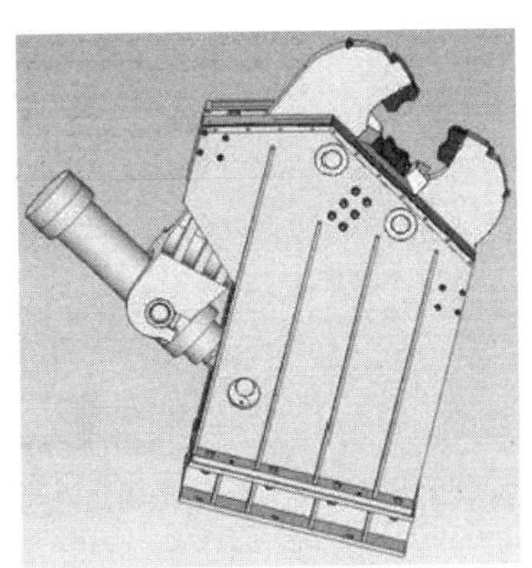

图 3-9　缩口机

CPE工艺的优点是：①穿孔毛管的壁厚公差可达到±3%，从而大大地改善了成品管的壁厚公差。②吨管的基本建设投资降低。主机设备价格CPE比连轧管低33%，电气部分CPE比连轧管低50%。③采用该工艺能可靠地生产普通壁厚的钢管。④由于减少了顶管后的切头损失，增加了钢管的长度，因此成材率高于传统的顶管机组。

CPE工艺适于生产小直径、薄壁热轧无缝钢管，但生产工序中比限动芯棒连轧管机多了缩口、松棒、脱棒和切缩口工序，另外顶杆受工作条件所限，不宜太长太粗，因此钢管的长度和规格也受限制，钢管直径在 ϕ180 mm以下。近年来新建生产线有常州常宝精特能源管材有限公司的140CPE机组和湖北新冶钢有限公司的219CPE机组。

3.1.2.3 周期式轧管设备技术

周期式轧管机轧辊轧槽的深度在整个圆周上由深向浅变化，即两个轧辊构成的孔型由大向小变化，从而实现管壁轧薄和管材延伸。轧辊旋转一周时孔型完成一个变化周期。毛管在一个周期内送进一个送进量而后被反向轧回，如此周而复始地完成轧管延伸。轧管过程如图3-10所示。

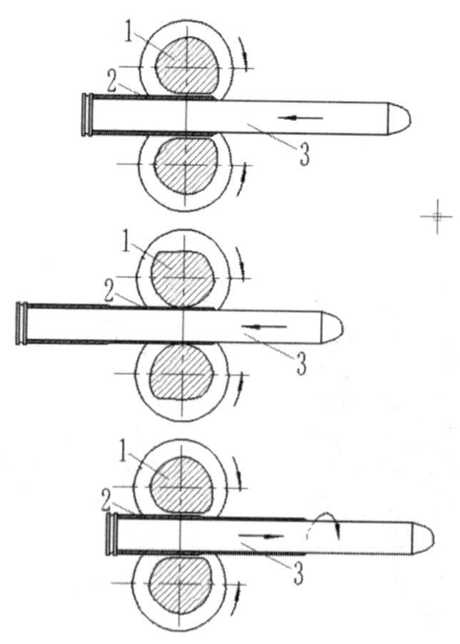

1—轧辊；2—钢管；3—芯棒

图 3-10　无缝钢管周期轧管示意图

周期轧管机组自19世纪末期成功试轧出无缝钢管后，全世界相继建成了80多套周期轧管机组。尽管周轧工艺具有锻轧结合的变形方式、大的轧制比和优良的综合力学性能，但由于其表面质量较差，几何尺寸偏差大，成材率不高，许多国家已将建成的周期轧管机组淘汰。进入21世纪后，现代机械、电气、液压和气压传动技术的发展，解决了老式周轧机组存在的问题。

近几年，华菱衡钢、四川三洲特钢、中兴能源装备和天津中曼等公司相继建成了 ϕ720 mm、 ϕ800 mm等多套大口径周期轧管机组。与老式周轧机相比，主要在喂料精度、转角控制、轧制稳定性和设备可操作性等方面有较大的改善。同时新投产的周轧机组驱动电机功率和轧制力更大，可生产的钢管外径达 ϕ800 mm。目前，国内建成投产的大口径周期轧管机组主要以生产压力容器用管和不锈钢管为主。

3.1.2.4 热轧成品管设备技术

热轧成品管生产是无缝钢管热轧生产的最后一道变形工序，可分为热定（减）径和热扩径工艺。

（1）热定（减）径

热定（减）径机依其结构形式分为二辊式和三辊式，均采用多机架组成。定径（带微张力）机组通常由3～14个机架组成。当需要大减径量时，即为减径机和张力减径机（简称减径机），多达24～28架。定（减）径机一般采用二辊式，微张力定径机和张力减径机多采用三辊形式。定（减）径量是定（减）径的重要工艺参数。定径机的单架减径量最大可达3.5%，总减径量不超过35%，否则管壁增厚及精度将不易控制。当采用张力减径工艺时，单机架的减径量最大可达17%，通常为6%～12%，而总减径量可达90%。

二辊定（减）径机相邻两机架的轧辊轴线一般成正交并与地面成45°布置。机架结构由早期的单片机架发展为整体笼形结构，提高了机架刚度。现已发展到与第四代连轧管机相似的具有快速换辊装置、直流单独传动的结构。此种形式的定径机由于结构简单，孔型加工容易，且在生产中通过调节辊缝来改变孔型参数，既可补偿孔型的不均匀磨损，也可用1个孔型经调节以生产规格尺寸相邻的其他规格产品，但是2个轧辊构成的孔型，每个轧辊的孔型包角近180°，孔型底部与侧壁及开口处的速度差较大，使钢管在变形过程中同一断面上的速度严重不均匀，钢管与轧辊孔型间的滑动大，影响钢管的表面质量；同时，为了保证轧制的顺利和稳定，在孔型侧壁设计有一定斜度，减少了轧辊对钢管的有效包络，使生产出的钢管尺寸精度相对较低。

为了解决二辊定（减）径机生产钢管尺寸精度相对较低的问题，发展了三辊定（减）径机。三辊定径机的3个轧辊轴线相交为120°夹角，相邻两架的轧辊轴线成60°夹角，即相邻两架共6个轧辊投影为正六角形。3个轧辊安装在一刚性良好的整体框架内。孔型加工是在轧辊已安装并调整好的机架内，3个轧辊同时进行孔型加工后，不需要调整。因此三辊定（减）径机孔型各点间速度差小，封闭性好，孔型几何尺寸精确，成品管直径精度可达±（0.3%～0.5%）。所生产的钢管表面质量好，尺寸精度高，但是，由于轧辊（孔型）不可调，这就要求每一个规格都要有其对应的孔型及轧辊备用，并有能保证连续生产的足够数量的拆、装、加工的轧辊和机架。

1）三辊微张力定（减）径机

三辊微张力定（减）径工艺近年来发展迅速，定（减）径机一般采用十二机架，少数采用十四机架、十机架，个别应用八机架。十二机架微张力定径机通常采用集中差速传动。孔型设计时选用一定的微张力值来控制钢管轧制时的壁厚增加量，使轧制后的钢管壁厚均匀，不易出现内缺陷。

2）三辊张力减径机

为了提高轧管机组的生产效率和产量，在轧管机后配备张力减径机。这样，轧管机只需轧出最多三种外径的荒管，再通过张力减径机就可以生产出多种不同直径和壁厚的成品钢管，使轧管机轧制的荒管单一化，从而减少了管坯和芯棒规格数量。

张力减径轧制中，钢管中间部分的管壁受到张力作用而被拉薄，头尾两端的管壁由于受到的张力不同出现增厚，后期需切去钢管两端增厚部分。因此张力减径机只能配置在能轧制长荒管的轧管机组中，以减少切头损失率。若采用限制管端增厚的电控技术，管端增厚的长度可减少约1/3。

三辊张力减径机有内、外传动两种方式。内传动的张力减径机，每个机架内设置有两对伞齿轮，简化了机座结构，但一定程度上增大了机架间距。外传动式是双位机座，机架间距小，承载轧制力大，管端增厚的长度也较小。2007年建成投产的攀成钢 ϕ159 mm机组配置了KOCKS公司的二十四机架三辊式张力减径机，如图3-11所示。

图 3-11　张力减径机

主要技术特点：①采用单独轧辊传动，交流变频调速，后3个机架轧辊可调，便于张力控制，减小机架更换次数和时间。②轧辊机架孔型是采用普通数控车床对单个辊环进行单独加工，不是采用传统的机架轧辊整体加工方式。减少了备用机架的数量，又省去专用加工机床，也降低了长期运行费用。③同时，由于各机架轧辊实际直径的不同，采用了变架间距的紧凑式设计，缩短了机组长度，可进一步减少增厚端切损。④配置了完善的自动控制系统。可实现钢管增厚端控制（HEC）、自动壁厚控制（AWC）、传动系统冲击补偿、负荷均衡控制等必要的控制功能；同时，根据在线检测信息，可实时对三个可调轧辊机架进行远程调节。

（2）热扩管

热扩管工艺是指将作为管坯的合格成品钢管加热到规定的工艺温度后，在顶头的支撑下，通过对管壁进行径向辗轧（斜轧热扩管工艺）或周向拉伸（拉拔式热扩管工艺和中频感应加热顶推式热扩管工艺），使管坯外径增加、壁厚减薄的一种制造大直径、薄壁无缝钢管的生产工艺。热扩管工艺是生产特大直径、特薄管壁无缝钢管的有效方法，包括：斜轧热扩管工艺、拉拔式热扩管工艺和中频感应加热顶推式热扩管工艺等。

1）斜轧热扩管工艺

斜轧热扩管工艺起源于二次穿孔工艺。斜轧热扩管机是一种带有2个锥形轧辊且轧辊呈水平布置的二辊斜轧管机。斜轧热扩管机组的主要特点有：①机组产量大，一套斜轧热扩管机组的产量在20万t/年左右；②变形量大，一道次扩径率可达70%；③壁厚精度高，有纠正管坯壁厚偏差的效果，壁厚精度可达±（4.5%～8%）；④金属消耗较少、成材率较高；⑤设备投资大；⑥生产成本高；⑦产品表面质量一般，加热后的钢管表面氧化严重，扩制后的钢管表面存在螺旋道；⑧可生产大直径薄壁钢管（*D*/*S*可达70），但钢管外径不能太大，最适宜生产直径为ϕ500～800 mm的钢管。

当二辊斜轧穿孔机用于二次穿孔时，具有扩径功能，能够起到扩大管径、减薄管壁的作用。但是，因为它与斜轧热扩管机的轧机结构和辊型形状不同，其扩径率远小于斜轧热扩管机（一道次扩径率一般不大于25%）。

2）拉拔式热扩管工艺

拉拔式热扩管机扩管时，先将管坯的一端（长度为350～550 mm）送入缝式加热炉或感应加热炉中，加热到850 ℃以上，再对该段管端进行扩口，形成喇叭状；然后将扩口后的管坯送入步进式加热炉中进行整体加热，加热温度一般为900～1200 ℃；待管坯加热均匀后，再将其扩口管端固定在扩管机的内、外卡环上；随后将一组（一般3～4个）直径逐渐增大的顶头按顺序分别套在对应的一组拉杆上，拉杆在卡爪的拉动下，与顶头一道通过管坯内孔，实现对管坯的扩径、减壁。

拉拔式热扩管机组的主要特点是：①机组产量较大，生产能力5～8万t/年。②变形量较大（一次加热后的管坯扩径率一般在40%～45%，最大不超过65%；一次加热后的管坯扩径道次最多为4道次，各道次的扩径率依次减小，分别为18%～22%、13%～16%、5%～10%、1%～2%）。③设备投资较斜轧热扩管机组少很多，较中频感应加热顶推式热扩管机组多很多。④壁厚精度差，会进一步恶化管坯的壁厚精度，一般拉拔热扩后的壁厚精度为±（12.5%～20.0%）。⑤金属消耗大，成材率低。⑥钢管表面质量差，管坯加热后，表面氧化严重；顶头容易对钢管内表面造成划伤，形成内直道。⑦生产成本高。⑧生产的钢管壁厚和直径均受到限制，管径不能太大，管壁不能太薄。

3）中频感应加热顶推式热扩管工艺

中频感应加热顶推式热扩管工艺是近十多年来在我国广泛采用的一种相对简易的热扩管工艺，如图3-12所示。因其工艺简单，设备投资少，很多钢管厂都建有中频感应加热顶推式热扩管机组。中频感应加热顶推式热扩管工艺过程是：用合格的钢管作为管坯，在控温、控速、控扩径率的状态下，将管坯连续置于中频感应加热线圈中，沿管坯全长、从头到尾、非同时对整支管坯进行连续加热。当变形区中管坯的温度达到一定后，靠液压缸活塞的运动，使其连续通过固定架上的锥形顶头，实现管坯的连续扩径。

图3-12　中频感应加热顶推式热扩管机组

2017年12月，中国钢铁工业协会发布T/CISA002—2017《高压锅炉用中频热扩无缝钢管》的团体标准。2019年7月，全国钢标准委钢管分技术委员会认同中频热扩工艺为连续整体加热，符合GB/T 5310—2017标准和修订GB/T 5310标准的要求。

中频感应加热顶推式热扩管机组的特点是：①扩径变形时，变形区中的金属沿纵向受压应力，沿径向从钢管壁厚的内表面到外表面受到的压应力依次减小，直至为零，沿周向受拉应力，扩制速度较小；拉拔式热扩管时，变形区中的金属在径向和周向的受力状态与中频感应加热顶推式热扩管是相同的，但沿纵向受拉应力，且扩制速度很快，相比之下，中频感应加热顶推式热扩管工艺产生缺陷的风险相对小一些。②钢管表面质量好。中频感应加热时，钢管表面氧化铁皮少，扩制后的钢管外表面基本上保持了热轧管坯外表面的原始状态；因钢管内表面涂有润滑剂，顶头不易黏钢，有效地提高了钢管的内表面质量。③比拉拔式热扩管工艺扩制的钢管壁厚精度稍好。④成材率高。⑤设备投资少。

⑥生产灵活，工艺简单，制造成本低。⑦扩制的钢管直径大、管壁薄，钢管直径可达 ϕ1500 mm，径壁比D/S可达100。⑧单台机组产量很低。⑨管坯加热温度较低，变形量较小。国内采用中频感应加热扩管的典型企业有无锡德欣钢管有限公司。

3.1.3 冷拔冷轧无缝钢管生产设备技术现状

冷拔冷轧无缝钢管生产线通过在热轧穿孔的基础上增加冷拔冷轧设备组成，可以用比生产相同规格热轧无缝管机组更少的投资，实现多规格的转换，投产快，设备简单，在我国钢管生产行业发展早期发挥了重要作用。但随着行业技术的发展，其资源利用效率差的弊端逐步显现，目前主要用来生产需求量少而精度要求高的小直径、精密、薄壁和高强度管材，特别是极薄壁管、高精度和高合金无缝钢管，冷拔+冷轧联合生产工艺被广泛应用。

根据产品规格和质量要求，在生产中选择二辊、或二辊和三辊、或三辊冷轧管机实施定壁轧制，最终冷拔出成品；或者采用冷拔生产冷轧管坯，最终冷轧出成品。大多数冷拔无缝钢管厂都建设有二辊和三辊冷轧管机。

3.1.3.1 冷拔无缝管设备技术

拔管机有往复式、半连续式、连续式，其中往复式冷拔管机应用最广泛。往复式冷拔机可以用链条、钢绳、齿条或液压传动。液压冷拔机具有工作平稳、产品表面质量好等特点。特别是液压冷拔机用于生产高精度、表面光洁度高的精密冷拔管，目前应用越来越广泛。

冷拔钢管基本生产工艺是管坯通过拔模拔小直径（减径）或通过拔模和芯棒减径减壁拔制，工艺种类很多，如：无芯棒拔制（空拔）、短芯棒（顶头）拔制、长芯棒拔制、游动芯棒拔制，目前广泛采用的是空拔和短芯棒拔制工艺。

冷拔钢管逐渐发展为同时用两个或多个拔模拔制（多模拔制）用圆孔形轧辊取代拔模拔制（辊模拔制）；在拔制的同时给管坯加温或是施加超声波（温拔和超声波拔制）；并向拔制长管方向发展。

冷拔钢管的生产是一个传统的行业，劳动强度大、工作环境恶劣，影响操作人员的工作效率和工作质量，针对这一现状，行业生产中已广泛开始对其进行智能化改造，通过添加传感器等智能元器件，将以前人工控制的工艺改造成通过机器控制，为生产工艺划分统一的标准，降低生产过程中的不稳定因素。

在生产过程中，可以使用MES（Manufacturing Execution System）生产执

行系统来对钢管的生产车间的状况进行信息化的管理，将产品质量、人力资源、生产的调度以及生产设备的信息等进行统一化的管理，现场的终端通过交换机与数据库进行通信，实现信息的采集、存储、处理等功能。

通过条码技术实现对在生产线上正在进行加工钢管的信息追踪，实现数据交换和生产过程控制，实现钢管信息的回溯跟踪，能够很大程度上提高产品的自动化水平；在钢管的退火、酸洗磷化皂化和冷拔过程中，设计针对冷拔的酸洗温度控制系统，很好地控制了酸溶液的挥发，降低了冷拔车间设备因为酸腐蚀而导致的使用寿命的降低；通过使用计算机、智能仪表以及变速器等器件，设计退火炉的自动控制系统，大大降低了能源消耗，提高了生产效率和钢管退火质量；通过PLC实现钢管冷拔机的电气控制，将这些控制过程加上一个上位机进行控制，并实现信息的传递等功能，则可以使得生产过程变得更加智能；还有通过PLC控制的智能检测系统已经运用到生产之中，利用了PLC在计数计长方面的特点，设计了检测装置，这个系统能够对冷拔时间、冷拔长度、根数等进行统计，实现冷拔过程的控制。

3.1.3.2 冷轧无缝管设备技术

冷轧钢管工艺是在冷拔工艺的基础上发展而来的。为了解决冷拔的道次变形量小、多道次变形、金属消耗高和变形条件差等问题，提出了冷轧工艺。冷轧钢管的基本工艺是将一道次的大变形量分配到多次的往复轧制，每次的轧制变形量不大，轧制是在两个轧辊的孔型和芯棒组成的密闭环中进行，在轧制过程中芯棒和荒管不动。当带有变形断面孔型的轧辊沿轧制方向运动时，实现对管坯的轧制。当轧辊返回至极限位置时，回转送进机构将管坯向前推进一定距离并翻转一定角度。

冷轧钢管生产具有以下特点：①经冷轧后的管材组织晶粒较细密，管材力学性能和物理性能均较优良；②冷轧管对于原始管坯壁厚偏差的纠偏能力较大，几何尺寸精确，表面光洁度高；③道次变形量较大，管壁压下量可达75%～85%，减径量可达65%；④采用冷轧工艺生产管材可大量减少中间工序，减少了金属材料、能源和其他辅助材料及人力消耗；⑤用冷轧工艺可生产薄壁和极薄壁钢管、内外表面无划伤的优质精密管材；⑥可有效地轧制高合金、塑形差的各种金属管材。但是，冷轧管机的产量较低，轧制工具（包括轧辊孔型、芯棒和滑道等）的制作技术要求较高，孔型加工需要专用机床，轧机结构复杂且维修技术要求高等，对其进一步发展带来了困难。

我国冷轧管机的研究起步于20世纪60年代。1960年中国重型机械研究院有限公司（简称中重院，原西安重型机械研究所）设计的国内第一台LD30三辊冷轧管机顺利投产。经过几十年的发展，我国已形成了LG型（两辊）和LD型（多辊）两大系列的冷轧管机产品，广泛应用于我国金属管材加工行业。LG二辊式冷轧管机，亦称周期式冷轧管机，俄罗斯称XIIT型，德国称KPW（或SKW）型，法国称ILP型。LD型多辊式冷轧管机，俄罗斯称XIITP型。

冷轧管机形式不同，组成也有差别，主要有以下组成部分：主电机及其传动机构、转向箱、传动轴、轧机机架、回转送进机构、送进卡盘与床身、芯棒卡紧装置、入口卡盘和出口卡盘、上料装置、出料装置。

按照回转送进方式，冷轧管机有以下4种布置形式：①采用机械式回转送进机构停机上料型冷轧管机；②采用机械式回转送进机构连续上料型冷轧管机；③采用伺服电机回转送进机构停机上料型冷轧管机；④采用伺服电机回转送进机构连续上料型冷轧管机。前两种布置形式机架的传动机构与回转送进机构由同一台电机驱动；后两种布置形式机架的传动机构由主电机驱动，而回转送进机构由单独的电机驱动。目前最先进的高速冷轧管机均采用伺服电机回转送进机构连续上料，使用效果良好，布置形式如图3-13所示。

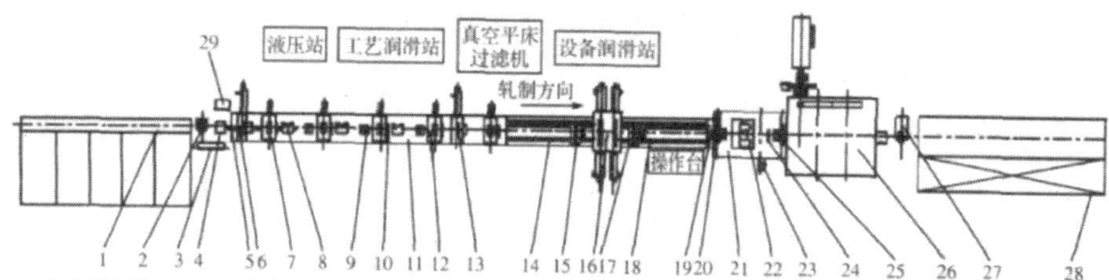

1—上料装置；2—喂料辊装置；3—离线芯棒润滑装置；4—在线芯棒润滑装置；5—芯棒装置；6—1#芯棒卡盘；7—夹送辊装置；8—管式导卫；9—芯棒杆自动定心装置；10—管坯头尾检测装置；11—装料床身；12—变频调速夹送辊；13—2#芯棒卡盘；14—1#送料床身；15—1#送料小车；16—回转送进装置；17—2#送料小车；18—2#送料床身；19—管缝探测装置；20—入口卡盘；21—主机座；22—轧机机架；23—侧向换辊装置；24—芯棒断裂检测装置；25—出口卡盘；26—曲轴传动装置；27—成品管快速拉出装置；28—出料台架；29—芯棒润滑站

图 3-13　采用伺服电机回转送进机构连续上料型冷轧管机组成

普通冷轧管机的传动方式如图3-14所示，通过偏心齿轮驱动机架往复运动。为了克服轧机机架在往复运动中产生的巨大惯性力和惯性力矩，提高机架的速度，必须采用惯性力和惯性力矩的平衡装置。较早使用的垂直滑动重锤平衡机构、水平滑块平衡机构由于其种种缺点，现已淘汰。为了平衡机架3高速运动所产生的一阶惯性力，在曲轴上（与曲柄成180°）装上适当配重的扇形块2。为了平衡扇形块2的惯性力，在与曲轴等速旋转的平衡轴上加适当的平衡轴扇形块1，使机架的运动速度成倍提高。双扇形块平衡具有制造和安装使用相对较简单，不需要很深的地坑，占地面积也没有明显的扩大等优点，如图3-15所示。

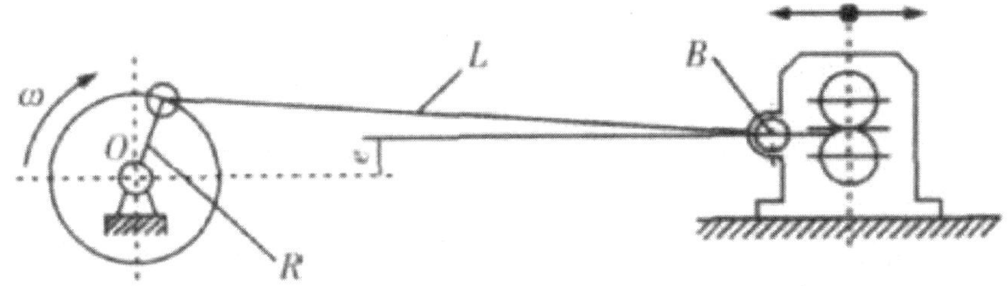

图 3-14　普通冷轧管机传动机构

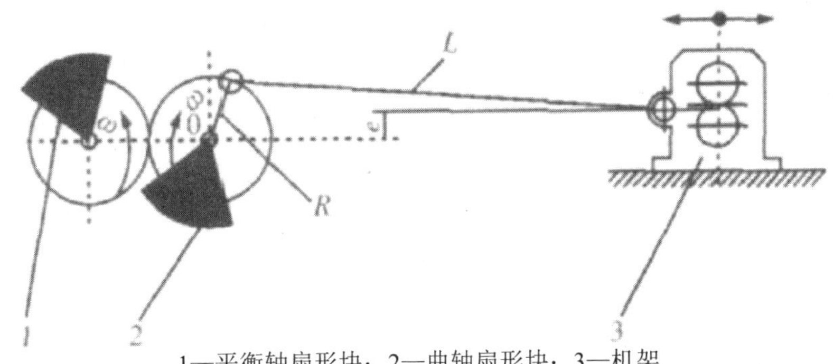

1—平衡轴扇形块；2—曲轴扇形块；3—机架

图 3-15　双扇形块平衡机构

2002年后，我国引进的轧机全部采用伺服电机回转送进机构。Meer公司的KPW25HMRK轧机采用正立式直线行星机构传动，带平衡机构，实现连续上料、连续送进、连续轧制，由5台伺服电机完成回转送进，属该公司的第五代产品。最新的KPW25LC、KPW50LC、KPW75LC轧机采用水平平衡，连续上料、连续送进、连续轧制，由多台伺服电机完成回转送进，属第六代产品。俄罗斯的CRTM350-8轧机采用曲轴扇形块平衡，移动机架和移动轧辊架，类似于多辊轧制原理，由5台伺服电机完成回转送进，属于停机上料型轧机。XΠT6-15、XΠT30-60、XΠT30-60轧机属于采用偏心齿轮传动的普通速度轧机，伺服电机直接驱动丝杠和光杠，由2台伺服电机完成回转送进，属于停机上料型轧机。

新型高速冷轧管机有以下特点：

（1）采用交流伺服电机多点驱动和两个芯棒卡盘、管坯卡盘交替作业实现连续上料、连续送进、连续轧制；

（2）采用双扇形块平衡系统平衡机架高速轧制所产生的惯性力；

（3）采用闭式机架和侧向换辊技术，提高轧机刚度和作业率；

（4）回转送进方式的选择、送进量和回转角的设定通过电子凸轮曲线和在HMI上直接完成，送进精度高且无级可调、回转角准确且0～90°无级可调；

（5）采用管坯头尾检测、管缝检测和芯棒断裂检测实现管坯从上料到出料的全自动化作业。这种轧机效率是普通轧机的2.5～3倍，成品管精度高，头尾公差一致性好，成材率高，适合精密管和超长管的轧制。

中重院开发的国内第一台伺服回转送进LG-15-GHLL两辊高速冷轧管机于2008年3月投产，填补了国内空白，其性能参数与俄罗斯电钢城重机厂（EZTM）和德国米尔公司（SMS-Meer）的轧机性能比较如表3-2所示。

表 3-2　我国自主研发的高速轧机与国外轧机的比较

制造企业	中重院	EZTM	SMS-Meer
冷轧管机型号	LG-15-GHLL	CRTM40	KPW25LC
坯料最大直径/mm	38	40	38
成品管最小直径/mm	6～30	8～25	6～30
轧辊直径/mm	210	220	210
机架行程长度/mm	491	500	490
轧制材质	不锈钢		
轧制速度/（次/min）	300	220	320
冷轧管机驱动形式	曲轴双连杆	行星直线机构	曲轴单连杆
轧机的回转送进系统	交流伺服电机	调速电机+行星间歇机构	交流伺服电机
冷轧管机平衡方式	双扇形块平衡	行星机构水平平衡	Lanchester平衡
作业方式	连续	停机间歇式	连续

近年来，科技的进步有效地促进了冷轧管机的机械化、自动化水平的提高，使冷轧管机的效率和产品精度也相应地得到了成倍的增加和提高，在相当长的

一段时期内冷轧管机仍是高精度管材的有效生产手段。

目前我国自行设计制造的最大规格两辊冷轧管机为LG-450-H，两辊冷轧管机最小规格的为LG-10-GHLL，可生产的最小管的外径为 ϕ6 mm，最小壁厚0.35 mm；最大规格的多辊冷轧管机是LD-180，最小规格的多辊冷轧管机为LD-8，可生产的最小管的外径为 ϕ3 mm，最小壁厚0.2 mm。

目前我国拥有各类冷轧管机数量超过5000台，包括不同时期引进的冷轧管机约64台，是世界上冷轧管机最多的国家。进入21世纪后，在国家大力发展石化工业、航空航天工业、汽车工业、火力发电和核电工业的大背景下，需要大量精密冷轧管材，每年我国冷轧管机的需求量超过500台套，冷轧管机发展前景十分广阔。国内对冷轧管机新结构的探索和研究，向高速度、高精度、高效率、连续化、自动化的生产方向发展。

（1）淘汰落后产能的冷轧管机和普通轧机的高效化改造。现有侧上料型轧机，回转送进机构采用减速箱式、液压和马尔太盘结构的轧机，产品精度差，劳动强度高，能耗高，作业率不足60%，也不适合高速轧制的需要。

（2）随着高精度两辊冷轧管机的开发，将逐步淘汰多辊冷轧管机。多辊轧机在特定的条件下，适合轧制高精度极薄壁管材，但产量较低、变形量小。需要使用多辊冷轧管机时，首先考虑选择连续上料轧机和高速轧机。

（3）进行轧机动平衡系统和结构研究，优先发展长行程、连续上料型高速冷轧管机，其次考虑停机上料型高速冷轧管机。采用伺服电机、游动丝杠形式的回转送进机构，以满足高速轧制的需要。实践证明采用连续上料高速轧机，轧机产量是普通速度停机上料型轧机的2.5～3倍，作业率提高30%。

（4）对于普通速度轧机，应采用连续上料、连续送进、连续轧制的先进工艺。实践证明，采用先进工艺后轧机的作业率可提高20%～30%，产品的尺寸精度的一致性会得到保证，头尾超差的长度也小，成材率高，尤其适合超长管子的轧制。

（5）与侧装料相比，端装料可以增加管坯长度，减少装料和停机时间，提高轧机作业率，应该推广使用。

（6）交流伺服控制技术为冷轧管机向着高速度、高精度、高效率、连续化、全自动化的生产方向发展提供了机电一体化的新理念和新手段，使冷轧管机产生重大的结构变化，应该大力提倡使用交流伺服电机回转送进机构。

（7）采用双回转、双送进的轧制工艺，可以使轧机的作业率提高12%～17%，管子的精度提高20%～25%，同时降低轧制负荷。

（8）从多方面入手，提高冷轧管机的产品精度。

（9）开发环孔型轧辊专用磨床和相应的孔型设计软件，提高两辊冷轧管机轧制工具精度，保证产品的精度要求。

（10）开发大型多辊冷轧管机。对于坯料直径大于300 mm以上的管坯，建议采用多辊环孔型冷轧管机。

（11）进行轧制工具材料和热处理工艺研究和轧制油的研究，提高轧机的道次变形量，减少轧制道次和中间退火次数，达到节能、环保、高效的目的。

（12）积极研制、开发轧机的在线检测技术以保证轧机的自动化程度大幅度提高，如芯棒断裂、管头尾和管缝探测装置的开发，实现轧管机的全程监控、故障报警、工艺参数储存等功能。

3.1.4 无缝钢管轧制设备技术发展趋势

（1）加快产品结构调整与工艺创新

为适应国家产业转型升级需要，钢管企业要将技术创新、产品升级放在首位，将实施工艺改进、技术创新作为工作重点，从而提高量大面广的钢管产品质量，促进档次提升和产品结构调整，全面提高钢管产品性能和实物质量。

我国钢管制造装备已处于世界先进水平，部分生产线处于世界领先水平，但工艺技术水平、产品实物质量水平与国际先进企业还有较大差距。钢管企业应加大科研投入，开展工艺创新、技术创新。工艺技术研究重点：管坯热装热送工艺、热轧高合金钢管轧制技术、热轧无缝钢管的控轧控冷、套管特殊螺纹在线自动检测技术、焊接钢管自动化控制技术、高性能管材与管件的功能涂层及涂覆技术、不锈钢（耐蚀合金）双金属复合管材焊接技术、高钢级管线钢管力学性能稳定性、绿色环保生产工艺。

（2）推进信息化、自动化和智能化工厂建设

信息化、自动化和智能化是钢管企业提高管理水平、稳定产品质量、降低制造成本、减员增效、增强竞争力的重要举措。随着检测技术和控制技术的日臻完善以及信息化技术的快速发展，使得无人操作、智能化工厂变成了可能。无缝钢管均为连续生产线，具备了全线自动化、工厂智能化的基础。目前，众多企业已投运了ERP、MES系统，信息化水平明显提高，人为干预管理流程和

生产过程的现象大大减少，管理进一步规范，效率得到提升。在有些企业的生产线上，部分区域或某些工序已经实现了自动化或智能化，如：钢管壁厚和外径自动检测及轧机自动调整，智能仓库和智能酸洗车间等。机器人在钢管企业的应用也越来越普遍，成品喷标机器人和管端焊缝修磨机器人以及管端几何尺寸自动检测机器人已大量应用于生产线。但与其他行业（如汽车制造）相比，还存在不小差距。

推动钢管行业的智能制造，企业应以互联网平台为基础，利用信息通信技术与各行业的跨界融合，推动产业转型升级。要从信息传输逐渐渗透到销售、运营和制造等多个环节，并将互联网进一步延伸，通过物联网形成人与物、物与物的全面连接，促进产业链的开放融合，将工业时代的规模生产转向满足多品种、小批量的个性化需求，不断创造出新产品、新业务与新模式。

（3）坚持节能环保，推进绿色制造

实施绿色改造升级。加快推广应用和全面普及先进适用以及成熟可靠的节能环保工艺技术装备。热轧全流程企业要全面推广封闭式环保原料场、烧结脱硫、余热回收；热轧企业连轧管机组的连轧机、定（减）径机的除尘，综合污水再生回用；镀锌焊管、冷轧（拔）酸洗生产线的酸雾/气的收集处理，废酸、污泥的处理再利用，废水的再生回用。重点研究酸洗液综合处理和在线的循环利用技术。全面建成企业厂区主要污染物排放的环保在线监控体系。

加快发展循环经济。随着我国废钢资源的积累增加，按照绿色可循环理念，推进钢管与建材、电力、化工等产业及城市间的耦合发展，实现钢管制造、能源转换和废弃物消纳三大功能。加快废钢加工配送体系建设，推广城市中水和钢铁工业废水联合再生回用集成技术。

3.2 焊管生产设备技术现状与发展趋势

3.2.1 焊管产业发展概况

焊接钢管生产设备分为高频直缝焊管机组、大口径直缝埋弧焊管机组以及螺旋焊管机组。据不完全统计我国现有焊接钢管生产线约3000条（含个别不锈钢钢管生产线），总产能约7000万t，如表3-3所示。

表 3-3　我国焊管生产行业现状（截至 2018 年年底）

生产线	机型与规格	台套数	产能
大口径高频直缝焊管生产线	ϕ426 mm、400 mm×400 mm 方形及以上 ERW/HFW	32条	约691万t
高频直缝焊管生产线	ϕ219～406 mm ERW/HFW	约80条	约1000万t
高频直缝焊管生产线	ϕ102～180 mm ERW/HFW	约420条	约2000万t
高频直缝焊管生产线	小于 ϕ89 mm ERW/HFW	约2000多条	约1600万t
直缝埋弧焊管生产线	UOE、JCOE、JCO	36条	约723万t
螺旋埋弧焊管生产线		约400条（含预精焊生产线9条）	约1000万t
总计		约3000条	约7000万t

3.2.2 焊管生产设备技术现状

3.2.2.1 高频直缝焊管生产设备技术

高频直缝焊管具有生产效率高、制造成本低、尺寸精度高、表面质量好等诸多优点，在国内外已广泛采用，其生产工艺见图3-16。

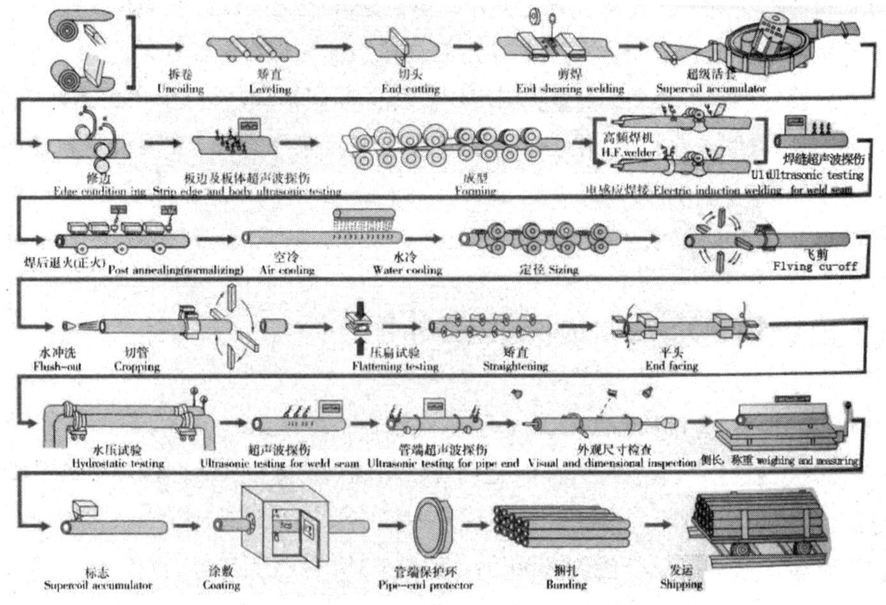

图 3-16　高频直缝焊管生产工艺流程

高频直缝焊管以金属带钢为原料，生产过程中通过多架装配有特定孔型轧辊的成型机对带钢进行连续弯曲变形，从而得到带开口缝环状截面，再对开口缝焊接制成钢管。每架成型机装有两个或多个成型辊，每列成型机组由两架以上的成型机组成。

随着HFW制管技术的发展，我国HFW制管行业也从无到有，逐步实现了自主创新的发展历程。自20世纪80年代以来，我国油气管道工业的蓬勃发展促进了HFW机组特别是中大直径（≥ ϕ406 mm）机组的建设，使得HFW焊管成为目前我国应用范围最广、生产机组最多和产量最高的焊管产品。

从HFW钢管的发展看，早期主要是应用一些民生方面，主要是自行车、家具、建筑用的小口径水、煤气管道等。20世纪90年代后逐步开始应用于长输管道，这期间国内从欧洲、美国和日本引进了多条生产线，但由于当时用于生产该钢管的带钢质量水平和钢管质量控制水平限制，在长输管道应用中曾出现过一些问题，而且2000年后飞速发展的直缝埋弧焊管，对中口径（ ϕ406～660 mm）HFW焊管的市场也造成了一定冲击。为此，一些HFW焊管生产厂家也注意到这些问题，投入大量精力进行HFW焊管的质量改进和控制，HFW焊管的质量有了显著变化。近几年在长输管道又有大量的HFW焊管投入使用，尤其是原油和成品油管道。

比较而言，埋弧焊管主要还是用于油气输送管道，在几何外形和尺寸上要求的精度不高，而直缝高频焊管除了可用于输送油气外，其用途更加广泛。不仅大量用于民用的输送管道，其高端产品还可用于油井管、锅炉管。精密焊管还广泛应用液压缸体、汽车传动轴等机械管。而且，高频焊管还具备很强的可加工能力，矩形管和异性钢管也多采用此类钢管加工，并广泛用于各行各业。目前我国的高频焊管厂产能达到了5200多万t，品种规格也达到了2000多种，对我国各行各业的支撑起到了不可或缺的作用。

从成型技术主要有以SMS/MEER为代表的线性成型中心恒定形式，以NAKATA（日本）为代表的柔性辊式成型（FFX，Flexible Forming Excellent）形式以及带钢底面定位等其他形式，但趋势还是向着减少工具辊、提高换道速度和自动化控制程度发展。国内中口径直缝高频焊管设备的制造能力也是通过引进、消化吸收在不断提高，特别是随着我国制管业需求的推动和国内机械制造能力的提高，国内设备制造厂在中口径直缝高频焊管成型设备的制造能力方面也有了长足进步，已有多条生产线是采用国产成型机建设的，而且钢管成型质量也能够满足高精度焊管的要求。

我国的HFW焊管生产线不管是小口径还是中口径一开始基本都是全套引进的，后期逐步国产化制造。中口径直缝高频焊管设备初期几乎都是全套引进的，后期基本采用主机引进、其他设备国内配套的方式。我国目前在中口径直缝高频焊管机组的成型前准备设备、焊接后的飞锯以及精整区的水压试验机、平头机等都已具备了较强的配套生产能力，基本形成了整线的加工供货能力。

从中口径直缝高频焊管生产线整线来看，我国在中、高频电源设备和无损检测设备方面与国外相比还有一定的差距。国内主力的中口径直缝高频焊管生产线主要还是配置的进口焊接和热处理设备。无损检测也多是配备的进口设备。比较有代表性的是挪威EFD公司和美国THERMATOOL的感应加热电源。在焊接电源运行的可靠性、功率控制精度以及效率上国产电源还有一定差距。

宝钢的 ϕ610 mm HFW机组通过不断的技术研究和改进，采用从炼钢、热轧钢卷到高频焊管全过程质量控制管理。同时，改进了全板超声波探伤设备，采用均匀刚性（URD）成型和定径机架，使成型过程充分、稳定，成品尺寸精度优良。采用最大功率为1800 kW的大功率高频焊接技术，满足高品质、厚壁管的焊接质量要求。采用2×2400 kW配置的两组在线焊缝热处理装置，可实现焊缝在线N、Q+N、Q+T等工艺的热处理，满足厚壁、强韧性等方面的要求。为多个管道输送项目提供了钢管，也取得了良好的经济效益。

除了在提高HFW焊管品质方面，我国的钢管制造企业还在其他方面进行了大量的技术研发和改造工作，为HFW钢管寻求出路。宝鸡钢管通过技术改造建成了以HFW钢管为母管的SEW焊管生产线，通过后续的钢管热张力减径和热处理大大提升了HFW焊管焊缝的性能，基本实现了HFW焊管的无缝化。采用SEW工艺生产的钢管，宝鸡钢管开发出了SEW J55、N80Q、P110系列钢级套管，产品的壁厚均匀性好，在抗挤毁性能等方面表现出了优良的性能。珠江钢管利用HFW钢管的焊管部分作预焊，后续增加埋弧焊接，形成了既可以生产HFW焊管，也可以生产中、小口径直缝焊管的COE机组，为HFW焊管开辟了新的市场空间。

3.2.2.2 直缝埋弧焊管生产设备技术

截至目前，直缝埋弧焊管仍是油气管道采用的主要管型，特别是穿越用管、海底管道、大壁厚管道。大应变管、X90～X120超高强度钢管的开发也主要采用直缝埋弧焊工艺。JCOE技术无疑是近十几年来直缝埋弧焊管技术最重要的发展之一，它的出现大大降低了直缝埋弧焊管生产线的投资，使得中小制管企业也能够迈进直缝埋弧焊管制造的门槛。由于JCOE机组投资小、生产工艺灵活、产品质量与UOE相当，因此在世界范围内，特别是在中国、印度和俄罗斯得到了迅速的发展。目前世界范围内的JCOE机组数量已大大超过了全世界UOE机组的数量，JCOE已成为直缝埋弧焊管生产的主流工艺之一。

（1）UOE成型

UOE直缝埋弧焊钢管成型工艺主要成型工序包括：弯边、U成型、O成型和机械扩径，如图3-17所示。UOE成型工艺是目前国际上广泛采用的大直径直缝埋弧焊管成型工艺，其优点是生产自动化程度高，生产率高，产品质量优良、稳定。

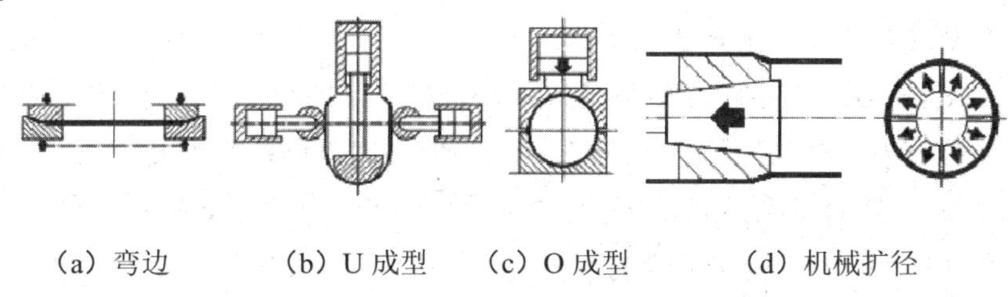

（a）弯边　　（b）U 成型　　（c）O 成型　　（d）机械扩径

图 3-17　UOE 成型工艺流程

（2）JCOE成型

钢板经输入辊道送入成型机区定位后，推料装置将钢板步进推入成型机主机，按工艺参数，首先将1/2板宽经上下模具压制成型，称为“J”成型；其次将另一端1/2板宽压制成型，称为“C”成型；最后从钢板中央压制最后一步，得到一开口的圆管筒，称为“O”成型。成型过程如图3-18所示。JCOE直缝埋弧焊管生产线工艺流程如图3-19所示。

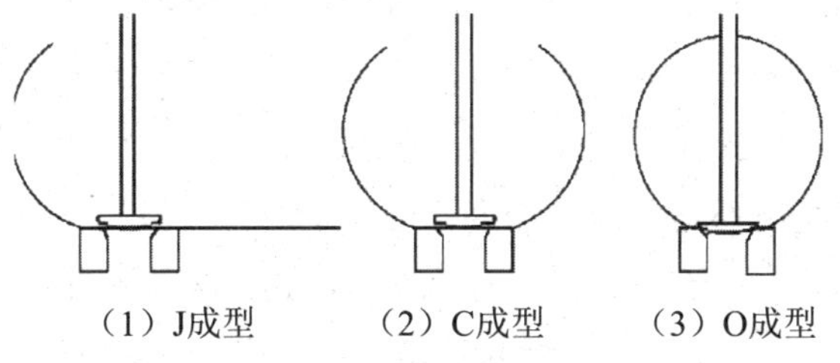

（1）J成型　　（2）C成型　　（3）O成型

图 3-18　JCO 成型过程

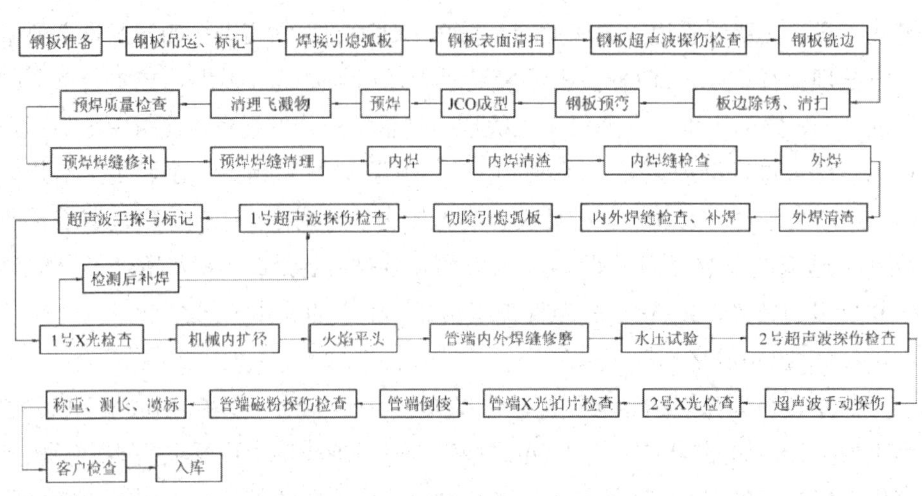

图 3-19　JCOE 直缝埋弧焊管生产线工艺流程

3.2.2.3 螺旋埋弧焊管生产设备技术

19世纪美国首先发明了螺旋缝埋弧焊管一步法的加工方法，成型与焊接同时进行。1967年，美国石油协会发布了适用于螺旋缝焊管的API5LS标准。1984年，美国石油协会将螺旋缝焊管、无缝钢管及直缝焊管的标准统一为同一标准。我国当前使用的油气输送钢管的主要技术标准有APISPEC5L、DNV OS-F101，经常涉及的标准还有ISO 3183、CSAZ662等。目前，日本和西欧几个国家在螺旋缝埋弧焊管生产方面处于领先地位。

我国第一条螺旋缝埋弧焊管生产线始建于1959年，设备由苏联引进，生产的产品钢级较低，质量水平一般，大部分用于低压管道。改革开放以来，随着我国石油工业的发展，西部油气资源的开发推动了油气长输管线的建设。近年来，西气东输管线、陕京管线、中俄管线等工程推动了我国螺旋缝埋弧焊管技术的进步，其主干线所需钢管全部实现了国产化。螺旋焊管生产工艺顺序稍有差别，典型的螺旋焊管生产检验工艺流程如图3-20所示。

世界范围内主流螺旋埋弧焊管生产工艺分为一步法和两步法。一步法生产工艺，钢管成型和焊接在成型器位置同时同步完成。机组有前摆和后摆之分，前摆机组和后摆机组都是以成型器为原点，分为前桥和后桥两部分。前桥绕成型器转动为前摆式，后桥绕成型器转动为后摆式，这两种方式的主要生产流程相同。两步法生产工艺是成型过程和焊接过程分离，带钢经过成型器后，用CO_2

气体保护焊在钢管内壁进行预焊成型。预焊成型完成、钢管切割后，在精焊工作站进行内外埋弧焊。

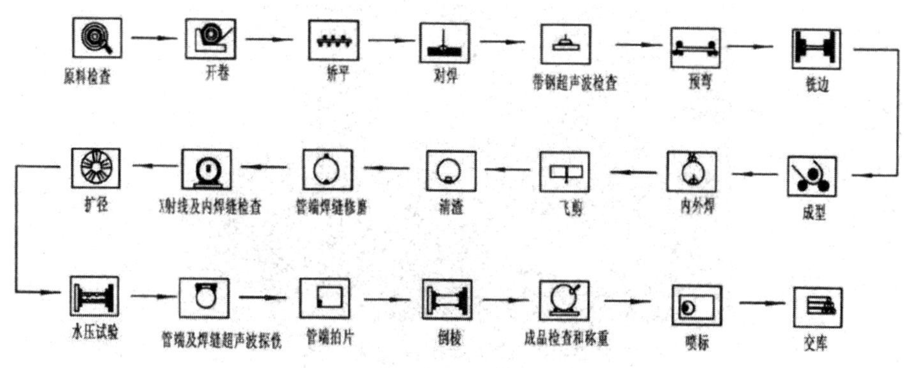

图 3-20　典型螺旋焊管生产工艺流程

通过近几年技术积累和研发，螺旋埋弧焊管行业在机组设备自动化、数字化、智能化提升和物联网建设方面创新地开展工作，取得了行业内可以借鉴推广的引领性成果。

（1）成型焊接区域远程集中控制系统

螺旋埋弧焊管在生产过程中，需要经过成型、内外焊接关键工序。岗位人员戴防尘口罩、多人多点位现场操作设备，不仅劳动强度大、效率低，而且各类信息传递滞后、管理效率低，关键工序设备也未能实时监控，现场粉尘、噪声污染，存在职业健康管理风险。

经过技术研发积累和优化控制系统，行业内管厂已成功研发成型焊接远程集中控制系统（见图3-21），该系统集成铣边、成型、内外焊、切管、运管等岗位，系统动态响应精确，一人可监控多个岗位，成型焊接各项数据均实时记录，关键设备运行状态实时监控，操作人员脱离尘毒噪的危害，实现远程集中操控，实现了螺旋埋弧焊管行业几代人的梦想。

（2）内焊板边自动跟踪

研发应用接触式内焊板边自动跟踪系统（见图3-22），具有结构简便、跟踪效果好、系统稳定、适用所有一步法螺旋焊管机组等特点。该系统的优点在于不依赖激光对坡口的形貌分析来进行焊点跟踪，而是单纯地依据递送边的偏移量作为焊点移动的依据。

该系统的应用范围广，几乎不受管径、焊接位置空间和坡口形貌的限制，能够实现极端情况下零误差实时闭环自动跟踪，跟踪精度±0.1 mm，解决了小直径钢管内焊空间受限无法应用自动跟踪的行业难题。

图 3-21　成型焊接远程集控室

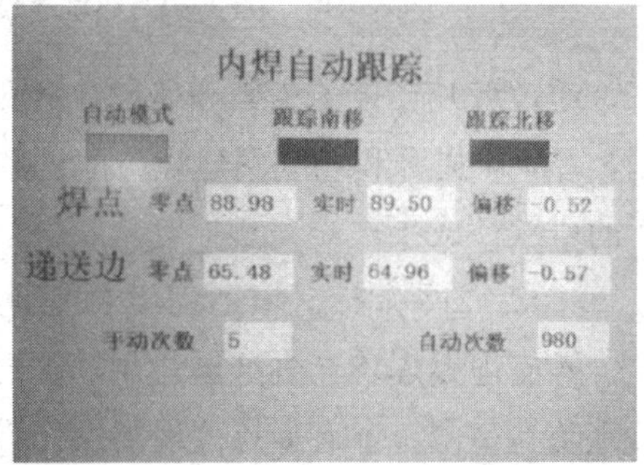

图 3-22　板边跟踪系统

（3）钢管周长实时测量系统

行业内管厂通过在成型器出口布置激光测距传感器采集钢管实时位置，经过PLC程序处理，实现了成型钢管周长数据实时显示，钢管周长的测量精度±1 mm，实现了由拉钢卷尺到过程数据实时测量监视的变革（见图3-23）。

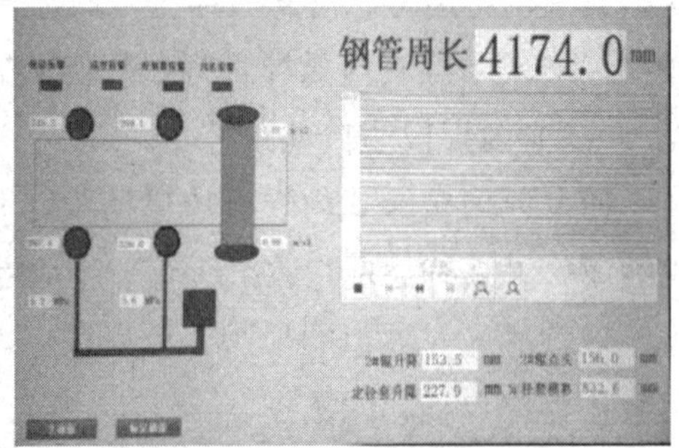

图 3-23　钢管周长实时测量系统

该装置具备人机对话功能，便于换道调整，实现螺旋焊管焊接过程中对钢管周长的自动、实时测量功能，确保测量结果的稳定性、可靠性，消除人工测量周长的安全隐患，有效避免批量质量事故，提高了钢管周长尺寸精度和一致性。

（4）自动定尺系统

某管厂自主研发自动定尺“一键切管”系统（见图3-24），通过人机交互系统和高精度的伺服控制的精确定位系统，实现切管系统的自动化、数字化，并结合板长测量系统，逐步向智能化方向发展。该系统在人机交互界面，输入切管长度，定尺装置自动运行到指定位置，定位精度±0.5 mm，定尺传感器检测到钢管管端时，切管机构动作，实现自动切管功能。

图 3-24　一键切管系统

该系统实现了切管过程全自动控制和数字化统计，省去了人工调整定尺的环节，提升切管效率10%；与生产信息管理系统相连接，实现了材耗分析、精细切割等精益生产管理功能。

（5）管端焊缝自动磨削系统

行业内多家管厂通过在磨削机器人第六轴机器臂安装伺服电机、磨头机构和激光视觉传感器，实现了管端内外焊缝自动磨削，精度达到±0.12 mm，修磨质量可靠、稳定，以自动磨削机器人取代人工操作磨削作业，实现管端内外焊缝磨削两岗合一，保证焊缝磨削长度及焊缝余高的高精度（见图3-25）。

同时，自动磨削系统可以对钢管管端内外焊缝宽度、高度、错边等数据的自动检测、存储，从而自动形成焊缝数据库，便于质量的追溯，优化了工作环境，降低了劳动强度，提高钢管一通率2%，降低材耗1%。

图 3-25　焊缝自动磨削

（6）成品综合检测系统

行业内多家管厂都已成功研发和应用成品综合检测系统，替代了烦琐的人工测量，该检测系统采用专机测量装置或者机器人测量装置，实现钢管长度、重量、管端周长、椭圆度、壁厚、切斜等数据的自动测量、数据采集，重复精度可达±0.2 mm。成品综合检测如图3-26所示。

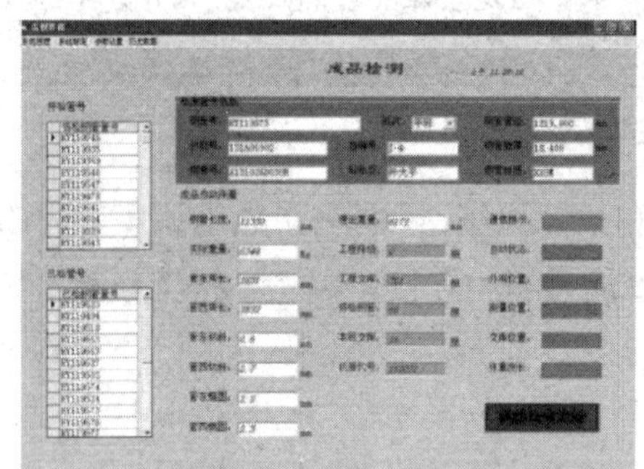

图 3-26　成品综合检测

测量数据自动保存到SQL Server数据库中，并具有按日期、班次、人员、管号等多种组合查询方式，同时具备和MES系统的接口，有效保证了钢管外观数据的客观性，同时上位机界面具有设备运行状态显示和故障自诊断功能，便于及时了解设备动态信息和日常维护。

（7）智能库区系统

行业内多家管厂已成功研发应用智能库区系统，该系统包括机器人自动喷标系统、模块化真空吊具、智能交库控制系统，实现了库区的自动化、数字化、智能化。智能库区系统的子系统如图3-27所示。

图 3-27　智能库区系统

机器人自动喷标系统，实现钢管内外壁4个位置的自动喷标，并与MES系统数据交互，实现喷标内容零误差。该系统采用上位机喷标排版，标识内容（如二维码）更加丰富，而且版面更加清晰，提高了作业效率，告别了人工刷底漆喷字的方式，增强钢管标识美观性，消除了职业健康危害。

真空吊系统，以模块化真空吊具替代传统挂钩式横梁吊具，仅天车工一人就可以完成钢管出库作业，避免挂吊人员挤伤、砸伤等安全风险，消除钢管管体、管口磕伤、碰伤等质量风险。钢管吊运损伤率为零，交库效率提高5%。

智能交库控制系统，实现多工序钢管输送分段控制，自动检测与智能切换钢管存储位置，实现钢管自动喷标完成后，钢管通过钢管输送系统智能运送到最优交库台架。

同时螺旋埋弧焊管行业，通过采用物料自动传输系统、物联网、SCADA数据采集等技术，实现了钢管的实际物流和信息物流的有机融合，使钢管生产过程数据，包括工艺数据、设备数据、能源数据、质量数据等能够实时记录、存储、分析、预警，实现了资源共享，建立钢管生产的大数据平台模型，为逐步迈向智能化的螺旋焊管生产线，提供坚实的基础保障。

针对国内螺旋钢管制造行业，在取得自动化成果的基础上，还需攻克以下难题：

（1）探索螺旋埋弧焊管机组全自动化控制流程

在螺旋钢管机组开卷、矫平、对头工序，虽然一些制管企业已经具备自动化辅助设备，但是拆卷作业还需要人工作业，一些国外的制管企业现在的做法是预拆卷，把拆卷作业作为生产准备流程，来解决机组全自动化的控制。此外，由于国内带钢月牙弯的不同程度存在，给带钢对头作业的自动化控制带来难题。可采用带钢外形扫描技术结合一种智能算法，来实现带钢即使存在月牙弯时，也能实现带钢对接的直度。

铣边工序，国外铣边机设备大部分采用了板边跟踪铣削技术和坡口浮动跟踪技术，使用的效果不是很理想，国内的铣边机还处在人工实时监控操作的水平。其主要原因是粗铣边机的控制模式，行业内还没有统一，主要集中在是粗铣边机随动跟踪板边进行铣削，还是粗铣边机固定位置，控制带钢的位置。建议采用后面的模式，这样可以最大限度地消除月牙弯。

对于精铣边机，问题主要集中在设备的加工精度以及坡口数据采集的准确性，以及坡口检测传感器安装位置受限，使精铣边机还不能完全实现无人化的控制。

成型工序，虽然成型器各个设备的位置数据已实现远程采集，但还未做到根据钢管规格自动调型，实现闭环控制，大桥摆动调整受到合缝间隙、管径、椭圆度等因素的影响，还处于手动方式。

（2）攻克精整工序单机自动化难题

管端平头工序，设想实现的平头位置自动识别、自动切割，平头长度存储记录，精细化管理，还需通过自动化检测控制手段和大数据分析软件来实现，进而做到精细化生产。

X射线检测工序，虽然已有业内的管厂率先实现了智能判别系统，但是还需要操作人员实时监控工业电视画面，来检测钢管质量，急需一套X射线的智能预警系统，来杜绝错检的风险。

钢管物料传输系统，行业内管厂已成功应用自动物料传输系统，但是对于返流程钢管物料控制，还需要人工操作，需要研发工艺流程的优化和智能的控制系统，来达到钢管物料的自动运行。

3.2.3 焊管生产设备技术发展趋势

我国现有的7000万t焊管产能中，最多的是外径 ϕ400 mm以下的中小直径高频焊管（HFW）机组，产能约4600万t，占比65%，其主要产品是一般水煤气管和建筑用脚手架管等；管径 ϕ400 mm以上，最大管径 ϕ660 mm的HFW焊管产能约700万t，占比10%，主要用作城市供水、供热和供气管网，也有少量用于成品油和天然气管道甚至海底油气管道；螺旋埋弧焊管机组产能约1000万t，占比15%，直缝埋弧焊管机组产能约700万t，占比10%，一部分高端产品用于天然气长输管道，其余用于城市燃气及供水、供热和供气管网。

我国焊管产业面对不同目标市场的不同生产线应采取不同的技术升级策略。我国的小口径HFW焊管已实现了集约化生产，一套机组专门生产一种口径钢管，常年不换道连续生产，这已经是比较理想的集约化生产模式，成本低，效率高。这些生产线应注意节能降耗和环境保护。而油气长输管道（包括海底管道）对安全要求极高，应以提高过程控制水平为中心，进一步提高钢管质量保证能力和实物质量水平。

（1）高频直缝焊管生产设备技术发展趋势

我国 ϕ400 mm以上高频焊管机组装备普遍较好，特别是采用等刚性机架成型机和FFX成型机的生产线，其成型质量好，信息化程度高。采用全固态高频机和中频热处理装置。装备水平已趋于完善，技术改造的主要目标应注意加强ERP和MES系统建设，提高焊管质量的过程控制水平，吸取过去发生的几次长输管线服役前水压试验泄漏事故的教训，提高管道业主对HFW焊管质量的信心，扩大其在油气长输管道上的应用范围。对于小口径水煤气管机组，则应以节能降耗为重点，推广节能的固态焊接电源，在这方面，我国的焊管装备厂家应该大有用武之地。

我国焊管界对HFW焊管机理的研究是短板，相比之下，日本的焊管界在20世纪70年代曾经举全国之力进行了HFW焊管机理的联合研究，取得了丰硕成果，使日本的HFW焊管技术和质量处于国际领先水平。我国应进一步加强HFW焊管的焊接机理研究，进一步提高我国HFW焊管的技术水平。

（2）直缝埋弧焊管生产设备技术发展趋势

我国的直缝埋弧焊管机组装备和信息化水平较高，可以满足陆上和海底天然气管道用管的需求，但也要密切跟踪国际焊管技术和装备发展的动向，及时更新我们的装备水平。如国内直缝埋弧焊管绝大多数为JCOE机组，而且关键主机均可以国产化。但我们也要看到JCOE成型技术的发展，如德国西马克公司的新一代JCO成型机的结构已经发生了根本性的变化，通过纵向和横向梁的组合，可成型钢管的长度提高到18 m甚至24 m。新开发的形状控制系统通过视觉传感器和智能控制系统，使JCO成型技术从开环的数控折弯成型发展到闭环的智能成型，大大提高了成型质量。

由于中俄东线天然气管道全自动焊工艺的全面应用，对钢管的管径和圆度公差提出了更高的要求，直缝埋弧焊管的成型、扩径和成品检测都要及时进行升级改造，特别是要配置和完善钢管尺寸的激光自动检测系统。

由于天然气管道钢管的最大壁厚已增加到接近40 mm，对于保证钢管的低温韧性和焊接质量都是极为严苛的挑战。在钢管的材料、成型焊接技术和无损检测技术和装备方面都要进行相应的升级改造，以满足大壁厚钢管大热输入焊接带来的焊接缺陷和热区软化等一系列问题，消除焊接缺陷，保证焊接接头质量。

（3）螺旋埋弧焊管生产设备技术发展趋势

螺旋焊管的焊接目前已大量应用数字化焊机，其动态控制精度和快速响应能力保证了焊接参数的稳定，而且节能效果显著，应大力推广。有些已经建成的预精焊机组，其效率和效益还有待提高，应完善其自动控制系统，实现一键式操作，减少操作人员，提高质量和效益。

螺旋焊管的原料热轧带钢的无损检测无法在钢厂的制造过程中进行，只能在焊管厂开卷后进行，受生产线条件制约，一般安排在制管后进行管体分层等缺陷的无损检测，但扫查面积难以达到百分之百。随着管道完整性管理和智能内检测技术灵敏度的大大提高，许多原来难以发现的缺陷现在可以检测到，如接近内表面的母材分层缺陷。管道业主强烈要求螺旋埋弧焊管应和直缝埋弧焊管一样，实现母材的百分之百无损检测。因此，螺旋焊管的原料无损检测应尽早突破。

螺旋埋弧焊管生产线的质量过程控制系统与国外先进焊管厂家还有很大差距，应借鉴欧洲钢管公司等的经验，开发和完善螺旋埋弧焊管生产线的质量过程控制系统。此外还应在补焊、修磨和管端无损检测方面推广小型工业机器人的应用，以减少用工和人为因素对产品质量产生的波动，提高螺旋焊管质量保证水平。

第4章　型钢轧制设备技术现状与发展趋势

型钢是有一定截面形状和尺寸的条形钢材，是钢材三大品种（板、管、型）之一，其生产组织要求高、难度大，品种规格多、批量多少不一，装备工艺技术复杂、流程长，操作管理独特。型钢按其断面形状可分为工字钢、槽钢、角钢、圆钢等。工字钢、槽钢、角钢广泛应用于工业建筑和金属结构，如厂房、桥梁、船舶、农机车辆制造、输电铁塔，运输机械，往往配合使用。扁钢用于桥梁、建筑、船舶、车辆等。圆钢、方钢用作各种机械零件、农机配件、工具等。现行金属产品目录中，型钢按规格区别分为大型型钢、中型型钢、小型型钢。

现在我国型钢生产中，主流工艺装备是：

（1）钢轨生产采用2+3可逆式万能轧制法。

（2）大型H型钢和钢梁生产采用异形坯、1+3可逆式万能轧制法，中型H型钢和型钢采用半连续式的万能轧制法（普通型钢用二辊轧制法）。

（3）开坯和大直径圆钢采用1+（6～8）的半连续式轧制法。

（4）小型轧机采用十八～二十二机架的连续无扭转轧制法。

（5）线材轧机采用二十八～三十机架的高速无扭轧制法。

发达国家型钢产量在钢材生产中占比约30%，比如美国型钢产量占比在26%～30%之间，德国型钢产量占比在32%～34%。我国“十三五”建设期间由于工程设备和城镇建设需要，热轧型钢已广泛用于建筑工程、海洋工程、轨道交通、造船、水利工程、防洪和城市地下工程，型钢产量在钢材生产中占比高达45%～50%，以热轧H型钢为代表的钢结构型钢的发展前景可观，同时以轨梁、钢板桩及H型钢为代表的轧钢工艺及设备也得以快速发展。

4.1 型钢开坯轧制设备技术发展现状

二辊可逆式开坯机又称开坯机、初轧机。开坯机的主要功能是对加热炉加热后的坯料进行往复轧制，轧制成一定尺寸的中间坯料供连轧机组使用。在长材生产中用于开坯轧制，其辊身直径一般为750～1350 mm，辊长长度1800～3100 mm。20世纪80年代以后，连铸技术日渐成熟，直接以连铸坯为原料一次轧制成材工艺风靡世界，全球初轧机大量关闭。当时有专家预言，初轧机的末日已经到来。但这种预言没有成真，由于开坯机大压下量一般能达到50%左右，轧出来的轧件性能好，没有残余应力，轧件内部的组织致密、晶粒小、没有气泡缺陷，二辊可逆开坯轧机在厚板生产、炉卷轧机、梁轧机、大中型H型钢轧机中仍存在一定的需求。随着连铸技术水平的进一步提高，许多合金钢都可以用连铸方法生产，合金钢生产需要更大断面的连铸坯，大断面连铸坯的加工又需要二辊可逆式开坯机。20世纪90年代中期以来，沉寂了多时的二辊可逆式开坯机，又悄然回到了合金钢开坯-大棒生产线，二辊可逆式轧机又复兴了。

目前开坯机有两种型式：可逆式二辊机座和二辊万能机座。除单机座布置外，还有采取双机架串列布置的，但是数量极少。近年来，我国新建了十多套二辊可逆式轧机，如表4-1所示，现在的开坯机的工作情况是：（1）大棒生产线，1架二辊可逆开坯机+48架平/立二辊连轧机；（2）重轨生产线，2架二辊可逆开坯机+3架可逆式万能轧机；（3）大型型钢生产线，1架二辊可逆开坯机+3架可逆式万能轧机；（4）中型型钢生产线，1架二辊可逆开坯机+7～10架万能连轧机。

表 4-1 近年来我国新建的二辊可逆式初轧机的技术性能

序号	名称	轧辊尺寸直径×辊身长/（mm×mm）	传动功率/kW	轧制速度/（m/s）	轧制坯料规格（最大）/（mm×mm）
1	鞍钢轨梁二辊开坯机	ϕ1100×2800 ϕ1150×2200		0～5	280×380，320×410
2	攀钢轨梁二辊开坯机	ϕ1100×2300	5000	0.65～5 0.8～6	280×380，360×450
3	包钢轨梁二辊开坯机	ϕ1100×2600 ϕ850×2300	5000 4000	0～5	280×380，320×410
4	马钢大H型钢开坯机	ϕ1200/900×2800	5000	0～5	750×450×120
5	莱钢大H型钢开坯机	ϕ1150/950×2600	5500	0～5	1000×380×100

（续表）

序号	名称	轧辊尺寸直径×辊身长/（mm×mm）	传动功率/kW	轧制速度/（m/s）	轧制坯料规格（最大）/（mm×mm）
6	莱钢中H型钢开坯机	ϕ980×2750	3300	0～5	275×380
7	津西大H型钢开坯机	ϕ1100/950×2600	5500	0～5	1000×380×100
8	津西中H型钢开坯机	ϕ980×2750	3300	0～5	320×410
9	日照中H型钢开坯机	ϕ1100×2300	3300	0～5	340×230
10	长治中H型钢开坯机	ϕ1100×2600	3500	0～5	400×200
11	江阴兴澄大棒开坯机	ϕ1100/890×2500	4800	0～5	370×490
12	淮阴大棒开坯机	ϕ1100/890×2500	4800	0～5	ϕ500
13	大连大棒开坯机	ϕ1100/890×2500	5000	0～5	8.0 t锭
14	无锡大棒开坯机	ϕ900/800×2100	4000	0～5	280×360

在这些生产线上使用的二辊可逆开坯机最大的变化就是轧机的尺寸较前代小，因为产量降低，电机功率减小，正反转速度降低；不以钢锭为原料，不轧板坯，上辊提升高度降低，机架高度减少；不轧钢锭，轧制道次少，辊身长度缩短。此外，开坯机也采用计算机控制，包括均热炉计划和加热情况预测控制、轧制线的自动运转控制、全线的信息处理等方面，涉及工具数据库、轧制程序数据库、推床位置标定、推床定位和同步、推床翻钢钩的类人操作、推床的夹持、压下装置自动压靠、压下自动定位、主传动速度控制、机前机后辊道同步等。下面是两个开坯机应用实例：

莱钢 ϕ1150开坯轧机，随着国内合金钢大棒材“以轧代锻”的发展，连铸大圆坯作为生产原料逐渐成为首选，且把引进国外先进的大圆坯粗轧-开坯工艺设备技术作为首选。莱钢特钢为提升产品质量，新上一条年产量为100万t的大棒材生产线，产品规格为 ϕ120～280 mm，定尺长度4～12 m，已于2013年12月投产，关键设备和技术，如开坯机、连轧机、圆盘锯等设备从意大利达涅利公司引进。圆坯开坯轧机选用 ϕ1150二辊可逆式闭口牌坊轧机，轧机前后配有推床和钩式翻钢机。开坯机主传动采用一台6800 kW/3150 V交流同步电动机，选用一套ABB ACS6000中压变频器驱动；压下、前后推床、前后翻钢钩、前后工作辊道、前后延伸辊道、中间区域工作辊等辅助传动采用公共直流母线方式，选用ABB ACS800变频传动装置分别驱动；机前90°辅助翻钢机与压下平衡为全液压控制。基础自动化选用西门子S7-416PLC。自动化控制系统通过Ethernet、Profibus-DP、MPI网完成系统数据的采集、交换与监控，具有控制性能好、可靠性能高等优点，完全满足圆坯开坯机高动态品质、高调速精度的要求。

石钢京诚 ϕ1350开坯机，石钢京诚2014年投产的轧钢厂是一条以生产汽车专用钢、工程机械用钢、石油管坯钢和钻铤钢为主的轧钢生产线，产品规格为 ϕ80～350 mm，钢种涵盖齿轮钢、轴承钢、弹簧钢、合金钢、易切削非调制钢、低合金高强度钢、锚链及系泊链钢、碳结钢等钢种，设计生产能力40万t，如图4-1所示。其主要特点包括：

（1）ϕ1350大棒开坯机由中冶赛迪集团自主研发，最大轧辊直径达1350 mm，是目前世界上最大的棒材开坯机机型。单道次压下量最大可达90 mm，较之其他大棒厂最大50 mm的压下量，棒材的压力变形可渗透到心部，得到晶粒更加细化的组织。

（2）应用法国Fives Stein公司最新专利技术的加热炉，使加热后坯料组织更加均匀，产品性能更加稳定。

（3）全线电气设备全部由西门子（中国）有限公司集成，包括过程自动化和管理自动化。开坯机主电机采用德国原装进口中压交直交SM150变频器。低压传动采用S120变频器。自动化与传动装置通过PROFIBUS总线连接。整条线电气系统交流传动。

图 4-1 石钢京诚 ϕ1350 开坯机（2014 年投产）

4.2 大型材、轨梁和 H 型钢轧制设备技术发展现状

4.2.1 大型材、轨梁和H型钢产业发展概况

大型型材具有环保、节材、节能、可重复使用的优点，国内外市场需求广阔、迫切，国内仅高层建筑、高铁、大型场馆、桥梁工程、港口施工、海洋工程等领域，2019年中国大型型钢产量1586.87万t，较上年增加191.54万t，同比增长13.73%。H型钢是一种新型经济建筑用钢，截面形状经济合理，力学性能好，与普通工字钢比较，具有截面模数大、重量轻、用料省的优点，可使建筑结构减轻30%～40%，常用于要求承载能力大、截面稳定性好的大型建筑等工程中，目前已广泛应用于厂房、高层建筑以及桥梁、船舶、起重运输机械、电力锅炉、设备基础、支架、基础桩等。大型Z型钢板桩抗弯模量大、腹板连续，具有独特的截面形状和可靠的拉森锁口，保证截面力学特性能够充分发挥，随着我国海洋工程开发日益活跃，其应用前景广阔；U型钢板桩的断面结构合理，钢板桩产品的截面模数与重量的比率提高，多应用在港口浅水区建设、地下工程和山体滑坡等方面。

在大型型材和轨梁生产方面，1953年鞍钢大型厂复产，开始了我国生产重轨、大型材的历史。随后，武钢、包钢、攀钢也建设了钢轨生产线。进入21世纪后，各大主要钢轨生产企业都开展了积极的技术改造。2002年鞍钢大型厂重轨生产线改造试车成功，是世界上第一条短流程万能法轧制重轨的生产线，第一条铸坯热装工艺生产高速铁路用轨的生产线。2002年包钢完成钢轨生产精整改造，随后又进行了万能法轧制长定尺钢轨技术改造。2004年攀钢通过技术改造实现了100 m长定尺钢轨连铸和万能法轧制生产。2009年邯钢公司新建一条大型生产线，主要产品为钢轨、H型钢、球扁钢、钢板桩等。

在H型钢生产方面，第一根热轧H型钢出自1902年卢森堡阿尔贝德厂，此后，世界各国陆续建造了H型钢生产线，生产技术日趋成熟，目前全球除中国外约有20多个国家生产H型钢，拥有110多套万能型钢轧机，生产能力约为3000万t。目前，世界上H型钢生产技术的最高水平是日本新日铁、JFE和卢森堡阿尔贝德公司，欧美日等国家的H型钢强度级别达到390～580 MPa，耐候、耐火、抗震的钢种已被广泛使用。

我国使用的热轧H型钢在1998年之前完全依赖进口，1998年后，马钢、莱

钢两条H型钢生产线先后建成投产，这种局面得到很大改变，国内H型钢市场形成了南有马钢、北有莱钢的竞争格局。马钢是从德国曼内斯曼·德马克萨克（MDS）公司、西门子（SIEMENS）公司和美国依太姆（ITAM）公司引进生产技术和设备，建成第一条大规格热轧H型钢生产线；莱钢是引进日本新日铁热轧H型钢主体设备及技术，日本东芝公司提供全套电气及自动控制设备，建成万能轧机一套，以生产中小规格为主，2005年下半年莱钢大规格热轧H型钢生产线投产，加上莱钢万力，目前莱钢三条生产线已经达到300万t的产能。

随着日照钢铁、河北津西钢铁、长治钢铁大型H型钢生产线的陆续投产，加上鞍钢、包钢和攀钢对其轨梁轧机进行了万能化改造后具备生产热轧H型钢的能力，国内H型钢市场竞争逐渐激烈，其中：日照钢铁公司2004年第一条生产线投产，设计产能80万t，生产100～300 mm规格，实际具备年产120万t的能力；津西钢铁2006年第一条中大规格H型钢生产线投产，设计产能120万t，2008年第二条生产投入生产，以生产小规格为主，生产能力达180万t。此外，天津江天、鞍山三和、唐山金山三家也少量生产H型钢，鞍钢、攀钢、包钢的万能机组H型钢设计产能在50万t。2008年以后，是唐山地区众多H型钢生产线投产集中期，多数为中小规格生产线，国内H型钢产能已达到2000万t以上的水平，市场面临残酷的竞争。

2018年马钢集团向西马克集团订购了全新的超重型型钢轧钢生产线，可以生产超大规格的H型钢和其他型钢，2020年1月，马钢“十三五”重点工程国内第一条重型H型钢生产线热负荷试车一次成功（见图4-2），国内最大规格尺寸断面的重型H型钢坯于2020年4月在马钢诞生，为马钢重型H型钢生产线顺利投产打下了良好的基础。这套现代化的轧钢生产线工艺配置高度灵活，可以根据客户的不同需要提供高质量的超重型钢特别是钢板桩，填补了中国市场的空白。轧线年设计产能为80万t，轧机设备包括2架开坯轧机、最核心也是最新一代的三机架CCS轧机（紧凑设计、超快速换辊），CCS轧机采用全智能压下控制、自动快速换辊。双支撑式矫直机同样采用液压压下和快速换辊，确保型钢优异的平直度。

据国家统计局数据显示，2019年12月中国大型型钢产量为122万t，同比下降0.8%；2019年1—12月中国大型型钢产量为1587万t，同比增长19.9%，如表4-2所示。

图 4-2　马钢重型 H 型钢过钢

表 4-2　2019 年 1—12 月中国大型型钢产量及增速统计表

时间	大型型钢单月产量/万 t	大型型钢单月产量增速/%	大型型钢累计产量/万 t	大型型钢累计产量增速/%
1—2 月	0	0.0	250	12.3
3 月	132	10.1	383	11.8
4 月	144	26.0	527	15.3
5 月	156	17.4	699	11.8
6 月	149	16.4	848	16.7
7 月	152	11.9	1002	16.0
8 月	158	18.2	1162	16.3
9 月	157	28.6	1319	17.6
10 月	152	14.6	1484	18.4
11 月	135	31.8	1465	22.3
12 月	122	- 0.8	1587	19.9

4.2.2 大型材、轨梁和H型钢轧制设备技术现状

4.2.2.1 大型材和轨梁轧制设备技术

钢轨和大型H型钢生产的轧制过程可分为两大阶段：初轧开坯和精轧。初轧开坯是将矩形坯的连铸坯切深轧制成具有H型雏形的中间坯，或将异形坯延伸成更接近成品尺寸的中间坯；精轧是将接近H型的中间坯进一步延伸，将腰和腿进一步减薄成为成品。钢轨与大型H型钢的生产差别是大型H型初轧开坯机只有1架，钢轨生产多采用2架初轧开坯机。轧制钢轨的紧凑式三机架串列布置的万能可逆连轧机机组与轧制大型H型钢的轧机在机构系统结构和工艺布置上完全相同，但规格上有所不同，轧制大型H型钢的轧机规格比轧制钢轨者略大，且轧制钢轨的三机架可逆连轧机前设有翻钢机。表4-3给出了国内典型的三机架可逆式万能轨梁轧机。

表 4-3　三机架可逆式万能精轧机组性能

名称	UR（万能式）			轧边机		UF（万能式）		
	水平辊尺寸/（mm×mm）	立辊尺寸/（mm×mm）	功率/kW	轧辊尺寸/（mm×mm）	功率/kW	水平辊功率/（mm×mm）	立辊尺寸功率/（mm×mm）	功率/kW
包钢轨梁1	ϕ1120×600	ϕ740×285	3500	ϕ800×1200	1500	ϕ1120×600	ϕ740×285	2500
包钢轨梁2	ϕ1400×1000	ϕ980×450/340	5500	ϕ1000×1300	2500	ϕ1400×1000	ϕ980×450/340	5500
攀钢轨梁	V1-ϕ1120×600 V2-ϕ1120×600	V1-ϕ800×285 V2-ϕ800×285	VR1-5000 VR2-3500	Z1-ϕ900×1200 Z2-ϕ900×1200	Z11500 Z21500	ϕ1120×600	ϕ800×285	2500
鞍钢轨梁	ϕ1120×600	ϕ740×285	3500	ϕ800×1200	1500	ϕ1120×600	ϕ740×285	1250
武钢轨梁	ϕ1120×600	ϕ800×285	4000	ϕ900×1200	1500	ϕ1120×600	ϕ800×285	4000
邯钢轨梁	V1-ϕ1120×600 V2-ϕ1120×600	V1-ϕ800×340/285 V2-ϕ800×340/285	V1 4000 V2 4000	ϕ1000×1200	1500	ϕ1120×600	ϕ800×340/285	3000

以包钢轨梁生产为例，2005年中冶东方为包钢建设了第一条百米高速钢轨生产线，2014年包钢第二条百米长尺高速轨生产线和在线全长淬火线投产运营，其钢轨和型钢生产现已形成210万t产能格局，成为世界最大的钢轨生产基地之一，如图4-3所示。

图4-3　包钢生产的钢轨

4.2.2.2 H型钢轧制设备技术

H型钢轧制工艺取得了长足发展，由最初的跟踪可逆式轧制，发展到了X-X轧制、X-H轧制及MPS多规格轧制工艺，目前广泛采用X-H轧制工艺，并使用异型坯轧制，工艺技术上已相当成熟，投资成本相对较低，其灵活性也较强。H型钢生产的万能轧机的布置形式一般属于标准配置，一般情况下均选用1-3-1或者1-1-3-1布置，这种形式的布置是在重轨生产线的基础上增加1架万能轧机。

万能轧机由两个水平辊和两个立辊构成，两个水平辊由电机通过齿轮箱传动，两个立辊为不传动的惰辊。万能轧机主要用来轧制H型钢、钢轨及其他平行于翼缘或对称断面的型钢。万能轧机拆下两个立辊便转换为普通二辊轧机，可用以轧制钢板桩、角钢、槽钢等普通型钢。万能轧机可按其生产产品的规格大小或按设备结构来区分。按产品的规格大小来分，现在一般将生产H型腹高不小于400～450 mm，或生产重轨不小于43 kg的万能轧机称为大型万能轧机，将生产小于上述规格的轧机称为中小型万能轧机。大型万能轧机多用闭口式结构机架，中小型万能轧机多用短应力线式结构。

万能轧机的结构形式有闭口可拆横轭式万能轧机、楔型万能轧机、连接板式万能轧机、预应力式万能轧机、短应力式万能轧机、闭口开轭式万能轧机、CCS万能轧机等。闭口可拆横轭式万能轧机及楔型万能轧机等闭口式机架，为早期万能轧机结构，其生产产品的产量和质量都已落后于时代，现大多已被改造。连接板式万能轧机、预应力式万能轧机、短应力式万能轧机这几种万能轧机，从本质上讲都属于开口式短应力线型万能轧机，虽然其结构紧凑、刚性较好，但要整机换辊，因而准备工作量大、投资较多、品种规格范围有限等，一般只用在中小型H型钢线上。目前在用的主要有闭口开轭式万能轧机、CCS万能轧机等，但大型H型钢线及轨梁生产线，大多采用的还是新近出现的CCS万能轧机。

紧凑式大型轨梁轧机CCS（Compact Cartridge Stands）由德国西马克公司设计，如图4-4所示，其机架可配置为通用型或可转换通用/两辊高刚度轧机机架，用于重型型钢轧机。万能粗轧机UR、轧边机E、万能精轧机UF 3个机架串列紧凑布置形成一个整体，这种整体组合构成了万能可逆连轧的一种新方式，简称CCS轧机。三机架紧凑布置构成的CCS轧机，可以进行可逆往复轧制。该机组既可采用万能模式轧制重轨、H型钢、工字钢，亦可转换成水平二辊模式轧制槽钢、角钢等其他型钢产品，大大提高了产品的多样性和生产线的市场适应能力。CCS轧机采用机架操作侧牌坊打开的方式由换辊小车自动换辊，换辊时间小于20 min。该轧机主要特点：紧凑的机架设计，提高了机架的刚度；全液压拧紧系统，可进行所有辊间隙调节以及一个水平轧辊的轴向移位。

图 4-4　SMS 紧凑式大型轨梁轧机

表4-4给出了国内部分典型H型钢生产线。从目前已投产的生产线来看，我国H型钢总生产能力已达1000万t，而国际市场的美国、韩国热轧H型钢年产量在500万t左右，日本、欧洲约在800万t，我国一跃成为热轧H型钢生产大国。大规格H型钢需要更大规格的轧机生产，现在一般生产腹高400～1000 mm、翼缘宽度在200 mm以上的大型H型钢采用1+3布置的大型机组生产；生产上述规格以下的中型H型钢采用半连续式1+（7～10）的中型机组生产；腹高250～200 mm以下的小H型钢，因为小规格产品单重轻，小时产量低，轧件断面小，冷却快，最好采用全连续式布置的小型机组生产。

表4-4 部分生产厂家及产能（截至2017年年底）

生产线	制造商	建成年份	产能/万t	生产线	制造商	建成年份	产能/万t
马钢大型H型钢	DEMAG	1998	60	武钢轨梁	SMS	2007	104
莱钢中小型万能型钢	新日铁	1998	60	津西小型H型钢（两条）	DANIELI	2007	200
江天型钢300H	中重	2003	40	鞍山宝得500H	中重	2008	120
鞍钢轨梁	SMS	2004	90	鞍山紫竹大型钢	中重	2009	80
日照中小型万能型钢	DANIELI	2004	75	新泰大型H型钢	SMS	2010	120
莱钢大型H型钢	SMS	2005	100	山西长治中型H	SMS	2010	80
攀钢轨梁生产线	SMS	2005	100	唐山天型500H	中重	2010	120
马钢中小型万能型钢	DANIELI	2005	80	日照大型H型钢	SMS	2011	120
津西大型H型钢	SMS	2006	100	邯钢轨梁	SMS	2012	138
包钢轨梁	SMS	2006	90	紫竹特大型钢	中重	2016	100
唐山盛达400H	中重	2006	100	福建吴航500H	中重	2017	100

国内有代表性的大型H型钢万能轧机为天津中重设计制造的特大型钢CMA（紧凑可移动自动型）万能轧机。2005年，天津中重自主开始H型钢生产线原理性研制并实现产业化，创新开发特大型钢CMA万能轧机成套设备及新工艺技术，形成具有自主知识产权的装备和工艺技术。特大型钢CMA万能轧机及生产线首创了紧凑式特大型钢万能轧机半连续轧制方法和工艺，如图4-5所示，突破了国际上常用的三机架可逆轧制工艺难以实现复杂断面轧制的“瓶颈”，取代了欧洲穿梭轧制Z型钢板桩的传统工艺，解决了不能连续变形的难题；实现了600 mm以上特大型钢板桩产品的半连续轧制，显著减少了轧制温降，实现了节能、高效和稳定轧制，填补了我国生产特大H型钢、异型钢的空白。该设备已在辽宁鞍山紫竹重型铸件有限公司成功应用。其主要特点包括：

（1）紧凑式特大型钢万能轧机半连续轧制。特大型钢CMA万能轧机首创紧凑式特大型钢万能轧机半连续轧制工艺，为特大型钢生产开辟了一条新思路。该生产线工艺布置为1-1-7布置，即粗轧机组由2架可逆二辊BD轧机组成，精轧机组由7架特大型钢CMA万能轧机连续布置，轧机间采用微张力控制、无活套轧制。该工艺的优点在于，粗轧适应各种型钢开坯要求，精轧实现型钢的连续孔型变化，既实现了传统H型钢的稳产高产，又实现了钢板桩等复杂断面产品的稳产高产，填补了国内大型钢板桩产品的空白；轧机能够实现二辊模式、万能模式和半万能模式的在线转换，孔型配置灵活，实现多产品的柔性化生产；提高了轧制节奏，减少了轧制过程温降，轧制变形温度合理，降低了能量损耗，降低了产品的内应力，防止产生裂纹缺陷，保证了产品组织均匀性和力学性能，提高了产品的质量。

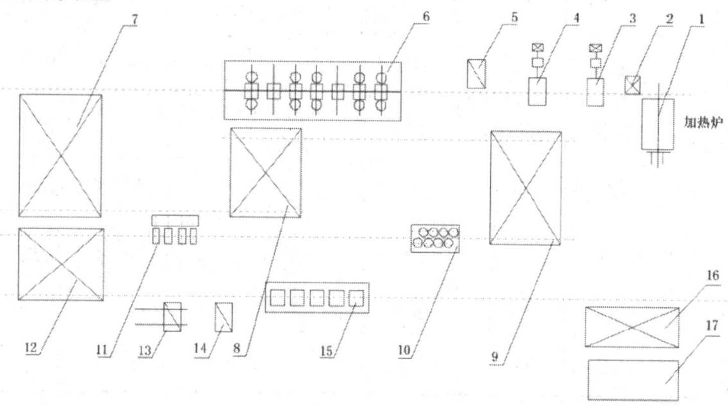

1—加热炉；2—高压水除鳞；3—BD1轧机；4—BD2轧机；5—切头锯；6—精轧机组；7—冷床（一）；8—冷床（二）；9—冷床（三）；10—立辊矫直机；11—平辊矫直机；12—台架；13—移动锯；14—固定锯；15—检测中心；16—收集台架；17—铣、钻、淬火加工中心

图 4-5　紧凑式特大型钢万能轧机半连续轧制生产线

（2）万能轧机劈轧板坯生产大型H型钢技术。第一架万能轧机轧辊孔型设计为墩粗孔型，水平辊辊型为梯形，梯形腰与水平成8°～15°角，立辊采用平辊面；第二架万能轧机的轧辊孔型为劈轧孔型，水平辊辊型为梯形，腰与水平成12°～30°角，立辊辊型为圆角三角形，两边夹角约为30°～60°，用于将板坯侧边从中间劈开，形成H型钢的腿；后几架轧机为成型孔型，立辊辊面斜度与水平辊辊面角度逐渐扩大到75°～80°；板坯经过多架万能轧机的多道次轧制，形成H型钢。该技术为大型H型钢生产开辟了新思路，是国内外唯一可用板坯生产1200 mm大型H型钢的技术，优势明显：原料选择灵活，轧制道次少、温

降少；轧件内部金属流动合理、内应力小，轧件形状尺寸和表面质量精度高；无立轧道次，立辊切分对中性和稳定性好，坯料厚度可根据需要选择；生产成本显著降低。

辽宁紫竹集团特大型万能型钢生产线于2016年一次性热负荷试车成功，如图4-6所示，标志着中国具备了特大型钢的生产能力，是目前国内规格最大的万能型钢生产线和万能轧机，填补了国内空白。轧机最大辊环直径达 ϕ1600 mm（世界最大），立辊辊径 ϕ1000 mm，水平辊辊面宽度1400 mm；单台4400 kW大型电机传动；水平辊轧制力最大可达12000 kN，立辊轧制力最大可达4000 kN，显著提高了轧制能力，能够轧制1200 mm H型钢、900 mm以下特大Z型钢板桩和不对称断面异型钢，实现了轧制产品规格的国际突破。

图 4-6　辽宁紫竹集团特大型钢 CMA 万能轧机

4.3 小型材和棒材轧制设备技术发展现状

4.3.1 小型材与棒材产业发展概况

棒材和中小型材是我国生产量和使用量最大的钢材品种，2014—2019年中国中小型型钢产量小幅下降，2019年中国中小型型钢产量4889.77万t，较上年减少80.68万t，同比下降1.62%；2019年1—12月中国棒材产量为8035.7万t，同比增长9.9%；到2019年我国中小型和棒材生产拥有3个世界第一，即轧机套数、年生产能力及占钢材总量比值。在我国到底有多少套小型材轧机，业内专家、行业协会都表示难有准确的数字，估计在300套以上。

4.3.2 小型材和棒材轧制设备技术

小型型钢和棒材轧机的设计上，国内的设计水平与引进设备相比差距越来越小。钢筋生产线轧机配置通常为6架粗轧机+6架中轧机+6架精轧机，轧机机型为短应力线轧机，18架轧机平/立交替布置，同时14#、16#、18#轧机为平/立可转换轧机，在保证圆钢精度的同时需保证生产角钢、槽钢时有足够的水平孔。

4.3.2.1 二辊闭口式轧机

二辊闭口式轧机包括二辊可逆式与二辊不可逆式。二辊不可逆闭口式轧机曾用于小型和中型棒材、线材的粗轧和中轧机组。随着短应力轧机的普及，近年它的使用量在减少。但轧制负荷大、产品精度要求高、轧机开口度大且不必整机架更换的轧机仍用闭口式。现在小型生产线的粗、中轧，线材生产线的粗、中轧也还有采用闭口式轧机。

小型材闭口轧机在国内外的发展趋于稳定，改进创新不多。闭口轧机牌坊通过螺栓/锁紧缸固定在轧机机座上，在换辊时均是将轧辊辊系抽出。因换辊时间长，操作不方便，影响轧线的作业率，现在国内棒线材生产线采用闭口轧机的逐渐减少。闭口轧机有较高的强度并能承受更大的轴向力，因而在工、角、槽钢等连轧生产线中仍然有着大量的使用。

值得一提的是，西马克公司近年在H型钢生产线中使用了一种闭口轧机，此轧机继承了闭口轧机的高强度与短应力线轧机的快速灵活。中冶京诚设计了两种小型材二辊闭口式轧机，分别采用四列圆柱滚子轴承和四列圆锥滚子轴承，主要用于小型轧机的粗、中轧区，其性能参数如表4-5和表4-6所示。生产钢种有：碳素结构钢、优质碳素结构钢、焊条钢、高碳钢低合金钢等，原料规格150 mm×150 mm。

表 4-5 采用四列圆柱滚子轴承的二辊闭口式轧机的性能参数

名称	轧机直径/mm	辊身长度/mm	轧制力/kN	轧制力矩/（kN•m）
ϕ550轧机	ϕ610/ ϕ520	800	2400	230
ϕ520轧机	ϕ560/ ϕ480	600	2100	190
ϕ450轧机	ϕ495/ ϕ420	700	1500	120
ϕ420轧机	ϕ450/ ϕ400	650	1000	70
ϕ350轧机	ϕ380/ ϕ330	650	700	50

表 4-6　采用四列圆锥滚子轴承的二辊闭口式轧机的性能参数

轧机名称	轧机直径/mm	辊身长度/mm	轧制力/kN	轧制力矩/kN•m
ϕ550轧机	ϕ580/ ϕ495	700	2100	220
ϕ450轧机	ϕ475/ ϕ405	680	1200	100
ϕ400轧机	ϕ430/ ϕ380	650	700	50

4.3.2.2 短应力线轧机

近20年来，国内外钢铁行业的工程师们在不断地对短应力线轧机进行开发和研制，现阶段短应力线高刚度轧机的类型也都是基于红圈高刚度轧机基础上的一些改进或变化。

现在短应力线轧机正沿着提高轧机刚度、增加轧机小时产量、提高轧机利用系数、生产组织灵活、操作方便以及提高产品尺寸精度、力学性能的方向发展。为了发挥短应力线轧机独特的优势，国内外几个著名的钢铁设备供应商都围绕这些方面做了大量研究工作，进行了大量的优化，推出了不少新机型，如达涅利公司GCC轧机、波米尼公司RR/HS轧机、西马克公司HL轧机、中冶京诚ZJD轧机、中冶赛迪NHCD轧机、中冶设备院SY轧机等。各家设备结构各有不同，但缩短轧机应力回线的目的是一致的。

达涅利公司GCC短应力线轧机各机型的直径范围覆盖比较大，采用反挂式碟簧平衡装置、球面防轴窜系统、横拉式横梁结构，轧机的刚性好。波米尼公司RR/HS短应力线轧机，在红圈轧机的基础上，进行了结构改进，采用中间式弹性胶体平衡装置、弧形面的防轴窜系统，每个机型的辊径范围不大，整体稳定性好。西马克公司HL短应力线轧机类似达涅利机型，采用反挂式螺旋弹簧平衡装置、平面防轴窜系统，每个机型的辊径范围不大。中冶京诚ZJD、中冶赛迪NHCD、中冶设备院SY以及其他国内短应力线轧机设备厂家，都是在基于达涅利、波米尼轧机的模型上，融入了各自的元素，开发研制出了全国产化、全系列的短应力线轧机，轧机的技术水平与国外机型相差无几。中冶京诚研制的ZJD-V轧机参数如表4-7所示。

国内燕山大学空间自位型系列短应力线轧机（如图4-7）研制项目的起步源自20世纪90年代对棒线轧机滚动轴承过早损坏的课题攻关。从轧机辊系的机构分析入手，对轧机的平面自位、空间自位和防止轧机辊间动态交叉进行了深入研究，提出了轧机辊系设计的微尺度（1 mm以下尺寸）静定特性理论，相继发明了空间自位型高刚度轧机、空间自位型高刚度万能轧机和空间自位型防

表 4-7　中冶京诚新近研制开发的 ZJD-V 轧机的性能参数

型号参数		9280	8268	7860	6850	5741	4532	3628
开口度/mm	最大（无负荷）	930	830	800	700	590	460	370
	最大（负荷）	920	820	780	680	570	450	360
	最小（负荷）	800	680	600	500	410	320	280
辊身长度/mm		1200	1200	1000	800	700	650	500
单边最大轧制力/kN		6400	4400	3100	2800	2200	1300	1000
轴承座平衡		碟形弹性阻尼体/碟形弹簧						
机架横移量/mm		±400	±400	±360	±280	±265	±280	±225
轴向调整量/mm		±4	±4	±3	±3	±3	±3	±3

交叉型钢轧机共19台，解决了当代轧机的高负荷和高速度化发展进程中轧机滚动轴承的过早损坏和连带停产事故增多问题。采用空间自位可以使轴承滚子载荷峰值降低近2倍，提高轴承寿命近10倍，减少由于轴承事故引起的轧制全线频繁停产事故。1998年1月，ϕ350空间自位型高刚度轧机2台在新兴铸管股份有限公司半连轧厂连轧线第一架上投入运行生产，解决了滚动轴承烧损难题。2002年3月，研制 ϕ430轧机4台，投入新兴铸管股份有限公司全连轧厂中间机组线，使用至今。2005年12月，研制 ϕ600空间自位防交叉型钢轧机4台在天铁轧二制钢公司中型分厂投入生产，轧机滚动轴承（国产）寿命超过半年（合同指标是1个月），方钢公差降至±0.4 mm，大圆钢椭圆公差控制在0.8 mm以下，提高成材率5%。2006年1月，ϕ300空间自位型高刚度万能轧机共6台在新兴铸管集团实业有限责任公司轧钢厂投入生产，提高年作业率11.43%，提高年成材率2.5%，降低年能源消耗39%。2007年6月新增3台 ϕ420规格万能轧机投入运行。

图 4-7　空间自位型高刚度万能轧机

4.3.2.3 棒材减定径机

棒材减定径机安装在棒材精轧机组后，用于提高产品尺寸精度、改善产品性能（通过控制温度轧制），主要用于优特钢棒材。

目前，国内减定径机型包括两种：二辊轧机和三辊Y型轧机。二辊轧机主要由波米尼和达涅利提供，有三机架平-立-平布置和四机架平-立-平-立布置两种形式，轧机辊系采用高刚度的短应力线轧机框架结构。三辊Y型轧机主要是KOCKS型和西马克型，通常由3～5个机架组成，轧辊孔型呈Y-Δ 交替布置。减定径轧机区别于普通轧机主要在于：（1）采用带速比的离合器，使其能够适应所有产品不同轧制速度需要；（2）采用最小轧机中心距，减少微张力轧制带来的尺寸影响；（3）采用单一孔型的硬质合金辊环，轧辊为双支撑，保证足够的刚度以适应很宽的产品规格范围。

新型三辊KOCKS轧机，如图4-8所示，用于生产管材、盘条、棒材，主要特点：（1）机架刚性高，具有大压下变形能力；机架布置形式为“Y”（辊轴与辊轴呈120°）与倒“Y”交替布置。（2）传统三辊轧机每台机架只有1根传动输入轴，其他2根辊轴的动力靠机架内部的伞齿轮传递。三辊KOCKS轧机，机组内所有机架相同且可互换，每架轧机由1台电机传动1台具有双速比的减速机，减速机的出轴接至C型传动模块的联合齿轮系统，该联合齿轮系统有3根传动输出轴，分别驱动3根辊轴，因为取消机架内部的传动伞齿轮从而改善了机架内部结构，机架允许轧制力和轧制力矩比传统机架高30%左右。（3）KOCKS三辊轧机机架的3根辊轴都装在可同步旋转的偏心套内，通过远程控制同步偏心套实现辊缝的同步无级调节（MORGAN与DANIELI设计的产品级差为0.5 mm）。孔型调整方便，轧辊利用率高，实现“自由规格轧制”。（4）KOCKS三辊轧机每台机架分别由1台主电机及传动系统单独驱动，每台机架的轧制速度可分别设定和调整，易于张力控制，并且提高了轧辊利用率（轧辊可多次重车）。（5）辊环通过1根用1个螺母固定的预应力液压拉杆夹紧在2个辊轴法兰之间，3个辊环都可以借助于液压更换工具在30 min内进行更换。辊环可分别在标准车床或磨床上进行机加工，无须专用车床。（6）每台三辊机架由C模块传动轧辊。在1个机组内对于每1个机架位置而言这些C模块相同，固定在一个共用顶部框架的基础框架上，形成一个紧凑机组，马达和相应的减速齿轮交替安装在上下位置，节约了空间。（7）三辊机架定位在一个共用的支撑框架上，该框架装有液压机架夹紧和移动系统。更换系统时，将上、下机架联轴器液压后退，也可以将所有的机架或单个机架通过一个液压缸移出机组放到更换小车上。因此，该系统可以根据轧制程序表同时更换机组中的若干个机架。装有若干旧机架的小车先被移到一个暂存地再移至轧辊间（专用），而装有下一规格范围新机架的小车则被移到机组前方。在将新机架推入到轧制线后，轧制继续进行，暂存的旧机架被拉到轧辊间，换一次机架时间约为15 min。（8）在自由定径范围内换品种必须尽快精确地调整轧机的轧辊和导卫。其调节装置由伺服马达和减速齿轮组成，组装在1个垂直纵向伸缩的安全盖中，在盖板闭合时，调节轴与马达啮合。轧辊和导卫的调整数值由一个轧机配置程序（BAMICON）进行计算并远程控制，该程序由所要求的成品决定。在最大坯料间隙（1 min）内进行，精度为0.02 mm。（9）在轧辊间更换辊环之后，借助于激光光源和一架CCD摄像机的计算机光学装置进行机架的适当调整。并通过一个专门的计算机程序（CAPAS）对CCD摄像机信号进行评估，并将径向和轴向轧辊调整值显示在监视器上，精度为0.02 mm。

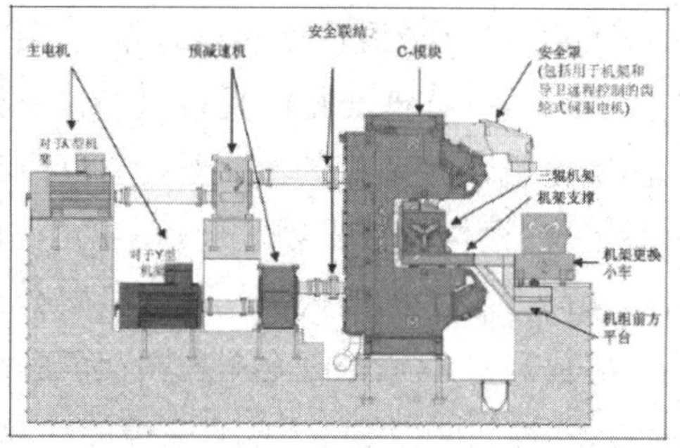

图 4-8　KOCKS 减定径机

4.3.2.4 **中小型H型钢万能轧机**

自20世纪70年代以来，随着计算机技术的发展和普及，计算机自动控制技术及微张控制技术得到了发展和提高，H型钢的连轧生产方式在中小型H型钢线上获得了应用，年产规模突破了百万吨大关。

中小型H型钢的万能轧机，目前国内在用的有连接板式万能轧机、CCS万能轧机、短应力线万能机。相对来说，连接板式万能轧机的综合性能远不如短应力线万能轧机；而在早期应用的开口式万能轧机及现在在大型H型钢和钢轨流行使用的CCS万能轧机，用在中小型H型钢线上，年产规模不及短应力线万能轧机。短应力线万能轧机因其结构紧凑、刚性较好、多机架整体换辊技术等，在中小型H型钢线上得到了较广泛的应用。

短应力线万能轧机的主要特色：（1）辊缝能实现对称调整，这有助于提高作业率；（2）由于力传递途径为短应力线，轴承和轴承座的受力情况更好，轴承寿命有所提高；（3）换辊采用整机架更换，换辊快，占线时间短。

轧制中小型H型钢的短应力线万能轧机主要技术参数如表4-8所示。

表 4-8　短应力线万能轧机的主要技术参数

机架号	类型	万能轧机/mm				两辊轧机/mm			电机功率/kW	转速 /（r/min）	备注
		水平辊直径		立辊直径		轧辊直径		辊身长度			
		最大	最小	最大	最小	最大	最小				
1	H/U	1030	895	700	600	840	720	900	1500	500/1200	DC
2	H/U	1030	895	700	600	840	720	900	1500	500/1200	DC
3	H/U	1030	895	700	600	840	720	900	1500	500/1200	DC
4	H/U	1030	895	700	600	840	720	900	1500	500/1200	DC
5	H/U	1030	895	700	600	840	720	900	1500	500/1200	DC
6	H					840	720	900	600	500/1200	DC
7	H/U	1030	895	700	600	840	720	900	1500	500/1200	DC
8	H/U	1030	895	700	600	840	720	900	1500	500/1200	DC
9	H					840	720	900	600	500/1200	DC
10	H/U	1030	895	700	600	840	720	900	1500	500/1200	DC

4.4 线材轧制设备技术现状

4.4.1 线材轧制产业发展概况

小型棒线材是我国产量最大的钢材品种之一，年产量已超过3.5亿t，轧线多达450条以上，从行业供需来看，总体已处于产能过剩状态，市场竞争越来越激烈。我国小型棒线材企业在总体产能不足时主要通过增加轧线数量来提高利润；达到供需平衡乃至产能过剩后，各钢企主要通过挖掘单线生产潜力以降低成本。单线产能越来越大，目前以生产12～16 mm小规格带肋钢筋为主的单线产能已达到120万t/年以上，以生产18 mm以上大规格带肋钢筋为主的单线产能已达到130万t/年以上，单线产能基本上已经达到极限。

目前我国是世界上最大的线材生产国，年产量占世界生产总量三分之一以上，线材也是我国第二大钢材生产品种，在国内钢铁产量比重一直较高。图4-9

是国内近年来线材产量，从国内线材消费情况看，线材在建筑领域中的应用较多，受国内投资需求旺盛形势的拉动，国内线材消费也随之保持较快增长。

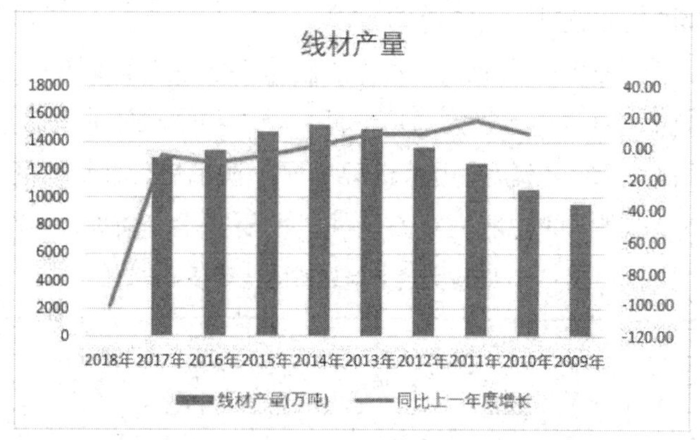

图 4-9　近年来我国线材产量

4.4.2 线材轧制设备技术

1966年10月Morgan公司开发的以十机架集体传动、悬臂式碳化钨小辊环、侧交45°布置、单线无扭轨制为主要特征的高速无扭轧机，在加拿大投产成功，标志着线材轧制技术进入了新的时代。此前，直流传动的连续式线材轧机最高轧制速度在30 m/s以下，横列式的套轧最高轧制速度仅15～18 m/s，世界第一台Morgan型高速无扭轧机将轧制速度提高至45 m/s。此后的40年间，Morgan引领世界线材技术发展的新潮流，不断改进设计，将结构更新、速度更高的无扭轧机推向世界。轧机的最高轧制速度一路飙升，至20世纪90年代中期，最高轧制速度达到了112 m/s。此后Morgan与Danieli又各自开发了四机架的线材减径定径机。摩根六代8+4机型、西马克减定径机组及达涅利双模块机组，配合先进的20°倾角吐丝机，最高运行速度达到120 m/s。单线轧机产量由最初的15万t/年，提高到60万～70万t/年。六代机型突出优势是可以实现低温精轧、精密轧制、单一孔型轧制，特别适合优特钢线材生产。国外先进的线材轧机在持续引进，CERI等主要国产线材轧机的机型也在逐渐成熟和稳定，促进了我国线材生产技术及装备的快速提高。摩根六代8+4机型的出现，标志着线材轧机开发思想的转变，由早期的通过改进结构提高轧制速度，达到提高生产率的目的，转变为增加轧机孔型的共用性，减少换孔型和换辊时间、增加轧机的有效作业时间，同样可达到提高轧机生产率的目的。

现在线材机基本分为两大类。第一类是以传统十机架精轧机为核心的线材轧机，主要用于生产普通碳素钢和优质钢线材；第二类是以精轧机+减径定径机为核心的线材机，主要用于生产优质钢和合金线材。以现有的十机架和8+4为基础，线材轧机在结构上已非常完备，可以改进的余地不多，近些年主要进行的是一些局部改进，轧制速度也不会有大的提高。

4.4.2.1 **线材预精轧与精轧机组**

线材无扭精轧机出现的早期，许多厂商只将它用于精轧，即在有扭转的粗轧机、中轧机后，安装十机架无扭精轧机。Morgan公司将无扭转轧制的概念向前推进，设计了与无扭精轧机相似的悬臂式机架预精轧机，以可以提高线材的尺寸精度为特色向全球推广，“线材预精轧机”的新概念得到全球用户广泛接受，线材预精轧机成为线材轧机核心技术不可分割的组成部分。经过几十年的生产实践，目前技术成熟、应用较多的是摩根机型、达涅利机型、西马克机型和CERI机型。线材精轧机组国产主流机型是摩根五代10架顶交45°重型机组，最高运行速度90 m/s，基本能够满足大部分线材产品生产需要。

（1）摩根精轧机组

轧机形式：悬臂辊环式轧机；机架数量：10架（1～5架为230 mm轧机，6～10架为170 mm轧机，可根据轧制工艺要求来布置机架）；布置方式：顶交45°，十机架集中传动；辊环尺寸：ϕ228.3 mm/205 mm×72 mm（230轧机）；ϕ170.66 mm/153 mm×57.35 mm/70 mm（170轧机）；传动电机：AC同步变频电机，功率为5500～6000 kW，转速为1000～1500 r/min。

（2）单独/分散传动顶交精轧机

十机架集体传动的缺点：①当轧制大规格的产品时，机组后部的2架或4架最多到8架，不参与轧制，但仍在高速下空转，很不经济。②进一步提高轧速，轧件必须在机架间加强冷却与均热，这就意味着需加大机架间的距离，而拉大距离势必会加长传动轴，这就会恶化高速旋转下传动轴的工作性能，特别是振动问题难以解决。为解决上述两个问题，西马克推出了各机架单独传动的顶交精轧机机型，摩根和达涅利则推出了每两个机架一组的顶交精轧机机型。这样不仅解决了上述两个问题，而且还可简化生产计划，减少备品备件，使生产操作容易掌握，各架轧辊可以最有效地利用其最大寿命。但这种传动方式对电气控制精度的要求比集中传动大大提高，目前仅西马克单独传动的精轧机组有应用实例。随着电控技术的发展，这种灵活、经济性能好，西马克单独传动的模块化精轧机组会逐渐成为发展趋势。

（3）双模块线材精轧机

2017年中冶赛迪开发的新一代高线核心装备——双模块线材精轧机在鞍山兴华钢铁集团有限公司海城分公司高速棒材项目成功应用并投产。全线采用国产设备，其中轧线上关键的6架精轧机组采用了中冶赛迪设计开发、哈广旺机电设备制造公司制造供货的3套双模块机组。该机组基于中冶赛迪开发的SRSCD减径机组型式，并采用了全新的机械传动方案，是对现有集中传动高速线材精轧机的一次技术革新，结构简单、安装方便、布置紧凑，且孔型设计及工艺布置更为灵活。采用该机组后，对于空过轧机可以实现停机，从而有效降低空载电耗，节约生产运行成本。通过试生产运行，采用双模块精轧机所生产的螺纹钢产品表面质量较市场同类产品有明显提升，轧制相同规格线材产品较传统的集中传动精轧机组可以节约电耗约30%，带来巨大的经济效益。

4.4.2.2 减定径机组

采用线材减定径机组实现控轧控冷，是当今最先进的高速线材生产工艺，其中最核心的高速线材减定径机组，是决定线材产品性能和品质的关键。

近20年来，国内线材减定径装备技术一直被国外垄断，导致我国在先进的高线生产装备技术领域长期没有话语权，引进一套线材减定径机组不仅代价昂贵，而且需要连同辅助设备一起打包采购。目前线材轧制领域减径定径机组市场主要由摩根、达涅利和西马克占领，其中摩根和达涅利所占份额居多。

表 4-9　摩根与达涅利减径定径机技术性能对比

项目	单位	Danieli-MTB		Morgan-RSM	
		重型	轻型	重型	轻型
辊箱规格		200H	150L	230辊箱	150辊箱
机架数量		2	2	2	2
机架中心距	mm	800	150	820	150
最大辊环直径	mm	212	158	228.34	156.00
最小辊环直径	mm	191	144	205.00	1413.00
辊环宽度	mm	83	44/60	72/57/59	44/70/57
轧制力	kN	350	140	330	130
传动电机功率	kW	4200	1200	4500	

（1）中冶赛迪SRSCD线材减定径机组

2018年2月底，中冶赛迪自主研发的双机架模块化线材定径机组在江苏亚盛金属制品有限公司不锈钢高速线材生产线成功投入使用，打破了国外对线材定径机核心技术的长期垄断，实现国产化首次应用，主要技术指标达到国际先进水平。亚盛高线全国产化的8+2生产工艺及装备技术，采用了全新的模块化多速比传动结构及紧凑式的轧机布置形式，机组结构简单，高速运行稳定，安装维护方便，在国内首次应用。相比于传统的十机架轧制工艺，该生产线所采用的8架230机组及2架定径机组和配套的控制冷却工艺，能够有效提高产品尺寸精度和表面质量。

图 4-10　SRSCD 线材减定径机组试车

（2）西马克柔性减定径机的传动

西马克公司近几年推出了单独传动的柔性减定径机（Flexible Reducing & Sizing，FRS）。一套FRS设备配备4个带变速箱的机架，每个变速箱满足相应机架设置的速度范围，取消因改变机架之间压下比而使用的减速机，并采用电子减速机使得FRS的电机相互调节控制，实现机架间的控制与匹配。

（3）Morgan减定径机的传动

Morgan减径定径机传动齿轮箱设有9个离合器，可组合出满足不同工艺要求的256种速比；再通过设定合理的辊缝，可保证减径定径机组内为微张力轧制，而得到高尺寸精度的产品。

表 4-10 Morgan 公司二辊棒材减径定径机的参数

轧机区域	机架号	轧辊尺寸/mm		电机	
		直径	辊身长	转速/（r/min）	功率/kW
棒材定径机	1H	386/338	130	750/1425	1500
	2V	386/338	130	750/1425	1500
	3H	386/338	130	700/1330	300

（4）双机架线材MINI轧机

由于减定径机组投资较大，而且要实现控温轧制，需要精轧机和吐丝机之间有足够的距离，这对老厂改造提出了很大的难题。哈尔滨飞机制造有限公司研制成功一种新型的双机架线材MINI轧机，2016年在国内成功应用于中天特钢2条生产线。这种MINI轧机安装在现有的10架精轧机和吐丝机之间，可以将 ϕ5.5 mm线材速度由原来的90 m/s提高到105 m/s，能够提高小规格线材的产量，同时还可实现部分控温轧制。这种轧机投资少，非常适合老线改造。

4.5 型钢轧制设备技术发展趋势

4.5.1 绿色生产

绿色发展理念是国家提出的五个基本发展理念之一，也是国际发展的趋势。钢铁行业的绿色发展是指按照循环经济的基本原理，以清洁生产为基础，重点在于资源的高效利用和节能减排，全面实现钢铁企业高效生产，无污染，协调发展。“中国制造2025”以创新驱动、质量为先、绿色发展、结构优化、人才为本作为基本方针，只有产业转型升级，培育有中国制造特色的中国文化，才能实现中国制造由大变强的跨越，具体型钢生产涉及轧制工艺的变革创新。

4.5.1.1 近终形坯

早期生产H型钢都使用方形钢坯轧制，方形钢坯经过加热、万能轨梁轧钢机的连续多道轧制，变形为H型钢。用异型坯直接轧制是20世纪80年代末、90年代国际先进技术，与过去用板坯、矩形坯轧制技术相比，开坯机的轧制道次可以减少，轧制温度可以提高100 ℃，轧制力降低30%，综合能耗降低20%。

采用这种工艺，纯铜结构、通水冷却的结晶器制造工艺异常复杂，可是却能带来巨大的效益。近终形连铸是我国今后发展的重点技术，近终形异型坯是生产H型钢的最理想的坯料。

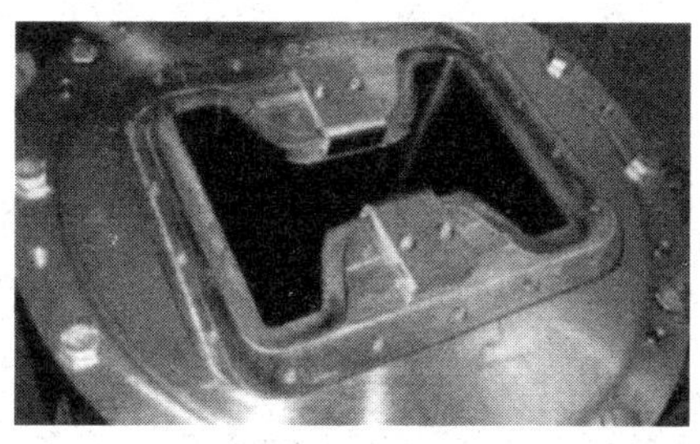
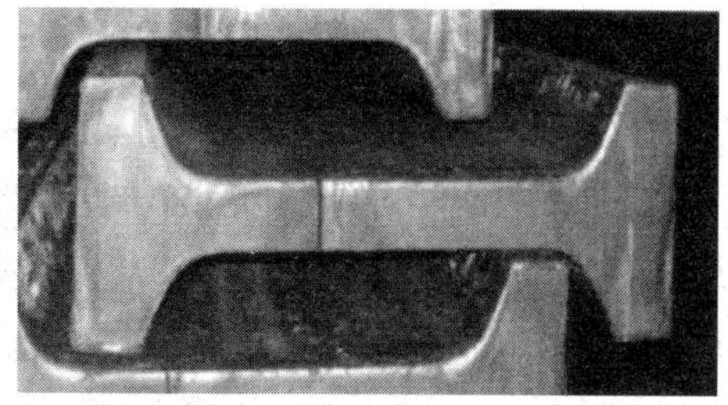

图 4-11　近终断面 H 型钢连铸坯结晶器与铸坯

4.5.1.2 连铸坯直接轧制

连铸坯直接轧制包含三种情形：一是有常规加热炉和感应加热同时存在；二是无常规加热炉，仅通过感应加热方式给连铸坯补温；三是不采取任何加热措施，而是利用连铸坯自身的温度直接进入轧机进行轧制。直接轧制技术适合轧机布置在等高的地坪上，因为如果轧机布置在高架平台上，钢坯提升将耽搁较多时间，温降较大。

对于新建的短流程生产线应将连铸中心线和轧制中心线布置在同一条线上，如果设置了加热炉，则连铸坯可直接穿过加热炉，加热炉出坯型式为辊道出钢；但对于改造项目，可能需要横移台架，并在炉头增加一组辊道实现钢坯绕过加热炉。连铸坯表面温度约800 ℃，通过感应加热将钢坯温度提高到1050 ℃。这种布置的优点是当连铸和轧钢能力不匹配时，多余的冷坯定期采用加热炉加热轧制，组织生产较灵活。

如果连铸机和轧机之间没有加热炉，仅有感应加热器给连铸坯进行补温，这种布置要求炼钢和轧钢能力必须严格匹配，轧机出现故障时甩出的冷坯只能外卖，生产组织难度较大，仅适合小时产量相当的几种规格产品。如果轧制小规格产品，可能甩出相当一部分冷坯。优点是投资省，没有了坯料跨和加热炉。

没有感应加热补温的直接轧制工艺的技术核心是在连铸切割区，让切割点位于凝固临界点，将常规的切割点前移，提高连铸坯自身温度。通过计算机模拟，连铸坯在切割点断面温度分布为表面950 ℃，芯部1275 ℃。定尺切割后的钢坯在辊道上运输时间控制在2 min内，温降应该小于50 ℃。如果辊道较长，可以加保温罩，钢坯在保温罩内表面温度得以回复，到轧机入口钢坯断面的平均温度能够达到1000～1050 ℃，满足轧制要求。

由于无法保证连铸做到无缺陷钢坯，因此，直接轧制技术仅能用于普碳钢和低合金钢的棒线材生产线。

4.5.1.3 连铸坯热送热装

连铸坯热送热装是20世纪80年代从国外兴起的一项钢铁生产新技术。我国从20世纪90年代，随着连铸比不断提高，从普碳钢开始，一些企业开始尝试热送热装。90年代中期以后，我国棒线材大量采用了热送热装技术，但是距日本和一些欧美国家的水平还有较大差距，热装率超过60%以上的企业还不多。2000年之后，新建的一些钢铁企业，由于布置合理，热装率和热装温度均获得较大提高，个别企业热装温度达到了800 ℃。

用于棒线材生产的连铸坯收集包括两种型式：一是带翻转功能的步进式冷床，二是带拨爪的移钢机。其中，步进式冷床适合优特钢企业，连铸坯冷却均匀，表面质量好，但冷却时间长，对热装来说，连铸坯温度较低。而移钢机适合普碳钢企业，钢坯移动速度快，温降小，加热炉热装温度高，配合短流程布置，热装温度可以达到800 ℃，甚至可以经过适当补温直接轧制。

4.5.2 智能生产

提起钢铁生产智能制造，大部分人会想到整个钢铁生产过程的无人化、自动化、精确化等，其实对智能制造目前还没有一个明确的定义，或许一个简单的工艺，或许一个完善的优化方案都可以认为是智能制造，但目前型钢生产领域的技术装备智能化生产还不是很到位。提高型钢尤其是复杂断面型钢连轧时机架间张力的控制精度，提高型钢轧制的尺寸精度，减小工人劳动强度，提高型钢切割效率，这些有的需要根据程序调整辊缝，有的需要在线监测轧件尺寸进行反馈微调，还涉及型材智能下料生产线改造等，研制智能化数控压下系统和轧件尺寸在线监测系统以及智能切割生产线才能解决这些问题。

4.5.2.1 两级控制的计算机控制系统

最新的型钢生产线上都会配备两级控制的计算机控制系统，负责整条轧线设备和过程在线功能控制，可实现下列功能：

（1）机械设备各种动作的顺序控制；

（2）材料跟踪；

（3）主传动装置速度控制；

（4）闭环控制功能；

（5）设定值计算功能，如辊缝自动控制；

（6）过程参数记录。

建立在PLC和微处理器基础上的系统，可自动控制可逆式轧机区的设备。1级自动化系统负责系统的动作控制，确保达到最佳的动态特性和很高的响应速度；2级自动化系统借助于孔型设计计算程序，可计算轧机轧制程序，并提供给与1级自动化系统相连的轧机设定装置。可利用在轧机以“道次与道次”和“轧件与轧件”模式工作时从现场获得的检测结果，对模型进行修正；而且可以在“离线”模式下运行，并显示运行结果。

4.5.2.2 厚度控制AGC

厚度控制AGC在钢板轧制中已普遍采用。H型钢轧制时，由于立辊的参与而使变形机理复杂。1991年投产的英国拉肯比（Lackenby）厂首次采用了AGC厚度控制技术，在上水平辊和左、右两侧立辊的压下和轴承座间设置了液压AGC装置，同时控制三个辊缝，从而可以生产高精度产品。还有部分生产线，机架上设置有全液压的压下位置控制系统HPC以及全自动的辊缝自动控制系统AGC。

4.5.2.3 轧辊动态轴向调整

为了匹配轧制生产效率，提高H型钢轧制精度，万能轧机设置了上轧辊动态轴向调整。轧机调零后，可以测量和存储上探头到上辊轴及下探头到下辊轴的距离。轧制过程中立辊如失去平衡而引起上辊或下辊的窜动，上辊会与下辊同步调整，从而保证上、下腹板对中并控制腹板和翼缘的尺寸。

4.5.2.4 产品探伤与检测

由激光、涡流和超声波等技术手段组成钢轨在线检测系统，用于在线检测钢轨的尺寸精度、表面质量以及内部组织质量。探伤仪已作为正式的工艺设备安装在今天的钢轨生产线上，装备多以进口为主，主要集中在美国、德国、奥地利等国。

断面检测方面，在热轧型钢生产中，由于高温造成产品断面尺寸在线检测的困难，在冷弯型钢生产中，由于断面形状复杂、检测点多而一直是冷弯型钢在线监测的难点，手工检测费时费力，而现有的在线检测仪器检测点少，不能检测所生产的产品整个断面的几何尺寸。虽然已有一种激光在线检测仪器，利用激光测距的原理，用激光束对产品表面扫描，能够检测产品整个断面的尺寸，但该装置无论是图像采集传感器还是激光源，结构复杂成本高昂，其软件也依赖于专业模块，因此制约了激光检测技术的普及。随着计算机技术的普及，机器视觉已得到广泛应用，但在型钢断面检测领域还未应用，根据检索已公开的发明专利有相关发明"基于机器视觉的型钢断面尺寸在线检测的装置及方法"，被检测对象是生产流水线的型钢，检测的内容涉及型钢断面的全部尺寸，包括产品的高度、宽度、厚度、各个弯曲圆角的半径等，软件部分采用了多种处理方式保证精度，如多种图像滤波处理、两次线性回归、实验确定修正值等，其检测精度理论上可以达到0.1 mm。

平直度检测方面，与热轧中小型型钢不同，大型型钢平直度测量精度必须高于1 mm。在轧制速度为2 m/s、温度大于900 ℃的条件下，FAE公司所开发的LS11FA型激光测量仪安装在轧制线上方1.5 m处即可精确测量大型型钢平直度。这种测量模式已取代激光三角测量法。实际操作中对于长度为7.6 m的大型型钢沿其长度平均测量点设定为24个，所测量的精度高于1 mm的纪录值。虽然扫描速度为2 m/s，而且测量点间隔大于300 mm，但是测得的数据足以判定直度是否符合要求。尽管用三角激光测量法扫描周期测量点的间距更小一些，但是这类方法在长距离且表面粗糙的轧材上进行扫描时，测得的数据可靠性较低。因此，LS11FA型激光测量仪的操作成本更低。

4.5.3 型钢轧制新技术

4.5.3.1 连铸坯轻/重压下工艺

连铸坯轻压下工艺（SR）最早是20世纪80年代在板坯上实现的，后来在大方坯上也成功应用了该项技术，对于棒线材轧机使用的小方坯150 mm×150 mm～200 mm×200 mm断面，应用较少，但随着人们对该项技术的深入研究，小方坯的压下技术很快就会工程化。

连铸坯在凝固末端是最容易出现缺陷的位置，此处也正是拉矫辊的位置，如何在拉矫辊上来改善连铸坯质量，一直被人们关注。连铸坯压下技术优点主要是改善连铸坯内部质量，消除缩孔，改善疏松和偏析，提高中心致密度，细化晶粒，提高等轴晶比例3%以上，特别适合优特钢生产，可以替代现有的二火成材及大断面连铸坯一火轧制棒线材的大压缩比工艺，降低生产成本，节约生产线的建设投资。单辊重压下需要压辊机架具有较高的强度和刚度，适合新建连铸机；多辊轻压下适合旧线改造。

4.5.3.2 重轨余热淬火

钢轨余热处理是利用钢轨热轧时自身热能，以水为冷却介质，在钢轨轨头上获得细小的珠光体组织，提高钢轨硬度、耐磨性等综合机械性能。钢轨的在线余热淬火是目前较为先进的生产工艺，该工艺利用钢轨轧后余热温度直接进入冷却装置进行淬火冷却，从而达到提高生产效率和节约能源的目的。2017年9月，武汉钢铁（集团）公司打破国外垄断，自主研发的在线余热全长淬火轨生产线成功投产，可年产40万t全长淬火重轨。已完成合同订单3000余吨，其中多数用于国内煤炭运输重载铁路，其他出口印尼。淬火轨是目前强度、硬度最高的钢轨之一。新生产线的成功开发，将进一步助力“一带一路”国家基础设施建设。

4.5.3.3 在线全长温控处理

传统直线步进梁式加热炉，钢坯可能出现水冷“黑印”。交错步进梁式加热炉技术，钢坯在加热炉的接触点即所谓“黑印”与基体之间的温差降至15～20 ℃，从而为保证最终产品的尺寸精度提供了先决条件。

复合式大冷床冷却技术，冷床入口设置有钢轨预弯装置，冷床入口/出口均设置有型钢翻钢装置，钢轨离开轧机，在冷床后通过翻转装置实现直立翻转，进入感应加热器进行全长补温均温，达到预设温度后以恒定速度进入淬火区，通过可调水冷喷嘴对钢轨全长控温处理。

4.5.3.4 长尺冷却、矫直

采用长尺冷却-长尺矫直-冷锯锯切工艺，锯切质量和精度高，矫直质量好，成品的头尾平直，提高了产品的精度和成材率。长尺轨精整加工线对钢轨精整以提高产品质量。

4.5.3.5 无头轧制

无头轧制作为一项新技术，具有以下优点：

（1）可大幅度提高盘条的盘重和轧机产量。由于消除了每根轧件在各机架咬入瞬间引起的动态降速，连轧过程稳定，张力波动减小，从而为进一步提高轧制速度创造了条件。

（2）由于消除了两根相邻轧件之间的间隙时间，消除了轧件的切头切尾，消除了棒材生产线上的短尺/短尾或线材盘卷头尾修剪，轧机利用率提高3%以上，生产能力提高2%～5%；盘条的盘重可根据要求用飞剪任意调节。

（3）消除了咬入时因堆拉钢造成的断面尺寸超差和中间轧废，并大量减少切头、切尾的金属消耗，从而使金属收得率提高3%以上。

（4）减少了温度较低的轧件头、尾部分对轧辊和导卫装置的频繁冲击，减少了轧辊磨损，有利于轧机及其传动装置的平稳运转。

（5）连续稳定的轧制给整个生产过程的自动控制创造了有利条件，没有了活套辊频繁起套和收套动作。由于咬钢次数的减少，使堆钢事故出现的可能性更小，减少了停机时间，大大提高了产品产量和质量，成材率比常规生产时提高1.3%～1.5%，降低了生产成本，获得了可观的经济效益。

（6）焊缝质量良好，各项性能指标与母材基本一致，焊接成功率＞98%。

4.5.3.6 脱头轧制

棒线材轧线的布置型式经历了从单机架、半连轧式，发展到目前广泛应用的全连续式，但对于特殊钢棒线材轧制生产线完全应用全连续轧制尚存在一些不足，因此，脱头轧制在特殊钢棒线材厂得到了较多应用。

脱头轧制指轧件在粗轧机组与中轧机组之间不发生连轧关系，在中间辊道上处于脱头状态。完全脱头的串列式布置BD可逆粗轧机，使生产线对可轧制成品规格拥有了较大的灵活性。BD可逆轧机采用辊组连同轴承座、导卫装置一起由液压驱动的换辊小车的方式快速换辊，换辊时间缩短到约30 min。

脱头轧制具有以下优点：可按需要选择合适的钢坯断面尺寸；能提高钢坯进入粗轧机组的入口速度，特殊钢坯进入粗轧机组的入口速度不应低于0.12 m/s。而过低的入口速度造成轧辊表面龟裂，降低轧辊使用寿命，影响轧材质量，过低的入口速度造成轧材的头尾温差大，最终影响产品质量及尺寸公差。按不同的钢种可提高或降低精轧机成品终轧速度而不影响粗轧机组的速度，有些特殊钢的轧制速度不能过高，过高后所产生的高变形抗力，会使轧材出现芯部过热、芯熔。由于粗轧出来的中间坯长度较长，断面较小，当轧件头部进入中轧机组轧制时，尾部在辊道上将等待较长时间。为了保证成品头尾性能一致，必须做到轧件头尾温差小于30 ℃。因此，在中间辊道上设置保温罩或者增加感应加热器对轧件进行实时补温。特殊情况采用带炉底辊的隧道炉进行均温，但投资较大，且处理事故较难。

4.5.3.7 切分轧制

切分轧制是在轧制过程中，钢坯通过孔型设计轧制成两个或两个以上断面形状相同的并联件，然后经切分设备将坯料沿纵向切分成两条或两条以上断面形状相同的轧件，并继续轧制直至获得成品的轧制工艺，如图4-12所示。

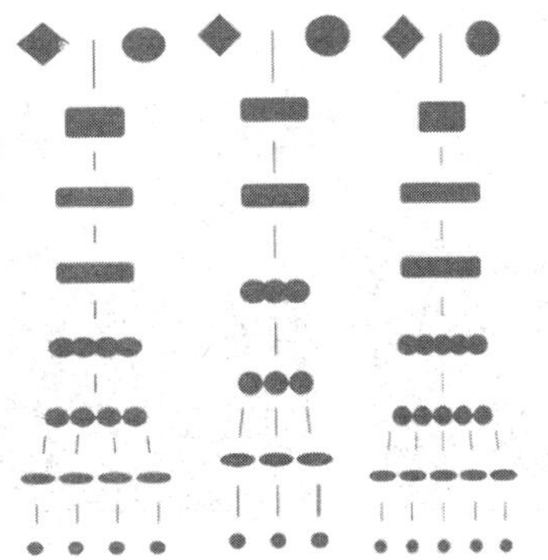

图 4-12　切分轧制示意图

切分轧制在我国获得非常成功的应用，离不开两项关键技术：一是轧辊技术，二是导卫技术。

钢坯在轧制过程中，轧辊孔型磨损直接影响到料型尺寸精度。如果孔型磨损快，料型难以控制，切分过程工艺事故增加。因此，轧辊材质越来越被人们重视，尽管价格较贵，但节省了换辊时间，减少了换槽次数，稳定了产品质量，提高了作业率，提高了产量，生产综合成本降低。目前，硬质合金（WC或高速钢）辊环广泛应用于切分轧制K1及K2轧辊，部分厂家也用于K3和K4轧辊。和铸铁轧辊相比，常规铸铁轧辊每个轧槽产量为200～300 t，更换硬质合金辊环后每个轧槽产量提高5～10倍。

我国的导卫技术最初是在20世纪80年代引进国外先进的棒线材轧机时随机引进的导卫基础上经过消化、转化发展而来的。导卫的结构设计需要保证拆装、调整方便快捷，切分角设计合理，切分通道流畅，避免刮丝现象和易于处理堆钢事故。导卫材质切分轮普遍采用Cr12MoV模具钢系列，根据产品规格和使用环境不同，一次轧制量为1500～3000 t。切分刀作为切分轮的后续辅助工具，其设计也很重要。目前，已能够实现2～5线切分稳定生产，6线切分也有尝试。我国的多线切分技术已走在世界前列。

4.5.3.8 无孔型轧制

无孔型轧制是在不刻轧槽的平辊上，通过方-矩形变形过程，完成延伸孔型的任务，并减小断面到一定程度，再通过数量较少的精轧孔型，最终轧制成方、圆、扁等简单断面轧件，如图4-13所示。与传统的孔型轧制相比，无孔型轧制技术最大的优点就是轧辊利用率高、生产成本降低。

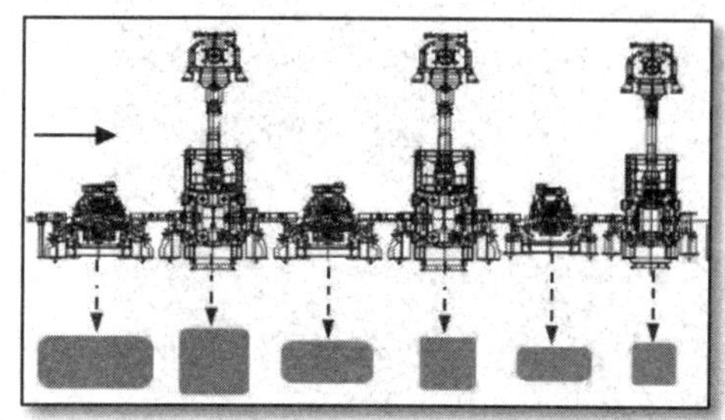

图 4-13 无孔型轧制

无孔型轧制最早应用在引进的紧凑式粗轧机上，采用贯穿式导卫，由于机架间距短，可借助轧制推力增大下游轧机咬入角，获得大的延伸变形。由于这种设计处理事故困难，在推广到普通轧机时，改为采用带导板尖的滚动导卫。目前无孔型轧制技术应用在钢筋生产线上除成品机架外的所有轧机上，应用在线材生产线上的预精轧前所有轧机上。

4.5.3.9 **单一孔型轧制**

棒线材单一孔型轧制技术是基于减定径机组的应用出现的。常规的孔型系统更换不同规格产品时，需要更换精轧机组乃至中轧机组的孔型及轧辊，而减定径机组可以轧制出所有规格的产品，根据来料需要，仅需甩开前面的若干个机架空过即可，空过的机架采用替换辊道连接。因此，单一孔型轧制具有以下优点：1）减少了换辊、换导卫的时间，提高了作业率；2）轧辊及导卫备件数量减少，管理费用及财务费用降低。

棒材的减定径机组通常由三～五机架组成，以四机架应用较多，线材的减定径机组通常由四机架组成。粗轧至精轧只用一套孔型，减定径机组内部只需更换少量孔型即可轧制不同规格产品，减定径机组内部还可以通过调整在某个规格范围内实现自由尺寸轧制。

4.5.3.10 **柔性轧制**

（1）大型H型钢与扁钢的柔性化轧制

在轧机狭小空间内，设计出与VE轧机拥有同样立辊构造的VE轧辊装置，装入万能轧机（URl）。

轧制H型钢时，开坯之后，反复进行万能轧机（URl）轧制、轧边轧制（E）、万能轧机（UR2）的轧制，之后进入最终万能精轧机轧制。

轧制扁钢时，轧边机轧制取空道次，开坯之后，反复进行VE轧制、厚度轧制，最终精轧用已有的UF轧机进行。在可逆轧制的最后道次，为了确保最终产品厚度及宽度方向的端部角部的质量，设计与板厚相适应的孔型。

（2）棒线材生产模块化柔性制造

对于小产能，产品更换频繁和轧制温度受限的产品，棒线材生产呈现出模块化柔性制造趋势，方便进行工艺控制进行柔性化生产，控制更加经济、柔性和灵活，可实现延伸率的改变和控制。

棒材的柔性模块式轧机代表了未来的发展方向，模块化柔性制造分双机架单传模块和单机架单传模块，如图4-15所示。模块化轧机可完全兼容原精轧机辊箱，传动箱可配套的辊箱有：9英寸辊箱、8英寸重型辊箱、8英寸辊箱，6英寸辊箱，根据轧制力的不同合理选择。

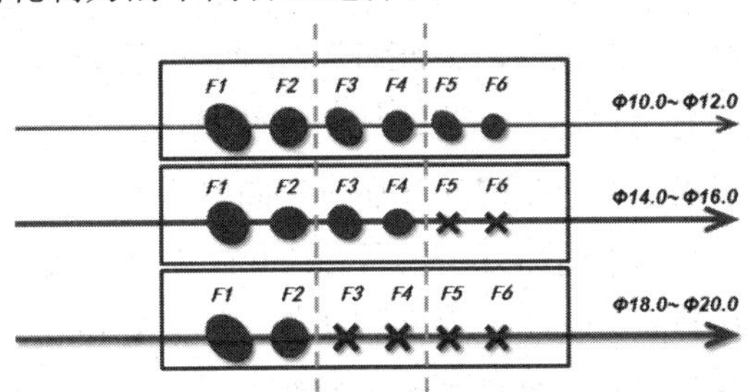

图 4-14　机架布置

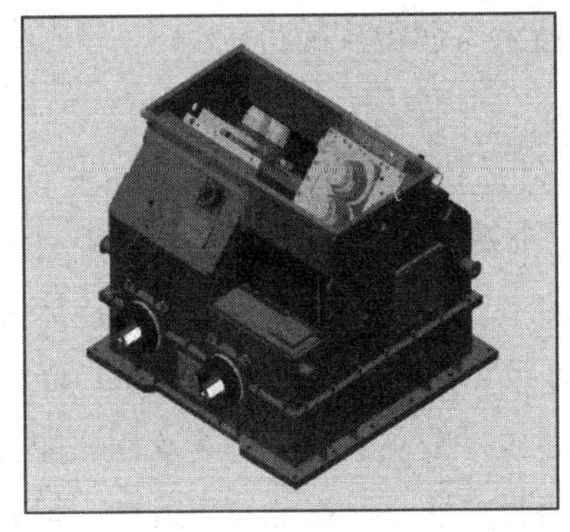

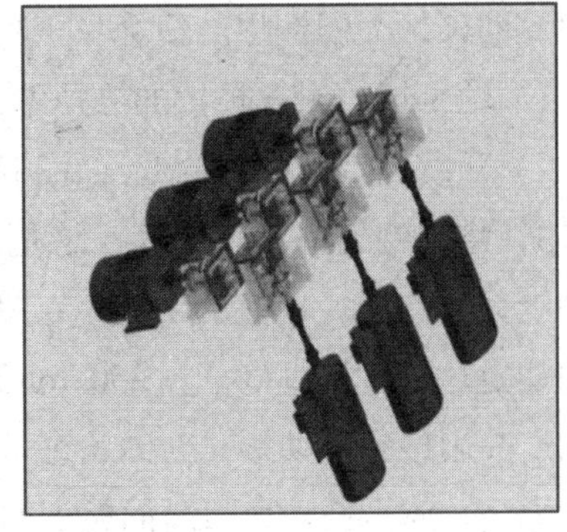

图 4-15　双机架单传模块化设计和单机架单传模块化设计

4.6 型钢轧制设备发展趋势

4.6.1 开坯和大圆钢轧制设备

连铸技术的成熟，使得直接以连铸坯为原料轧制成材的“一火成材”工艺成为轧钢生产的主流工艺。

从20世纪80年代开始，世界掀起关闭初轧开坯机的浪潮。世界制造业向中国转移，机器中轴类、齿轮类零件需要以大规格圆钢为原料，导致 ϕ80～220 mm的大圆钢需求突然增加，市场引导我国20世纪90年代以来，新建改建了17套左右的开坯大圆钢生产线，而国外已极少建设这样的生产线。

大圆钢产量高，不宜以全连续式生产，退而次之是半连续式，即一架二辊可逆式初轧机＋六～八机架平/立交替的连轧机组成的生产线。一架二辊可逆式初轧机还适合开坯，因此也顺带将一部分大连铸坯开成150 mm×150 mm～200 mm×200 mm的小方坯，供下游的线材和小型轧机使用，并以大压缩比提高产品的性能，用于生产性能要求极高的轴承钢、齿轮钢和冷镦钢等高端产品。我国多家生产厂的对比实践证明，大连铸坯经开二火轧成的钢帘线、轴承钢、齿轮钢和冷镦钢的性能就是优于小连铸坯一火轧成。

如果不生产大圆钢，而建专门的开坯机（如邢台钢厂），在连铸技术日新月异的今天，恐怕就要三思而后行了，因为经开坯二火轧成，毕竟生产成本要增加很多。而且对多数企业而言，再回到初轧开坯的老路上去也是不可能的，最可行的办法是调整线材与小型轧机的连铸坯的尺寸，在性能和生产成本之间找到新的平衡点。

现有的开坯大圆钢生产线会在下列技术方面得到改进：

（1）轴承钢的高温扩散加热技术。

（2）开发大规格圆钢的低温轧制和轧后快速冷却技术。

（3）将圆钢切成定尺长度，这是一个看似简单而实际上一直没有能很好解决的老大难问题。现在的工艺是：ϕ12～60（50）mm小圆钢在冷床冷却后用冷剪切定尺，ϕ60（80）～250 mm圆钢用热锯切定尺。少数切口断面要求极高的产品用砂轮锯切断，但砂轮锯切断成本很高，钢厂不喜欢用。能否找到生产效率高、成本低、切口断面整齐的切断方法，现在还没有方向。很有可能要依靠其他学科和技术的发展，帮助型钢工作者解决这一难题。

（4）现在的生产工艺中直径不小于 ϕ60（80）mm含Cr-Mo、Cr-Ni的大圆钢轧后需要缓冷，缓冷的目的有两个：对中高碳钢一是防止白点产生，二是防止相变应力和热应力引起的裂纹。缓冷需要大量的缓冷坑，缓冷后棒材产生弯曲，最少需要矫直精整，这样会提高生产成本还要占据大量的生产面积。钢轨生产通过炼钢减少钢中的氢含量，取消轧后的缓冷，为其他钢种的生产提供了经验。其他钢种通过减少钢中的氢、氧含量是否也可取消缓冷？炼钢减少钢中的氢、氧含量要提高成本，轧后缓冷、精整同样要提高成本；炼钢成本的提高与轧后缓冷、精整成本的提高，哪一个多？进行对比后就可决定何种方法最经济。炼钢过程是化学反应，在炼钢中解决可能比轧钢要容易些。过去没有人去研究这类炼钢和轧钢之间的交叉问题，希望今后能有学者进行这方面的研究，并能提出有效的解决办法。

4.6.2 钢轨轧制设备

以万能轧制法为核心的大型H型钢与钢轨生产工艺和由U1-E-U2组成的三机架可逆式连轧机都已成熟，正在大型H型钢和钢轨生产中发挥主导作用。

（1）100 m长尺钢轨的在线热处理工艺将更加完善和实用，以提高钢轨的强度和耐磨性能。

（2）炼钢-连铸工艺的进一步改进，使钢水中的氢含量有可能进一步降低，进而取消连铸坯堆冷，实现连铸坯的热送热装，进一步节能。

（3）在中国建设了4条钢轨生产线（还有一条生产线正在建设中），均为2架初轧开机+3架可逆式连轧机的模式。

为减少投资成本，建设1架开坯机+3架可逆式万能连轧机的钢轨生产线。1+3的钢轨生产线，虽然钢轨产量会有所降低，但更适合同时生产H型钢等其他型钢。

连续式或1+9的半连续式布置生产钢轨，轧辊的数量和备辊数量比1+3多很多，在生产上是不经济的。

（4）涡流-超声波联合探伤仪，已作为正式的工艺设备安装在今天的钢轨生产线上。

4.6.3 大中型H型钢轧制设备

（1）以X-H万能轧制为基础的变形工艺不会有根本性的改变。

大中型H型钢以1架开坯机+三机架可逆式万能轧机的轧制方式进行生产；

中等规格的中型H型钢以1+（9～10）的布置方式进行生产；小规格H型钢以连续式的布置方式进行生产。

1+（9～10）的布置方式适合生产中等规格的H型钢和其他大型型钢，当用于生产钢轨时，其轧辊备辊数量和辊型消耗都会高于1+3的方式，尽管国内有厂家以1+10万能的布置方式在生产钢轨，但实际上是不经济的。

（2）1+3的大型H型钢生产线和1+（9～10）的中型H型钢生产线，将进一步开发新的型钢品种，如U型钢板桩、履带钢等，以适应市场对型钢新品种的需要。

（3）H型钢的防腐蚀问题，成为H型钢推广应用的瓶颈。耐大气和海水腐蚀新钢种的开发，将有助于H型钢使用面的扩大和更进一步的推广。

（4）低温轧制获得细晶粒和轧后快冷技术提高材料的强韧性同样适合于型钢和H型钢生产，快冷技术将很快在此领域获得推广和应用。

（5）三辊式的穿梭轧制在型钢生产中的应用已超过100年，100多年来对三辊式轧机进行了一些改进，但三辊式轧机的一些固有缺点仍不能得到有效克服，如轧制速度低、轧制时间长、轧件单重小、人工操作劳动强度大等。

从20世纪三四十年代起，美国、德国引领世界钢铁界逐渐淘汰三辊式轧机，近30年来在线材、棒材生产领域迅速将三辊式轧机淘汰，近20年在钢轨、H型钢生产中也迅速将其淘汰。

但三辊式的穿梭轧制在生产履带钢、汽车轮辋钢等特殊产品上，仍有设备简单、适于小批量多品种、生产成本低的优势，一时还难以完全淘汰。技术人员要千方百计从技术和装备的角度创造条件，淘汰这种落后的轧制方式。

已解决了多机架连续式轧制钢轨、工字钢、槽钢、角钢、矿用工字钢的技术问题。

预计在最近，将解决对称断面矿用U型钢、U型钢板桩、三爪履带钢的多机架连轧问题。

现在剩下的问题是，断面极不对称的单爪履带钢、球扁钢、汽车轮辋钢等少数几个品种。

在现有的万能轧机或二辊平/立轧机的组合上有所变化，对这少数几个产品的孔型设计方法上也能有所改进，多机架（二～四机架）连轧生产单爪履带钢、球扁钢、汽车轮辋钢也有可能取得突破。

4.6.4 小型棒材轧制设备

小型棒材生产线分两类：一是以生产钢筋为主的高产量小型棒材生产线；二是以生产高质量优质钢和合金钢为主的小型棒材生产线。

4.6.4.1 以生产钢筋为主的高产量小型棒材生产线

（1）高产高效仍将是此类轧机的主旋律，现在中国已出现了多台小时产量高达180 t/h的小型轧机，这意味着此轧机的年产量将达110万t。尽管业内人士曾经呼吁，过分的高产量将带来消耗指标高甚至影响产品质量等诸多问题，但继续提高轧机单产的努力在中国并没有停止。为达到高产，切分轧制工艺是主要法宝之一，二切、三切、四切、五切工艺在中国已普遍采用，出现六切分也并不是不可能。

（2）为配合更高的产量，在轧机设计和轧线配置上要进行相应的改进，如适当加大辊径、增加轧机刚度、继续加大主电机功率等。

（3）提高钢筋的强度级别，使400 MPa的钢筋成为中国的主力钢筋，并快速增加500 MPa钢筋的生产和使用量，是当前中国实现节能减排的当务之急。研究400 MPa钢筋生产的性能稳定、低成本工艺正在我国进行，每一两年都会有新的工艺出现。全面推广可靠的400 MPa的钢筋生产工艺经济社会意义重大。

（4）高效率的钢筋小型轧机与高效率的转炉和连铸相配套，才能产生更全面的经济效益，中国钢铁界并不缺乏这种结合的动力。新的高效能轧机将很快组合成新的转炉炼钢——5～6流连铸高效能钢筋小型轧机的生产系统。

（5）高效率、低消耗是提高钢筋轧机竞争力的法宝。全连续无扭轧制、切分轧制工艺使钢筋轧机获得高效率；直接使用连铸坯、连铸坯热送热装，还有无孔型轧制可使生产成本降低。

（6）中国钢铁产量的饱和必将引发一部分产能或钢铁生产技术向发展中国家转移。我国80万～100万t级的高产钢筋轧机的模式，未必能适应发展中国家的需求。较低的单产和多品种将是这些国家的基本需求，如何适应这种需求，我们仍需要仔细研究。

4.6.4.2 以生产化质钢和合金钢为主的小型棒材轧机

这类轧机的特征是，较大规格的坯料、脱头轧制、精轧机前后配置水冷温控轧制、配置有三辊的KOCKS减径定径机，有的在生产直条圆钢的同时还生产大盘卷。随着中国钢铁市场的饱和与汽车、机械制造业兴起，对特殊需求的增长，更多的型钢生产企业由生产普通钢转向生产特殊钢，这一趋势引发的变化是：

（1）型钢生产企业在由生产普通钢转向生产特殊钢的同时也将它们原本所熟悉的钢铁长流程生产工艺带进特殊钢和合金钢生产。高炉冶炼→铁水脱硫→顶底复吹转炉炼钢→炉外精炼→连铸→型钢轧制，将成为中国特殊钢和合金钢生产的主导和标准工艺。

（2）生产优质钢和合金钢为主的小型棒材轧机的产品规格范围，如抚顺合金钢棒材轧机为 ϕ12～75 mm，经过多年的生产和设计实践，产品范围有所调整，但调整不大，在 ϕ16（14）～70（60）mm之间。市场需求是中间规格的特殊钢需求量大，最后的趋势是将中等规格产品进行更细的划分，ϕ14～30 mm与 ϕ30～80 mm各为一条单独的生产线，以利于进一步专业化。但这仅仅是中国市场的特例，国外市场可能不是这样。

（3）现有特殊钢和合金钢小型棒材轧机的主要特征，如较大规格的坯料、脱头轧制、精轧机前后配置水冷温控轧制、配置有三辊的KOCKS减径定径机等，不会有根本的变化。

180 mm×108 mm～220 mm×220 mm的连铸坯断面不会变，但粗轧机组前几梁的辊径可能从 ϕ650 mm加大至 ϕ700 mm或 ϕ750 mm，从而改善咬入条件和加大压下量。

低温温控轧制将会得到普遍采用，水冷段的设置，更有效地实现轧制工艺所要求的控制，更合适的均温距离等，都将更为精细化。

（4）三辊KOCKS减径定径机对提高产品尺寸精度、实现单一孔型轧制和自由轧制都起着不可替代的作用。SMS的三辊定径机与三辊KOCKS轧机相似，在钢管的减径定径中应用非常成功，但在棒材机上应用较少，但有企业选用SMS的三辊定径机，我们不会感到奇怪。四辊式减径定径机在我国几个企业中的应用并不成功，估计后来者会引以为戒。生产小型棒材的生产线是否都需要安装三辊KOCKS减径定径机，需要视具体情况而定，不一定都装。

4.6.5 型钢轧制设备的未来

20世纪末21世纪初这几年，我国经济建设的持续快速发展，使钢铁行业充满了活力，也促使我国长材轧制技术与装备发生了重大变化。特别是在2006—2010年的“十一五”期间，我国轧钢工艺装备实现跨越式发展，建成投产一批具有世界先进水平的现代化轧钢生产线。我国不但引进了系列世界领先水平的高端装备，国产的新型长材轧制装备水平也实现了跨越式发展，主要技术装备已接近或达到世界先进水平，全套引进整条生产线的情况在我国已越来越少。目前，我国在长材轧制生产线中，已基本实现轧钢等主要工序、主体装备国产化，国产化棒材生产线的主体装备达到国际先进水平；大、中型钢生产线实现国内自主集成，主体装备实现国产化或具备国产化能力。新型国产高刚度轧机、悬臂式辊环轧机精密轧制设备、各类控制冷却装置、各类锯切装置等国产新装备广泛应用于国内轧钢车间，基本取代了同类进口产品。然而在某些高端领域，我国的长材装置装备水平与国际领先水平相比还存在一定差距，比如高线材减定径机组、棒材三辊减定径机组、大型钢可逆式万能轧机机组等装备目前还依赖进口。我国科研工作者正在从事这些高端技术与装备的研究开发工作，相信在不久的将来，国产高速线材减定径机组棒材减定径机、三机架可逆式万能轧机等世界领先的长材轧制装备将应用到现代化的轧钢生产线中。

国家要求钢铁行业通过淘汰落后产能，转型升级，降低成本和资源、能源消耗，全面提高钢铁产品竞争力。国家制定关于吨钢能耗、低碳排放等国家标准和约束性指标，意在促使企业实现技术进步与创新，加大新技术新装备的应用。为了实现这些目标，长材轧制设备应该有所作为，我们认为其主要体现在：

（1）扩大高刚度轧机的应用范围。高刚度轧机应用在小型生产中的优越性，逐渐为我国钢铁界所认识，短应力线轧机普遍应用，操作方便和可实现整体机架更换，带来轧机的高作业率；切分轧制技术的普遍采用带来高小时产量，共同促成我国小型轧机的高生产率，单线年产量达100万t以上。近年来，不但在新增的棒材小型生产线中普遍采用高刚度的短应力线轧机，在线材生产线中的粗中轧机亦在逐步采用高刚度轧机（短应力线轧机、CCR轧机等），以取代传统的闭口牌坊式轧机。

高刚度短应力线轧机比传统的闭口式轧机具有更高的刚度，可以生产尺寸精度更高的半成品和成品。这只是理论上的定性分析，迄今为止，仍没有公司出示实测的数据对比两种机型在产品精度上的差别，但高刚度短应力线轧机操作方便，换孔型、换机架简单，在生产操作中一看便明，无须更多的解析，仅这一项优点就可提高轧机的有效作业率，即大幅度增加产量。至于刚度和产品精度，虽无实际数据，但至少不会比闭口式轧机差，这就使用户有了足够的理由来采用。高刚度短应力线轧机需要备用机架，在初始投资上要稍有增加，但对于想获得高产量的线材轧机来说，有效作业率提高的收益，远高于初始投资稍有增加的损失。

（2）高刚度短应力线轧机延伸开发。高刚度短应力线轧机首先应用于小型棒材生产中，取得了空前成功，继而逐渐用于线材生产线的粗轧和中轧机组上；在开发550 mm、650 mm级的短应力线轧机基础上开发更大规格如750 mm、850 mm级的轧机，并用于开坯大棒材生产线，将短应力线高刚度轧机的应用扩展至90～300 mm的大圆钢生产线上。以650 mm、850 mm的机型为基础，开发了四辊万能轧机，将高刚度短应力线轧机进一步延伸到中型H型钢和小型H型钢生产线上。国外的Danieli公司将高刚度短应力线轧机从棒材生产一直延伸到初轧开坯机。其不仅有短应力线型的1000 mm×1800 mm二辊可逆开坯机，还有100 mm二辊不可逆短应力线棒材轧机。我们认为，高刚度短应力线轧机尽管有那么多的优点，但它的应用也是有一定范围的，它用在棒材轧制中的优点最为明显，且它的径范围在300～850 mm为宜。大于850 mm的轧机，需进行整体机架更换，且要有多个备用机架，其成本不低，不宜采用。二辊可逆式开坯机，一是轧制坯料规格大，所受轧制力大；二是在轧制方向上受力较大；三是开坯机的能力都比较大又相对比较粗放，换辊周期长，没有必要进行整体机架更换。所以二辊可逆式轧机还是二辊闭口式为好，没有必要做成高刚度短应力线式。

（3）二辊可逆轧机（开坯机）的复兴。该技术产生于20世纪30年代，在六七十年代发展达到高峰。随着连铸技术的逐渐成熟，连铸坯一火成材以其高效、节能、低投入等优势风靡世界，初轧开坯技术逐渐被淘汰。然而近年来，二辊可逆式开坯机又在悄然复兴，且其应用有不断扩大的趋势，究其原因在于：1）型钢生产的新工艺，大型H型钢生产采用1+3（1架二可逆+三机架万能可逆连轧）和轨梁轧生产采用2+3（2架二辊可逆+三机架万能可逆连轧），两者均需1150 mm级的二开机为粗轧机；2）世界制造业向我国转移，机械制造业的发展导致70～200 mm甚至更大规格圆钢的需求量剧增。大规格圆钢需要更大规格的轧机，半连轧的方式是产量不是很高的大圆钢车间的首选，半连轧的大圆钢生产线需要850 mm、1000 mm级的二辊可逆式轧机为开坯机，有的用户甚至要求1150 mm或1250 mm。现代二辊可逆轧机与以往相比，同为二辊可逆式轧机，但轧机的结构与控制方式都有了很大的变化，操作维护更方便，自动化程度更高。一般采用闭口式铸钢牌坊，轧机刚度高；采用四列短圆柱轴承+双列圆锥止推轴承或四列圆锥轴承；采用液压平衡，上轧带轴向调整；电动或液压压下，APC控制（程序控制快速压下、准确定位）；具备轧卡解卡及防过载功能；采用快速换辊装置；前后配置高效翻钢、推钢系统，操作便捷灵活。

（4）高线轧机的开发。近年来，国产高速线材装备的技术取得了明显进步，已替代大部分进口装备。国产顶交重载十机架无扭精轧机组，轧制速度已达105 m/s，小时产量可达120 t，轧线自动化水平稳定可靠，接近世界先进水平。近15年来线材生产已出现新的装备即减径定径机，俗称8+4线材精轧机，得到了广泛的应用。新型的8+4线材精轧机，将传统的十机架精轧机分成2组，一组8架，另一组4架，2组轧机间增加一段水冷。第一组8架与传统的精轧机相同，顶交45°，8in辊环，仍称为线材精轧机；第二组4架前2架为8in大辊环，用于大压下率的减径，后架为6in小环，用于小压下率的定径，称为减径定径机；Morgen型的RSM（Reducing & Sizing Mill），4架由一台4000～4500 kW的交流机传动。Danieli型双模块机组MB（Twin Module Block），前2架由1台4200 kW的交流机传动，后2架由1台1200 kW的交流机传动。

采用减径定径机优点是：1）轧机的轧制速度可提高至120 m/s。2）实现单一孔型系统，可减少轧辊与导卫备件，可提高轧线作业率；采用椭圆孔型系统，提高了产品的尺寸精度。3）产品的尺寸不局限于国家标准规定的标准尺寸，可按用户的实际要求交货“自由轧钢”。4）实现真正意义上的低温温控轧制，细化晶粒，提高产品的冶金力学性能。

减径定径机设计速度140 m/s，可轧钢速度120 m/s（最小辊环时的保证速度为112 m/s），为当代线材轧制技术与装备最高水平的标志。开发线材减径定径机（8+4）及其配套的夹送辊、吐丝机、高速飞剪，应是线材轧制技术与装备的下一个目标。

（5）大型H型钢和中型H型钢。我国现在已建设了4条大型H型钢生产线、7条中型H型钢生产线。4条大型H型钢生产线的关键设备，三机架可逆式万能轧机全部从国外引进。按照以往的思维方式，别人有的我们都要有，大型H型钢的关键设备三机架可逆式万能轧机也要开发。现在的情况有所不同，大型H型钢在我国可能不会再多建，因此，三机架可逆式万能轧机组的需求不会太多，而且三机架可逆式万能轧机比较复杂，开发的技术难度大，不一定有人愿意投入人力和资金去进行开发。中型H型钢的生产方式有连续式、半连续三机架可逆式，以半连续最多。半连续中型H型钢生产线，有7～10机架的万能连轧机，其技术的复杂程度低于三机架可逆连轧，开发起来相对容易；另外中型H型钢生产在我国可能会有一定的市场，因此有公司愿意进行开发，现在我国已开发出了中型H型钢的工艺和设备，在等待着国内外用户选择和购买。轨梁轧机的情况与大型H型钢相似，四大轨梁厂（鞍钢、包钢、攀钢、武钢）已有多条现代化的100 m长尺钢轨生产线，邯郸有一条现代钢轨生产线也已建成。钢轨很重要，技术含量高，但在3～5年之内很难看到会有人再建钢轨轧机。轧制钢轨与大型H型钢相似，在三机架可逆式万能轧机上完成。如此的技术难度，如此的市场前景，很难指望国内公司能投入力量进行轨梁主轧机以及预弯式冷床、水平/垂直复合矫直机等辅机的开发。德国SMS公司对世界大型H型钢和钢轨设备的垄断地位，可能会继续下去。

（6）机械设备与轧制工艺的密切结合。关于设备与工艺的关系，一种看法是新工艺要求产生了一种新的轧制设备，另一种看法是新的轧制设备催生一种新的工艺。同样的设备，采用不同的组合方式产生了新的生产工艺。如万能轧机，它是由在同一垂直平面上的两个水平辊和两个立辊组成的，水平辊由电机通过齿轮座传动，立辊为惰辊，没有动力传动。同样的万能轧机可有多种类型的组合，全连续式、半连续式、三机架可逆式连轧。三机架可逆式万能轧机U1-E-U2，与H型钢的XH孔型设计相结合，就产生了生产大型H型钢的一种新工艺。而对万能轧机的压下控制、传动方式控制上稍加改进，以适应可逆式连轧，就成为一种生产大型型钢的全新设备。同理，钢轨生产应用万能轧机已多年，20世纪七八十年代的钢轨万能轧制是在bd1-bd2后的3列串列式布置的轧机上进行的，U1-E1上可逆轧制3道次，U2-E21上轧制1道，最后在U3上精轧1道。20世纪90年代，在三机架可逆式连轧上，轧制重轨获得成功后，产生了重轨生产的新工艺新设备——三机架可逆式连轧U1-E-U2。万能轧机U和轧边机E的机械结构没有变，轧制工艺方法变了，轧机的组合方式变了，电气控制的方式也变了，产生了新的生产工艺和新的设备。与工艺紧密结合提高轧机效能的实例在前面已提到，如小型生产线同样是短应线轧机，在采用切轧制工艺后轧线的生产率成倍增加；现在我们正在积极推广小型棒材和线材生产的无孔型轧制法。小型或线材轧机的粗轧、中轧机组，同样是短应线轧机，在1～12架采用无孔型轧制后，吨钢辊耗由0.4 kg/t降为0.12 kg/t，可使开轧温度降低30 ℃，减少加热的燃料消耗。由于换槽、换辊的次数显著减少，可提高轧机的作业率约5%，增大轧件的变形量，从而减少轧机数量。在实际生产中，根据线材的规格不同可少用2～4架轧机，节能的效益巨大。由于变形阻力降低，因而在同等压下量的情况下，轧制能耗减少约7%。线材轧机与吐丝机、风冷线配套生产成卷线材与高速上冷床机构配套成为小直径直条棒材生产线，用于生产8～20 mm的圆钢和钢筋。

（7）产线智能化发展，目前棒线材生产进入大数据智能时代，对生产装备的智能化提出了更高要求，例如轴承的智能检测系统稳定预报寿命，进行生产预警提示，振动的实时检测，利用先进的传感器技术实现生产状态突变及事故发生的预判断，避免被动停车。智能机器人在型钢生产线上的应用会迎来大发展，智能运维、智慧测温、测控和三维设计交货将成为主流旋律。瑞信型钢已实现的BIM智能化交货（三维设计进入平台，实现数字化交付），对接全息制造平台。生产线智能机器人控制的应用将越来越广泛。

图 4-16　达涅利公司生产的棒线材生产线智能换辊机器人

第5章　有色金属轧制设备技术现状与发展趋势

有色金属作为功能材料和结构材料，广泛应用于建筑行业、汽车行业、家用电器行业及高科技领域，成为当今高新技术发展和国防军工的重要支撑。我国拥有数量十分可观的有色金属资源，进入21世纪以来，有色金属工业发展迅速，基本满足了经济社会发展和国防科技工业建设的需要，尤其铜、铝两种有色金属的产能已经多年位居世界第一。2013—2018年中国10种有色金属行业产量情况如图5-1所示。

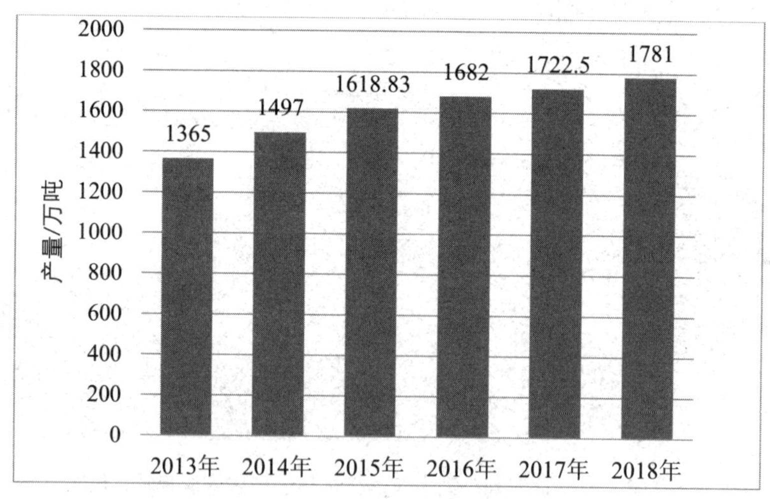

图 5-1　2013—2018 年 10 种有色金属行业产量

我国有色金属行业在技术创新上，产学研用相结合的产业创新体系基本形成；在转型升级上，航空铝材、电子材料、动力电池材料、高性能硬质合金等精深加工产品综合保障能力超过70%，基本满足高端装备、新一代信息技术等领域需求；在绿色发展上，重金属污染得到有效防控，规模以上单位工业增加值能耗、主要产品单位能耗进一步降低；在两化融合上，在线监测、生产过程智能优化、模拟仿真等应用基本普及，选冶、加工环节关键工艺数控化率超过80%，实现综合集成企业比例提升到20%，实现管控集成的企业比例提升到18%，建成若干家智能制造示范工厂。随着我国经济进入新常态，再生金属产量不断增加，有色金属行业发展速度由高速转为中高速，控产能、调结构、提质增效，推进供给侧结构性改革是目前有色金属行业发展的主要任务。

5.1 铝及铝合金产品轧制设备技术现状与发展趋势

5.1.1 铝及铝合金加工行业发展概况

铝在国民经济建设和国防工业中具有举足轻重的地位和作用，已成为仅次于钢铁的第二大类金属。铝合金具有密度和熔点低，比强度高，铸造性能和加工性能好，导电性、传热性及抗腐蚀性能优良等特点，被广泛应用于交通运输、航空航天、建筑三大重要工业及其他国民经济的各个行业。铝加工产品主要包括铝板、铝带、铝箔、铝管、铝棒、铝型材、铝线、铝锻件和铝粉九大类产品，其中板带、铝型材和箔材产量占全部铝材总产量的85%左右。据中国有色金属工业协会统计数据显示，2016—2018年间，我国铝加工材产量分别为3520万t、3820万t、3970万t，其中铝板带的产量分别为902万t、1030万t、1123万t，如表5-1所示。近几年铝板带材及铝加工综合产量增长速度逐渐放缓，2019年上半年我国铝加工材产量为1995万t，同比增长仅为2.8%。

表 5-1　2016—2019 年上半年中国铝加工材分品种产量（万 t）

<table>
<tr><th>年份</th><th></th><th>板带材</th><th>挤压材</th><th>箔材</th><th>线材</th><th>铝粉</th><th>锻件和其他</th><th>铝加工综合产量</th><th>增幅</th></tr>
<tr><td>2016年</td><td>产量</td><td>902</td><td>1855</td><td>318</td><td>413</td><td>15</td><td>17</td><td>3520</td><td>—</td></tr>
<tr><td rowspan="2">2017年</td><td>产量</td><td>1030</td><td>1950</td><td>365</td><td>440</td><td>16</td><td>19</td><td>3820</td><td rowspan="2">8.5%</td></tr>
<tr><td>增幅</td><td>14.2%</td><td>5.1%</td><td>14.8%</td><td>6.5%</td><td>6.7%</td><td>11.8%</td><td>8.5%</td></tr>
<tr><td rowspan="2">2018年</td><td>产量</td><td>1123</td><td>1980</td><td>390</td><td>441</td><td>16.5</td><td>19.5</td><td>3970</td><td rowspan="2">3.9%</td></tr>
<tr><td>增幅</td><td>9.0%</td><td>1.5%</td><td>6.8%</td><td>0.2%</td><td>3.1%</td><td>2.6%</td><td>3.9%</td></tr>
<tr><td rowspan="2">2019年
上半年</td><td>产量</td><td>550</td><td>1005</td><td>198</td><td>225</td><td>7</td><td>10</td><td>1995</td><td rowspan="2">2.8%</td></tr>
<tr><td>增幅</td><td>2.8%</td><td>2.6%</td><td>3.1%</td><td>4.7%</td><td>—</td><td>—</td><td>2.8%</td></tr>
</table>

注：板带材产量中包含铝箔毛料。

我国铝加工材在消费结构上与欧美发达国家存在较大差异。建筑业是我国铝材行业最大的下游消费市场，占比33%，其次是交通、电力等行业。而在美国，交通运输是第一大用铝领域，占比39%，而建筑领域占比为25%。中国铝消费的结构特点决定了产品结构缺陷：中低档产品生产过剩，而科技含量高、附加值高的高档产品短缺。目前航空级铝厚板、汽车车身用铝板带、高压阳极电子箔等高端铝板带、箔产品大多依靠进口。

我国铝加工产业装备的80%以上是21世纪以来建设的，而且大部分是引进世界顶尖制造公司的设备，如从美国瓦格斯塔夫（Wagstaff）引进铸造机，德国西马克集团（SMS GROUP）的板带轧机、厚板预拉伸机，奥地利奥伯纳公司（EBNER）的加热炉与热处理炉等。截至2019年年底，我国有近600家生产板、带的企业，生产能力约1640万t/年，产量为980万t左右，设备利用率约60%，产能严重过剩。中国铝工业正经历着爆发式增长后的行业消化过剩产能、企业转型升级发展的阵痛期。随着铝加工产品市场的竞争日趋激烈，铝加工企业都将以高效、节能、环保、低成本作为企业生产、经营、发展的目标，对工艺流程、生产设备进行新一轮的技术革新，缩短生产工艺流程，实现各工序的连续化和紧凑化是铝加工工业技术发展的方向。

5.1.2 铝及铝合金板带材轧制设备技术发展现状

铝板带是铝加工材中的一个重要品种，包装、交通、建筑是铝板带材主要消费领域，约占消费总量的70%以上。CTP与PS版基板、铝箔带坯、罐料、ABS（Automotive-Body-Sheet，汽车车身薄板）是铝合金板带的4种大宗产品，约占全球平轧铝产品（FRPs）总量的65%。生产铝板带所采用的主要加工方法是轧制成型。铝及铝合金轧制方法从坯料的供应方式上可分为铸锭轧制法、连续铸轧法和连铸连轧法。连续铸轧法和连铸连轧法均是将熔炼、铸造和轧制集中于一条生产线上，从而实现了连续性生产，缩短了常规的熔炼—铸造—铣面—加热—热轧的间断式生产流程，还有利于节约能源。铸锭轧制是传统的铝及铝合金板带材轧制方法，根据轧制温度的不同，可分为热轧和冷轧。下面分别介绍铸锭热轧和冷轧、连续铸轧和连铸连轧生产工艺流程。

5.1.2.1 铝板带生产工艺

（1）热轧生产工艺流程

热轧生产工艺流程为：合格铸锭→铣面→加热炉加热（420～530 ℃）→铸锭表面清洗→立辊轧边→粗轧机轧制（350～510 ℃）→薄厚剪切头尾→精

轧机组轧制（250～360 ℃）→切边剪切边→卷取机卷曲→抽检取样→打捆→合格热轧卷入库。图5-2为铝板带热轧工艺流程图。

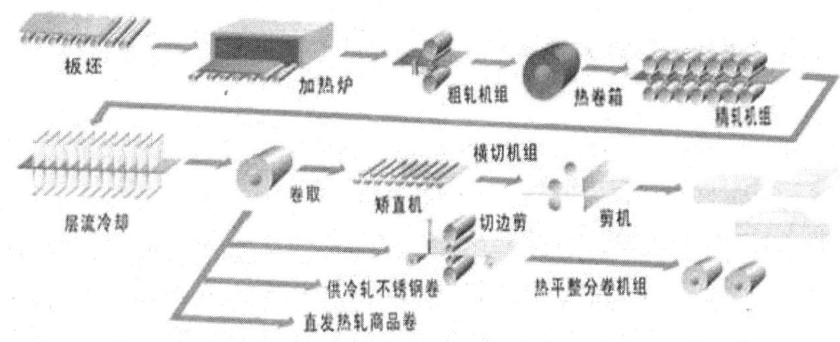

图 5-2　铝板带热轧工艺流程图

（2）冷轧生产工艺流程

冷轧生产工艺流程为：热轧平面库→冷轧机轧制（或冷连轧机组）→重卷切边（涂油）→退火炉退火→拉弯/拉伸矫直→检查→包装→入库。

（3）铸轧生产工艺流程

铸轧生产工艺流程为：铝锭→熔炼炉→静置炉→除气→过滤→铸嘴→铸轧机（润滑系统、冷却水）→导向轮→剪切机→卷取机。铝板带连续铸轧生产工艺流程图如图5-3所示。铝锭在熔炼炉内经“四化（合金化、成分与温度均匀化、净化、添加晶粒细化剂促使晶粒细化）处理”、扒渣、搅拌后进入静置炉中保温精炼，精炼铝液进入铸轧双辊间连续铸轧为铝板带坯，然后经过冷轧，切头尾后卷成铝带坯卷。

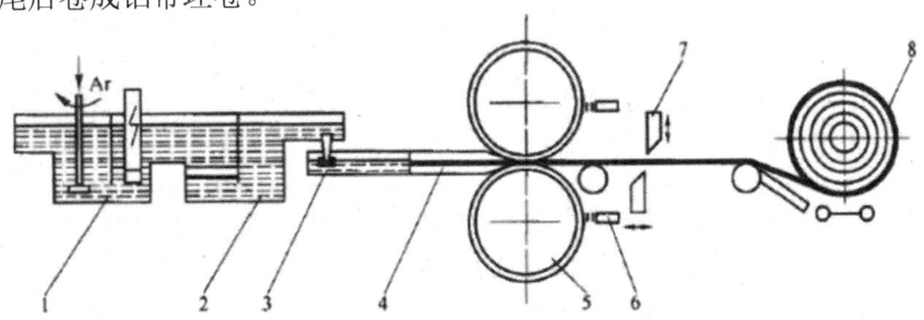

1—除气系统；2—过滤系统；3—液面控制；4—铸嘴；5—铸轧机；6—喷涂系统；7—剪切机；8—板卷

图 5-3　铝板带连续铸轧生产工艺流程图

（4）连铸连轧法生产工艺流程

连铸连轧法生产工艺流程为：铝锭→熔保炉→除气→过滤→连铸机→热精轧机。

5.1.2.2 铝板带轧制设备技术现状

（1）热轧机

热连轧生产线主要用于铝及铝合金铸锭的轧制，生产中厚板、板材、热轧卷及为冷轧板带材和箔材生产坯料。2000—2018年是中国铝板带热轧工业的黄金发展期，2017年中国热轧生产能力达2117万t，成为世界最大的铝板带热轧国，可生产所有铝合金板带。铝板带热轧机机组目前主要有4种形式：单机架单卷取、单机架双卷取、“1+1”热粗+精轧双卷取机组以及热粗轧+热精连轧。如果只有一个热精轧机架，那就称为热粗-精轧线，简称1+1式热轧线；如果粗轧机与精轧机列之间还有1台或2台单机架热轧机，则把它们称为中轧机。这样的生产线可简称为1+3式、1+4式、1+5式、1+1+x式、1+1+1+x式。四种配置形式轧机的特点对比如表5-2所示。

表 5-2　不同配置形式的铝板带轧机特点对比

序号	机型	产能/（万t/年）	最小轧制厚度/mm	特点
1	单机架单卷取	8	7	投资省，铸锭小，产能小，无法实现双向张力轧制，板形不易控制
2	单机架双卷取	15	3.5	表面质量较好，铸锭大，生产范围广，性价比高
3	“1+1”热粗+精轧双卷取机组	25	3.5	表面质量比单机架优，板型好，产量较大
4	“1+3”热连轧机组	30	2.5	能较稳定生产制罐料，板型好，表面质量高，辅助时间短，产能大，成品率高，整机自动化控制水平高，投资大
5	“1+4～6”热连轧机组	40	2.0	能很稳定生产制罐料，板型好，表面质量高，产能大，成品率高，整机自动化控制水平高，投资大

中国铝板带热轧机及生产线汇总如表5-3所示，截至2017年，中国铝加工行业板带生产线已有1+5式热连轧生产线2条，1+4式热连轧生产线13条，1+3式热连轧生产线5条，1+1式热粗-精轧生产线12条，最大产能规模的单个铝板带加工企业其年产能已超过100万t。

表 5-3　中国铝板带热轧机及热轧生产线汇总

型式	总生产条数及台数	总生产能力/（万t/年）
二辊块片式轧机	约380	100
单机架四辊轧机	约95	250
1+3式	5	208
哈兹雷特连续铸造机+三机架热轧线	2	100
1+4式	13	783
1+1式	12	326
1+5式	2	140
1+1+5式	2	210
总计		2117

其中，最具代表性和最广泛使用的配置方案为“1+4”铝热连轧生产线，即1台粗轧机和4台连轧机，其优点是增加了连轧机入口中轧料的厚度，减少了粗轧机的轧制道次，使粗轧机和连轧机的有效使用率达到均衡，提高了粗轧机的生产效率，加大了铸锭的重量和长度，使热轧线的生产量大幅度提高。德国AlunorfⅡ生产线、巴西Alcan Pinda工厂、中孚热连轧生产线、西南铝热连轧生产线、南山铝热连轧生产线及魏桥热连轧生产线都采用了此种配置方式（见表5-4），其坯料厚度可由600～350 mm轧到8～2 mm。

银海 3300+2850 mm（1+4）铝板带热连轧生产线是银海铝业股份有限公司委托二重（德阳）重型装备有限公司负责热连轧生产线机械、液压、电气设备的设计、制造和安装。全线主要设备包括：铸锭上料系统、立辊轧机、热粗轧机、重型剪切机、F1～F4 精轧机、圆盘剪、卷取机等。生产线可将来料厚度630 mm（铣面后）、宽度为 1000～2160 mm 的铝锭轧制成厚度为 2～10 mm、宽度为 1000～2750 mm 的铝卷，铝锭的最大重量可达 27 t，设计年产量 35 万 t。

银海 1+4 铝板带热连轧生产线的生产工艺流程与其他 1+4 铝板带热连轧生产线类似，主要特点如下：1）热粗轧机前设置了旋转工作辊道，可实现板坯或铸锭的旋转功能，从而实现最大宽度可达 3300 mm 的板材轧制。2）采用了大开口度的立辊轧机，主传动型式为卧式电机下传动结构，且使用了 2 台主电机单独驱动，传动侧和操作侧各 1 台。3）设置了中厚板卸料装置，配合热粗轧机和重剪，可生产最大厚度 120 mm 的中厚板材。4）采用双架双带结构的助卷器与大规格的卷取机配合，可实现最大宽度达 2750 mm 的热轧卷材的生产。

银海 1+4 铝板带热连轧生产线的装备技术特点如下：1）热粗轧机和 F1～F4 精轧机采用由全数字变频装置驱动的交流同步电动机，轧机轧制力大，能力强；采用惯性小、响应快的液压 APC 和 AGC 系统，可以实现铝带纵向厚度公差的有效控制。2）热连轧生产线的规模大，产品精度高，可满足进行高精度铝板带材生产的工艺要求。产品幅宽最大可达 2750 mm，是目前国内自主设计、制造幅宽最宽的一条热连轧生产线。3）板形控制水平提高，保证了生产高精度铝板带材的板面质量。在轧机上使用变接触的支撑辊技术（VCR），以支撑辊作载体，在支撑辊辊身上磨削特殊的辊形曲线，以改善支撑辊与工作辊之间的接触状态。同时，根据粗轧和精轧各道次或各机架初始辊形、粗轧精轧设定计算结果、轧辊磨损及热胀计算等结果，设定计算各道次或各机架工作辊的弯辊力大小和分段冷却初始喷射模式。带材凸度控制范围增大，提高了热轧板的板形质量。4）热连轧生产线控制手段先进。从板形控制技术来看，银海铝业股份公司采用 VCR 技术，其技术水平可以媲美日本和欧洲企业；从带材厚度控制来看，生产线热粗轧机和 F1～F4 精轧机均配置了 AGC 系统和配套的板形检测装置，可实现对带材厚度的高精度控制。其产品检测数据也证实了该系统的有效性和可靠性。

表 5-4　2017 年中国的铝板、带热连轧生产线

企业	形式/ mm	制造者	产能(千吨/年)	投产日期
明泰铝业有限公司	1（2000）+4（2000）	自制	300	2003
西南铝业（集团）有限责任公司	2000，（1+4）	奥地利钢铁联合公司	500	2005
平安高精铝板带有限公司	2400，（1+3）	西马克公司	500	2011
中铝瑞闽铝板带有限公司	2400，（1+3）	奥地利钢铁联合公司	500	2011
亚洲铝厂有限公司	1（2540）+5（1730）	西马克公司	600	2010
锦宁巨科新材料有限公司	1850，（1+4）	中国二重集团	400	2013
河南万达铝业有限公司	2000，（1+4）	多家企业	400	2012
永杰铝业有限公司	1850，（1+3）	中国二重集团	350	2013
预港龙泉高精度铝板带有限公司	1950 哈兹雷特+3 机架 2100	米诺公司	500	2011
银海铝业有限公司	1（3300）+4（2850）	中国二重集团	600	2013
浙江巨科铝业有限公司	1850，（1+3）	中国二重集团	350	2012

（续表）

企业	形式/mm	制造者	产能（千吨/年）	投产日期
奥科宁克铝业（秦皇岛）有限公司	1（3912）+3（2184）	美国二手	380	2009
魏桥铝电有限公司*	2400，（1+4）	西马克公司	700	2014
天津忠旺铝板带有限公司（硬）**	1（4500）+4（3150）	西马克公司	600（硬）	2016
营口忠旺铝板带有限公司（软）	1（2650）+5（2650）	西马克公司	100	2020
天津忠旺铝板带有限公司（软）	2650，（1+5）	西马克公司	1000（软）	2018
锦联铝材有限公司	1950 哈兹雷特 +2100 三机架	米诺公司	500	2017
南山轻合金公司	2350，（1+4）	日本石川岛磨播重工业公司	700	2011
南山集团 20 万 t 项目***	1（4100）+5（3000）	西马克公司	800	2016
中孚实业股份有限公司	2400，（1+4）	西马克公司	800	2012
鑫泰铝业有限公司	1850，（1+4）	多家企业	350	2014
力同铝业（河南）有限公司	2400，（1+4）	中国	500	2014
瑞丰铝板带有限公司	2400，（1+4）	米诺公司	600	2013
总计			12630	

注：*规划中有两条线；**为 1+1+4 式（4500+4100+3150）；***设计为 1+1+5 式。

铸锭热轧前都要进行加热，往往把这种工艺称为预加热。中国铝板带轧制工业拥有世界上最多与最先进的推进式加热炉。这种炉具有加热温度均匀、加热速度快、节能环保、易自动控制、容量大等优点。截至 2019 年，中国有从艾伯纳公司及其他公司引进的扁锭推进式加热均匀化炉近 60 台，国产炉近 90 台。南山轻合金公司热轧线有 5 座 HICON 推进式加热炉，每座炉可装 30 t 的扁锭 25 块，是全球一次可装锭最多与装料量最大的生产线。天津忠旺铝业有限公司软合金热轧线的艾伯纳推进式加热炉可装厚 390～650 mm、宽 1240～2700 mm、长 4500～8000 mm 的锭，锭温度均匀性±3℃，热效率不小于 72%，锭坯加热温度 350～620 ℃，单块锭最大质量 26.5 t，最多可装 25 块。

（2）冷轧机

在中国的五大铝加工产业聚集区中，渤海湾的铝板带冷轧生产能力（555

万t/年）最大，占2017年全国总产能（1520万t/年）的36.5%；装机水平也是最高的，有引进的三机架冷连轧线2条，双机架冷连轧线3条，单机架CVC plus-6不可逆式冷轧机11台；品种最齐全，技术水平也最高，研发力量强大，特别是在航空航天冷轧薄板方面，是中国航空航天铝板带生产基地之一。天津忠旺铝业有限公司、南山强合金有限公司与魏桥铝电新材料有限公司是中国铝带冷轧的领跑者。

我国约有不同规格铝带冷轧机1350台，冷连轧线14条（见表5-5），生产能力最大的单机架冷轧机的最大产能为13.5万t/年（罐料）。在这14条冷连轧线中，双机架的10条，三机架的3条，五机架的1条（2014年停产）。在这些冷连线中，有9条是引进的，其中8条是西马克公司的，装机水平世界领先。连轧线的生产能力381万t/年，单机架冷轧机生产能力1216万t/年。

表 5-5　中国的铝带冷连轧生产线

企业	型式与规格/mm	制造者	产能/（千吨/年）	投产年度	备注
西南铝业（集团）有限公司	双机架，2300	西马克集团	250	2009	
萨帕铝业有限公司	双机架，1700	中国	120	2010	
巨科铝业有限公司	双机架，1850	中国	160	2010	
万达铝业有限公司	双机架，1850	中国	160	2010	
亚洲铝业板带有限公司	五机架，1626	二手	300	2011	2014年7月停产
南山轻合金有限公司	三机架，2300	西马克集团	400	2012	
鲁丰新型材料有限公司	双机架，2350	米诺公司	300	2013	
大力神合金材料有限公司	双机架，1850	中国	160	2014	
中孚实业股份有限公司	双机架，2300	西马克集团	350	2014	
魏桥铝电有限公司	三机架，2400	西马克集团	400	2014	
天津忠旺铝业有限公司	双机架，2300	西马克集团	350	2016	一期，软合金
天津忠旺铝业有限公司	双机架，2300	西马克集团	350	2016	软合金
天津忠旺铝业有限公司	三机架，2300	西马克集团	350	2017	二期
其他5条	双机架，1850	中国	460		
总计			4100		

中国自1956年至2019年共从苏联、日本、美国、英国、奥地利、意大利、德国7国引进四辊、六辊铝带冷轧机50余台，其中最多的也是最先进的是德国西马克集团的（含德马克的），共19台，仅先进的CVC plus-6冷轧机就有14台，独占世界鳌头。其中，天津忠旺铝业有限公司引进的2800 mm六辊CVC不可逆式铝冷轧机（见图5-4），具有厚度自动控制、板型自动控制、CVC中间辊轴向对称窜动、液压辊缝自动控制、带材自动控制、自动换辊、自动卷材运输等特点，具有规格大（1250～2650 mm）、轧制力大（max 30 MN）、轧制速度快（max 1200 m/min）、精度高（板形7～8I）、板形控制能力强等特点。一般冷轧机仅配带材出口X射线测厚仪，忠旺公司的所有冷轧机在带材入口和出口均配有X射线测厚仪。加上先进的软件程序控制，保证了带材的厚度公差，厚度精度远高于美标、欧标、日标和中国的国标；通过自动板形控制系统，使得带材的板形达到7～8 I，可以满足各种高精度铝板的板形要求。CVC辊自动横向窜辊是德国西马克（SMS）公司的专利，该技术大大提高了宽幅铝板的板形精度。

图 5-4　六辊 CVC Plus 单机架铝冷轧机

（3）连续铸轧机

现代化的3种铝带坯连续双辊式铸轧生产线，即短程无头轧制生产线如图5-5所示，其生产冷轧带坯具有短流程、投资少、节能环保等优点，它们的铸轧速度慢，为0.7～1.6 m/min，带坯厚度6～10 mm，宽度可达2300 mm。截至2018年，中国生产铸轧带坯的企业210家（含大型铸轧企业12家，见表5-6），共有铸轧机约950台，其中含引进生产线12条（技术参数见表5-7），带坯总生产能力约900万t/年，年产量约600万t，约占世界总产量的95%。以后出现了铜辊套的高速双辊式铸轧机，铸轧速度为20～120 m/min，可生产1～3 mm厚的带坯，制成了原型生产线，但未获得推广，在全世界运转的超薄高速铸轧线仅有7条：美国1条，法国1条，卢森堡1条，韩国与土耳其各2条。

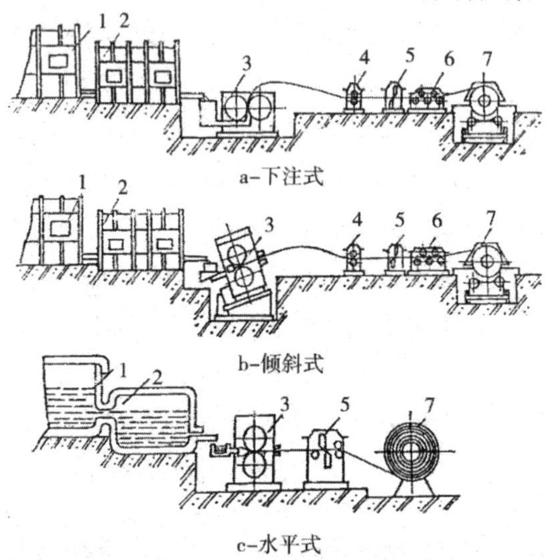

1—熔炼炉；2—静置炉；3—连铸设备；4—牵引机；5—剪切机；6—张力矫直机；7—卷取机

图 5-5　铝带坯卷连续铸轧生产线（短程无头轧制线）示意图

表 5-6　2019 年中国的大型铸轧企业

企业名称	双辊式铸轧机台数	匡算生产能力/（千吨/年）
酒钢天成彩铝有限责任公司	20	200
镇江鼎胜铝业有限公司	35	400
鲁丰铝业有限公司	32	350
河南永顺铝业有限公司	14	180
华北铝业有限公司	12	150
河南淅川铝业有限公司	12	145
河南鑫泰铝业有限公司	12	140
山东淄博德诺铝业科技有限公司	10	120
山东创新板材有限公司	45	450
河南神火国贸有限公司	10	120
河南民泰铝业有限公司	10	120
晟通铝业科技有限公司	25	280

表 5-7　引进的双辊式带坯铸轧机的技术参数

引进企业	制造公司	规格/mm	最大轧制力/kN	最大速度/（$m\cdot min^{-1}$）	带坯厚度/mm	带坯最大宽度/mm	最大卷重/t	设计产能/（千吨/年）	投产年度
华北铝业公司	普基公司	ϕ960×1600	14000	3.0	6～12	1450	10	10	1987
抚顺铝厂①	普基公司	ϕ620×1740	12500	1.6	6～10	1600	10	12	1987
洛钢集团	亨特工程公司②	ϕ960×1600	15000	2.0	6～10	1270	5	10	1988
太原铝材厂	普基公司	ϕ960×1600	12500	1.6	6～10	1600	10.5	13	1989
云南铝业公司	普基公司	ϕ960×1600	11000	1.6	6～10	1200	8	10	1989
美铝上海铝业公司③	戴维公司	ϕ960×1600	12500	1.6	6～10	1600	10.5	12	1989
瑞闽铝业公司④	新亨特公司	ϕ960×1600	17000	2.27	5～10	1600	11	16	1996
成都铝箔厂	新亨特公司	ϕ960×1600	20425	2.27	6～10	1600	10	15	1993
广州铝加工厂	法塔亨特公司	ϕ960×1600	17835	2.92	5～10	1270	7.6	10	1995
渤海铝业公司⑤	普基公司	ϕ960×1600	23000	4	4～10	2150	22	25	1996
云南新美铝公司⑥	法塔亨特公司	ϕ960×1600	17850	3.0	5～10	1260	7	10	1999

注：①该厂于2015年永久性关停；②可生产4 mm的带坯；③现名沪鑫铝业公司，外资全部退出；④2台，其他的各1台；⑤现名奥科宁克（秦皇岛）铝业公司，铸轧机关停；⑥现名浩鑫铝业公司，外资退出。

从2000年起中国再也没有引进国外的铸轧机，并且中国生产的这类铝带坯无头轧制生产线已出口到俄罗斯、印度、保加利亚、希腊等多个国家。然而，在研发能力与技术方面，国产铸轧机仍与诺贝丽斯-普基铝业工程公司、肯联铝业公司、法塔亨特公司的铸轧机存在差距。法塔亨特在Speed Caster超型铸轧机上以动态控制热凸度来动态控制辊型，在不改变其他铸轧条件的基础上可精确控制板形；普基公司则对其生产的Jumbo 3CM铸轧机采用新型内冷系统，以PLC计算机编程动态控制循环冷却水，实时实现进出水口互换，通过调整互换时间及频率精确控制铸轧辊型进而控制板形。

铸轧宽度体现了铸轧辊的工作能力，相同铸轧速率下，铸轧宽度越大则单位时间内生产的铝带坯就越多，生产效率就越高。自铸轧机发明以来，铸轧宽度就保持了持续增大的趋势。1997年发展至今的第三代Speed Caster铸轧机的铸轧宽度已经超过了2350 mm。在国内，至2006年，国内自主设计的铸轧机组其铸轧辊尺寸达到了 ϕ1200 mm×2300 mm。水平式超型3C双辊式带坯连续铸轧机铸轧辊宽度为2300 mm，最大轧制速度为3 m/min，带材最大厚度为10 mm（见表5-8），为铸轧速度最大的机型。

表 5-8　世界双辊式带坯连续铸轧机技术参数

名称	水平式				倾斜式				下注式	
	标准3C	超型3C	苏联水平式	阿卢苏斯1型	倾斜亨特	超级亨特	中国中型倾斜式	中国大型倾斜式	老式亨特	中国下注式
板材最大宽度/mm	1600	2150	1500	1700	1676.4	2000	1400	1400	1000	700
带材最小厚度/mm	6	6	6	6	6.35	6	6.5	6.5	6.35	6
带材最大厚度/mm	10	10	12	12	12.5	12.5	8	8	8.125	8
带材最大铸轧速度/（m•min^{-1}）	1.6	3	0.7	1.2	1.067	1.52	1.2	1.5	1.061	1
铸轧辊宽度/mm	1740	2300	1750							
新辊直径/mm	620	960	650		650	900	650	980	400	400
最大预紧力/kN	12257.5	15690.6								
铸轧机驱动功率/kW	28	68					40			5.5
卷取机驱动功率/kW	8	9								
张紧拉力/kN	88.2	98	39.2				294.1	219.5		39.2
带材上张紧力/kN	127.4	147	39.2					147		68.6
带卷内径/mm	508	600					500	500		400
带卷最大外径/mm	1800	1800					1800	1800	2400	1000
卷材最大质量/t	10	10					9	9		

（4）连铸连轧机

连铸连轧法是一种先进的1xxx系、3xxx系、5xxx系及6xxx系合金带坯生产工艺，在节约能源与资源、投资成本、生产成本方面优于铸锭热轧法，在产品品质方面却接近铸锭热轧法而优于连续铸轧法。铝带坯连铸连轧生产线有哈兹雷特双带式连铸连轧线、凯撒微型双带钢连铸连轧生产线、劳纳法短程无头轧制生产线、英国曼式短程无头轧制生产线及奥科宁克公司小型连铸连轧短程无头轧制线等。

哈兹雷特连铸连轧生产铝带坯的生产线由熔炼静置炉、在线铝熔体净化处理装置、晶粒细化剂进给装置、哈兹雷特双带式连铸铸造机、夹送（牵引）辊、单机架或多机架热（温）连轧机列、切边机、剪床、卷取机组成（见图5-6）。

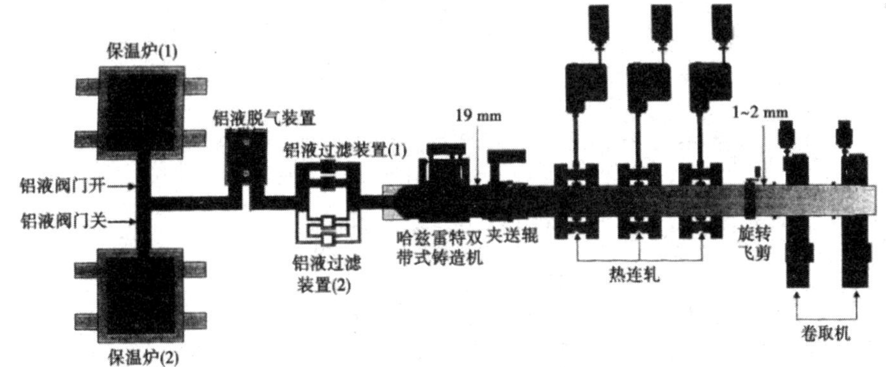

图 5-6　哈兹雷特铝带生产线俯视图

中国首条1950 mm哈兹雷特连铸连轧线2011年在河南伊川电力集团投产（河南豫港龙泉高精度铝板有限公司），为当时全世界最大者；内蒙古霍林郭勒联晟轻合金有限公司有2条1950 mm哈兹雷特连铸连轧生产线，已分别于2015年及2018年各投产1条，总生产能力达70万t/年。锦联铝材有限公司的哈兹雷特连铸连轧生产线由1台1950 mm双带式带坯连续铸造机与其后2300 mm热三连轧机列组成，铸造带坯厚15～50 mm。连铸机从美国哈兹雷特铸造公司引进，三机架热连轧机列由意大利米诺公司提供技术中国制造，在哈兹雷特连铸机之前有3台120 t的熔炼炉，3台120 t的保温炉，以及完整的铝熔体净化处理装备。此项目板带箔总生产能力40万t/年，总投资18亿元，具有高产能、短流程、低能耗、低排放等优点，其产能是传统双辊式连续铸轧工艺的近40倍，而单位能耗仅为传统工艺的39%。哈兹雷特双带式连续带坯铸造机，目前典型坯料的宽度为2000 mm级以下，厚度不超过50 mm，典型厚度为不大于20 mm，铸造速度约为15 m/min，铸坯出模温度大于450 ℃，随后进入其后的1～3机架热轧机，软合金的最大道次热轧率可达65%。哈兹雷特连铸连轧工艺是目前世界上唯一有真正实际意义的成熟的并有商业生产价值的连铸连轧法。

凯撒铝及化学公司开发的短程无头铝带生产线比哈兹雷特连铸连轧线进了一步，在热轧机之后又加了一台冷轧机（见图5-7（a）），最初拟以此法专业生产罐身料，装备简单，产品宽度270～400 mm，产量35千吨/年。此种短程无头轧制法产品虽有冶金品质高、投资省、生产成本较低、生产周期短等优点，但是其罐料的品质稳定性和均匀性远不如现代化热轧开坯料的，因此未得到推广。

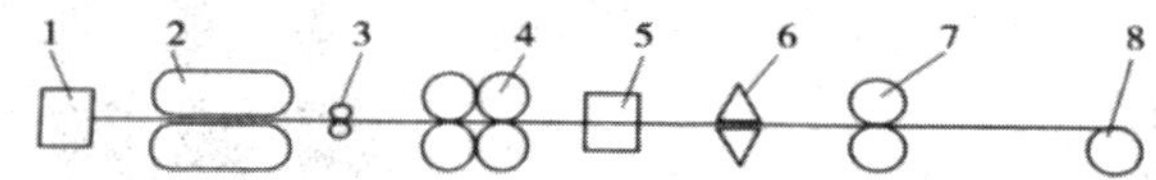

1—供流系统；2—连铸机；3—牵引机；4—热轧机；5—热处理装置；6—冷却装置；7—冷轧机；8—卷取机

（a）凯撒微型连铸连轧

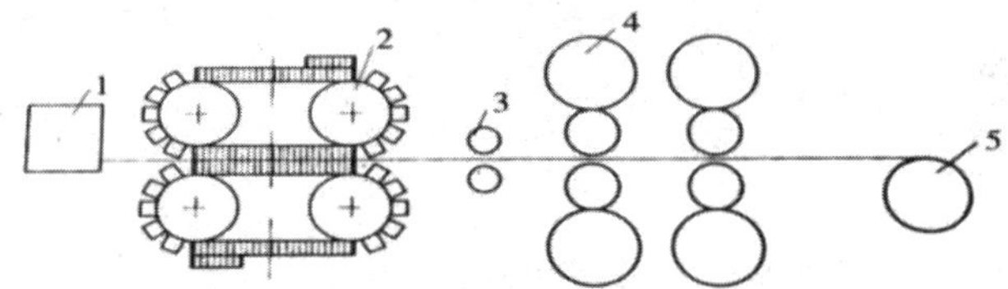

1—供流系统；2—连铸机；3—牵引机；4—热轧机；5—卷取机

（b）劳纳法（Caster Ⅱ）连铸连轧

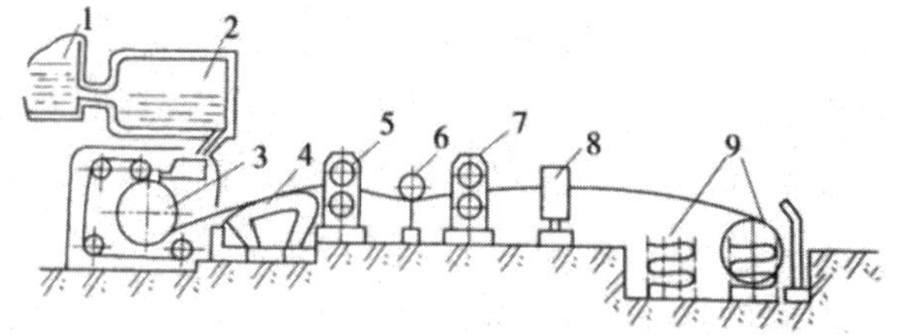

1—熔炼炉；2—静置炉；3—连铸机；4，6—同步装置；5—粗轧机；7—精轧机；8—液压剪；9—卷取装置

（c）曼式连铸连轧

图 5-7　铝带坯连铸连轧生产线示意图

Caster Ⅱ的铸造原理与哈兹雷特法的基本相同，主要区别在于构成结晶腔的上、下面不是薄带钢，而是两组向同一方向运动的激冷块（见图5-7（b））。激冷块装于传动链上，在传动链与激冷块之间有隔热垫，以保证受热后不产生较大的膨胀变形。劳纳Caster Ⅱ型连铸机铸造速度决定于合金成分、带坯厚度及连铸机长度，铸造速度通常为2～5 m/min，生产效率为8～20 kg/min，带坯厚度为15～40 mm，宽度为600～1700 mm。主要用于生产供冷轧铝箔带坯用的热轧卷，在生产罐料带坯方面没有竞争力。截至2016年，在产的生产线仅有3条，其中美国戈登铝业公司2条，产品宽度为1813 mm，另一条产品宽度为1750 mm的生产线在德国埃森铝业公司。

图5-7（c）是英国曼式短程无头轧制线，其运转原理是：铝熔体通过中间包进入供料嘴，再进入由带钢及装于结晶轮上的结晶槽环构成的结晶腔入口，通过带钢及结晶槽环带走热量，从而凝固，并随着结晶轮的旋转，从出口导出，进入随后的热轧机，也可不经轧制而直接铸造成薄带坯（0.5 mm）。由于受工艺及装备限制，此类生产线的产品宽度一般不大于500 mm，厚约20 mm，经温（热）轧制后，厚约2.5 mm，供给冷轧用的带卷。

奥科宁克公司小型连铸连轧短程无头轧制线的连铸机为双辊式，生产线可生产宽1727 mm，厚2.3～5.1 mm的铸造带坯，铸造速度61～27.4 m/min，经风急冷后，进入双机架热轧机，轧成1550～1702 mm宽、0.46～3.81 mm厚的供冷轧用的带卷。这种小型轧机（Micromill™）可生产各种各样的变形铝合金，美国铝业公司还为这种工艺专门研发出了一种铝合金，用于制造汽车零部件，其成型性能比现行合金的高40%，其强度可与钢的相当，质量至少比钢的轻30%。同时，与传统生产技术相比，Micromill™工艺的生产效率可提高80%，对环境影响明显降低，能源降低50%，从铝熔体至热轧带卷的生产周期从20天缩短至20 min。此项技术适合于生产多种铝合金，可在很短时间内由一种铝合金转换另一种铝合金，铸造工作不必停止，具有很高的生产效率。美国铝业公司为研发Micromill™技术取得了130多项专利，产品已在汽车制造中获得应用，其生产的ABS从内部显微组织到表面品质都胜出传统铸锭热轧工艺生产的，特别是显微组织得到了极大的改善，晶粒细小，强化相弥散均匀分布，因而成型性能可与低合金软钢试比高，更可喜的是可用与钢板通用的模具顺利地成型汽车的内外覆盖件。由于Micromill™板材力学性的全面提升，使覆盖件的抗凹性能得到相应的提高，同时汽车零部件的加工制造也变得轻易不少，成品率也有所上升。小型轧机的占地面积比传统轧机的小得多，仅相当于后者的1/4，因而其能耗也只有后者的1/2。

5.1.3 铝箔轧制设备技术发展现状

通常将厚度为0.0046～0.2 mm的铝材产品称为铝箔，铝箔加工主要包括铝合金的熔炼、铸造、轧制、热处理和分剪等工艺，是铝加工工业中加工工序最多、厚度最小、难度最大的铝材产品。目前世界上有两种常用的加工工艺路线：熔铸→热轧开坯→冷轧→箔轧；铸轧→冷轧→箔轧。两条加工工艺路线都有其各自的特点，后者生产的铝箔，具有生产周期短、成本低、能耗少等优点，但是因为铸轧的结晶特点，其生产的铸轧板组织存在结晶取向强、化学成分偏析大及元素过饱和等特征，加工出来的产品各向异性明显，性能较难控制；而前者热轧开坯料，深冲过程中存在制耳率高、易开裂、变形区不光滑等问题。铸轧还有重熔铸轧和电解铝液铸轧之分，电解铝液铸轧没有重熔铝锭工序，进一步减少了能耗和生产成本，是一种很有潜力的加工工艺。

5.1.3.1 铝箔轧制生产工艺

箔轧是利用冷轧板坯作为原料再轧制成厚度小于0.2 mm的铝箔的轧制过程，箔轧可细分为粗轧、中轧和精轧三个过程，其中铝箔坯料经粗轧后的出口厚度≥0.05 mm，中轧后为0.013～0.05 mm，精轧后为≤0.013 mm。箔轧生产工艺流程如图5-8所示。

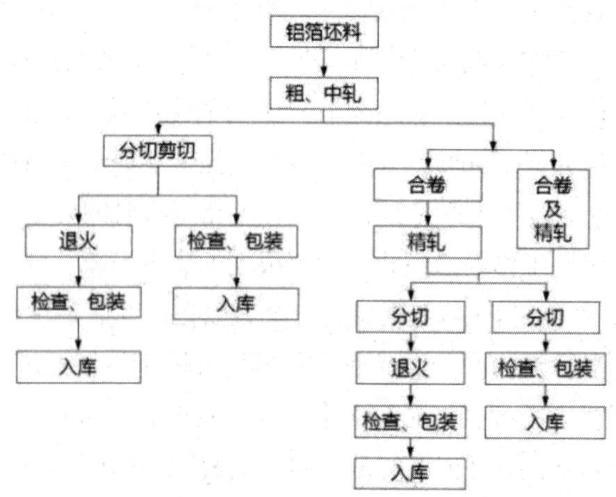

图 5-8 箔轧生产工艺流程示意图

5.1.3.2 铝箔轧制设备技术现状

近35年来是中国铝箔工业发展的黄金时期，2017年，铝箔生产能力约550万t，约占全球总生产能力的76%，产量365万t，约占全球产量的56.7%。中国拥有先进的2000 mm箔轧机35台，其中进口的26台，占总数的74.3%，占世界总台数（50台）的70%。双辊式铸轧带坯占的比例达78%，而在国外生产的铝箔中，铸锭热轧-冷轧带坯占93%以上。中国铝箔带的生产是世界上最为节能环保的，同时也是经济效益最好的。

初步统计，仅已投产的与在建的2000 mm级特宽幅铝箔轧机就有36台（见表5-9），1600～1930 mm的四辊宽幅铝箔轧机60台以上。北方重工生产的铝箔轧机（见图5-9左图）设有穿带气浮通道，使得穿带工作能够快捷、方便地完成，降低了操作难度。主机设有支承辊校正缸及工作辊定位缸，能够自动校正轧辊，有效避免了由于辊系不平行所引起的产品质量问题。该设备的主要参数如下：材料为纯铝及铝合金；工作辊辊径：235～300 mm；支承辊辊径：550～850 mm；机列速度：1800 m/min（Max.）；来料宽度：800～1800 mm；来料厚度：0.4 mm（Max.）；成品厚度：0.005 mm（Min.）；卷材外径：ϕ2000 mm（Max.）；卷重：14000kg（Max.）

表 5-9　我国辊面宽度等于或大于 2000 mm 铝箔轧机

企业名称	辊面宽度/mm	轧机台数	制造公司	投产年度
厦顺铝箔有限公司	2000	6	德国阿申巴赫	2003、2006
渤海铝业有限公司	2200	3	英国戴维公司	1994
中色万基铝业公司	2000	4	中色科技股份有限公司	2005
江苏大屯煤电集团铝业公司	2000	1	洛阳设计院	2005
山东南山集团公司	2000	4	德国阿申巴赫	2005
江阴新联通印务公司	2000	3	德国阿申巴赫	2006
河南神火（上海）铝业公司	2150	3	奥钢联	2006
江苏中基材料有限公司	2000	3	德国阿申巴赫	2006
江苏昆山铝业有限公司	2150	3	奥钢联	2007
西北铝加工分公司	2100	6		
总计		36		

普锐特冶金技术采用铝箔自动给料、测量和控制技术的最新成果设计了世界上最先进的铝箔轧机，确保以最低成本生产出最佳质量的箔材，其铝箔轧机的轧制速度达到2000 m/min，产品宽度>2000 mm，成品厚度达到0.0055 mm。

山东宏创铝业控股股份有限公司的5台1850 mm高精度铝箔轧机为日本神户制钢技术研制，涿神公司生产，控制系统采用美国罗克韦尔（AB）PLC、配备西门子VAI板形自动调节系统、美国Honeywell测厚、ABB直流调速系统，使轧机自动化控制达到国际领先水平。由镇江市宏业科技有限公司完全自主研发制造的国内首套宽度2300 mm铝箔分卷机（图5-9右图）已在江苏鼎胜新能源材料股份有限公司顺利投产，为鼎胜集团所提供的2300 mm铝箔轧机所轧制的宽幅双零铝箔产品顺利打通了下游的关键生产工序。

图 5-9　铝箔轧机及分卷机

5.1.4 铝合金管线杆材轧制设备技术发展现状

5.1.4.1 铝合金管材轧制设备技术现状

管材轧制是生产无缝管材的主要方法之一，在管材轧制中，根据管坯的变形温度不同可分为热轧和冷轧。目前，在铝管生产中，热轧已基本被热挤压法所取代，一般将通过热挤压获得的管坯进行冷轧，从而获得成品管材。

通过冷轧获得的管材表面光洁，组织和性能均匀，壁厚尺寸精确。与拉伸法相比，冷轧法还具有道次加工率大、生产效率高等优点。通过轧制法还可以生产各种异型管材、变断面管材、锥形管材及其他经济断面管材。

冷轧管材应用最广泛和最具代表性的方法是周期式冷轧管法。冷轧管机的种类很多，目前常用的有周期式二辊冷轧管机和周期式三辊冷轧管机。此外，还有行星式冷轧管机、连续冷轧管机、多线冷轧管机、横向多辊旋压机等。这些新型冷轧管机具有生产效率高的优点，但由于设备和工具制造复杂，更换管材规格困难，设备和工具费用大，而未被广泛采用。周期式二辊冷轧管机最初出现于美国，目前其设备结构已趋于完善，产品规模范围可以达到外径 ϕ12～457 mm、壁厚0.2～15 mm。国内常用的冷轧管机有俄罗斯的XΠ T冷轧管机和我国制造的LG系列冷轧管机。三个及三个以上轧辊组成的冷轧管机称为多辊冷轧管机。多辊轧机可分为三辊、四辊和五辊三种。一般直径为8～60 mm管材的用三辊，直径为60～120 mm管材的用四辊、五辊冷轧管机轧制。

随着铝合金管材料新技术的不断开发，铝合金管因其优良的性能在造船行业得到极大的应用。作为一种合金材料，铝合金管具有轻质、强度高、易加工等诸多特点，并且耐腐蚀、耐低温，适合用来制作船舶各种部件。随着工程师对铝合金的研究深入，其焊接技术和材料性能不断被开发出来，使铝合金在船舶中的应用方式和形式越来越多，同时进一步促进了工程师对铝合金管材的研究。其中，铝合金焊接技术不断发展，解决了铝合金管在船舶应用中的各种瓶颈问题，促使铝合金材料分量逐渐加重，巩固了其在船舶行业的应用地位，进一步拓宽了其使用空间，铝合金未来应用发展前景巨大。

5.1.4.2 铝合金线杆材轧制设备技术现状

意大利Continuus Properzi进口铝线杆连铸连轧生产线，产能8 t/h。设备主要包括：铸造系统、轧制系统、剪切系统和绕线系统。轧制系统分为粗轧和精轧，是连铸连轧设备的核心部分。粗轧机由4套双辊机架组成，精轧机由10套三辊迷你型机架组成。在生产过程中，铸坯先经过粗轧，然后进入精轧机，经10个三辊迷你型机架轧制，生产出合格的产品。

四川煤田地质局一四一机械厂生产的1600＋255/14型铝、铝合金杆连铸连轧生产线采用连铸连轧工艺生产 ϕ9.5 mm电工用铝合金杆及普通电工铝杆。其设备组成包含：熔化炉、保温炉、在线精炼炉、连续浇铸机、油压剪（或配滚剪机）、矫直机、倍频加热炉、连轧机、润滑系统、乳液冷却润滑系统、淬冷成圈收杆机、电控系统等，如图5-10所示。工艺流程包含：铝锭→熔化→保温（合金成分配制）→（在线精炼）→浇铸→剪废锭→矫直→在线加热→连轧→淬冷成圈收杆→合金铝杆。

该连铸连轧机的技术参数如下：结晶轮直径：1600 mm；浇铸机型式：四轮式（整体式浇铸机）；铸锭截面积：2300 mm^2；轧制型式：两辊加三辊；轧制道次：2+12道；轧辊名义直径：255 mm；出杆直径：9.5 mm；最高终轧速度：6.2 m/s；

最大生产能力：4.2 t/h；主电机功率：355 kW；成圈直径：1200～2000 mm；成捆质量：2.5 t；装机总功率：500 kW；设备总质量：约65 t。

图 5-10　铝杆连铸连轧生产线

1600＋255/14型铝、铝合金杆连铸连轧生产线的特点：浇铸机的结晶轮采用h型，并进行四面冷却，外冷及侧冷分为四段，内冷分为六段。各段的各个方向供水单独可调，并有压力表显示且可进行在线调节。这样更有利于锭子冷却均匀，晶粒细化，工艺适应性强；带钢的张紧采用气动张紧，张力可通过调节气压方便地调整，张力调定后带钢张力恒定，有利于形成稳定的模腔；浇铸机采用整体式，所有部件均安装在同一机体上，刚性好，便于安装。结晶轮、过渡轮、张紧轮保证在同一平面内不跑带钢；浇铸点在结晶轮正上方，保证了浇铸为水平浇铸，避免造成铝液紊流从而保证浇铸出的铝合金锭不会有夹渣、气孔及疏松，可保证连续浇铸出高质量的铝合金锭；根据铝合金的轧制温度特性，连轧机采用两辊加三辊，利用两辊变形大的特点加大锭子在高温段的变形。

由于铝合金的轧制温度范围比普铝窄，轧制过程中应对温度进行控制，而控制温度的主要方法就是控制冷却润滑乳液的流量。轧机机架的冷却润滑乳液分为两路供给，齿轮及轴承的冷却润滑为一路，进出口导卫的冷却润滑为一路。后一路的流量大小对轧件的温度影响特别大，所以让它独立出来进行单独控制，方便工艺调节。

根据铝合金杆的轧制工艺要求，淬冷成圈收杆机具有在线冷却功能。各冷却包的冷却水量可通过调节阀门进行调节，且可进行在线调节，可保证成品铝合金杆的温度可控。

5.1.5 铝及铝合金轧制设备技术发展趋势

现代轧制技术，无论是热轧还是冷轧，都朝着大卷重、宽幅、高速、连续化、专业化、生产过程检测系统全程跟踪、闭环控制系统自动化、集成化和计算机智能化的方向发展。先进的工艺装备是发展铝轧制工业的基础，也是实现铝轧制强国的重要保证。

我国经过几十年的努力，在国民经济高速持续发展和铝轧制生产与技术快速发展推动下，铝轧制工艺装备也有了长足的进步。目前我国已成为一个名副其实的铝加工、铝轧制大国，但还不是强国，从综合水平看（见表5-10），与国际先进水平尚有一定差距，特别是某些大型高技术铝轧制设备在很大程度上仍依赖进口。整机（生产线）和液压系统、电控系统及其关键元件的国产化率和国产化水平还比较低，大大制约了我国由铝加工大国向铝加工强国、由中国制造向中国创造进军的进程。为改变这种状态，必须根据国情、世界发展趋势、国内外市场需求，合理制定我国铝轧制设备产业的发展战略和国产化水平指标，在政府宏观指导下发挥各方面的积极性，振兴民族工业；合理配置资源，节能降耗，发展环保与循环经济，大刀阔斧调整产业，提升产品水平；开展基础与应用研究，加强科技创新与自主开发能力，不断提高铝轧制设备产业的技术水平；加强与相关产业联系，满足铝加工工艺要求，提升产品竞争力；全面实现自动化、科学化、现代化管理，不断提升铝轧制设备的国际竞争力及国产化率和国产化水平。

表 5-10　国内外铝轧制设备及国产化水平分析

项目	国际先进水平	国产化先进水平	国内一般水平	国内落后水平
热轧生产线	辊宽2000 mm以上，最宽达到5580 mm，轧制速度6～10 m/s，最大锭重30 t；轧制参数计算机控制，液压压下带有AGC厚度控制、温度控制、凸度控制、液压正负弯辊、X射线测厚、激光对中、CVC辊等控制手段，自动化智能化程度高	辊宽2000 mm以上，最宽4300 mm，轧制速度4～8 m/s，锭重27 t；操作过程计算机控制，电动压下带有X射线自动测厚等，有一定的机械化、自动化、智能化水平	辊宽1300 mm以下，轧制速度1.5～2.0 m/s，锭重1.5～4.5 t；电动压下，人工控制各种轧制参数。机械化、自动化程度一般	辊宽1300 mm以下，其中大多数在1000 mm以下，轧制速度0.5 m/s左右，锭重50 kg左右；电动或手动压下，操作过程几乎全部由工作人员完成，厚度也由人工测量；二人转轧机为数不少，机械化水平较低

（续表）

项目	国际先进水平	国产化先进水平	国内一般水平	国内落后水平
冷轧生产线	辊宽2000 mm以上，最宽冷轧板材达到3500 mm，最高轧制速度40 m/s，最大卷重30 t；轧制参数计算机控制，带有AGC厚度控制、AFC板形闭环控制、液压正负弯辊、X射线测厚、EPL对中装备、CVC辊等控制手段，另有全油润滑、轧辊分段冷却、二氧化碳自动灭火等手段，自动化、智能化水平高	辊宽1800 mm以上，最宽2600 mm，最高轧制速度25 m/s，最大卷重25 t；控制手段基本与国际先进水平相当。有一定的自动化水平	辊宽1400 mm以上，最高轧制速度10.5 m/s，最大卷重7 t；控制手段与先进水平相比没有板形辊，不能实现板形自动闭环控制，其他控制手段已具备，机械化、自动化水平一般	辊宽1200 mm以下，大多数为1000 mm以下，轧制速度5 m/s左右，最大卷重3 t以下；控制水平低。机械化、自动化水平较低
箔轧生产线	辊宽2000 mm以上，最宽铝箔产品达2200 mm，最高轧制速度40 m/s，最大卷重27 t；轧制参数计算机控制，带有AGC厚度控制、AFC板形闭环控制、液压正负弯辊、X射线测厚、EPL对中装备、CVC辊等控制手段，另有全油润滑、轧辊分段冷却、二氧化碳自动灭火等手段	辊宽1850～2200 mm以上，最宽铝箔产品达2000 mm，轧制速度达33 m/s左右，最大卷重达16 t；装有液压压下、液压弯辊、AGC、AFC、速度自动控制、轧辊分段冷却、全油润滑、二氧化碳自动灭火系统、速度最佳化系统等手段	辊宽1400～1700 mm以上，最高轧制速度10.5 m/s，最大卷重7 t；控制手段与先进水平相比，没有板形辊，不能实现板形自动闭环控制，其他控制手段已都具备	辊宽1300 mm以下，其中大多数在1000 mm以下，轧制速度5 m/s左右，锭重50 kg左右；操作过程几乎全部由工作人员完成，厚度也由人工测量
连续铸轧生产线	拥有辊宽2000 mm以上，最宽2500 mm的超级和超薄高速辊式铸轧机，轧坯厚度1～1.5 mm，轧速8～25m/min,全线自动控制	辊宽2000 mm以上最宽达2300 mm，轧坯厚度3～8 mm，轧速2～4.5 m/min，可进行自动控制	辊宽1800 mm左右，轧坯厚度5～10 mm，卷重12 t，轧制速度1.5～2 m/min，部分自动控制	辊宽1400 mm以下，轧坯厚度7～12 mm，卷重小于5 t；轧制速度1 m/min以下，部分自动控制
连铸连轧生产线	已有1930、1650、1320 mm连铸连轧生产线均约10条，年生产能力约200万t/年	尚无一条国产的连铸连轧生产线，已从意大利引进一条1950 mm黑兹莱特两辊式连铸连轧生产线	尚无	尚无

5.2 铜及铜合金产品生产设备技术现状与发展趋势

5.2.1 铜及铜合金加工行业发展概况

铜具有良好导电导热性，成型性、耐腐蚀性和抗菌作用等综合性能良好，广泛用于航空航天、军工、通信、电子、汽车等众多领域，铜加工产品供给和质量高低直接影响我国高端装备制造业的水平。目前我国已成为世界上最大的铜加工材生产国、贸易国和消费国，铜加工材产量和消费量已占世界总量60%以上。2013—2018年，我国铜加工材产量及需求量情况如图5-11所示，供需整体上保持了快速、持续的发展态势。2018年，我国铜加工材产量分品种占比如图5-12所示，其中铜线材产品占比最大，为44.64%。进出口方面，2018年出口量达到50.98万t，进口量达到55.11万t，除铜管处于净出口以外，其他产品均为净进口。

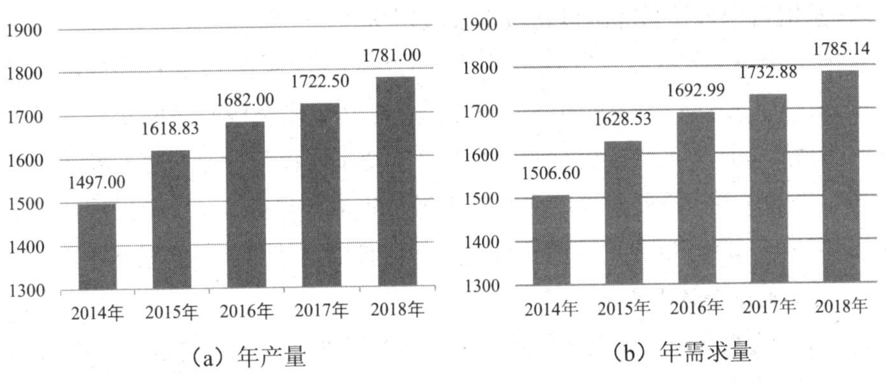

图 5-11　2014—2018 年我国铜加工材产量及年需求量（万 t）

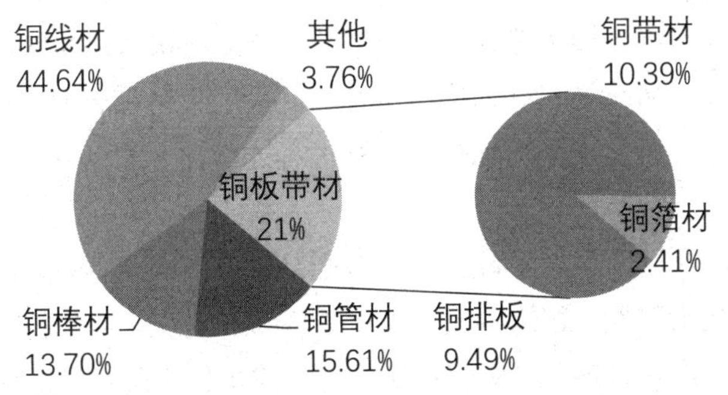

图 5-12　2018 年中国铜加工材产量占比

从产量区域分布上看，我国铜加工材生产逐步形成了以浙江、江苏、江西、安徽、广东5个省份为引领的产业格局。铜加工产业转移现状呈现出企业到海外投资建厂，国际产能合作步伐加快，进一步巩固长三角、珠三角、东南沿海生产研发基地，向中西部和原料集散地转移的趋势。但目前铜加工产业仍存在中低端同质化严重、高端略显不足、行业整体利润率偏低等问题。

在生产装备方面，我国铜线杆普遍采用美国南线SCR、德国西马克Contirod连铸连轧生产线；铜板带采用德国容克、因达等先进熔炼设备，德国西马克、意大利MINO高精轧机、日本IHI等国际先进铜板带轧机、生田铣面机、BS剪切机及拉弯矫直机、容克气垫式连续退火炉等；压延铜箔采用二十辊轧机、十二辊轧机等多辊轧机及日本IHI铜箔X轧机；检测设备光谱仪、测厚仪、元素分析仪、拉力试验机等从德国、瑞士、日本、美国等国进口；铜管主要采用我国自主研发的铸轧设备，出口国际市场。

5.2.2 铜及铜合金板带材轧制设备技术发展现状

我国从2004年起就成为世界上铜板带材产量最大的国家，目前铜板带产量已占全球市场的65.9%。经过几次大规模技术引进、消化吸收及创新有了很大提高，产品质量已迈入国际先进水平行列，实现了铜板带材生产由一般向高精度铜带生产的转变。消化引进的同时国内装备制造业也得到了充分发展，在步进炉、热轧机、罩式退火炉等设备设计及制造方面已达到国际先进水平。

5.2.2.1 铜及铜合金板带生产工艺

现代铜合金板带材生产工艺主要有以下几种，主要区别在于铸造方式的不同。

（1）铸锭热轧开坯法

目前世界上90%以上的铜板带均采用热轧开坯方式进行生产。其流程为：熔炼→铸造（立式全连续铸造或半连续铸造）→（锯切）→加热→热轧→铣面→冷轧→热处理→精整→包装入库。该方法可采用大铸锭、大压下量轧制，有效提高生产效率，可实现高速轧制及轧制过程连续化和自动化。

（2）水平连铸法

水平连铸法常用于生产热轧困难的合金品种，如锡磷青铜、锌白铜和高铅黄铜等。其工艺流程为：熔炼→水平连铸带坯→（退火）→（铣面）→冷轧→热处理→精整→包装入库。具有工序短、生产成本低等优势，但现阶段生产合金品种单一，结晶器损耗大，铸坯上下表面组织均一性难以控制。

（3）上引连续铸造法

上引连续铸造法生产工艺是国内新开发的短流程生产工艺，用于生产紫铜，其工艺流程为：熔炼→上引带坯→（铣面）→冷轧→热处理→精整→包装入库。

（4）立弯连续铸造法

其工艺流程为：熔炼→立弯铸造→（热轧）→（铣面）→冷轧→热处理→精整→包装入库。具有生产效率高、生产流程短、能耗低等优点。

（5）滚轮式/双带连续铸造法

滚轮式/双带连续铸造法是新型短流程生产工艺，其工艺流程为：熔炼→辊轮/双带连续铸造→（热轧）→冷轧→热处理→精整→包装入库。

（6）连续挤压法

其工艺流程为熔炼→上引铜杆→连续挤压→冷轧→热处理→精整→包装入库。该工艺主要用于生产铜排和铜扁线，带坯宽度及生产产品品种受限。

5.2.2.2 铜及铜合金板带轧制设备现状

（1）热轧机组

热轧机组主要用于开坯轧制，加热好的铜及铜合金铸锭进行多道次可逆轧制，轧制成热轧带坯，经冷却后卷取成卷并送至离线铣削机组。意大利米诺（MINO）、法国GRISET及日本IHI提供热轧、铣削及卷取连续生产机组，但由于在线铣面机速度限制，机组最高速度一般不超过20 m/s，且多设备联机导致可靠性大大降低，故其应用较少。

热轧机普遍采用二辊轧机，在生产宽幅、高强度、热塑性范围较窄的铜合金时，也有企业使用四辊可逆轧机和行星轧机，但其应用范围远没有二辊轧机广泛。国内铜板带热轧机只是在十多年前引进几台英国戴维、德国弗洛林、法国格里赛、意大利米诺等公司设备外，目前已全部采用国产设备。国内已研发出可实现最大厚度300 mm铸锭开坯轧制、在线淬火、高速和高控制精度的宽幅国产现代化二辊铜板带可逆热轧机组，典型产线如表5-11所示。国产 ϕ950×1300铜带热轧机组主要技术参数如表5-12所示，其性能参数超越国外同类机组。

国内新上大型项目大多采用850～950 mm辊径，轧制力达到1500～2000 t，轧制扭矩提高到210 t·m；轧机主传动以直流传动为主，采用复合式减速机，可实现上、下工作辊的单独驱动；配备AGC厚度闭环控制系统，带坯纵向厚度控制±（0.5%～1%）以内；设有大的轧边辊，边部轧制压下量一般为2～4 mm，轧制力为250～500 kN；最高轧制速度在250～300 m/min；最大卷重可达25 t；轧辊具备在线清辊器或抑尘高压水装置，以及轧辊预热、冷却和润滑系统；机后配置开式或闭式层流冷却喷淋装置，对部分铜合金带材进行在线高温固溶处理；配备表面及边部在线铣削、在线卷取温度及卷取速度控制系统；根据实际生产情况，热轧线一般为无卷轴热状态下的三辊卷取或有芯卷取；稳定生产能力可达80 t/h，满负荷生产可达20万t/年的产能。

表 5-11　典型国产现代化铜板带热轧生产线

使用企业	轧机规格	设备厂家
中铝华中铜业	ϕ950×1300	中色科技股份有限公司
中铝洛阳铜业	ϕ950×1000	中色科技股份有限公司
中色（宁夏）东方集团	ϕ850×800	中色科技股份有限公司
安徽精诚铜业	ϕ700×700	中色科技股份有限公司
太原晋西春雷铜业	ϕ850×800	中色科技股份有限公司
中色奥博特铜铝业	ϕ950×1000	大连华锐重工
安徽鑫科新材料	ϕ950×1000	大连华锐重工
山东天信	ϕ950×1000	大连华锐重工
宁波金田铜业	ϕ700×700	广东冠邦科技
天乙铜业	ϕ700×700	广东冠邦科技
天行集团	ϕ900×1350	广东冠邦科技

表 5-12　国产 ϕ950×1300 铜带热轧机组主要技术参数

参数	数值/形式
轧制材料	C10100、C0300 等铜合金
铸锭规格（典型）/最大锭重	220 mm×850 mm×8000 mm/13300 kg
轧辊尺寸	ϕ950×1300 mm
轧机最大开口度	300 mm
最大轧制力	15000 kN
轧机力矩（额定/最大）	1000 kN・m/1700 kN・m
最高轧制速度	250 m/min
压下形式	电动压下+液压微调（压上）
电动压下最大速度	20 mm/s
轧边辊规格	ϕ350×400 mm
轧边装置轧制力	350 kN
液压剪剪切力	1400 kN
三辊卷取机最大卷取速度	35 m/min
总装机容量	～6180 kW
机组总长度	～300 m
最大板宽	1000 mm

（2）冷轧机组

与钢、铝相比，铜带的冷轧厚度范围较大，一般约为0.1～15 mm，故冷轧分为粗轧、中轧、精轧三部分，也有采用粗中轧、中精轧、精轧等配置方式。

粗轧及中轧轧机用于将连铸或热轧铣面后的铜带卷进行冷粗轧和将退火后的铜带卷进行中轧，有时从冷粗轧机上直接出成品。国内粗中轧轧机主要以单机架四辊可逆式轧机为主，国外部分企业采用双机架四辊或双机架六辊形式。国内外典型铜带粗中轧机组主要参数如表5-13所示。ϕ360/ ϕ900×1200 mm四辊液压粗中轧机组为国产最大的铜带粗轧机机组之一，典型技术参数如表5-14所示。轧机可实现大轧制力、大张力、大压下率及大扭矩轧制；具有自动厚度控制系统；具备完备的机前、机后装置及真空抽吸系统，有效提高生产率及带材表面质量；采用大鼓轮卷取机，具有张力自动控制、卷径自动测量、自动留头轧制等先进控制技术。

表 5-13　国内外典型铜带粗中轧机组主要参数

轧机布置形式	使用企业/供货商	最大带宽/mm	最大入口厚度/mm	最小出口厚度/mm	最大轧制速度/（m/min）	最大卷重/t	最大轧制力/kN
双机架四辊	Wieland/西马克	840	20	1.0	350	20	20000
双机架六辊CVC	MKM/西马克	1250	19	0.3	600	25	—
四辊可逆	/MINO	880	16	0.5	400	13	18000
四辊可逆	/MINO	1250	15	0.3	500	24	22000
双机架四辊可逆	/MINO	1250	16	0.5	600	24	30000
四辊可逆	金田集团/西马克	650	18	0.5	400	10	10000
四辊可逆	安徽鑫科/MINO	660	17	0.5	450	8.5	15000
四辊可逆	上铜/中色科技	850	16	0.5	360	—	13000
四辊可逆	楚江新材/中色科技	670	18	0.8	300	12.5	12000
四辊可逆	天信集团/含元工业	670	18	0.5	360	9	14000
四辊可逆	/广东冠邦	1050	16	0.5	180	6	12000

表 5-14 国产 ϕ360/ϕ900×1200 mm 四辊液压粗中轧机主要技术参数

参数	数值/形式
来料厚度	Max16 mm
宽度	650～1050
最大卷重	6000 kg
成品厚度	0.5～5.0 mm
产品精度	0.5±0.005 mm 1.0±0.010 mm 2.0±0.015 mm
最大轧制力	12000 kN
最大轧制力矩	250 kN·m
最高轧制速度	180 m/min

中精轧机一般是用来进行接近成品生产或进行成品轧制的装备，对表面质量、板形精度要求比较高。目前国内仍以单机架可逆轧机为主，但辊系结构趋于多样化，如四辊、六辊CVC、六辊UC等，亦有少量双机架四辊轧机或双机架六辊轧机布置形式。在生产窄幅（450 mm以下）以及带材宽度变化不大的铜带时，四辊精轧机应用广泛且优势明显。轧机普遍采用液压压下，液压正负弯辊，厚度、压力、张力自动控制，轧辊轴向移动，轧辊分段冷却，轧件自动对中，自动板形控制等系列技术。六辊UC轧机及六辊CVC轧机具备中间辊横移，工作辊、中间辊弯辊等板形调节手段，具有良好的板形控制能力，因此在生产600 mm以上宽幅铜带，尤其是生产多种宽度规格产品时，铜带精轧多用六辊UC轧机及六辊CVC轧机。二十辊轧机整体刚性更好且工作辊直径可以设计得更小，生产600 mm以上宽幅铜带时精轧也有采用二十辊轧机。

表 5-15 国内外典型铜带中精轧机组主要参数

轧机布置形式	使用企业/供货商	最大带宽/mm	最大入口厚度/mm	最小出口厚度/mm	最大轧制速度/（m/min）	最大卷重/t	最大轧制力/t
六辊 CVC 可逆	KME /西马克	1100	5.0	0.2	1000	20	
六辊 CVC 可逆	上海铜业/西马克	880	4	0.15	600		
六辊 CVC 可逆	花园铜业/西马克	1350		0.15			
四辊可逆	宁波金田/西马克	650	3.0	0.1	600	10	6000
六辊可逆	/MINO	880	3	0.08	800	13	10000
六辊可逆	安徽鑫科/MINO	660	3	0.1	600	8	5700
四辊可逆	楚江新材/中色科技	670	4	0.3	480	12.5	6500
四辊可逆	天信集团/含元科技	650	4	0.25	600	9	6000
四辊可逆	楚江新材/含元科技	670	2.5	0.1	480	12.5	5000

（续表）

轧机布置形式	使用企业/供货商	最大带宽/mm	最大入口厚度/mm	最小出口厚度/mm	最大轧制速度/（m/min）	最大卷重/t	最大轧制力/t
四辊可逆	楚江新材/中色科技	430	3	0.3	480	5	4000
四辊可逆	冠邦科技	470	5	0.2	480		4500
I2S 二十辊	宁波兴业	660	2.5	0.05	800		
森德威二十辊	金威铜业	650	3	0.05	800	10	3000
佛罗林二十辊	宁波博威/达涅利	650	1.2	0.03			
佛罗林二十辊	紫金铜业/达涅利	650	1.5	0.025	800	9	1300
四辊可逆	冠邦科技	420					

（3）铜箔轧机

铜及铜合金箔材轧制常采用六辊及多辊轧机，如十二辊、十四辊、十八辊及二十辊等。目前在拥有成熟压延铜箔生产技术的厂家中，采用的铜箔轧机类型如表5-16所示。铜箔轧机辊系布置主要为两种类型，采用普通轧机支承辊垂直布置的六辊（UCM）轧机和采用塔形支承辊系的六辊X轧机或多辊轧机。

表 5-16　国内外压延铜箔生产厂家铜箔轧机主要参数

用户	轧机形式	产品规格厚×宽/mm	轧机速度/（m/min）	投产时间
日本矿业	六辊（UCM）单机架可逆式	0.018×700	800	1984
古河电工	六辊（UCM）单机架可逆式	0.018×750	800	1986
三井矿山冶炼	六辊（UCM）单机架可逆式	0.018×650	800	1991
奥森黄铜	二十辊轧机（森吉米尔型）	0.012×635	450	—
C.Schlenk	二十辊轧机（弗洛林型轧机）	0.006×650	450	1991
日立电线	六辊（X轧机）不可逆轧机	0.007×700	700	1996
韩国丰山	六辊（UCM轧机）单机架可逆式	0.018×650	800	1997
日立电线	六辊（X轧机）不可逆轧机	0.007×700	700	2002
日本金属和采矿公司	六辊（X轧机）可逆轧机	0.006×700	700	2004
住友金属采矿黄铜公司	六辊（X轧机）可逆轧机	0.006×700	800	2005
中铝上海铜业	佛罗林二十辊轧机	0.015×650	—	2011

六辊轧机具有机构形式简单的优点，但为保证轧材在轧制时有足够的张力及轧辊横向刚度，最小工作辊辊径受到一定限制（一般在130～180 mm之间），可用于生产0.05 mm以上的产品，但一般稳定轧制厚度在0.1 mm以上，故该机型不适合作为铜箔专用轧机，国外早期产线、我国国产铜箔轧制线多为六辊轧机。

塔形辊系结构能够很好地保证小直径工作辊在垂直平面和水平面内具有较大的刚度和稳定性，从而减小轧辊挠曲变形量，保证轧制过程稳定。日本IHI公司的X型六辊轧机因结构简单、轧辊横向强度好、带面残油量少等优点，在近年来铜箔专用轧机市场上所占份额不断增加。X型六辊轧机及机组布置示意如图5-13所示。中色科技自主研发的X型铜箔轧机可以600 m/min的速度稳定生产厚度为0.007 mm的宽幅铜箔，表明我国在超宽超薄铜箔轧制装备研发方面已经达到国际领先水平。

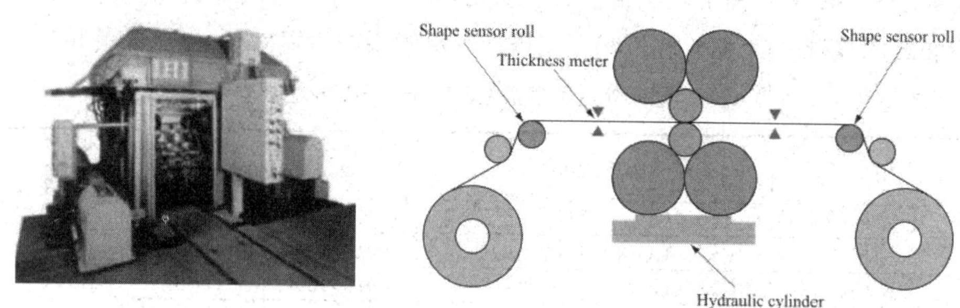

图 5-13　X 型六辊轧机及机组布置示意图

铜箔轧制所用二十辊轧机多为分体式机架，且工作辊磨削范围一般较大，轧制线一般采用液压斜楔进行调整，以适应铜箔轧制厚度范围，提高轧机的高效、经济性。达涅利佛罗林二十辊轧机采用分体式辊箱加两片牌坊，如图5-14（a）所示，配备中间辊双弯辊，工作辊径可从37 mm变化到80 mm。ANDRITZ Sundwig二十辊轧机如图5-14（b）所示，全自动机械手换辊大大缩短了轧机换辊时间。西马克公司二十辊轧机有传统森吉米尔式及分体轴承座式，如图5-14（c）、（d）所示。二十辊轧机辊系十分复杂，对设备制造、安装调整的精度要求高，后期操作及维护困难；轧制过程中为减少轧辊磨损并对铜箔进行有效冷却，要增加轧制油单位流量，除油难度增大。

（a）达涅利佛罗林二十辊轧机

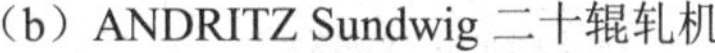

（b）ANDRITZ Sundwig 二十辊轧机

（c）西马克森吉米尔式二十辊轧机

（d）西马克分体式二十辊轧机

图 5-14　二十辊铜箔轧机

（4）表面处理设备

高精度铜带特别是电子引线框架材料的生产要求具有很高的铣面质量。随着铸造水平的提高和生产规模的扩大，离线铣面逐渐取代在线铣面。全自动铣削、铣削表面在线检查、铣后在线表面清洗、铣前干刷技术的应用，有效提升了铣面质量。进口设备以日本生田公司的离线双面铣为主。目前已实现双面铣设备及超硬铣刀、镀钛铣刀关键备件国产化，但装备制造水平、设备运行稳定性及铣削速度较国外产品仍有一定差距。

（5）拉矫机

德国恩格尔拉弯矫直机配备了支承辊分段调节技术及自动板形控制技术，

矫后板形可达1I。美国STAMCO公司开发了可调辊系重叠量拉弯矫技术、德国B+S公司、SUNDWIG公司、BWG公司等也分别开发了具有针对性的拉弯矫技术。国内设计制造的铜带拉弯矫直机组结构形式大多数与德国进口的基本相同，西安曼海特公司在机列中增加了一台拉伸弯曲矫直机和一组张力辊，将原有的3段张力1段延伸率可控，增加到4段张力2段延伸率可控，可以满足生产高精度高强度铜带材的需要。但由于国产设备大多没有配置板形仪，矫直机辊系挠曲度不能根据板形进行自动调整，很难使成品带材的平直度达到5I以下；且由于设备制造精度、零件材料性能限制，国产设备长期稳定运行速度远低于进口设备。表5-17给出了进口和国产拉矫机参数的对比信息。

表 5-17　进口、国产拉矫机参数对比

技术指标	进口设备（德国恩格尔、B+S）			国产设备	
材质	铜及铜合金			铜及铜合金	
带厚	0.08～1.0 mm			0.08～1.2 mm	
带宽	300～450 mm、400～650 mm			300～450 mm、400～650 mm	
带材抗拉强度	180～700 MPa			180～830 MPa	
带材屈服强度	140～680 MPa			140～750 MPa	
机组速度	0～240m/min（Max 300 m/min）			0～150 m/min（Max 180 m/min）	
来料板形精度	30～50I	20～30I	1～2I	≤100I	100～150I
矫后板形精度	3～5I	2～3I	适应要求	≯5I	≯7I
辊盒清洁装置	有			有	
穿料系统	自动			自动	
CPC/EPC	有			有	
收、衬纸	有			有	
板形检测仪	有			无	
张力测量仪	有			无	
皮带助卷器	有			有	
机组工艺特点	3段张力1段延伸率可控			4段张力2段延伸率可控	

5.2.3 铜及铜合金棒线材轧制设备技术发展现状

铜及铜合金棒材是铜加工材的重要组成部分，中国现已成为目前世界上最大的铜合金条杆、棒及部件的生产和消费国。中国铜棒产品的生产量从2001年的20.3万t增长至2018年的244万t，铜线材产量增长至795万t。铜杆分为精铜类铜杆和铜合金类铜杆。精铜类铜杆是生产电线电缆、漆包线、绕组线及电子线材的重要基础材料，铜合金类铜杆是铜合金线的生产坯料，广泛应用于IT产业、汽车、机械、电气、服装、装饰、五金、航空和航天等诸多领域。

5.2.3.1 铜及铜合金棒、线材生产工艺

铜棒主要分为黄铜棒和紫铜棒，主要用于水暖卫浴配件、五金、阀门、船用泵等结构件，成型工艺主要有三种：挤压→（轧制）→拉伸法、连铸→（轧制）→拉伸法、连续挤压→拉伸法。挤压有正向挤压、反向挤压和特殊挤压方式，铜棒轧制有孔型轧制、旋压轧制和行星轧制法。铜及铜合金线材生产一般包括制杆和制线两步，国内外光亮铜线杆的生产方式主要有上引法、浸渍成型法和连铸连轧法三种，其中上引法和浸渍成型法主要用于生产无氧铜线杆，连铸连轧法用于生产低氧光亮铜线杆。制线技术主要有轧制法和拉制法，其中轧制法只限于生产异型线或导电带，拉制法是最主要的制线方法。

5.2.3.2 铜及铜合金棒、线材轧制设备现状

（1）连铸连轧低氧铜线生产设备

连铸连轧技术利用了铸造余热轧制成材，不需要中断、开收卷和加热，具有高效、节能、低成本、质量稳定、表面光亮等优点。成品尺寸通常在 ϕ8～22 mm之间。当前世界电工铜杆总产量的90%采用连铸连轧法生产，我国铜杆生产工艺装备主要包括从国外引进的连铸连轧生产线（包括美国南线SCR生产线、德国西马克Contirod生产线、意大利Properzi生产线、西班牙拉法格生产线，技术特征及生产线主要型号规格见表5-18～表5-21）；国产技术包括国产连铸连轧生产线和上引法。随着市场对铜杆质量要求不断提高、国家环保要求对各个行业的生产限制，目前国内最主要的工艺是美国南线SCR生产线和德国西马克Contirod生产线，具有长度大、质量稳定、性能均一、成品率高、短流程节能等特点。2017年产能排名前二十的企业，全部采用进口的美国南线SCR或者德国西马克Contirod生产线，约占全国铜杆在产产能的60%，占进口线产能的80.2%。

表 5-18　代表性连铸连轧生产线主要设备技术特征

<table>
<tr><th>生产线</th><th>铸机</th><th>产能
/（t・h^{-1}）</th><th>模腔、铸轮
直径/mm</th><th>铸坯截面
面积/mm^2</th><th>轧机（辊径/mm×
机架数）</th><th>成品线径
/mm</th></tr>
<tr><td>Contirod</td><td>Hazelett</td><td>6～60</td><td>模腔
2235～3708</td><td>长方形
2100～9000</td><td>两辊轧机
机架9～14个
辊径：ϕ195～480</td><td>低氧
ϕ8.0～24</td></tr>
<tr><td>SCR</td><td>五轮机</td><td>5～45</td><td>铸轮
1676～3048</td><td>梯形
1355～6845</td><td>两辊轧机
机架9～13个
辊径：ϕ203～457</td><td>低氧
ϕ8.0～24</td></tr>
<tr><td>Properzi</td><td>两轮式</td><td>8～10</td><td>铸轮
1400</td><td>梯形
1600</td><td>Y型轧机
机架10个
辊径：ϕ180～203</td><td>低氧
ϕ8.0～16</td></tr>
<tr><td rowspan="2">国产
浸除法</td><td rowspan="2">五轮式</td><td>8～12</td><td>铸轮
1500</td><td>梯形
1745</td><td>Y型/两辊轧机
机架13个
辊径：ϕ255</td><td>低氧
ϕ8.0～24</td></tr>
<tr><td>3.5～12</td><td>—</td><td>圆形
ϕ11.8～20.8</td><td>两辊轧机
机架4～6个
辊径：ϕ204</td><td>低氧
ϕ8.0～24</td></tr>
</table>

表 5-19　德国 Contirod 连铸连轧铜杆生产线型号规格

型号规格	铸坯截面/（mm×mm）	生产能力/（t・h^{-1}）	年产量/万t	轧辊尺寸/（mm×mm）	铜杆直径/mm	扁带尺寸/mm
5C8	45×35	5～6	2.7	1×280 7×220	8～16	60
8C10	60×35	8～9	4.3	3×280 7×220	8～20	60
10C10	60×35	10～11	5.4	3×280 7×220	8～20	90
14C10	60×50	13～15	7.5	3×360 7×220	8～22	90
18C10	60×50	16～19	9.7	3×360 7×220	8～22	90
25C12	90×60	25～30	16.1	5×360 7×220	8～30	90
45C14	120×60	40～45	23	2×480 5×360 7×220	8～30	150
60C14	130×70	55～60	31.5	4×480 3×360 7×220	8～30	150

表 5-20　美国南线连铸连轧铜杆生产线型号规格

型号规格	铸坯截面/mm^2	生产能力/（$t \cdot h^{-1}$）	年产量/万 t	轧辊尺寸/（mm×mm）	铜杆直径/mm	扁带尺寸/（mm×mm）
SCR1000	1290	5	2.88		8	
SCR1300	1355	7	4.03	1×203 8×203	8～14.7	7×21
SCR2000	2100	12	6.91	1×305 8×203	8～16	6×27
SCR2500	3800	20	11.5	2×305 8×203	8～18	6×27
SCR3000	3800	25	14.4	2×305 8×203	8～18	6×27
SCR4500	4516	30	17.3	2×305 10×203	8～22	6×27
SCR5700	7000	35	20.2	1×457 2×305 10×203	8～22	8×27
SCR7000	7000	45	25.9	1×457 2×305 10×203	8～25	8×27

表 5-21　意大利 Properzi 法、法国 Secor 法生产线规格

工艺方法	设备型号	铸机	生产能力/（$t \cdot h^{-1}$）	铸轮直径/mm	铸锭截面/mm^2	用途
意大利Properzi法	6E	两轮	2.8	ϕ1400	1130	生产铜、铝杆
	7C	两轮	4.5	ϕ1400	2163	
	14/1800	两轮	8.0	ϕ1800	3472	
	14/2000	两轮	9.1～10	ϕ2000	3472	
法国Secor法	—	两轮	2.5	ϕ1100	1150	生产铜、铝杆
	—	两轮	4.5	ϕ1400	2150	
	—	两轮	7	ϕ1800	3500	
	—	两轮	10	ϕ2200	4500	

目前SCR连铸连轧生产配置了自动加料机、燃气竖炉、保温炉、上下流槽、倾动式撇渣槽、SCR五轮带钢连铸机组、自动液位浇铸系统、铸坯夹送辊、旋转剪、坯预处理系统、摩根轧机（粗轧机、精轧机）组、清洗冷却涂蜡、在线涡流探伤系统、连续卷线系统等，主要工艺设备布置如图5-15所示。

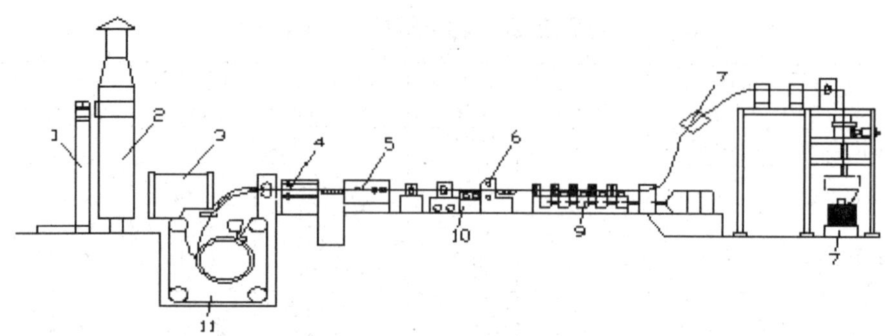

1—提升机及加料台；2—熔化炉；3—保温炉；4—液压剪；5—铸锭整形器；
6—飞剪；7—酸洗；8—卷取装置；9—精轧机组；10—粗轧机组

图 5-15　SCR 法主要工艺设备布置图

Contirod系统工艺和生产规模基本上和SCR一样，只是铸机改用了"无轮双带钢式"即Hazelett式。主要工艺设备布置如图5-16所示，生产线配置自动加料机、燃气熔化竖炉、保温炉、上下流槽、撇渣槽Hezelett双带钢式连铸机、液压摆剪机、铸坯预处理系统、克虏伯连轧机组、清洗冷却、收线系统等。轧机采用模块化设计及单独变频传动时，可实现单独速度调节。

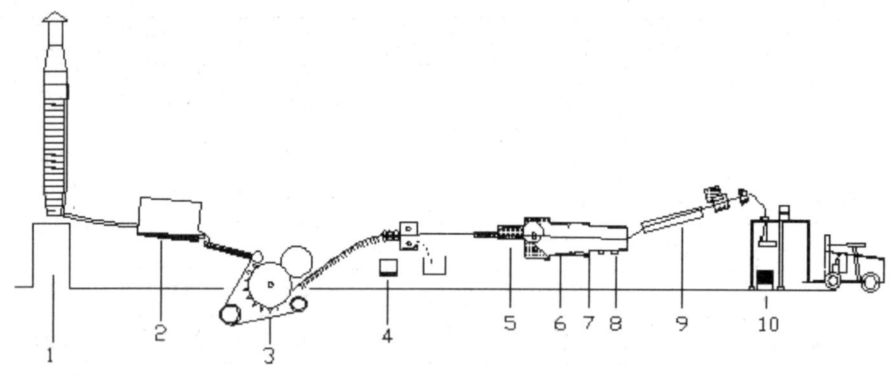

1—熔化炉；2—保温炉；3—四轮式连铸机；4—去切边角装置；5—预处理装置；
6—粗轧机；7—中间剪刀；8—精轧机；9—清洗管道；10—自动绕杆机

图 5-16　德国 Contirod 连铸连轧铜杆生产线主要工艺设备连接图

国内自主开发制造的铜杆连铸连轧设备在功能方面已和国外设备基本类似，在某些细节处理方面也有所创新，已出口到韩国、马来西亚、巴基斯坦、伊朗、印度尼西亚、越南等。但国内铸机受大型结晶器制造困难的影响，铸坯截面小，生产能力上不去，年产量超过10万t的国产连铸连轧生产线还为数不多。铸机与SCR五轮连铸机在自动浇铸和监控上仍有差距，较难完全实现连续、稳定自动浇铸；缺少完备的辅助系统，如缺少对乳化液的分组真空过滤系统、高压除鳞系统。通过20多年的集成创新，部分关键设备，如竖炉燃烧系统的喷嘴、比例阀、切断阀，铸机的结晶轮、带钢，轧机的轧辊、传动系统，绕杆机的象鼻管、储线器国内都能制造，但生产线的在线控制系统、浇铸机的液位控制系统、竖炉的氧含量控制系统、轧机的单独变频传动、乳化液的真空过滤系统等还需要进一步集成创新。

（2）上引法生产无氧铜杆线设备

利用上引法可直接制成 ϕ8 mm铜杆，省去轧制工序，大大降低生产成本。直接上引生产 ϕ8 mm铜杆设备主要包括熔炼炉、保温铸造炉、牵引系统和收线机四个部分。上引法也可与轧制或连续挤压配合，生产不同规格的铜杆、异型铜线等，利用轧制、挤压的大变形量压力加工，提高铜杆致密度，细化铜杆晶粒，改善铜杆可拉性。上引 ϕ20 mm经TLJ400连续挤压机挤出 ϕ8 mm后进行拉伸，可生产 ϕ0.05 mm超细线，有效改善上引杆性能。目前铜扁线、接触线的生产方法已全部更新为上引-连续挤压法。我国在上引连铸设备制造和生产技术上已达到国外水平，同时也出口到国外。

（3）制线设备

国外制线装备一直朝高效、多工序组合成一条龙生产方向发展。目前国外小拉机的速度已达53m/s，生产线径为0.12～0.21 mm铜线时，连续生产速度可达45m/s，比传统原有国产机型效率提高60%～90%；最大拉线头数已达40头，性能均一，可单盘收、放多根导线，适用于多工序一条龙组合生产，与单头拉线机相比投资可减少40%；快速换模、每级拉线轮之间导体面积压缩比可灵活调节，简化了机械结构，提高了拉线轮使用寿命；采用感应加热连续退火，无须预热，可减少导线伸长率的波动、提高表面质量，设备传动简单；扩大进、出口线的适应范围，更换导线规格只需更换定径模；大容量收线：直径630 mm线盘装线可达700～800 kg，小拉可使用PND630锥形高速拉线盘，装盘容量比传统机型提高了5～10倍，且可避免线的重复压线，有效地提高了下道工序的放线质量。

采用激光扫描测量线外径，测量精度可达1 μm以下。多线多模拉伸连续退火机组具有同时拉制8头及以上线材、多道次拉拔、在线退火、收线在一套机组中完成的功能。生产的产品具有良好的质量，适合高品质线材对导体质量稳定性和均匀性的要求，而且拉拔速度可达到35 m/s以上，在提高产品产量、降低生产成本和设备投资等方面都具有显著优势。

5.2.4 铜及铜合金管材轧制设备技术发展现状

铜管主要有纯铜管材和铜合金管材。纯铜管材目前主要应用于空调、冰箱等制冷领域，其形式有光管、内螺纹管、外翅片管和毛细管等。铜合金管材主要有应用于海水淡化、舰船装备等领域的镍铜合金（白铜）管材，少量黄铜管材、铍铜管材及微合金化铜管等。

5.2.4.1 铜及铜合金管材生产工艺

常见铜管生产方法有三种，分别为挤压法、上引法、铸轧法。

（1）挤压法　电解铜熔化后铸造出实心铜棒，经二次加热后用大型挤压机挤压出铜管，生产的铜管组织细密、强度高，可生产大规格铜管，但成品率低、投资大、生产成本高。

（2）上引连铸法　其生产铜管的工艺流程为上引连铸管坯→冷轧→拉拔→盘拉。设备结构紧凑、投资少、操作方便，但管材组织疏松，不耐高压，只适合于生产中小规格的普通铜管，且效率低，不适合大规模工业化生产。

（3）铸轧法　其工艺流程为：水平连铸管坯→矫直铣皮→三辊行星旋轧→联合拉拔→盘拉→缠绕→退火。铸轧法具有工艺流程短、成品率高、能耗低、建设投资少、生产率高等明显优点，已成为国内外主流精密铜管生产技术，目前世界上90%以上精密铜管都是使用铸轧方法生产的。针对黄铜实施行星轧管困难问题，开发了连铸-冷轧法，主要有水平连铸-冷轧法和上引连铸-冷轧法两种。

内螺纹铜管的成型工艺主要有两种：一种是铜带辊压成型焊接法生产有缝内螺纹铜管，另一种是无缝铜管采用螺纹芯头旋压-拉伸法生产无缝内螺纹铜管。前者成型工艺技术难度大、质量不稳定，目前使用厂家较少。后者只是在光面铜管生产工艺的拉伸过程中增加一道内螺纹成型工序，采用行星球模旋压工艺，其工艺先进，技术稳定可靠，产品精度高。

5.2.4.2 铜管连铸连轧生产设备现状

20 世纪 90 年代，芬兰奥托昆普（Outokumpu）公司将钢管生产中的三辊行星斜轧工艺移植到铜管生产中，开发了铸轧法铜管生产工艺。中国引进了 3 条生产线，在消化吸收引进技术基础上，经过设备研发和工艺人员的持续创新，开发出具有自主知识产权的高效短流程精密铜管生产线，单线产能由引进之初的 5000 吨提高到 3 万 t，综合成材率由 40%提高到 92%以上，吨能耗从 3000 kWh 降低到 1200 kWh，综合生产成本降低 70%，实现了规模产业化应用并引领全球发展。截至 2018 年年底，我国已投产 150 余条铜管铸轧生产线，已成为世界上铜管产销量最大的国家；金龙铜管在墨西哥、美国建成了 4 条精密铜管生产线，海亮集团亦在美国休斯敦建立生产基地，供应北美及欧洲市场。精密铜管生产技术和装备也已出口到亚洲及欧美。

铜管连铸连轧法主要生产设备有水平连铸机组、铣面机、行星轧机、连拉机、盘拉机组、内螺纹成型机、精整复绕机、在线退火机组、辊底式光亮退火炉、外翅片管成型机组及波纹管成型机组等。年产 2 万 t 精密铜管生产线代表性装备性能如表 5-22 所示。除在线退火机组和成品退火炉的国产化需继续完善外，其余设备均已成功实现国产化且各项性能指标达到国际先进水平。

表 5-22　年产 2 万 t 精密铜管生产线主要装备性能

序号	名称	数量（台/套）	额定功率/kW	主要技术参数及特点
1	XR-LZ1000水平连铸炉	2	1100	2 t/h双流三连体炉，能耗小，管坯单重2 t
2	连续铣面机组	1	25	铣面直径 ϕ96～100可调，最大一次通过速度2 m/min，铣面厚度好，圆度好，刀具费用低
3	XR-SG100三辊行星轧管机	1	1200	最大轧制能力75 t/天，能耗小于200 kWh/t，最大加工率94%
4	三连拉机组	3	520	最大拉力8 t，速度分别为50，80，130 m/min，效率高，无擦伤，纠偏能力好
5	ϕ2.2 m倒立式盘拉机	4	1600	最大线速度1000 m/min，盘径大不易断管，工艺先进，效率高，精度好，全自动运行
6	在线感应退火机组	2	2000	退火速度500m/min，一台机供8台内螺纹机组管坯
7	正立盘内螺纹成型机组	16	640	成型速度80 m/min，旋压转速3.6万转/分
8	双盘精整机（带德国产db5型涡流探伤仪）	4	320	最大线速400 m/min，自动化程度高，缠绕精度好
9	楼式退火炉	1	800	适合于大批量生产，带内吹扫系统
10	大容量井式退火炉	1	350	适合于小批量生产，带内吹扫系统

（1）铣面机

水平连铸管坯进入轧机前进行铣皮处理去除氧化层。国外引进铣面机采用槽形辊式铣刀，需往复三次才能将整个圆周铣干净。近年来，江苏兴荣高新科技股份有限公司和广东冠邦科技有限公司开发了旋风式铣面机，铣刀为旋转式，只需一次进刀即可将整个圆周铣净，且铣削量较小，大大提高了铣面效率和铣削质量。在此基础上广东科莱博科技有限公司开发的定径铣皮机组将管坯矫直、定径、铣皮三个工序相结合，先统一管坯外径尺寸再铣皮，提高了产品成材率和铣皮质量。国内外铣皮机组布置如图 5-17 所示，主要设备参数如表 5-23 所示。

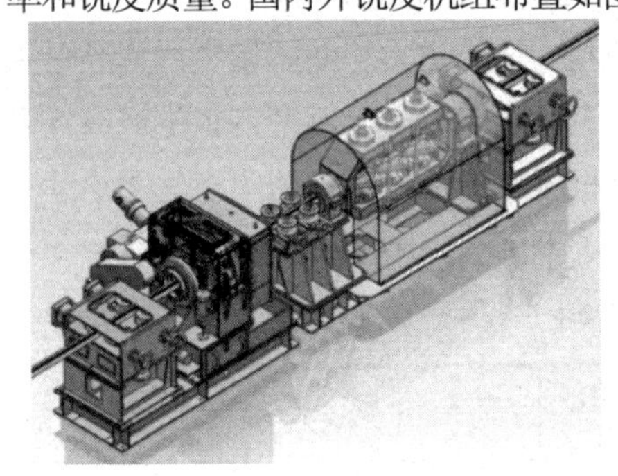

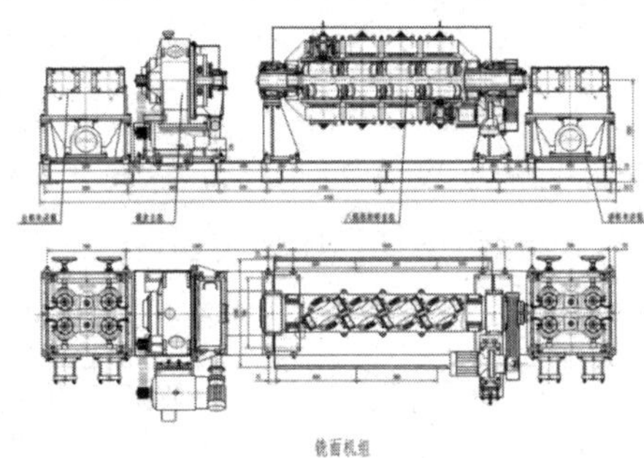

图 5-17　矫直铣面机组

表 5-23　铣皮机组主要设备参数

参数	国内铣皮机组	引进国外同类产品
管坯外径	～ ϕ92 mm	ϕ80～90 mm
铣削深度	0.25～0.8 mm（无极可调）	0.5～0.8 mm（可调）
铣削速度	0～2.5 m/min	1.5～2 m/min
刀具数量	1把	3把
送料方式	自动	自动
铣皮效率	一个道次	三个道次

（2）行星轧机

三辊行星轧机（PSW）是铜盘管生产关键设备，主要结构如图5-18所示，其作用是将铣皮后的铜管坯进行连续大变形轧制，一个轧制道次的截面变形量可达90%以上。通过快速大变形轧制使铜管发生完全动态再结晶，在轧出端设置水冷装置，轧后管坯具有细小的等轴晶粒可直接进行联合拉拔而不需要进行中间退火。我国自行研制的三辊行星轧机达到了当代国际先进水平，上料系统实现一键上料操作，回退速度可达60 m/min；出料系统配置了自动剪切和四工位收卷装置，有效减少了人工成本以及拉拔工序的等待时间；润滑系统采用数字化自动控制，采用双级螺杆泵、双级过滤；电控系统实现控制系统的一体化。

德国KOCKS公司研发成功四辊行星轧机，又称KRM轧管机，轧辊数的增加提高了管坯喂入速度及轧制速度，轧制速度可达25 m/min。轧辊数的增多也使管坯受力更加均匀，轧制过程更稳定。2007年金龙精密铜管集团从KOCKS公司购进一台四辊行星轧机，用于轧机 ϕ100 mm的TP2紫铜管。表5-24给出了国内外三辊行星轧机主要设备参数对比。

表 5-24　三辊行星轧机主要设备参数

参数	兴荣	西马克
管坯规格	ϕ90～92 mm	ϕ90～150 mm
管坯长度	24 m	20 m
管坯重量		≤1200 kg
成品规格	ϕ48～52 mm×2.2～2.7 mm	
送进速度		
轧制速度		20 m/min
轧辊调整	角度和轴向均可调	角度和轴向均可调

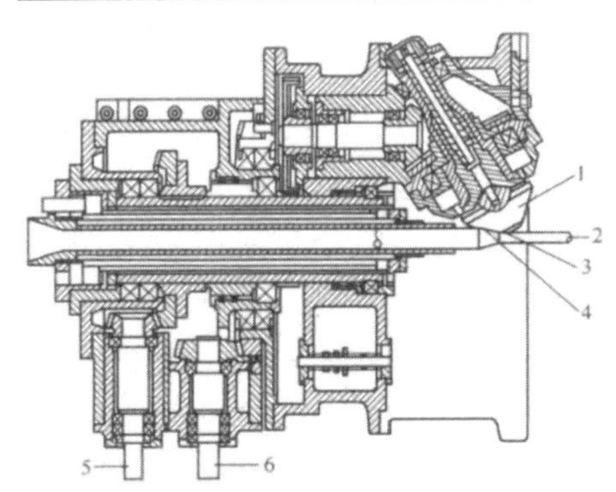

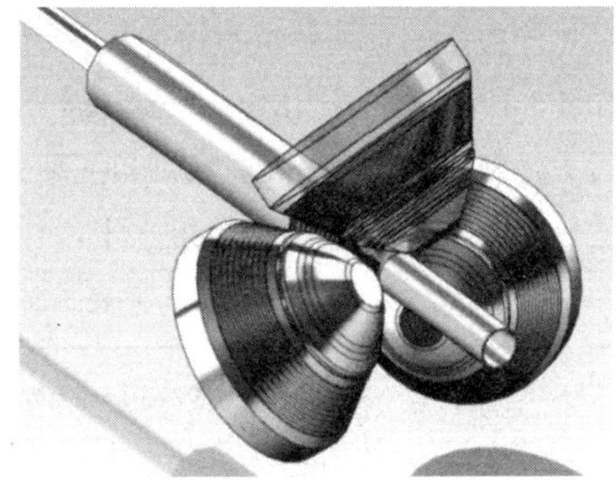

1—轧辊；2—芯棒；3—整形区；4—压下区；5—副驱动；6—主驱动

图 5-18　三辊行星轧机结构示意图

（3）拉拔设备

拉拔设备分为盘拉设备和直拉设备。在进行盘拉之前，管坯需经过二联拉或三联拉，通过2～3道次的连续减径、减壁来提高管坯硬度及壁厚精度，以保证盘拉后的产品质量。

德国Schumag公司生产的二联拉机，第一道次最大速度54m/min，第二道次最大速度101 m/min。凸轮式联拉机是目前我国主流直拉设备，具有不受长度限制且单道次加工量较大的特点，并可以灵活组合成U形或直线形布置形式的双联拉或三联拉机组。我国多家企业生产的高速凸轮式联拉机机组水平已达到国际先进水平，且已实现系列化，拥有15 t、12 t、10 t、8 t等多种型号和规格。代表性机组参数如表5-25所示。

表 5-25 高速凸轮式联拉机代表性机组参数

参数		代表性机组一	代表性机组二
拉拔力	一次拉拔	150 kN	120 kN
	二次拉拔	120 kN	100 kN
	三次拉拔		80 kN
拉拔速度	一次拉拔	90 m/min	0～100 m/min
	二次拉拔	150 m/min	
进料规格		ϕ48～52 mm×2.3～2.7 mm	ϕ48～55 mm×2.4～2.9 mm
出料规格		ϕ30～35 mm×1.4～2.7 mm	ϕ28～39 mm×1.2～1.8 mm
驱动系统		直流电机 全数字可控直流调速控制系统	直流电机 全数字可控直流调速控制系统
总功率		500 kW	600 kW
最大卷重（含料框）			3000 kg

连拉后的管坯经圆盘拉伸机多道次反复拉伸，达到成品规格。盘拉机结构如图5-19所示。英国MRB Schumag公司生产的盘拉机拉拔速度为1500 m/min，最大坯料重量为500 kg。我国自主研发的倒立式高速盘拉机组各项技术指标均达到MRB Schumag同类机组水平，代表性机组主要参数如表5-26所示。

表 5-26 主要参数

序号	型号 技术参数	单位	ϕ2130～2200	ϕ1800	ϕ1200	ϕ800	毛细管 正立盘
1	卷筒直径	mm	ϕ2130	ϕ1800	ϕ1200	ϕ800	ϕ500
2	卷筒工作长度	mm	400	350	350	350	70
3	最大管坯尺寸	mm	ϕ52×2.5	ϕ38×1.8	ϕ25×1.5	ϕ12×1	ϕ8×1.2
4	最小成品尺寸	mm	ϕ4×0.35	ϕ4×0.35	ϕ3×0.5	ϕ3×0.5	ϕ1.5×0.5
5	最大卷重	kg	550～1000	400	200	300	100
6	最大拉伸力	kg	10000	6000	4000	2000	850
7	拉伸速度	m/min	0～150～800～1200	0～400	0～400	0～400	0～70
8	循环料盘数	个	8	—	3	—	—
9	总装备功率	kW	380～440	200	110	55	A.C11
10	压缩空气用量	m^3/min	0.8	0.6	0.6	0.6	—
11	电控系统		数字系统 人机对话	数字系统	数字系统	数字系统	交流变频

（4）内螺纹成型机

无缝内螺纹铜管主要采用行星旋压成型技术生产，目前代表性机组有正立盘式、皮带压紧式及舒马格内螺纹联合拉拔机组。

XR-ZLCX型内螺纹管成型机是兴荣公司最新研制开发的内螺纹铜管成型机组，是传统的V形槽等内螺纹机组的替代机型。该机由放卷、矫直、成型、拉拔、卷取、控制等部分组成。收放卷之间可以成90°、180°或者其他客户要求的摆布方式，布置灵活。主要设备如图5-20所示，主要参数如表5-27所示。

表5-27　主要参数

参数	代表性机组参数
拉拔速度	0～80 m/min
成品规格	ϕ5～9.52 mm
大盘直径	ϕ2200 mm
收放卷电机功率	5.5 kW
大盘电机功率	15 kW
最高旋压电机转速	35000 rpm
高速电机润滑方式	油气润滑

皮带压紧式内螺纹机组是北京建莱机电开发的用皮带包覆卷筒作为牵引机构的倒立式（也可为正立式）盘拉成型的机组。其包覆皮带及卷筒寿命长，易于加工，生产成本比“V”盘低得多，且张力易调整，工艺变化适应性强，高速下拉伸稳定，齿高、壁薄的高精度内螺纹管成材率高。其典型设备技术参数如表5-28所示。

表5-28　主要参数

序号	型号 技术参数	单位	ϕ2130	ϕ1800	ϕ1500
1	卷筒直径	mm	ϕ2130	ϕ1800	ϕ1524
2	卷筒工作长度	mm	300	300	300
3	最大管坯尺度	mm	ϕ18×1	ϕ18×1	ϕ18×1
4	最小成品尺度	mm	ϕ4	ϕ4	ϕ4
5	最大卷重	kg	500	450	300
6	最大拉伸力	kg	1400	1400	1400
7	拉伸速度	m/min	0～150	0～150	0～150
8	循环料盘数	个	3	3	3
9	总装机功率	kW	60	60	60
10	压缩空气用量	m^3/min	0.3	0.3	0.3

（续表）

序号	型号 技术参数	单位	ϕ2130	ϕ1800	ϕ1500
11	高速电机功率	kW	12	12	12
12	高速电机转数	rpm	24000～35000	24000～35000	24000
13	内螺纹成型最高速度	m/min	70	70	60
14	电控系统		数字系统 人机对话	数字系统 人机对话	数字系统 人机对话

舒马格内螺纹联合拉拔机组是德国舒马格公司在原有舒马格联合拉拔机的前面加上内螺纹旋压设备组成的，整个拉拔过程在直线拉伸状态下完成，被拉管子无弯曲应力，是目前最好的内螺纹生产方式，但其制造成本和销售价格较高。

（5）精整复绕机

精整复绕机将盘拉后的散盘铜管经矫直、清洗、烘干、探伤（打印）、预弯、无屑分卷等工序再分层依次缠绕成密排呈电缆状的盘卷，以作为成品交货或再进行成品退火，是盘管生产不可缺少的配套设备。代表性机组参数如表5-29所示。

表5-29　主要参数

序号	型号/技术参数	单位	范围	
1	缠绕铜管外径	mm	ϕ4～19	ϕ1.5～8
2	最大壁厚	mm	1.2	1.0
3	最大卷重	kg	300	150
4	机组速度	m/min	0～300 0～500	0～120
5	成品卷最大外径	mm	ϕ1230	ϕ700
6	成品卷宽度	mm	120～400	50～200
7	成品卷内径	mm	ϕ610	ϕ300
8	装机总功率	kW	75，90	22
9	液压系统压力	kg/cm^2	63	40
10	液压系统流量	L/min	34	24
11	压缩空气压力	kg/cm^2	4～7	4
12	机组总长	m	11.5	7.7
13	机组中心线标高	m	1.5	1.2

图 5-19　盘拉机组

图 5-20　内螺纹成型机

5.2.5 铜及铜合金轧制设备技术发展趋势

5.2.5.1 铜板带轧制设备发展趋势

未来铜板带市场呈现高、中、低不同层次需求，中低需求增长缓慢，高端产品需求保持高速增长。铜加工大型企业向规模化、国际化趋势发展，中小型企业将向专业化、特色化发展。从产品方面，铜板带材向高强度、高导电、高精度、高质量、高稳定性、系列化方向发展，产品品种规格呈现大长度化、高性能化、薄型化、宽幅化。在加工装备上，将向着绿色化、智能化方向发展。

从生产工艺上来看，将向着精细化、高效率、低成本、低能耗、短流程、清洁化方向发展。利用水平连铸+多机架冷轧技术低成本生产包括引线框架材料在内的高端铜材，上引法+连续挤压生产铜板带坯等短流程生产技术，热轧线无头轧制或半无头轧制技术及设备、再生铜生产技术及装备成为铜板带加工业今后的发展方向。

从生产装备来看，目前装备设计和制造仍缺少自主创新能力，设备性能参数与国外差距明显，部分配套元件，如电控、检测、液压件及轴承的设计及制造水平较低。应重点解决高功率大容量感应炉、立式连铸机，高水平双面铣、二十辊轧机及宽幅薄带板形控制技术、连续式气垫退火炉、表面除油技术及装备、精整包装设备等及短流程生产工艺关键设备、配套电气、检测及自动控制系统的研发及装备数字化设计、数字化孪生工厂、设备全生命周期评价体系及数字化运维等智能化新技术。

推进高精度铜板带材生产企业智能化，提高产线设备自动化控制水平，开发生产组织智慧优化决策系统、生产全流程设备健康检测系统、板带材产品质量稳定性综合评价系统等，实现基于大数据的铜板带材生产全流程工艺参数深度优化，提高企业智能制造水平。

5.2.5.2 铜及铜合金棒、线材轧制设备发展趋势

我国铜杆生产工艺装备中具有代表性的SCR法和Contirod法铜杆连铸连轧生产线达到世界先进水平，需充分利用先进生产工艺装备，不断研发创新提升生产工艺，扩大产品规模范围，提升产品质量与稳定性。目前我国国内设备在设备精度、可靠性、自动控制以及生产工艺技术等方面与世界先进水平仍有差距，需加强国产连铸连轧整体技术的研发力度，解决大型结晶器制造、提升铸机速度及自动化浇铸水平、开发配套辅助系统及产品质量检测系统，提高装机水平、生产效率和产品质量。开发具有自有知识产权的火法精炼直接制杆技术，实现废杂铜直接再生低氧铜杆。

5.2.5.3 高精度铜管轧制设备发展趋势

经过近10年来的一系列技术改造和规模扩张，中国已经成为世界上最大的铜管生产国，且铜管出口幅度逐年递增，加工制造水平处于世界领先。通过消化、吸收及自主创新开发的精密铜管“水平连铸管坯-行星轧制-联合拉拔生产法”，已成为我国铜加工业的代表性工艺技术。经过行业整合及全球范围内并购，目前已形成较高的产业集中度、全球生产基地布局及规模效应。未来我国铜管加工企业及装备制造企业需继续增强新工艺、新装备、新产品的研发实力，将制造智能化与管理信息化高度融合，建设智能化工厂，依靠自主科技创新建立行业大数据来驱动铜及铜合金管材制造全流程的智能控制工艺，形成以自动化装备和工业互联网络为基础的智能工厂新模式。

5.3 镁合金轧制设备技术现状

镁合金为最轻的“绿色环保”金属结构材料，具有比强度高、密度小、电磁屏蔽性能优良、抗冲击、可回收等诸多优点，潜在应用领域极其广阔。镁及镁合金滑移系少，室温塑性变形能力差，轧制温度要求严格而且温度范围窄，金属升温、降温快；轧制过程中易产生裂纹，产品存在各向异性，生产效率及成品率低，轧制难度大。

5.3.1 国外镁合金板带轧制设备技术现状

国外采用热轧机进行铸锭轧制开坯生产的镁板产品主要是中厚板（厚度在4～6 mm以上），产品主要应用在航空航天和军事装备领域。相比于国内镁板在航空航天、军事装备领域主要应用在导弹和火箭的仪表舱壁板、肋板和隔板，导弹和飞机的尾翼，战斗机副油箱及衬板等简单的、非受力或次承力的结构件上，国外在大型、复杂、承力等结构件上也开始使用了镁板。

2002年，德国第二大钢铁公司萨尔茨吉特公司组建了萨尔茨吉特镁板技术公司，2003年该公司现代化的热轧机投产，可生产的镁板最大宽度为1860 mm。

法塔亨特公司2010年设计制造了一套类似于钢铁行业使用的炉卷热轧机中试生产线，该公司和美国橡树岭国家实验室、英国伊利可创镁业公司进行合作，对镁板带进行热温轧卷式法生产，并实现了来料厚度12.7 mm以下、宽度250 mm以下料卷的试验性轧制。目前，该公司正在商业化推广可实现板带材最大宽度2000 mm、最大卷径为 ϕ2000 mm的工业化生产镁板带热轧生产线。

2017年以来，弗莱贝格工业大学金属成型学院和德国MgF Magnesium Flachprodukte股份有限公司开发基于双辊铸轧及连续轧制生产厚度1.0 mm镁带材生产技术，产品具有良好的加工性能，在一定程度上优于传统技术生产的带材。

2018年，法国汽车制造商雷诺公司的本地汽车制造商称其与韩国钢铁巨头浦项钢铁合作共同开发了高强度镁合金板材，且质量非常轻并适用于汽车制造方面。

5.3.2 我国镁合金板带轧制设备技术现状

近年来，我国一些镁板加工企业与科研院所积极开展高性能变形镁合金板材加工技术、装备、基础研究与产品应用，取得了突破性进展。

（1）宽幅镁合金板材轧制技术装备开发与生产新进展（热轧开坯+温轧）

大型先进的符合镁合金板材加工的专用轧机及其相配套的辅助设备和建立大型镁板轧制生产线，是实现高品质镁合金宽板薄板产业化的重要条件。

营口银河生产线主要由1750 mm四辊可逆热轧机及1625 mm六辊可逆冷轧机组成。采用东北大学的低频电磁连铸技术生产半连续铸造高净化镁合金板坯，其最大板坯尺寸为厚800 mm×宽1250 mm×长2000 mm。利用低温大压下率轧制技术在5～8 min内实现从厚350 mm板坯反复轧制到10～12 mm厚，中间不需要退火；之后进行温精轧，由厚12 mm可一次轧到4 mm，实现了成卷精轧生产、低成本薄板产业化成套技术开发，使我国大量原镁转变成高技术含量的镁合金板材和板材加工制品成为可能。

中色科技的1600 mm四辊热轧机，原设计为铜、铝、镁、钛产业化加工设备，设计改造后专业用于镁板的热轧。主要由主机架、运输辊道、机架辊道、在线补热炉、转料辊道、对中导尺、在线热矫直机、液压重剪、成品定尺剪、下料及堆垛装置等部件组成，来料铸锭最大厚度320 mm，成品板材最小厚度4 mm，工作辊直径 ϕ550 mm，支撑辊直径 ϕ900 mm，最大轧制力20000 kN，最高轧制速度180 m/min。

西部钛业从2010年开始镁合金板材加工，可热轧产品规格：（δ4-100×800-2600×～L mm）。可生产冷/温轧产品规格：（δ0.4-4.0×800～1560×～L mm）。板材性能分别满足ASTM B90/B90M—2007和GB/T 5154—2010标准要求。其中δ2.5 mm AZ31B镁合金薄板抗拉强度最高达到400 MPa。西部钛业在目前国内镁板加工领域具有先进大型设备的优势和丰富的镁板生产技术积累。其设备能力：（1）2800 mm四辊可逆热轧机具有高刚度、高功率、高轧制力（5500 t），具有先进的AGC控制系统、液压弯辊和轧辊分段冷却装置；配备先进的可移动辊底式电阻加热炉，在线加热板坯，在线回炉补温；在线测温仪及X-ray测厚仪保证轧制温度和尺寸控制；四重式十一辊热矫直机消除热轧板的单面或双面波浪弯曲；分段剪实现板材在线剪切。（2）1780 mm六辊可逆冷轧机最大轧制力为3000 t，配备AGC控制系统，液压弯辊、工作辊横移装置及X-ray测厚仪实现轧制过程厚度及板形尺寸控制。其配套设备：冷轧机前配备电阻炉，实现板材在线加热和快速补温，实现镁合金薄板的多火次温轧；十三辊矫直机完成退火后宽幅中厚板余热矫直；二十一辊矫直机完成宽幅薄板冷矫直；辊底式电阻炉完成镁合金板材的退火。

（2）连续铸轧-精轧镁合金板生产线建成

闻喜银光镁业集团等三个单位承担的国家科技支撑计划“镁合金板带坯连续铸轧技术及设备开发”专题，突破了镁合金连续铸轧流咀优化设计、金属液体均匀布流、工艺参数控制、熔体净化和异地运输等关键技术，开发了镁合金熔炼保温、异地输送、双辊连续铸轧、流咀、铸轧卷取等成套关键设备，形成了具有自主知识产权的镁合金板带双辊连续铸轧成套装备和技术。建成了我国

第一条幅宽600 mm、厚度0.3～9 mm，连续铸轧-精轧镁合金板材生产线，年生产能力达到3000 t，生产AZ31板材抗拉强度达到280 MPa，屈服强度230 MPa，伸长率>25%。

建成了薄板成卷轧制生产线，突破了镁合金成卷轧制的在线加热温度控制、板形控制等关键技术，开发了镁合金板带材成卷轧制专用设备，厚度4 mm以下带坯卷重达到500 kg以上，形成了具有自主知识产权的成卷轧制装备及技术，实现了短流程、低成本、高质量镁合金板材的批量生产。

铸轧是实现短流程、低成本生产镁合金板带材的最有效的方法之一，与传统工艺比，省去铣面、探伤、锯切、热轧、切边等多道高能耗、高金属损耗工序。洛阳铜加工集团2005年开始双辊铸轧试验，并在当年成功试验出6 mm厚、600 mm宽的AZ31B镁合金铸轧卷，为国内首创。2008年，成功生产出规格为6.7 mm×620 mm、6.7 mm×1000 mm的AZ31B、AZ41M镁合金铸轧卷板，最大卷重达到500kg，标志着洛铜开发的低成本、短流程镁铸轧板生产技术取得了突破性进展。

（3）准晶镁合金铸轧法探索成功

快速凝固准晶镁合金材料的抗拉强度可达935 MPa，比强度远远高于Ti-6Al-4V合金（抗拉强度1167 MPa），已经应用在航天器和飞行武器上。闻喜银光镁业集团基于镁合金铸轧成薄带的冷却速度在200～10000 ℃/s，比镁合金粉末雾化冷却速度（100～1000 ℃/s）高，采用铸轧-热挤压-热处理相变工艺制备了准晶相强化镁合金型材，完成了准晶相强化镁合金工程化尝试。

第6章　精整及深加工设备技术现状与发展趋势

6.1 涂镀设备技术现状与发展趋势

板带涂镀层产品广泛应用于建筑、汽车、家电、交通等行业。我国板带涂镀行业经过二十多年尤其近十多年的高速发展，无论从产品种类、品质、规格以及用途方面，都逐步满足了国内各行业的发展需求。我国涂镀装备技术除了朝着高强度、高耐腐蚀性等趋势发展外，还将逐步朝绿色智能化方向发展。

6.1.1 涂镀设备技术发展现状

6.1.1.1 镀层板设备技术发展现状

（1）热镀锌设备技术

热镀锌也称热浸镀锌，是钢铁构件浸入熔融的锌液中获得金属覆盖层的一种方法。热镀锌板的生产工序主要包括：原板准备→镀前处理→热浸镀→镀后处理→成品检验等。热镀锌工艺技术主要分为：森吉米尔法、改良的森吉米尔法和美钢联法三种。森吉米尔法和改良的森吉米尔法工艺简单，产品成本低，但是由于采用火焰直接加热，虽然能烧掉钢板表面的轧制油，但影响带钢表面质量，也不利于生产薄规格产品。美钢联法在退火炉前设置清洗段，采用电解脱脂可将带钢表面油污全部除掉，另外该工艺采用全辐射管退火炉，镀锌层表面质量较好。该工艺虽然复杂，热效率低，但是可以生产表面质量更好、厚度更薄的热镀锌钢板。

目前国内热镀锌技术主要集中在汽车高强钢和合金化镀层技术，如先进高强钢DP和Q&P退火技术、GA合金镀层技术、AlSi热成型钢技术等。设备包括气刀、沉没辊、稳定辊及附属设备、锌锅及加锌设备等。多年来气刀制造商不断改进气刀，形成方登、奥钢联、杜玛、柯勒等著名专业厂商。每家气刀各有特色，总的方向是能自动跟踪带钢，使气刀与带钢保持稳定距离。气刀可整体组装调整，有准确定位机构。喷嘴区域可实现压力恒定的动态控制。双唇回转气刀，具有更佳的刀唇间隙曲线。设置遥控气动快速刀唇清理装置，设置气刀水平方向快、慢速打开及准确复位系统。采用气刀吹氮气技术生产汽车用热镀锌板，开发了降低噪声、节省氮气的设备，其利用2个电机驱动激光测量头，自动测量带钢宽度与位置，根据带钢宽度，连续调节气刀间隙长度，不仅可降低噪声，并可节省氮气30%～60%，使气刀在提高镀层质量及环保节能上有了很大改进。沉没辊辊面流锌槽的形状、间距及轴承都有改进，提高了其稳定性及寿命。锌锅多采用熔沟式陶瓷锌锅，锌锅容积趋向加大，有利于锌液稳定，通常沉没辊的下缘距锅底至少1800 mm，汽车板热镀锌机组的锌锅容积要更大些，多在320～350 t，并设置2套自动加锌锭装置，以确保锌锅锌液面稳定。图6-1为热镀锌的生产工艺流程。

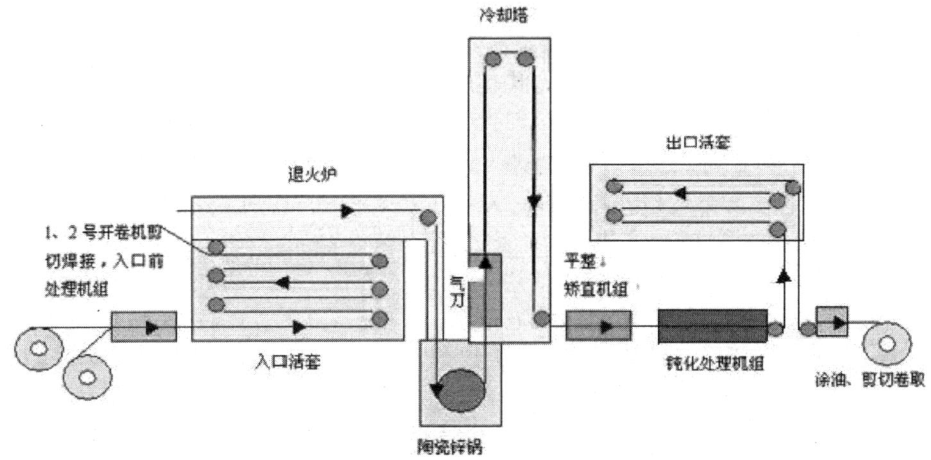

图 6-1　热镀锌生产工艺设备布置

（2）电镀锌设备技术

电镀锌又称为EGL，目前国内有近20条EGL生产线，其中大部分采用重力法生产工艺，主要技术为Zn-Ni合金电镀、锌基复合电镀、Zn-Ni合金基复合电镀、Zn-Fe合金基复合电镀、Zn-Co合金基复合电镀等。从阳极板的选择来分，又分为可溶性阳极和不溶性阳极。

表 6-1　电镀锌生产工艺类型

	水平槽	水平喷射槽	重力槽	径向槽
技术权人	新日铁	川崎制铁/西马克	安德里茨	美钢联
开发年代	约1985年	约1989年	约1985年	约1978年
结构形式	卧式槽	卧式槽	立式槽	径向槽
阳极类型	不溶性钛阳极	不溶性钛阳极	不溶性钛阳极	可溶性阳极
镀液填充形式	中间喷流，充满镀槽	逆向喷射，充满镀槽	上部溢流，不充满镀槽	底部注入，充满镀槽
带钢与阳极间隙	—	—	7～9 mm	30～40 mm
主要优点	带钢与阳极间距小，电能损失小；不溶性阳极尺寸稳定，更换周期长	带钢与阳极间距小，电能损失小；不溶性阳极尺寸稳定，更换周期长；更换维护方便	电能损失小；不溶性阳极尺寸稳定，更换周期长；不需设置边缘距；电镀时气体逸出相对容易；导电辊未沉浸在镀液中，使用寿命长；单双面电镀切换方便	导电辊切点与阳极中心距离小，电压降小；设备结构简单；单面镀容易
主要缺点	需设置边缘距；带钢存在下垂，影响镀层均匀性；导电辊切点与阳极中心距大，电压降大；导电辊沉浸在镀液中，更换周期短，维护成本高；电镀时产生的气体逃逸困难；单双面电镀切换困难	需设置边缘距：带钢存在下垂，影响镀层均匀性；导电辊切点与阳极中心距大，电压降大；导电辊沉浸在镀液中，更换周期短，维护成本高；电镀时产生的气体逃逸困难；单双面电镀切换困难	每个阳极箱设置液压缸数多，维护困难；导电辊切点与阳极中心距大，电压降大	不需设置边缘距；边缘增厚无法解决；采用可溶性阳极，更换频繁，且镀层均匀性差；带钢与阳极间距大，浪费电能：单双面切换困难；导电辊面由两种材质组成，镀层易产生辊印；导电辊直径大，成本高，制造更换困难

热镀锌与电镀锌的区别如下：

1）原理不同

冷镀锌涂料主要通过电化学原理来进行防腐；热镀锌也称热浸镀锌，是钢铁构件浸入熔融的锌液中获得金属覆盖层的一种方法。

2）抗腐蚀能力不同

热镀锌抗腐蚀能力高于冷镀锌（又称电镀锌）。热镀锌在几年里都不会生锈，冷镀锌在三个月内就会生锈。

3）厚度不同

热镀锌的锌层本身是比较厚的，有10 μm以上的厚度，虽然表面明亮，但是粗糙，还会有锌花出现。而电镀锌的锌层就很薄了，只要3～5 μm的厚度，表面虽然光滑，但是会有灰暗、发污的表现，加工性能好、耐腐蚀性不足。

冷轧带钢连续电镀锌机组的原料是经过连续退火机组退火后的带卷，电镀锌工艺包括三个步骤，即镀前处理、电镀和镀后处理。镀前处理的目的是获得一个适合于电镀的表面，包括机械法平整表面，使粗糙的表面或明显的划痕、毛刺得以消除，达到一定的光洁度。化学或电化学法除掉带钢表面的油污、氧化物，电镀前的活化处理-弱酸浸蚀。电镀的过程是溶液中的金属离子在电流作用下不断在带钢表面上沉积析出的过程。后处理包括活化处理、磷化处理、封闭处理等。电镀锌后处理技术通常可以采用浸涂、喷涂和辊涂等方式。辊涂技术以其操作灵活性和环保成为后处理技术的引导性技术。后处理段可根据可利用的空间、生产线的布置及投资成本合理选用后处理技术。对于电镀锌机组，一般磷化采用水平喷涂技术，钝化采用辊涂技术，常用辊涂机有三种：缠绕式、立式和卧式。

连续电镀锌机组设备主要分在线设备和离线设备。在线设备主要有入口段的上卷、开卷、剪切、焊接、入口活套组成。工艺段设备包括拉矫机、清洗槽、电解槽、漂洗槽、电镀槽、导电辊、阳极箱、镀后清洗槽、磷化槽、钝化设备、烘干冷却装置；出口段设备有出口活套、检查台、涂油机、飞剪、卷取机及卸卷设备。此外还包括连续机组所必要的张力辊组、张力计辊、纠偏辊和转向辊等。离线设备主要有碱清洗循环系统、酸洗循环系统、漂洗循环系统、电镀循环系统、电镀液过滤系统、电镀液蒸发系统、溶锌系统、电镀液储存系统、导电辊清洗系统、导电辊冷却系统、带钢保湿系统、酸雾通风系统、碱雾通风系统、废液排除系统。电镀锌工艺设备实物如图6-2所示。

图 6-2　电镀锌工艺设备实物

6.1.1.2 涂层板设备技术发展现状

彩色涂层钢板是以冷轧钢板和镀锌钢板为基板，经过表面预处理（脱脂、清洗、化学转化处理），以连续的方法涂上涂料（辊涂法），经过烘烤和冷却而制成的产品。常见的二涂二烘型连续彩色涂层机组工艺流程主要生产工序为：开卷→预处理→涂敷→烘烤→后处理→卷取。

彩涂板生产工艺主要分为辊涂法、贴膜法及粉涂法三种。辊涂工艺通常受涂装机一次涂湿膜厚度及烘烤固化炉溶剂负荷的限制，若产品要求涂膜厚度大，则需多次涂覆及烘烤固化，因此辊涂机组分为一涂一烤、二涂二烤、三涂三烤等多种类型，以满足不同涂层厚度的要求，并能更经济合理地利用涂料。其中，二涂二烤机组数量最多。辊涂机组可以高速、大批量生产。产品广泛用于室外建筑及室内装饰、家电、家具、器具等领域。贴膜法涂装前的预处理与辊涂法基本相同，预处理后带材下表面涂上背漆，上表面涂热固黏结剂，经活化处理将PVC塑胶膜黏结在基板上表面，经冷却、压平，可得到外观美丽的彩色贴膜板。有些彩涂机组为辊涂与贴膜两用机组，可分别用辊涂和贴膜工艺生产。贴膜彩涂板外观美丽，具有优良的防火、耐腐蚀、抗酸碱等性能，主要用于家电、家具、室内装饰及车船内部装饰，但产品价格较高。由于受贴膜机速度限制，这类机组一般生产能力较小。粉涂法是一种新工艺，分为粉末枪与粉末云两种技术。粉涂法产品的涂膜厚度、色彩、光泽均匀；耐划伤、抗腐蚀、抗粉化、抗褪色性好；涂料中无溶剂和热固黏结剂，无爆炸及火灾隐患，是环保安全型工艺。粉涂彩涂板其产品应用于建筑、轻工、家电、家具、计算机等领域。特别应注意的是，目前彩涂板的发展趋势已不再是提高产量，而是提高产品的高级化和多样化。彩涂生产线设备主要有：开卷机、双切剪、缝合机、月牙剪、除毛刺辊、张紧辊、入口活套、化学清洗槽、烘干机、化学涂层机、烘干炉、精涂机、初涂机、初涂固化炉、初涂水淬槽、精涂固化炉、热贴膜机、精涂水淬槽、出口活套、出口剪及张力卷取机。

（1）辊涂设备技术

辊涂法是目前生产彩涂板的一种比较成熟，并被普遍采用的生产工艺。通过辊涂机将液态涂料涂敷到带钢上下表面，经烘烤固化冷却，完成产品生产。采用该生产工艺的机组数量最多，机组可高速、大批量生产，产品可用于建筑、家电和汽车等行业，同时可与贴膜覆层在同一机组上进行。

辊涂机是影响辊涂法生产的一个主要因素。在配置辊涂机时，首先要考虑涂层质量，辊涂机必须可靠，并保证能生产出稳定的涂层表面。辊涂机自身能控制的湿膜厚度就是一项主要指标（干膜厚度取决于涂料中固化物的比例）。精确控制涂层厚度，不仅能保证好的涂层表面，而且还能减少油漆的消耗，降低生产成本。

在控制湿膜厚度和涂层表面质量方面，辊涂机一般采用下面几种方式：

1）首先通过改变涂敷辊相对带材的运行速度和方向，控制涂层厚度。

2）通过调整各辊和带钢之间的压力，控制湿膜厚度。

3）采用磁尺技术。该技术由新日铁公司开发，采用磁尺位置传感器和压力传感器测量辊的位置和辊之间的压力，并根据测量的值进行调整，以控制涂层厚度。

4）采用博士刀。博士刀形状类似刮刀，可将提料辊上的涂料沿辊方向刮得更均匀，然后再传递给涂敷辊或计量辊，以控制涂层厚度和涂层表面质量。

在涂层线生产时，每天需要多次更换涂料的颜色。为保证在更换颜色时快速更换涂料，缩短更换颜色的时间并降低废品率，生产线一般设三个辊涂机，包括一个初涂机和两个精涂机。初涂机通常为两辊式；精涂机通常为三辊式，其中一个为备用精涂机。正常生产时，一台工作，另一台准备下一个产品的颜色。为缩短涂机停机时间，一些公司还开发了涂辊快换技术，在换辊时将需更换的被涂辊通过轨道整体拉出，将已调整好的新辊推进，以缩短换辊调整、停机时间。

（2）涂层烘烤设备技术

带钢涂层的烘烤通常分为电热烘烤和气体循环加热烘烤，应用最广泛的是气体循环加热烘烤。循环加热烘烤工艺中，如采用燃气燃烧明火直接加热烘烤，燃气中所含杂质油漆挥发产生的溶剂气体燃烧后产生的废物，会给钢板涂层表面带来不利影响。而热风循环喷吹烘烤，燃气燃烧产物的热量通过热交换传给循环的热空气，再由热空气烘烤带钢，燃气燃烧产物不和带钢接触，钢板的涂层质量得到了保障。采用这种技术的有法塔·亨特公司专利技术的清洁空气系统，主要用于生产家电和高光洁度板。

目前，固化炉炉型主要有两种：气垫式固化炉（气垫炉）和悬垂式固化炉。气垫炉适用于高速生产线，在工艺段速度大于150 m/min时采用，其投资较悬垂式固化炉大。由于气垫炉在运行时有大量气体喷射到带钢表面上，容易对带钢表面产生影响，不适合生产要求严格的家电板。采用热风循环喷吹烘烤工艺的固化炉一般分为4个区，每个区单独进行热风循环，并根据油漆厂提供的加热曲线将带钢加热到所要求的金属加热峰值（PMT），一般为180～260 ℃，固化时间为18～24 s。同时为保证安全，在炉内设检测可燃气体浓度的传感器，在达到爆炸极限的25%时进行报警，并增加送风量以降低可燃气体浓度。

（3）废气处理设备技术

目前新建的彩涂板生产线一般选用RTO型焚烧炉。焚烧炉的作用是采用燃烧的方法，处理掉带钢在固化时从涂料中挥发出的有机溶剂，同时加热新鲜空气来保证固化炉内的温度，焚烧炉内的燃烧温度为780 ℃。

RTO型焚烧炉有两个蓄热室，在90～180 s之间互换一次气体流动方向。新鲜的空气通过焚烧炉换热器被燃烧后的气体加热到一定温度后，与冷空气进行配比，送入固化炉内，补充固化炉内的热值消耗，对带钢上的油漆进行固化。进入固化炉内的热空气在固化涂料的同时，与涂料中挥发出来的有机溶剂气体混在一起，通过风机进行循环。从固化炉中出来的废气通过循环系统进入焚烧炉燃烧，温度为200～250 ℃，在燃烧前经过焚烧炉的蓄热体进行换热，温度提高到300～350 ℃，然后在焚烧炉的炉膛内燃烧。固化过程中产生的有机溶剂在焚烧炉内被焚烧，以达到环保所要求的排放标准。燃烧后的气体送到换热器，燃烧后的废气通过两次热交换后排放掉。

图6-3为德勒钢铁彩涂生产线，其主要采用两涂两烘工艺保障涂镀质量。

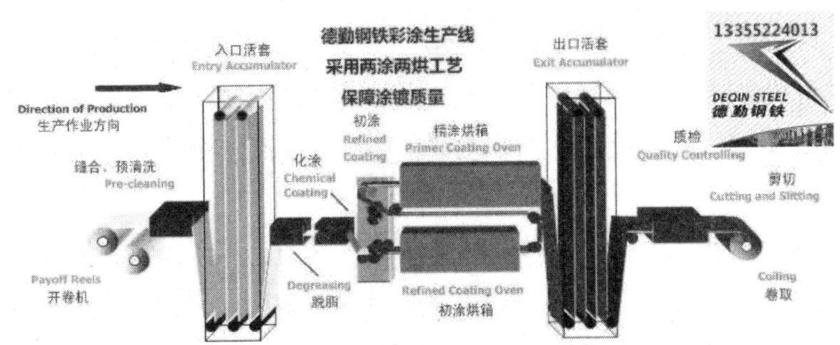

图 6-3　彩涂板生产工艺设备布置

表6-2列出了几种彩涂工艺特点及其应用情况。

表 6-2　几种彩涂工艺特点和应用情况

工艺方案	特点	应用情况
一涂一烘	一道底漆和一道面漆，防护能力差，表面质量一般；可以实现覆膜	目前很多厂开发覆膜板，应用开始增加
两涂两烘	可实现2/2，2/1，2/2M，表面质量高；可以实现印花和压花以及覆膜	目前使用最多的彩涂机组形式
三涂三烘	一般是增加一个功能，比如印花；由于品种很多，无法在精涂后面增加；操作灵活	相对较少，但是针对高级家电板，印花产品量大，这是不二选择

6.1.1.3 涂镀板新设备技术

（1）纯氮气气刀

气刀是镀锌铝镁十分关键的设备，带钢从锌锅拉出时，表面带着大量的锌铝镁液，需要采用气刀喷吹气体刮去多余的锌铝镁液，这一过程，气体与高温锌铝镁液的作用很强烈，由于锌铝镁中镁易氧化，且氧化物非常疏松，所以，如果气刀喷吹的气体含氧量高的话，与普通镀锌相比，有着根本性不同的新特点。一是氧化作用强烈，由于气刀气体对高温锌铝镁液的冲击和搅拌作用强烈，所以反应也很强烈；二是内外都会氧化，由于镁氧化后疏松的氧化物，破坏了铝氧化物致密的氧化层对内部锌铝镁液的保护作用，氧气可以进入锌铝镁液体内部，使其发生氧化，因此氧化不但发生在表面，内部的液体也会发生氧化；三是氧化生成物影响很大，铝的氧化物分子之间的吸引力大，容易聚合到表面，但镁的氧化物聚合作用小，容易混到锌铝镁液体内部，使得锌铝镁液体黏度增加，影响流动性，使得镀层均匀性受到影响。

这一问题在锌锅区同样存在，在锌锅表面，除了没有气体的冲击和搅拌作用以外，其他两个方面的影响一样非常严重。常州大学的周杰老师在实验室里，用含6%Mg和6%Al的锌铝镁做了实验，如果不对锌铝镁液体表面进行保护直接暴露在空气中的话，实验用的坩埚内460 ℃锌铝镁液体空冷到常温就可能会全部被氧化掉。

解决这一问题的对策，就是要采用纯氮气气刀，并在锌锅表面采取适当的密封措施，保证锌铝镁与空气相对隔离，可以有效防止镁的氧化。热镀锌时，要求高质量表面（例如汽车板），气刀就喷吹氮气，一般产品气刀都是喷吹空气。在大型钢铁联合企业中，转炉炼钢必须吹氧气，就要有氧气厂专门供应氧气，剩余大量氮气是副产品，正好可供应气刀吹氮。但是没有炼钢工序的热镀锌厂就缺乏氮气来源，采用变压吸附制氮来供应气刀吹氮又增加了生产成本，所以要生产锌铝镁合金镀层板就受到一定限制。

同时，对气刀喷出气体的层流特性要求更加严格，必须采用日立、POSJET、方登、杜马等形式的气刀，气刀的角度一般为0°，角度差控制在－0.5°～－1.0°，气刀距离尽可能小，这些参数必须进行精确的控制。

（2）感应加热快速退火技术

感应加热是超快速退火的核心技术，早在20世纪40年代该技术就开始用于带钢的加热。直到20世纪80年代末，感应加热技术终于在铝带和铝合金带材的生产中成功实现商业应用。目前主要有两种感应加热带钢的方式，即纵向磁通和横向磁通法。以金属板带材为被加热对象，在纵向磁通感应加热情况下，由于感应电流的趋肤效应，当带材厚度降低到2.5倍的趋肤深度以下时，由于作用在带材的磁通量的减少，导致纵向磁通加热效率降低，加热的经济性也变差。对于铁磁性能的金属材料，当被加热到居里温度点（770 ℃）以上时，相对磁导率为1，电阻率增大，导致趋肤深度急剧增加，此时采用纵向磁通再加热，需要极高的频率和功率，电效率和经济性极低，因此，纵向磁通高效率感应加热的最高加热温度一般不超过居里温度。

横向磁通感应加热（Transverse Flux Induction Heating，TFIH）可以克服纵向磁通感应加热存在的一些问题。近年来，由Celes、安赛乐米塔尔研发中心和法国电力集团（EDF）联合研制的新型感应器采用了一套先进的监控系统。该系统能根据带钢性质、尺寸以及其他工艺参数自动调整和控制感应器的所有参数以及包括磁屏、磁棒及磁垫等各种磁场调节器的位置，基本解决了“带钢边缘过热或欠热”的问题，带钢宽度方向温度均匀性良好。该中试生产线有如下特点：拥有比传统技术功率强10倍的技术，加热速率800～1000 ℃/s；带钢用感应器的电效率75%～80%；温度均匀性小于±3%；比利时冶金中心也开发了一台半工业化超短流程退火线，设备的加热方式为电感应加热，针对厚度为0.9 mm带钢的加热速率可达200～1000 ℃/s，最大（水淬）冷却能力900 ℃/s。目前，上述快速感应加热技术的应用还主要局限在中试线或半工业化试用，主要问题是在保证带材温度均匀性和加热速率条件下的用电功率巨大。特别是对于厚度0.1～0.75 mm的不锈钢、高硅钢等极薄规格的特殊材料，在既要保证加热温度均匀又要具有较高线速度来保证生产效率的情况下，其综合性应用技术、用电功率以及经济效益等，需要根据具体生产环境和应用对象进行评估。为此，提出火焰快速加热的方法，可燃气体采用乙炔、天然气或氢气燃烧加热。火焰加热优点：加热速率快，温度均匀易控制，热源利用率高，功率损失小，特别适用于宽带钢极薄带材在线快速加热，目前，国外已经有该技术的应用先例。

随着横向磁通感应加热、火焰加热等方法关键技术的突破，快速热处理技术对生产高强薄带钢产品显示出广阔的应用前景。不仅工艺流程缩短、节能降耗、提高产品质量和生产效率等，更重要的是为开发具有优异组织性能的新材料提供了途径。因此，建立超快速退火工艺与材料物理冶金学及其综合力学性能的关系变得非常必要和迫切。

（3）连续退火快速冷却技术

冷却技术是冷轧带钢连续退火工艺的关键。为了提高连续退火带钢的冷却速率，解决冷却均匀性、表面氧化等问题，国内外开展了大量的研究工作。总体来说，目前先进的高速喷氢冷却技术的冷却速率可达150 ℃/s（1 mm厚带钢），这一指标不能满足厚规格、超高强度钢的生产。冷水淬的冷却速率可达1000 ℃/s以上，但却不能实现带材的冷却路径控制与终冷温度控制，存在冷却均匀性和板形等问题，且需要后续酸洗。

为了解决高速喷氢冷却生产高强钢冷却能力不足的问题，以及水淬冷却存在的问题，需要开发更先进的冷却技术。气雾冷却又称气液双相介质冷却，是一种有前途的先进快速冷却技术。传统的气雾冷却技术，对1 mm厚的带钢，冷却速率只能达到150 ℃/s，与目前的高速喷氢冷却的速率相当。另外，冷却的均匀性受冷却速率影响很大，冷却速率低时，水雾与带钢接触不均匀，冷却速率高时，液滴尺寸大，均匀性不好。为了进一步提高气雾冷却的速率，生产更高强度级别的高强钢，法孚公司开发了一种湿式闪冷气雾冷却技术（Wet Flash Cooling）。该技术采用氮气和水作为冷却介质，利用氮气使水变成水雾，通过调整水（气）压或水（气）流量来控制冷却速率，最高冷却速率可达1200 ℃/s，并且终冷温度可以控制，横向和纵向的板形均匀。

（4）镀层厚度自动控制技术

目前，国外先进连续热镀锌线上大多配有镀层厚度自动控制系统和装置，比如钢铁制造集团安赛乐米塔尔公司在法国的Florange钢厂镀锌线在2008年开发了镀层厚度自动控制系统。韩国浦项钢铁公司在2006年也实现了镀层厚度的自动控制。国外热镀锌生产线在总结生产经验的基础上，以调节气刀离开带钢的间距与气刀喷嘴吹扫空气的压力参数为主，形成了有效的控制模型。国内热镀锌线的建设起步比较晚，1979年武钢建成国内第一条连续热镀锌生产线，直到1990年宝钢才建成第二条热镀锌线，宝钢热镀锌机组的锌层厚度控制方式采用传统PID控制实现反馈控制。武钢热镀锌其锌层厚度控制方法采用最优预测控制方法。采用闭环控制后，当速度发生变化时气刀会自动根据测厚仪的反馈值进行调节，可以实现均匀的镀层厚度控制。同时由于控制对象存在严重的非线性、时变、大滞后的现象，采用传统PID控制包括扩展PID控制都达不到要求的控制效果，必须采用先进的控制方法。同时镀锌过程存在大滞后、非线性和强耦合等的控制难点，国内未能实现自主开发应用，所以一直采用手动干预的方式生产。

（5）镀锌退火工艺控制技术

国外一些知名的工业炉公司（比如DREVER、STEIN等）经过多年的技术积累及实际应用，在立式炉过程控制领域取得了领先优势。特别是数学模型的应用，已成为这些公司的核心技术，并带来了可观的经济效益。我国大型连续热镀锌退火炉的设计制造基本依靠进口。虽然部分企业、院校及设计院通过不断的改造和引进走在镀锌连续退火技术的前沿，但从目前国内对连续退火技术的总体使用情况来看，各大钢铁企业、科研院所并没有完全掌握所引进的过程控制及数学模型系统（其中包括炉温控制数学模型、张力设定数学模型、炉辊凸度选择控制模型等）软件技术。考虑到热镀锌连续退火炉具有非线性、大滞后、多干扰、难以协调控制的特点，以及现代带钢热镀锌连续退火机组大型化、产品多样化、高质量和低成本的发展趋势，连续退火炉的过程控制及数学模型系统成为目前亟待解决的重要难题之一。

目前，国内对于镀锌退火炉的过程控制模型系统过分依赖于进口。在深入分析带钢的热处理机理时，存在着两个问题：只能简单地使用国外的带钢温度生产控制模型，而不了解模型的来源；缺乏对带钢温度变化机理的理论研究数学模型。因此，目前的研究趋势是，要达到自主集成连续热处理炉的目的，必须要对带钢热处理过程进行系统科学的研究，建立完整的理论计算数学模型，再由其得到带钢温度生产控制模型。

（6）气相沉积技术

气相沉积工艺相比热镀锌工艺镀层更薄，表面质量更好；相比电镀锌工艺，能耗低，没有废水废气排放。气相沉积技术分为物理气相沉积（PVD）和化学气相沉积（CVD）。韩国POSCO于2005年已经通过电磁悬浮PVD技术开发出Zn-Mg镀层产品。并于2012年建成一条宽度1550 mm、采用EML-PVD（电磁悬浮物理气相沉积）工艺的生产线，产品能满足80%以上汽车、家电及建材板需求。

欧洲安赛乐米塔尔公司在比利时也新建了一条新型镀锌生产线，该生产线采用了安赛乐米塔尔经过近八年研发并首次应用于商业化镀锌生产的喷射气相沉积技术（JVD）。在不同PVD、CVD工艺的基础上，通过发展和复合很多新的工艺和设备，如IBAD、PCVD与空心阴极多弧复合离子镀膜装置、离子注入与油溅射镀或蒸镀的复合装置、等离子体浸没式离子注入装置等不断将该类技术推向新的高度。表6-3列出了三种PVD技术及其优缺点。

表6-3　三种PVD技术优缺点比较

	EB-PVD	喷射PVD	EML-PVD
技术	电子束照射到埚内的金属→蒸汽产生→蒸汽移动到带钢上	金属在坩埚内加热→蒸汽产生→蒸汽通过喷射嘴喷射到带钢上	液滴悬浮＆熔化→蒸汽通过喷射嘴喷射到带钢上
涂层材料	金属、陶瓷	蒸汽压力高的金属（Zn、Mg）	金属
涂装速度	约10 m/min	约100 m/min	约200 m/min
优点	理论上可以涂装所有材料，涂层控制精确	高速涂装、设备简单、蒸汽收得率高	极高的涂装速度、金属收得率高、能效高，可进行合金涂层
缺点	涂装速度低、蒸汽收得率低、能效低	仅限于低熔点金属，难以进行合金涂层	仅限于金属涂层

6.1.2 涂镀设备技术发展趋势

总的来说，我国涂镀技术除了上面所提到的朝着高强化、高耐腐蚀性等趋势发展外，还会逐步朝绿色智能化方向发展。

6.1.2.1 连续涂层设备技术发展趋势

（1）功能化涂层

涂层产品通常会根据客户的要求具有特殊的质量、性能，如可成型性、可焊接性、可涂覆性、耐腐蚀性或者装饰性等。这些特殊的性能是通过对镀层钢板再进行有机或者无机的处理后实现或者得以加强的。

韩国钢铁企业在家电和建筑领域，开发了如黑色树脂涂层、紫外光固化材料（UV）、彩色镀层钢板等各种具有高级功能的涂镀层钢板，正在陆续推向市场，很好地应对了来自铝、镁、塑料、复合材料的竞争。国外许多公司和研究机构正在致力于扩大涂层板应用领域，如将彩涂板应用到太阳能电池领域。

（2）连续粉末涂层技术

粉末涂层技术主要是为了去除传统涂料的有机溶剂，降低VOC。粉末涂层工艺分为静电法、云雾室法和电磁刷法，其中电磁刷法还未用于商业生产。粉末涂层技术生产的产品涂膜厚度、色调、光泽均匀，耐划伤、抗腐蚀、抗粉化、抗褪色性好，涂料中没有溶剂，也没有热固黏结剂，无爆炸及火灾隐患，是环保安全的彩涂工艺。

6.1.2.2 连续热镀锌设备技术发展趋势

（1）减量化高耐蚀合金镀层

为了减少锌的消耗，提高产品耐腐蚀性以延长涂镀产品的使用寿命，开发新的锌铝合金镀层已成为新的研究热点。采用其他镀层产品，譬如热镀铝硅产品、热镀锌铝镁合金镀层板是继热镀锌板、热镀铝锌板之后全新的一代锌基合金镀层钢板。国际上热镀Al-Si、Zn-Al-Mg-Si、Zn-Al-Mg-Mn等镀层产品研发与工业应用已取得较大进展。如欧洲、北美热冲压用钢使用迅速增加，热镀Al-Si产品以其较好的热冲压匹配性能已经用于汽车零件热冲压制造，未来这种汽车板在汽车上的应用比例将大幅提高。我国华菱安赛乐米塔尔汽车板有限公司（VAMA）、马钢和唐钢等已生产出热镀铝硅产品。

锌铝镁钢板在日本和欧洲已经商用多年，这种镀锌板具有较高的耐蚀性能，除了适合建筑装饰用外，在汽车车身构件制造中也能发挥镀层优异的冲压和耐蚀性能，市场应用前景较好。我国锌铝镁产品刚刚起步，仅酒钢和鞍钢新轧-蒂森克虏伯镀锌钢板有限公司等少量企业生产。

（2）先进高强钢可镀锌技术

先进高强钢镀锌产品中合金元素含量相比普通高强钢高很多，尤其是Mn、Si等。在连续热镀锌生产线再结晶退火过程中，这些合金元素优先发生氧化，锌液与氧化部分的浸润性变差，在镀锌时容易出现漏镀，降低涂层质量。为了解决这一问题，一般采用预氧化、闪镀镍、内部氧化等生产工艺。

预氧化：在退火炉的预热段（或加热段）设置预氧化段，让钢板在氧化性气氛中加热，表面形成200～300 nm厚的氧化层，抑制易氧化的合金元素过度氧化。然后在还原性气氛中利用氢将氧化物还原，保证带钢表面没有氧化物。

闪镀镍：在清洗段和退火炉之间设置镀镍段，防止在退火炉中合金元素析出和氧化，提高基体和锌液的浸润性。

（3）镀层精确控制技术

为了实现镀层精确控制，国内外研究机构在气刀技术上进行了很多实验室尝试并取得了一定的研究成果。在镀锌生产线气刀上方安装电磁稳定系统，除了能有效减少镀层过厚和改善镀层均匀性外，还可以获得更薄的镀层，例如35～40 g/m^2（单面）的GA镀层，或者更高的生产速度。对于连续热镀锌生产线，通过安装电磁稳定系统，一年可以节省15%的锌。

另外，为了提高热镀锌机组生产效率，在高速生产时获得更低的镀层重量，国外开发了多缝气刀。这种气刀有一个主喷嘴和两个倾斜的辅助喷嘴，在带钢和气刀间距比较大时，辅助喷嘴可以帮助主喷嘴在带钢上保持稳定的流量。

（4）环保型钝化技术

为满足环保要求，采用无铬钝化的环保型钝化技术已经越来越多地被国内钢厂所采用。无铬钝化主要包括无机物钝化（采用过渡元素和稀土、硅酸盐等来代替铬酸盐钝化）和有机物钝化（采用腐植酸、单宁酸、环氧树脂、丙烯酸树脂、二氨基三氮杂茂及其衍生物等来代替铬酸盐钝化）。其中有两种目前效果比较好：多种具有优良单一功能的有机/无机复合钝化和有机钝化。

（5）热轧带钢免酸洗镀锌技术

免酸洗镀锌技术可以避免酸洗所带来的环境污染和成本投入等诸多问题。韩国浦项钢铁公司已开发出无酸洗还原热镀锌技术。这种新型技术要求精确控制热轧后的层流冷却工艺，使带钢的最终室温表面氧化铁皮含有20%以上的FeO。在退火过程中，还原段中升温至550～700 ℃，在20%～100%的H_2条件下还原30～300 s，将带钢表面的氧化铁皮层部分还原为纯铁层。还原后的带钢浸入Al含量0.2%～5.0%的锌锅中，从而得到高表面质量的镀锌产品。

对于高强钢、合金钢中含有的合金元素，采用免酸洗镀锌技术，在氧化过程中，Al、Si、Mn会在内层形成内氧化，外层为铁的氧化物，经H_2还原后，钢板表面只有纯Fe，再经过锌锅热涂镀时即可消除热浸镀时常出现的缺陷。

6.1.2.3 连续电镀锌设备技术发展趋势

连续电镀工艺由于污染严重，近年来发展受到限制。将来发展的主要趋势是开发清洁电镀工艺和提高产品耐腐蚀性。具体包括三个方向：

1）提高作业效率：通过改进电镀液配方，开发新型电镀槽结构和阳极系统来提高电流密度，提高电镀效率。

2）清洁电镀工艺：开发无毒或者低毒型镀液配方和新的废液处理技术。

3）合金镀层工艺技术：通过开发合金镀层沉积技术，开发多品种镀层，以增加产品的耐腐蚀性、耐磨性或者其他性能。

6.2 矫直设备技术现状与发展趋势

在钢铁工业产品中，板带、管、棒及型材都是经过轧制过程完成的成型，并且这些品种占据了绝大多数的比重。因此，作为轧后精整设备，矫直机对最终钢铁产品的质量起着至关重要的作用。对这些钢铁产品而言，轧制生产线上的矫直机作为保证产品质量的重要设备，直接决定着产品的生产率、平直度精度、应力消除程度以及交货质量的高低，因而设备的先进程度变得越来越重要。

6.2.1 板带矫直设备技术发展现状

板带矫直设备按照板材厚度分类可分为：中厚板矫直机、中薄板矫直机、薄板矫直机。板带矫直机一般主要由机架装配、夹送辊、辊系装配、辊缝调整、换辊装置和传动部分等组成。以中厚板热矫直机为例，由机架，上、下斜楔调整装置，前后导辊，工作辊，上、下支撑辊，换辊装置，压下装置，传动装置等部分组成。图6-4为某种辊式矫直机的现场使用时的实物图。

图 6-4　辊式矫直机的现场使用时的实物图

中厚板矫直机是布置在轧制线上用于提高不平度精度，消除残余应力的关键设备。自1975年以后TMCP（Thermo Mechanical Control Process）技术的广泛应用，板材的矫直温度降低、材料的屈服强度提高（600～800 MPa）等多种因素，对矫直设备在强度、刚度、功能和自动化程度方面提出了更高的要求，钢铁生产厂家迫切需求新一代中厚板辊式矫直机。世界上一些先进的制造厂家，如德国SMS、日本三菱以及奥钢联等推出了符合这些要求的全液压矫直机。

热矫直一般在650～1000 ℃进行，只用于中厚板。随着钢板控制轧制、控制冷却和TMCP轧制技术的广泛应用，对宽厚板热矫直机也提出了更高的要求。在中厚板生产各个工序的理论中，矫直理论发展相对薄弱。其原因有两个：一是以前矫直机作为生产辅助设备没有受到重视；二是矫直过程相对比较复杂，理论研究困难。当前，先进的矫直机已开始采用过程计算机与轧机过程机通信，并采用计算机模型控制。矫直钢板厚度范围的扩大、钢板热矫温度的降低以及热矫钢板强度的提高，促进了热矫直机向高刚性结构和高负荷能力方向发展。为了使钢板得到更好的平直度和更快的矫直效率，世界上不少著名的冶金机械制造商如德马克（MDS）、西马克（SMS）、三菱重工（MHI）、奥钢联（VAI）等纷纷推出“第三代矫直机”，在结构设计上作出改进。新型板带矫直机的共同特点是：

1）矫直机机架采用预应力机架，刚性系数约10000 kN/mm，最大矫直力不低于30000 kN；

2）采用矫直辊不同方向的预弯以消除钢板边部或中心瓢曲；

3）上矫直辊倾斜以消除单边波浪；

4）矫直辊沿矫直方向倾动以调整辊缝；

5）入、出口辊单独调节辊缝以利于钢板的输送；

6）设有过载保护、快速换辊装置；

7）采用不同辊径与辊距的组合方式以扩大矫直范围；

8）通过自动控制、计算机模型设定和液压AGC动态调整辊缝等先进技术，来提高中厚钢板的矫直质量。

对于薄板来说，一般采用小变形逐步矫直法来矫直板材。板材的矫直过程是在反复的弹塑性弯曲条件下，板材发生形变，在弹复后，所残留的弯曲程度差别会显著减小，在经过多组弯曲变形后，板材的残余曲率会逐步减少，甚至会趋于一致，从而达到矫正的目的。

对于辊式矫直机来说，高精度薄板的矫直是比较困难的。因为板材越薄，屈服强度越高，矫直精度越高，所需的矫直辊数量越多，辊径越小。由于矫直辊数量的增多，辊径、辊距的减小，在设计各辊单独调整的压下装置时受到机械强度和空间尺寸的限制，从而形成了上排矫直辊整体倾斜的调整方式，并由此自然形成了辊缝值线性递减压弯矫直方案。在矫直机的设计与使用中，重要设计参数与工艺参数的辊缝值、矫直精度与矫直力等都应与该矫直方案相适应才具有实际指导意义。

矫直辊数量的增多，辊径与辊距的减小，在设计各辊单独调整的压下装置时受到机械强度和空间尺寸的限制而难以进行，所以薄板矫直机多采用下排矫直辊固定，整排上矫直辊倾斜调整，在上、下排矫直辊间形成夹角为α的倾斜量，并由此形成辊缝值线性递减的压弯矫直方案。近年来，国内中厚板生产线发展迅猛，从单纯产量的竞争、质量的竞争上发展到规格种类的竞争上。尤为明显的是中厚板轧制线后序的热处理线的不断上马，目的是扩大钢板的屈服强度范围，典型产品便是高强度板即耐磨板高强度板（1200 MPa）。在矫直机的控制系统中，西马克为宝钢制造生产的矫直机采用西门子的TDC系统，该系统中使用了闭环控制系统控制液压缸的压下动作。由太原科技大学为济钢、新余钢厂及舞阳钢厂设计的中厚板全液压矫直机中的伺服控制系统采用了自己开发的控制模块。

国内部分典型板带矫直设备介绍如下：

（1）十五辊组合矫直机

十五辊组合矫直机为具有全部自主知识产权的大型轧钢成套设备，如图6-5所示。该装备矫直厚度范围比现有矫直机扩大一倍，一台可取代两台矫直机，可生产6～40 mm宽厚高强度冷钢板，矫直钢板产品质量和生产效率均达到了国际领先水平。在太钢集团临汾钢铁公司和酒泉钢铁公司的两条不锈钢中厚板热处理生产线上，都采用了该项技术，表明该技术在不锈钢等极端难矫直的特种钢板领域具有显著优势。

十五辊组合矫直机包括本体、传动、换辊三个机械部分和自动化系统、电气系统、液压润滑系统组成。本体包括：机架、压下系统、活动横梁、上辊系及辊盒、下辊系及辊盒、小辊系升降装置、机架辊、接轴夹紧、梯子走台等部分。传动系统由两台355 kW交流变频电机分别带动联轴器、减速机、万向接轴、工作辊装置，可实现辊系的分组传动、调速控制。矫直机换辊系统采用电机传动、链条链轮拉动型式，配合接轴夹紧结构、万向接轴和工作辊内外花键联接等技术，可使辊系整体换出，换辊时间<120min。自动化系统和电气系统可实现工艺参数计算、设定：板材自动咬入、矫直、甩尾；辊系自动更换等功能。

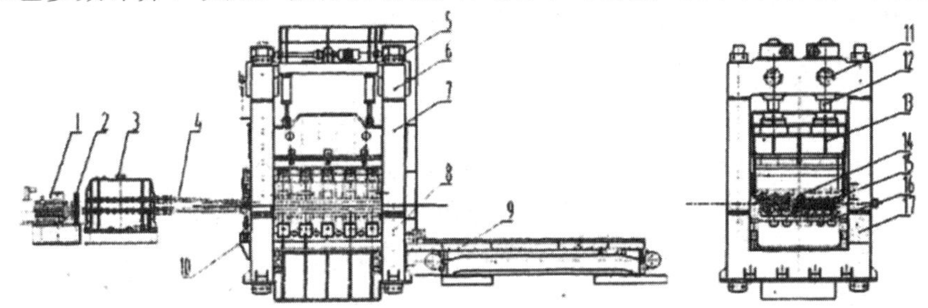

1—主电机；2—制动器；3—联合减速箱；4—万向接轴；5—液压螺母及拉杆；6—上横梁；7—立柱；8—下横梁；9—换辊装置；10—接轴夹紧装置；11—指示器；12—压下系统；13—活动横梁；14—上辊系及辊盒；15—下辊系及辊盒；16—小辊升降装置；17—机架辊

图 6-5　十五辊组合矫直机装配图

（2）全液压十一辊矫直机

钢板矫直机一般分为热矫和冷矫，热矫位于轧线ACC（Accelerated Cooling）或者UFC（Ultra Fast Cooling）后面布置。冷矫位于热处理线大冷床后，与前后输送辊道一起完成热处理后需矫直钢板的矫直。钢板矫直机按形式分有十一辊和九辊等多种形式，按压下的驱动方式分有液压和机械压下两种形式。矫直后的钢板经后输出辊道进入后道工序，这里以热处理线上的全液压十一辊冷矫直机为例说明。

矫直机一般由上横梁、伺服液压缸、机架、上下辊系和基座6部分组成。钢板经一侧进入，反复弯曲变形后输出并矫直，其关键技术参数如表6-4所示。

表 6-4 全液压十一辊矫直机关键技术参数

序号	类别	技术参数
1	矫直机型式	十一辊（上五下六）
2	压下方式	液压压下
3	矫直速度/（m/min）	60～120
4	钢板规格/mm	厚度范围：4～25.4 宽度范围：800～2130
5	矫直道次	1\3
6	最大矫直力/t	2600
7	工作辊规格/mm	ϕ220×2500
8	上辊系倾动量/mm	±10（前后）、±5（左右）
9	压下速度/（mm/s）	max10

（3）中冶京诚自主研发高强板变辊距矫直机

针对高强钢产品矫直，结合产品的工艺要求，中冶京诚在已有矫直技术基础上，又创新研发了可在线调整辊距的矫直机，钢板矫直屈服强度极限已高达1400 MPa。变辊距矫直原理虽然对矫直规格适应性非常好，但是在工程上由于受空间结构所限，实现变辊距设计非常困难。国外某公司曾在宝钢、浦钢和营口的冷矫直机上，通过简单升降部分矫直辊的方式改变辊距，使九辊矫直变为五辊矫直，矫直板厚大幅提高，但是其在热矫直机上推广使用此技术，现场反馈效果却不理想。此外，还有国外公司为了扩大矫直品种规格，提出在同一套矫直机上采用两套不同辊数、辊径的辊系来实现变辊距的方案，但是在实际使用中，由于每次换辊时间停机太长，同时还需要更换传动系统，大大影响了生产线的节奏，无法适应高强板灵活多变的产品规格，实用效果不佳。国内其他设备生产厂家尚无此项技术研发。

中冶京诚结合国内外制造与使用情况，通过不断进行科技攻关，已经开发了能广泛应用在高强板预矫直机、热矫直机、热处理矫直机、冷矫直机上的变辊距矫直技术，使矫直机承载能力大幅提高。自主创新研发的第一代变辊距矫直机就已经达到了国际先进的水平，具有自主核心技术的第二代高强钢变辊距矫直机已经达到了国际领先的水平。矫直钢板的强度、精度得到大幅提高，极大地改善了高强钢板的成品质量及板形，其优良性能得到了广大用户的青睐。其主要性能参数如表6-5所示。

表 6-5　变辊距矫直机主要性能参数

参数项目	参数值
矫直板厚/mm	6～80
矫直板宽/mm	～5000
最大矫直力/kN	4000～45000
矫直速度/（m/s）	0～±1～±3
矫直钢板屈服极限/MPa	最大1400
机架刚度/（kN/mm）	≥12000
弯辊量/mm	±10
倾动量和偏斜量/mm	±10
快速换辊时间/min	≤40

变辊距矫直机研发的关键技术包括：①变辊数调整机构；②高承载支承辊结构及布置；③高承载预应力机架；④辊缝伺服调整及补偿机构；⑤矫直辊水平变辊距调整机构。

随着高性能变辊距矫直机设备不断研发，中冶京诚也在不断对其进行改进和优化设计，技术更加成熟，产品特点及优势更为突出。并在此基础上成功研发了第二代高强板变辊距矫直机，可广泛应用在各种板带连轧、中厚板、热处理生产线上，完全满足工艺和生产要求，得到了用户的广泛认同。

同时，中冶京诚自主研发的变辊距矫直机与国外的同类设备相比，具有更高性价比，它的应用将会给用户带来低投入、低生产成本的市场竞争优势，帮助企业更好地实现安全生产和节能增效，大大节约投资，节省外汇，为用户创造更加显著的经济和社会效益。

6.2.2 管、棒材矫直设备技术发展现状

同板带生产一样，管、棒及型材也是经过轧制完成的，其对矫直技术的需求同板带类似。管棒材的矫直技术的应用范围大多为金属管材加工过程的后几道工序，也是金属条材进行精加工的重要工序之一。1970年以后，矫直理论与矫直技术有了很大的提高，许多矫直技术都已经非常成熟，如：行星矫直技术、双间旋转矫直技术、程序控制技术等。

随着国家经济的不断发展，近年来管材不论是在质量上还是在数量上都有

了很大的提高，开发出了许多新型高效的管材矫直设备。钢管矫直机是对钢管进行整形的重要设备之一，它是保证钢管的矫直质量的关键步骤，因此不论国内还是国外都对钢管矫直机进行了大量深入的研究。管棒材矫直机是管棒材生产后步工艺线上的重要设备，主要结构由机架、上辊和下辊调整装置、分速箱等部分组成，如图6-6所示。

图 6-6　管棒材的矫直机实物图

（1）二（斜）辊矫直机

二辊矫直机上下辊型分别为凹凸辊，中心对应。多数理论认为，二辊矫直机的矫直原理在斜辊矫直中独具特点，它对棒材的矫直作用不是依靠各辊之间的交错压弯，而是依靠一对辊缝内部弯曲曲率的变化，不断进行旋转压弯，使棒材产生塑性弯曲变形，从而达到全方位矫直。许多研究理论认为，二辊矫直机的辊型曲线中真正起到矫直作用的是辊腰段、辊胸段以及辊腹段，其矫直原理是先统一残留弯曲，再进行矫直。从力学接触的角度看，二辊矫直机的实质是利用凹凸面曲形的接触形成三点折弯，棒材进入矫辊时的咬入位置影响棒材的矫直盲区，一般国外品牌的矫直机矫直盲区大约为辊长的四分之一。

目前各轧钢厂应用的二辊矫直机均为合资品牌，各家设备在辊形尺寸、导板调整、矫直辊平衡、冷却液清理等方面各有不同。二辊矫直机的入口和出口均设有夹送辊，夹送辊与矫直辊、水平导板系统共同构成合理的矫直辊缝系统，从而实现棒材大小规格的生产。

结合轧钢厂大棒线与小棒线多辊及二辊矫直机设备的使用经验，以 ϕ100 mm规格为界限，总结二辊矫直机有以下优缺点：

1）小规格棒材，来料弯曲度＜8‰的棒材，矫直速度快、矫直精度高。

2）大规格棒材，导板消耗过大。

3）经过缓冷后的棒材适应多辊矫直。

在生产现场经过缓冷收集的GCr15轴承钢，弯曲度最大可达到30‰，二辊矫直机根本无法进入。而弯曲度在8‰～15‰的棒材，二辊矫直机也无法保证理想的矫直精度。

二辊矫直机在银亮设备方面有精矫压光作用，轧钢厂也有应用。以同一家合资品牌机型对比来看，二者机型结构相似，用于银亮精矫压光的二辊矫直机，矫辊尺寸较大，调角范围较宽，矫辊驱动电机功率较小，考虑棒材椭圆度的影响，对银亮材是矫直圆整，其矫直力相对较小，精矫后的表面精度更高。

（2）多（斜）辊矫直机

多辊矫直机与二辊矫直机都属于斜辊矫直法。多斜辊是利用上下多个倾斜的矫直辊交错布置并旋转，使棒材在矫直辊的摩擦带动下旋转前进，产生超出弹性极限时的周向应力变形从而达到全方位矫直。多辊矫直机有六辊、七辊、九辊、十辊等，下面主要是对国内外应用较多的几个九辊、十辊主流机型进行讨论分析。

国外九辊矫直机型的下横梁设有3个驱动辊，由1台主电机集中驱动。上横梁设有6个从动上辊。这6个上辊分为3个压下辊和3个折弯辊，其中折弯辊径较大。上下辊角度均可调节，3个压下辊和3个折弯辊的角度不同。辊缝的调节是通过上辊的压下来完成的，上辊装有碟簧用以补偿压下机构的调节间隙；其矫直原理是在矫直过程中形成3个折弯的矫直三角，从而形成多次连续矫直。上辊具备过载保护功能，从而防止棒材尺寸超差或弯曲度过大。

国外十辊矫直机型，下横梁设有3个驱动辊，由1台主电机集中驱动；上横梁设有7个从动辊，其中处于夹紧位置的3个上辊为缓冲辊，其余4个为偏向辊，2个辊径较大的偏向辊为受力辊。上下辊角度均可调节，辊缝的调节通过上辊的压下来完成，上辊装有碟簧补偿压下机构的调节间隙。该种机型的矫直原理也是在矫直过程中形成折弯的矫直三角。上辊具备过载保护功能，从而防止棒材尺寸超差或弯曲度过大。与上面介绍的九辊矫直机型原理相同，不同的是其入口比九辊机型多1个导向作用的偏向辊。

国内十辊矫直机型，上下横梁共有5对辊，沿输入方向一、三、五对辊均为主动辊，上下分别由2台主电机集中驱动，二、四对辊为从动辊；上辊及下驱动辊角度可调节；上辊均可压下，实现辊缝的调节，其压下机构装有平衡缸调节间隙，辊缝的调节是通过二、四下从动辊进行压上实现，其矫直原理也是在矫直过程中形成折弯的矫直三角，所不同的是反向三点折弯，5个上辊均设有恒压过载保护。

机型比较：上述三种机型均为第一道折弯受力最大，多辊矫直机通过多次反弯矫直，矫后直线度高，速度较快。多数轧钢厂在采购多辊矫直机过程中对设备特点有如下要求：

1）多辊矫直机矫直循环多，残余应力小，矫直速度相对较快；

2）对棒材的弯曲度适应性较好，国内机型的弯曲度最大可以达到30%，国外机型的最大弯曲度可以达到15%；

3）无导板磨损以及乳化液的消耗。

多辊矫直机也存在缺点，从轧钢厂大棒线国产七辊矫直机的使用来看，国内多辊机型向上矫直折弯，其压上机构要上下运动，而棒材在矫直过程中会掉落大量氧化铁皮，这就导致氧化铁皮随着压上机构的运动而进入机体内部，从而阻塞设备的运动，因设备结构位置有限，现场不易处理。目前，国内多辊机型厂家在设计及初始制作时已采取相关措施，但能否彻底解决氧化铁皮的压入问题还有待现场使用考察。国外机型为向下矫直折弯，其下辊高度固定不变，不存在氧化铁皮压入这一突出问题。

选用棒材矫直机与材料的规格、屈服强度、表面弯曲程度等因素有关，二辊矫直机在小规格棒材矫直中的精度较高，在满足高端用户方面应用较多。多辊矫直机矫直速度快，对棒材的弯曲度适应性好，正得到越来越多的应用。

管、棒及型材是特种钢材中最重要的产品，但目前整体附加值不够，而我国的工业化不断深入，装备制造进入高新领域，高档汽车、核电、高铁、大飞机等产业的发展都对高精度、高品质的管、棒及型材提出了更高的要求。2004年建成投产的日钢H型钢厂主体设备是由意大利达涅利引进，电气自动化控制系统从德国西门子引进，部分辅助设备由达涅利设计，国内制造。截至2008年年底，该厂已累计开发的产品规格达50多种，其中包括H型钢、工字钢和槽钢。2006年11月设备整体改造后，冷床长度增加至150 m，产量也由月产8万t达到13万t，现已具备年产量145万t的能力，且各项经济技术指标位居同行业前列。能有如此高的产能，作为重大主体设备之一的矫直机也起着至关重要的作用。该矫直机设计新颖，技术先进，它不同于国内其他型钢生产厂家的矫直机，国内多数生产厂家的矫直机多为九辊变节距悬臂式矫直机，而该矫直机为十辊等节距悬臂式矫直机，其调整思路也与众不同。在实际生产过程中，会出现各种影响该矫直机调整的因素。如何在最短的时间内将百米多长的成品矫直合格，直接关系着各项经济技术指标。

6.2.3 型材矫直设备技术发展现状

型材在挤出过程中经过牵引、淬火、搬运等工序后会产生弯曲变形，导致其出现如图6-7所示的各种缺陷形式。不同的截面位置会产生集中应力，为了解决这个问题，就要求型材在挤出冷却到常温后，对挤出的型材进行矫直校形。型材矫直机工作原理为：型材挤压后经淬火冷却、牵引机牵引后其纵向纤维必然长短不齐，而长短不齐的纤维受到塑性拉伸达到长短相等之后卸掉外力时，必然以基本相等的弹复量恢复到稳定状态，以达到矫直目的。

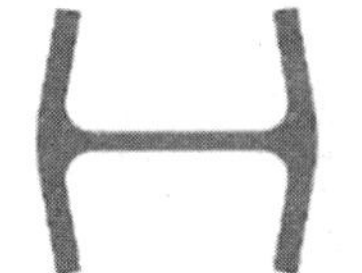

（1）翼板内倾

（2）腹板偏移

（3）翼板弯曲

（4）腹板弯曲

图 6-7　型材各种典型缺陷

型材辊式矫直机在国际上按工作机座结构分类可分为悬臂（开式）和双支撑（闭式）结构，按节距分类可分为等节距、不等节距、变节距三种。大型型钢用于矫直的矫直机大多引进德国技术，采用双支撑变节距结构。国内对于型钢矫直机的研究主要集中于东北大学、北京科技大学、燕山大学和中冶东方设计院等。如图6-8所示为型钢卧式与立式矫直机实物图。

悬臂式矫直机的结构可分为机架、辊轴、矫直机的驱动装置、垂直调整装置、轴向调整装置、立辊装置六大部分。

型材矫直机的基本原理如下：

矫直与弯曲是两个相反的工艺过程，但它们的变形机理是相同的。为了将钢材矫直，首先要了解金属的弹性特征。通常，不同金属的弹性极限大小是不一样的，也就是说在塑性变形的同时也伴随着弹性变形，因此矫直同时是一个相当复杂的反复弹塑性变形过程，涉及几何、材料和接触等多重非线性问题。当矫直压力方向产生的力矩之和使钢材有残余变形时，就会出现成品上下弯曲或侧弯，当在钢材截面方向，上下辊产生力矩和不等于0，且使钢材屈服时，就会有残余变形，从而产生扭转缺陷。因此矫直机轴向、径向压力参数的控制是矫直成品质量的关键所在。

（a）H 型钢卧式矫直机

（b）H 型钢立式矫直机

图 6-8　型钢卧式与立式矫直实物图

在H型钢的正常生产中的矫直机械设备都可称之为矫直机。轧钢机械中，矫直机根据结构特点其主要类型可分为：压力矫直机、辊式矫直机、平行辊矫直机、斜辊矫直机、旋转反弯矫直机、拉伸与拉弯矫直机等。

目前在H型钢生产中的矫直机采用辊式矫直机。辊式矫直机按结构特点可分为龙门式矫直机、悬臂式矫直机两种。另外按其传动方式又可分为三种：下辊全部为传动辊，下辊和第一个进口上辊为传动辊，上、下辊全部为传动辊。

影响矫直调整的因素可分为压下规程设定的影响、冷却工艺的影响、矫直辊工装的影响、轧制工艺的影响和其他因素的影响等几种。型钢矫直机中最有代表性、应用最为广泛的是辊式矫直机，辊式矫直机采用的新技术如下：采用数字控制系统可以精确调整矫直辊位置，通过检测矫直辊的负荷及精确压下控制达到较优的矫直效果；优化设计矫直机机架刚度，以满足大矫直力作用下的矫直要求；优化设计矫直机快速换辊形式，以满足快节奏的生产要求。随着型材矫直设备的深入研究与不断发展，国内已开发出多功能智能型材矫直装备，如图6-9为山东润超智能科技有限公司研发的新产品200 t矫直/弯机，其技术参数如表6-6所示。

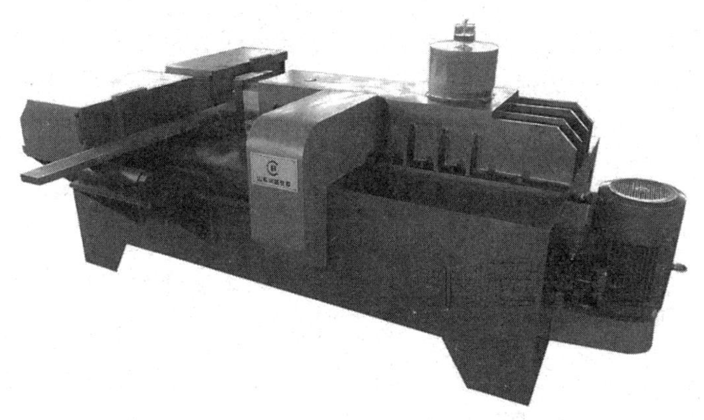

图 6-9　山东润超智能科技有限公司 200 t 矫直/弯机

主要用于各类型材（如：槽钢、工字钢、H 型钢、方钢、圆钢、角钢、钢管及轴类）进行矫直或弯曲，广泛应用于造船、钢结构、桥梁、建筑机械、铁塔、钣金及维修等行业，尤其适用于铆焊件原料的矫直/弯。

机床结构特点：（1）外形美观，结构坚固，刚度好，承载力大，近乎于零维护，操作方便、快捷；（2）机械式传动结构，矫直动作迅速，可根据矫直情况随时调整活塞伸出长度，效率高；（3）可根据用户要求增加加工件宽度和工件送料托架。

表 6-6　矫直机技术参数

序号	参数项目	单位	参数
1	公称力	t	200
2	工件宽度	mm	≤400
3	活塞行程	mm	25
4	活塞长度调节器	mm	300
5	主电机功率	kW	30
6	外形尺寸	mm×mm×mm	3700×2500×1600
7	设备总重量	t	约15

6.2.4 矫直设备技术发展趋势

现行矫直方式可分为两大类：辊式矫直和三点弯曲式矫直。按被矫轧件形状分类可分为板带矫直，棒、管材矫直和型材矫直等，不同的轧件选用不同的矫直机进行矫直。辊式矫直机是发展历史最长的矫直机。从世界上第一台辊式矫直机诞生开始，辊式矫直机已经历了100多年的发展历程。目前辊式矫直机广泛应用于金属带材的连续生产中，是板带生产中不可缺少的重要设备。目前国内外生产矫直机的厂家有许多，如SCHNUTZ、HERR-VOSS、GEORG、FROHLING、B+S、太原重工，辽宁冶金等。矫直按被矫轧件的温度分为热矫直和冷矫直。热矫直一般在650～1000 ℃进行，只用于中厚板。近年来，国内的矫直设备有了很大的发展，总的发展趋势如下：（1）矫直机系列完整，品种规格齐全；（2）精度较高，检测、显示手段完善，矫直工件质量好；（3）附件齐全、矫直工艺范围扩大；（4）向数控化、柔性化、自动化、智能化方向发展。

根据近年来国内外矫直技术的不断提高和发展，可以看到在矫直过程的变形机理方面向精度定量的方向进一步发展，如拉力对矫直的作用，在斜辊矫直机上压紧力对矫直的作用，残留应力对矫直尺寸精度的影响等；在矫直范围上向更宽的能满足新产品和新材料的矫直要求的方向拓宽，如薄壁异型材的矫直、高强度薄板带的液压拉弯矫直、高强度易裂及耐热合金钢棒的旋转矫直、极薄板的行星矫直及轧拉矫直、轴类零件微量弯曲的高精度矫直等。在改进矫直工艺及改进矫直设备方面，如采用最佳压下方案，采用恒功率工作制度，用振动矫直代替旋转矫直，用变辊距矫直代替定辊距矫直等；在过程控制方面，由人工控制逐渐向计算机控制，由单机控制向全线计算机控制发展；在矫直机结构设计方面，正在向精密化、大型化发展，老设备将逐渐被淘汰或改造。现在矫直技术的研究发展方向是开发研制高效节能、高精度和高度自动化的环保型矫直设备。既要求有高质量，又要有高矫直速度，在产品上能满足大规模生产的需求，而且还必须降低工作噪声，操作上实现完全自动化。

6.2.4.1 板带矫直装备的发展趋势

随着产量和质量要求的逐年提高，板带材品种规格趋于多样化。特别是TMCP（Thermo Mechanical Control Process）技术的广泛应用，板材的矫直温度降低、材料的屈服强度提高等多种因素，对矫直设备在强度、刚度、功能和自动化程度方面提出了更高的要求，钢铁生产厂家迫切需求新一代中厚板辊式矫直机。世界上一些先进的制造厂家，如欧洲的SMS、VIA、日本的三菱重工等率先推出了符合这些要求的新一代强力矫直机。但由于矫直理论、工艺模型落后等核心技术积累不够，国产中厚板辊式矫直机与国外同类型先进设备相比，矫直效率、不平度精度、自动化程度均有一定差距。国内中厚板矫直机制造厂家，在与国外厂家竞争中处于被动局面。国内大型中厚板矫直机制造厂家推出的设备技术不尽完善，并且缺乏先进的自动化控制技术，难以满足目前我国钢铁产业的技术发展需求，导致同类设备采用外国制造商国外设计、国内合作制造的模式，中标价格仍为国内制造商的3～4倍。现在中厚板生产线上广泛使用的都是第三代辊式矫直机，其矫直的产品质量得到显著提高但仍然存在不足，第三代辊式矫直机还在发展改进。第三代矫直机采用了全新的液压压下系统、弯辊装置、传动技术、变辊距技术，使用了新型的耐久辊系材料，还采用了新型的自动化系统和工艺模型等技术。

国内中厚板矫直机制造厂家已具备制造第三代矫直机的硬件能力，但核心的矫直模型仍掌握在外国制造商手中。在这种情况下，为了满足生产要求，国内一些大型中厚板厂家，如宝钢宽厚板厂、鞍钢厚板厂、舞阳厚板厂、济钢中厚板厂等，不得不花巨资从国外引进先进的矫直设备与技术。中厚板矫直理论研究和具有自主知识产权的大型中厚板矫直机的开发及研制，已刻不容缓。

（1）机械加AGC的矫直机压下装置

目前，金属板带矫直机压下系统结构主要有两种结构形式：一种是机械结构，即压下螺丝、螺母结构，其特点为结构可靠、造价低、维护方便，但存在压下精度低、工艺性能差、在矫直过程中不能动态调整辊缝等缺点；另一种是全液压结构，即压下通过伺服压下油缸来实现，其特点为压下精度高、可动态调整辊缝、可实现过载保护等功能，但存在造价高、维护难度大、控制系统复杂等缺点。

在总结设计经验和理论分析的基础上，目前提出了一种全新的矫直机压下系统结构，即压下螺丝螺母加短程伺服缸的结构，既能实现全液压矫直机功能，又具有结构可靠、维护方便等特点。可实现精确辊缝定位，高质量矫直的保证，同时还具有恒辊缝控制、动态调整压下量、楔形厚板矫直、卡钢保护功能、矫直机辊缝的自动校定、准确消除虚压下等功能。这种新型设计能够适应未来产品的发展要求，必将成为板带矫直装备的主流发展趋势。

（2）微张力矫直技术

金属板带矫直的目的是获得高平直度的成品。辊式矫直过程是典型的采用矫直辊压弯量递减、轧件交替弯曲的过程，随着矫直板材弯曲曲率的减少，板材在各个矫直辊之间的运动速度将发生变化。而如果矫直辊同速传动，无张力控制，转速相同，则在矫直板材的过程中会产生负转矩。负转矩现象将造成板材在矫直辊面上打滑，引起噪声，从而降低板材的矫直质量。随着高强度合金钢、管线钢等钢种的开发，矫直辊的传动扭矩成为薄弱环节，影响了矫直材料屈服强度的扩大。针对以上情况，新式组合矫直机采用分组传动矫直辊传动结构和张力控制技术的有机组合，能够显著提高板带的矫直质量，也代表了未来的矫直技术发展方向。

6.2.4.2 管、棒材矫直装备的发展趋势

管、棒材矫直机主要有两种形式，即多斜辊矫直机和二辊矫直机。二辊矫直机的工作原理不同于其他矫直机。其矫直工件是依靠由一对矫直辊产生的辊缝内部弯曲曲率变化而实现矫直，而并不依赖多个矫直辊交错压弯作用。相比于平行辊矫直机来说，二辊矫直不需要对矫直工件进行多次变方位，节约了生产时间，并且实践生产证明，圆材工件在平行辊矫直机上进行矫直时，会产生螺旋弯曲而报废。相比于多斜辊矫直来说，二辊矫直机调整方便，结构简单，并能够直接改善矫直工件的头部与尾端得不到矫直的情况。因此，二辊矫直机仍是未来管、棒材矫直装备的主要发展机型，也是未来的主要研究方向。

目前使用的矫直机一般采用移动式手动液压伺服控制，具有压力、行程和油温数字显示和预置功能，并具有多种报警提示。这类矫直机的研制成功，提高了我国型材精密矫直工艺装备的水平。对轴类零件、棒类零件等进行精密矫直，可提高工件精度和生产效率。目前手动伺服控制精密矫直液压机带有适应各种轴类零件的附件，调整操作方便，矫直精度高，国外发达国家已普及应用。我国液压机行业在调整产品结构中，应积极开发技术附加值高的精密矫直液压机系列及成套附件，完善检测装置，这样对提高经济效益、增强市场竞争力等都有着深远的影响。

在二辊矫直中，矫直棒材的弯曲变形依靠它与辊子接触后所形成的接触曲率实现，良好设计辊型的二辊矫直机能够在矫直棒材的同时还能起到滚光棒材的作用，与其他矫直方法相比更能保证矫直精度以及表面质量。因此，二辊矫直工件的矫直质量与辊子的配置以及辊子的数量都无关，矫直质量取决于矫直辊的辊型。辊型设计的合理性直接决定了二辊矫直机的矫直质量。基于辊型对矫直质量的重要性，未来二辊矫直机装备技术的发展必然取决于辊型设计及矫直理论研究方面的发展状况。

目前，许多学者和技术人员对二辊矫直机的辊型设计方法进行了比较详细

的分析，在假设管、棒材在矫直机中进行一次弯曲后就能达到平直的理论基础上求得矫直辊的半径，并求出了空间中矫直辊每点的坐标值，从而得到了辊型曲线。然而，由于此方法停留在理论推导，并且应用了大量的近似关系，所以存在着很大的缺点。二辊矫直机辊型的设计方法仍然比较复杂且其设计理论还比较片面，尚不能够满足实际的生产需求。例如不同直径或不同材料的棒材矫直需要重新对其矫直辊进行设计，因此当前二辊矫直机的应用范围少于其他矫直原理的矫直机型。在实际当中，由于缺少前期的研发资金，并且缺少实际的研发时间，所以很多制造厂家所应用的二辊辊型曲线大多只是依靠以往经验与数据假设来确定辊型，这些辊子的通用性很差，并且实际的矫直效果也往往不达标，会导致大量废品产生，使生产效率降低。随着计算机领域的快速发展，二辊矫直研究克服了其实验验证复杂的情况，国内外学者借助计算机有限元分析结合实验来验证设计辊型，并且取得了很大程度的成功，二辊辊型也出现许多新的理论和方法。基于辊型对产品质量的重要性，未来仍有必要对二辊辊型设计方法进行深入的研究，并在此基础上开发新型管、棒材矫直装备，对我国乃至世界钢铁领域及相关行业的发展都有重要意义。

6.2.4.3 型材矫直装备的发展趋势

型材的矫直都是在辊式矫直机上进行的，最常见的一种就是平行辊矫直机。型材矫直机种类繁多，各有特点。例如从结构形式上划分有简支结构和开式结构。前者优点是刚度好，辊子轴承受力均匀；缺点则是矫直辊拆卸安装不方便，不容易去除氧化铁皮。后者能够方便拆卸辊套和方便清除氧化铁皮，但辊子轴承受力不均匀且刚度小。

伴随着工业水平的不断向前发展，人们对产品的质量和矫直精度的需求越来越高。型材辊式矫直机矫直精度非常高，矫直效果具有其他设备所不具有的高精度。其矫直原理的探索大多是通过观察型钢矫直过程中所产生的应力、应变、弯曲曲率、所耗能耗以及矫直作用力等的变化规律。未来的研究趋势则是借助于计算机仿真技术建立型材矫直机的三维模型，然后根据实际情况进行有限元分析得到零件的应力、应变、位移云图。通过有限元分析得到的应力、位移云图再结合零件对材料力学性能的要求来判断分析机架和辊系的刚度、强度、受力情况等是否满足稳定性、经济性等要求，完成型材矫直机的设计研发。

从机型选择上来讲，平立辊组合辊系型钢矫直机是利用平辊和立辊在一次矫直的过程中平辊矫直机完成水平方向的矫直的同时立辊矫直机完成竖直方向的矫直，水平方向和竖直方向两个方向的矫直是同时进行的。组合辊系矫直机可以大大提高矫直效率和矫直质量，多用于矫直钢轨等对尺寸误差、形状精度误差要求不是很高的型材，是现代矫直机的发展趋势。

从机型设计上来讲，未来的型材矫直装备将立足于对现有的主体结构进行材料和结构优化设计。未来主流机架将采用分体组合式结构，上部为框架结构，下部为分配齿轮箱体。机架上、下部采用高强度螺栓连接。由于机架在矫直过程中承受矫直力和一定的冲击力，必须有足够的强度和刚度，机架采用高性能材质制作。为适应矫直过程的工作强度，上、下辊轴均采用具有高强度和韧性的材质制作。为保证矫直过程的对中性，还会为每个矫直辊设计轴向调整装置，并装备位移传感器来精确控制。

从提高生产效率上讲，型材矫直新装备及新技术的开发还应着眼于以下三个环节：

（1）缩短换辊时间

相对于传统矫直机单辊更换，新技术将采用专用吊具和换辊小车，实现整体换辊，将换辊时间控制在半小时以内，大大缩短换辊时间，为生产争取时间，提高企业的经济效益，有效减轻工人劳动强度和提高工作效率。

（2）结构紧凑，重量轻，投资省

将矫直机分配齿轮箱的功能转移到机架内部，使其结构更为紧凑。相比于变节距矫直机简化设计，去掉节距调整系统和矫直机升降装置，结构简单实用。进一步减小矫直机整体尺寸和重量，节省企业投资成本。

（3）更为完善的调整系统

压下装置可分别调整多个上矫直辊的垂直位置。轴向调整装置可分别调整上、下多个矫直辊的轴向位置。出、入口导卫均带有摆动液压缸和丝杆升降机，可分别调整出入口导卫的倾斜度和垂直位置，且入口导卫导板的开口度可自动调整，使矫直机满足型材生产线多品种多规格产品的矫直要求，增加矫直机的通用性。

在矫直设计理论研究方面，应对型材矫直内在原理有更深层次的认识，避免在对矫直工艺参数（如矫直辊的压下量）进行调节时仅凭借矫直技术人员的经验。未来的理论研究应聚焦于精确的矫直机设计理论模型和充分发挥设备能力的方面，突破型材精密矫直的技术瓶颈，实现型材矫直理论的创新和技术进步，对提高我国钢铁企业在本领域的核心竞争力具有重要的经济和战略意义。

6.3 剪切设备技术现状与发展趋势

剪切设备主要用于板带材、型钢、管材等生产过程的精整工序，典型的剪切设备包括各种类型的剪切机、飞剪机、锯切机等。平行刃和斜刃剪切机既可以在热态下横向剪切方形及矩形断面钢坯，也可以在冷态下冷剪切带钢和型材，常用的是液压式斜刃剪。圆盘式剪切机广泛应用于连续纵向剪切厚度小于30 mm的钢板以及薄带钢。滚切式剪切机是利用多轴多偏心运动原理进行滚动式剪切，对不同厚度钢板进行切头、切尾、切定尺、切试样等。飞剪多应用于板带的连续式生产线等各种精整作业线上。锯切设备广泛用于型钢和管材，尤其是异型断面。锯切机可分为锯机和飞锯机，按工作温度还可分为热锯切和冷锯切。

6.3.1 板带材剪切设备技术发展现状

6.3.1.1 滚切式剪切机

1971年，摩纳•纽曼（MDN）公司研制第一套滚切剪，凭借其剪切质量好、剪切效率高等优点，很快在欧美、日本、韩国等工业发达国家得到推广应用。之后日本IHI（石川岛播磨重工业株式会社）和德国SMS（西马克公司）对滚切剪技术进行了改进，比如剪刃间隙自动调整、自换刀、自动废料收集等操作。达涅利、奥钢联、俄罗斯NKMZ、三菱日立制铁株式会社、日本川崎制铁株式会社随后也掌握了改进后的技术。

国内滚切剪是在斜刃剪的基础上发展起来的。2002年，中国第二重型机械集团公司率先设计了拥有自主知识产权的滚切式定尺剪机组，打破了国外的技术封锁；同年国内首台4100滚切式双边剪在宝钢集团常州冶金机械厂正式下线。2005年，沈阳重型机械集团自主研发了2800 mm宽厚板滚切剪，该剪切机采用了中间惰轮的新理念，减小了齿轮的直径，降低了转动惯量，提高了剪切次数。2007年，太原科技大学为河北文丰钢铁公司设计研发，太重集团、东北大学、山东巨能集团联合制造的世界第一台液压滚切式金属板剪切机验收成功，同机械滚切剪相比，成本降低了50%左右。2008年，中国一重为上海宝钢厚板厂设计和制造了一套滚切式定尺剪，剪切钢板厚度最大达到50 mm，宽度900～4800 mm，最大剪切力有16000 kN，达到世界先进水平；2009年为韩国浦项钢铁公司制造了5500 mm滚切剪。2014年，中冶京诚自主研发的5 m宽厚板滚切剪，在设备结构设计、自动化控制等方面实现了大量自主创新。滚切剪主要包括以下形式：

（1）滚切式切头分段剪

切头分段剪一般位于自动超声波探伤装置的下游。滚切式切头分段剪的特点为：高刚性、高剪切精度、高剪边质量、减少剪刃的磨损；带弧度的上剪刃可以保证剪切无弯曲；剪切时间短，便于提高质量；剪刃自动更换。在传统滚切式分段剪基础上，2019年太原科技大学研制的3500 mm全液压滚切式热分段剪，在日照国家精品钢基地国内首条3500 mm炉卷生产线上运行，剪切断面完全满足质量要求，部分指标超过了德国SMS设计制造的机械式滚切剪，如图6-10所示。21世纪国内新建的三个级别中厚板切头分段剪主要技术参数如表6-7所示。

图 6-10　3500 mm 全液压滚切式热分段剪

表 6-7　三个级别中厚板切头分段剪主要技术参数

序号	轧机规格/ mm		3800	4300	5000
1	形式		滚切式	滚切式	滚切式
2	剪切钢板强度/MPa	厚度≤40 mm	1200	1200	1200
		厚度40～50 mm	750	750	750
3	剪切钢板宽度/mm		1200～3700	1000～4200	1200～4900
4	主电机功率/kW		2×450	2×550	2×600
5	主电机转速/（r • min^{-1}）		0～750	0～750	0～750

（续表）

序号	轧机规格/mm	3800	4300	5000
6	最大剪切力/kN	12000	1400	1600
7	剪切频率/（次·min^{-1}）	12/18	12/18	13/18
8	剪刃开口度/mm	225	200	225
9	剪刃间隙范围/mm	0.5～7	0.4～7	0.5～7
10	剪刃重合度/mm	5～6	5～6	5
11	剪刃半径/m	72	76	80
12	剪刃长度/mm	4000	4400	5200
13	剪刃硬度（HRC）	52+2	52+2	52+2
14	剪切角	2°40′	2°40′	2°40′
15	剪刃更换时间/min	≤30	≤30	≤30
16	推臂数量/个	4	5	5
17	压板装置/组	2	3	3

（2）滚切式双边剪

滚切式双边剪的传动形式有三轴三偏心和单轴三偏心两种，通常在切头分段剪的下游设置一台三轴三偏心滚切式双边剪，其特点是三轴三偏心可使剪切力分配到三个轴上且互不干扰。

1991年，第二重型机器厂与日本IHI公司联合设计、合作生产的滚切式双边剪，在第二重型机器厂试车成功，剪切的钢板精度达到了设计要求，是我国首台滚切式双边剪，如图6-11所示。

图 6-11　第二重型机器厂首台获得国家专利的滚切式双边剪

太原科技大学设计研发，太重集团、东北大学、山东巨能集团联合制造了世界第一台液压滚切式金属板剪切机，可根据来料参数调整剪切姿态，实现了全规格范围内纯滚动剪切，剪切步长是国外的2倍，减少了剪切过程的接刀次数，板材的边部剪切质量和效率得到大幅提高，如图6-12所示。

图 6-12　全液压滚切式双边剪

国内21世纪新建的三个级别中厚板滚切式双边剪主要技术参数如表6-8所示。

表 6-8　三个级别中厚板滚切式双边剪主要技术参数

序号	轧机规格/mm		3800	4300	5000
1	形式		滚切式	滚切式	滚切式
2	主电机功率/kW		4×350	4×350	4×350
3	主电机转速/（r·min^{-1}）		0～1000	0～1000	0～1000
4	最大剪切力/kN	切边剪	6500	6500	6500
		碎边剪	3000	3000	3000
5	剪切钢板强度/MPa	厚度≤40 mm	1200	1200	1200
		厚度40～50 mm	750	750	750
6	切边量/（mm·边$^{-1}$）		20～150	20～150	20～150
7	剪切步长/mm	厚度≤40 mm	1300	1300	1300
		厚度40～50 mm	1050	1050	1050
8	剪切频率/（次·min^{-1}）		16～30	16～28	16～30
9	剪刃开口度/mm		100	100	100
10	剪刃间隙范围/mm		0.5～4.5	0.5～4.5	0.5～4.5
11	剪刃重合度/mm		5～6	5～6	5～6
12	剪刃半径/m		9500	9500	9500
13	剪刃长度/mm		2080	2080	2080
14	剪刃硬度（HRC）		52+2	52+2	52+2
15	剪切角（厚度为40 mm时）/（°）		5.5	5.5	5.5
16	退刀行程/mm		1.4	1.4	1.4
17	剪刃更换时间/min		30	30	30

（3）滚切式剖分剪

滚切式剖分剪用于双倍宽度钢板的剖分剪切，只有一个剪刃，传动上剪刃的两个偏心轴有双轴偏心和单轴双偏心两种。北方重型工业公司于2005年及

2007年与英国VAI公司及德国SMS公司合作制作了两台滚切式剖分剪设备，分别用于江苏沙钢及五矿营口钢铁公司中厚板厂，如图6-13所示。

图 6-13　某 5000 mm 宽厚板厂滚切式剖分剪

某5000 mm宽厚板厂滚切式剖分剪的性能参数如表6-9所示。

表 6-9　某 5000 mm 宽厚板厂剖分剪的性能参数

序号	形式		滚切式
1	剖分前钢板宽度/mm		1200～4800
2	对称剖分后钢板宽度/mm		900～2400
3	不对称剖分后钢板宽度/mm	固定侧	900～2400
		移动侧	≤3200
4	剪切钢板最大强度/MPa	钢板厚度≤32 mm	1200
5		钢板厚度32～50 mm	500
6	主电机功率/kW		2×400
7	主电机转速/（r • min^{-1}）		0～800
8	最大剪切力/kN		11000
9	剪切频率/（次 • min^{-1}）		16～30
10	剪刃开口度/mm		100
11	剪刃间隙/mm		0.5～4.5
12	剪刃半径/m		25
13	剪刃长度/mm		2500
14	剪刃硬度（HRC）		52+2
15	剪切角/（°）		3
16	横移行程/mm		1550
17	剪刃更换时间/min		30

（4）滚切式定尺剪

滚切式定尺剪通常布置在双边剪的下方，用于钢板的定尺剪切。结构形式也有双轴双偏心和单轴双偏心两种，其剪刃的宽度要大于钢板的宽度。国内设计的典型滚切式定尺剪有：中冶京诚发明了一种具有低变形、高刚度机架特征的滚切式剪切设备，创新性地将高精度定尺技术融入先进的滚切系统中，实现了高精度自动定尺剪切，达到节能降耗、稳定高效、降低投资及易于维护等效果，打破了国外企业技术垄断，实现了剪切设备的自主创新；太原科技大学自主研发了液压动力驱动连杆机构的滚切式定尺剪，结构简单、设备投资少、使用维护成本低。该设备如图6-14所示。

图 6-14　滚切式液压定尺剪

国内新建的三个级别中厚板滚切式定尺剪的主要技术参数如表6-10所示。

表 6-10　三个级别的中厚板滚切式定尺剪的主要技术参数

<table>
<tr><td>序号</td><td colspan="2">轧机规格/mm</td><td>3800</td><td>4300</td><td>5000</td></tr>
<tr><td>1</td><td colspan="2">形式</td><td>滚切式</td><td>滚切式</td><td>滚切式</td></tr>
<tr><td rowspan="2">2</td><td rowspan="2">剪切钢板强度/MPa</td><td>厚度≤40 mm</td><td>1200</td><td>1200</td><td>1200</td></tr>
<tr><td>厚度40～50 mm</td><td>750</td><td>750</td><td>750</td></tr>
<tr><td>3</td><td colspan="2">剪切钢板宽度/mm</td><td>1200～3700</td><td>1200～4200</td><td>1200～4900</td></tr>
<tr><td>4</td><td colspan="2">主电机功率/kW</td><td>2×600</td><td>2×700</td><td>2×800</td></tr>
<tr><td>5</td><td colspan="2">主电机转速/（r・min^{-1}）</td><td>0～1000</td><td>0～1000</td><td>0～1000</td></tr>
<tr><td>6</td><td colspan="2">最大剪切力/kN</td><td>12000</td><td>14000</td><td>16000</td></tr>
<tr><td>7</td><td colspan="2">剪切频率/（次・min^{-1}）</td><td>18/24</td><td>18/24</td><td>18/24</td></tr>
<tr><td>8</td><td colspan="2">剪刃开口度/m</td><td>225</td><td>200</td><td>225</td></tr>
<tr><td>9</td><td colspan="2">剪刃间隙范围/mm</td><td>0.5～7</td><td>0.5～7</td><td>0.5～7</td></tr>
</table>

（续表）

序号	轧机规格/mm	3800	4300	5000
10	剪刃重合度/mm	5～6	5～6	5～6
11	剪刃半径/m	72	76	80
12	剪刃长度/mm	4000	4400	5200
13	剪刃硬度（HRC）	52+2	52+2	52+2
14	剪切角	2°40′	2°40′	2°40′
15	剪刃更换时间/min	≤30	≤30	≤30
16	推臂数量/个	2	2	2
17	压板装置/组	2	3	3

6.3.1.2 圆盘式剪切机

20世纪90年代，我国大型酸洗冷轧机组中的关键设备切边圆盘剪主要从国外引进。2003年，宝钢工程技术公司设计制造了我国首台高精度动力圆盘剪，各项精度指标达到当时日本三菱重工技术水平。2006年，首钢自主设计了拥有知识产权的中厚板圆盘剪，实现了我国自主研发圆盘式剪切机新的突破。2008年，常州宝菱重工机械有限公司设计了第一台国产AWC（自动调宽）型圆盘剪，实现2s定宽、在带钢任一起点进行剪切。中冶京诚自主设计了转塔式圆盘剪，解决了换刀时需停机、影响生产效率的问题。2010年，中冶南方研制第二代高精度圆盘剪，克服了第一代圆盘剪剪切带材时容易起拱的缺点，实现拉剪和动力剪的切换。2017年，太原科技大学与宝钢合作，将悬臂式厚板切边圆盘剪改为左右支撑式，提高了使用寿命和剪切质量。目前国内外应用的典型圆盘剪包括：

（1）卡洛塞尔圆盘剪（达涅利）：如图6-15所示，该圆盘剪有两个旋转底座安装在轨道上，可快捷更换碎边剪和刀头；底座由液压缸动作斜楔机构进行锁定；四个圆盘剪刀头自动调整间隙和重叠量；四个碎边剪和四个碎边剪溜槽，四个碎边剪溜槽带动小导辊以帮助碎边通过；刀头由可变速电机单独驱动；一个压辊和两个入口防振动辊布置在圆盘剪区；刀头的定位根据带钢宽度自动由带位置传感器的液压缸进行调整。

主要参数：刀头宽度：800～2000 mm　　刀头直径：370～400 mm

刀头厚度：22～45 mm　　废边宽度：5～50 mm

废边厚度：0.4～6.0 mm

技术特点：快速更换刀头，提高产线产量。

图 6-15　卡洛塞尔圆盘剪

（2）ASC双头切边剪（西马克）：如图6-16所示，该切边剪一般安装在酸洗线出口侧，双边各一个圆盘刀头以360 m/min的速度对带钢边部进行剪切，碎边剪将切下来的边条碎断；具有自动调整控制功能（Automatic Setting Control，ASC），对带钢实行连续双边剪切；双头设计的优势是，可在维修位对剪刃进行更换而无须停机，双刀头以180°角度安装在一个转盘上，更换剪切装置仅需短暂的停顿；圆盘剪组件配备了一个非常精确的调节系统，通过电机自动调节刀头压下部分以及剪切缝隙，带钢边部上下表面没有任何毛刺，确保带钢边部质量优良。

图 6-16　ASC 双头切边剪

6.3.1.3 **飞剪机**

意大利Danieli、美国Morgan、德国SMS和日本IHI等公司都研制和改进了高速飞剪，目前实现了飞剪的完全自动化，剪切精度和稳定性较好。国内在飞剪结构和控制技术方面一直进行技术消化和自主创新。国内外典型飞剪机包括：

（1）滚筒机构协衡飞剪机（西重所与宝钢）：1998年西重所与宝钢开发滚筒机构协衡飞剪机问世，在宝钢2030 mm冷连轧机组上一次试车成功，剪切厚度达5.5～5.8 mm，打破了在此之前滚筒式飞剪机最大剪切厚度3.0 mm的世界纪录，最大剪切速度300 m/min。与宝钢原使用的德国飞剪机相比，在电机功率、外形尺寸、设备重量等相同的情况下，剪切能力提高7倍以上；与国内外同类飞剪机相比，剪切厚度比达27.5～55倍，远远高于同类飞剪机5～10倍的剪切厚度比的水平。

（2）高速飞剪（达涅利）：2016年，达涅利开发高速飞剪技术设备，如图6-17所示，能完成高速超薄带钢的剪切。该高速飞剪为转鼓式飞剪，采用“剪盒式”设计，上下转鼓通过一对螺旋形正齿轮同步，齿轮分别安装在传动侧和操作侧，每个转鼓上的剪刃都在连续转动，液压锁定/解锁的剪刃连接，间隙消除可稳定剪切条件以及剪盒对齐，剪盒系统能够快速更换，自动剪切以及剪刃位置控制。

图6-17　达涅利高速飞剪

（3）移动式横切飞剪（中冶京诚）：2016年，中冶京诚开发出新一代高精度移动式横切飞剪，如图6-18所示，剪切厚度为5～25.4 mm，宽度在2000 mm以上级别，全面实现了横切机组核心设备及电控技术的国产化，其采用自行研发的一种自动可靠的剪刃间隙调整机构，该机构通过螺旋升降机和斜楔机构实现剪刃间隙的连续调节，同时通过安装在升降机尾部的位移传感器和指针盘，实现了电气和机械双重读数，保证了剪切质量和精度。

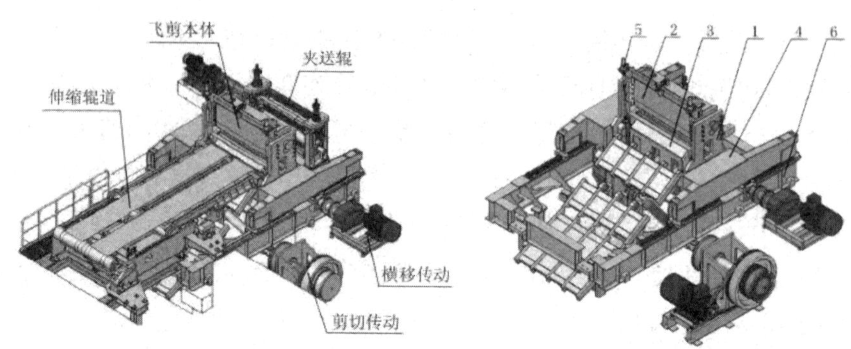

1—机架；2—上刀架；3—下刀架；4—行走机构；5—间隙调整机构；6—底座架

图 6-18 移动式横切飞剪机组成

（4）低温高速倍尺棒线材飞剪（京诚瑞信）：该设备结合棒材工艺特点，优化飞剪结构，在大剪切力和高速启动两方面找到了最优点，实现了飞剪最大剪切力650 kN，剪切轧件表面温度300℃，剪切轧件速度范围：1.8～18 m/s，满足了轧后控冷等轧制工艺对飞剪的性能参数要求。

6.3.2 型材和管材锯切设备技术发展现状

6.3.2.1 型材锯切设备技术发展现状

（1）辊式喂入自动冷切管锯（美国Scotchman工业公司）：美国Scotchman工业公司开发出了CP0315辊式喂入自动冷切管锯，此切管锯为全自动，锯口质量高，连续运行，能锯切管材、棒材和型材。该切管锯能多倍尺锯切，锯切的最大管长为30.28 m，最大外径为88.9 mm，精度可达0.10 mm。

（2）HKA2200L160型冷锯（奥地利MLF公司）：门形框架结构，锯切方式为垂直锯切，采用硬质合金镶片式圆盘锯片，锯片最大直径为2.2 m，最小直径为1.8 m。冷锯可锯切的钢排最大宽度为1500 mm，最大高度为300 mm。HKA2200L160型冷锯驱动电机的额定功率为160 kW，无限输出速度范围12～29 r/min；进给电机的额定功率为15.7kW，无限进给速度最高可达1.2 m/min，退锯速度最高可达7.5 m/min。

6.3.2.2 管材锯切设备技术发展现状

（1）钢管排锯机（中国重型机械研究院）。为了实现钢管排锯机的国产化，中国重型机械研究院有限公司研发了 ϕ325 mm钢管排锯机。该设备适合于加工 ϕ（114.3～325）mm×（6～40）mm的钢管，可同时锯切成排钢管，已在国内投入生产。ϕ325 mm 钢管排锯机组主要由机械、液压、气动、电气控制四部分组成，机组设备组成及工艺布置如图6-19所示。

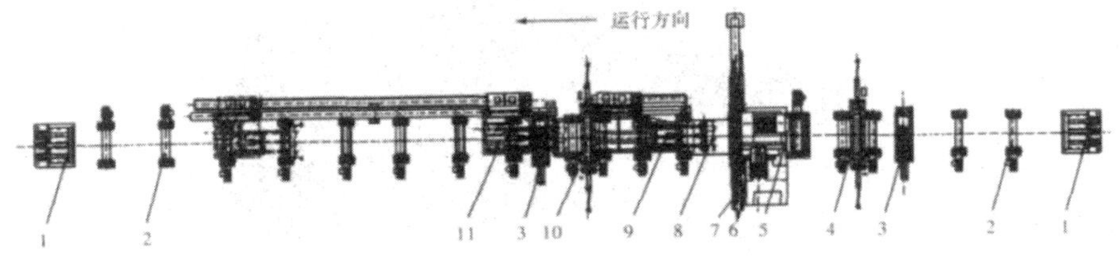

1—安全挡板；2—输送辊道；3—对中装置；4—主机前辅助夹紧装置；5—锯切主机；6—固定夹紧装置；7—活动夹紧装置；8—料头料尾翻板；9—切头挡板；10—主机后辅助夹紧装置；11—定尺挡板

图 6-19　机组设备组成及工艺布置

（2）无缝钢管管坯热锯机（大连三高集团）。2018年5月13日，大连三高集团研发制造的我国第一台无缝钢管管坯热锯机试车成功。采用连续回环旋转切割方式，快速定长锯切热态管坯，彻底解决了无缝热态钢管坯切割难、切速慢、定长误差大等难题，是我国无缝管热锯切割的一项技术突破，是对传统无缝钢管生产工艺的一次变革。三高公司设计制造的管坯热锯机，采用大飞轮蓄能方式，以节能、快速、准确等特点完成了对温度高达1100～1300 ℃长管坯的定尺切割，该技术是对我国无缝钢管生产工艺的一次变革，使我国无缝钢管产品质量达到了国际先进水平。目前该套设备已首先应用于山东磐金钢管公司。

（3）激光切管机。激光切管加工技术是一项生产效率高、生产能力强的技术，可以加工出任何已经编好加工程序的形状，可以在任何方向上完成裁切。激光切管具有速度快、质量高等特点，随着技术的不断完善，激光切管将会成为未来切管加工的主要手段。典型设备如下：

1）LEADτ-6515激光切管机。苏州领创激光科技有限公司针对型材、管材切割市场开发，采用进口八轴数控系统实现管材上料、随动支撑、卡盘自动调节等控制，可满足圆管、方管、矩形管、椭圆管等型材的切断、开孔、轮廓切割。该设备可连接数控激光切管机自动上料装置，通过触摸屏人机交互界面输入管材截面尺寸参数，自动设定相关机构位置尺寸，实现对不同截面形状、尺寸管材的截面方向、分离、管材定位，管材与机床送料轴对齐等动作。

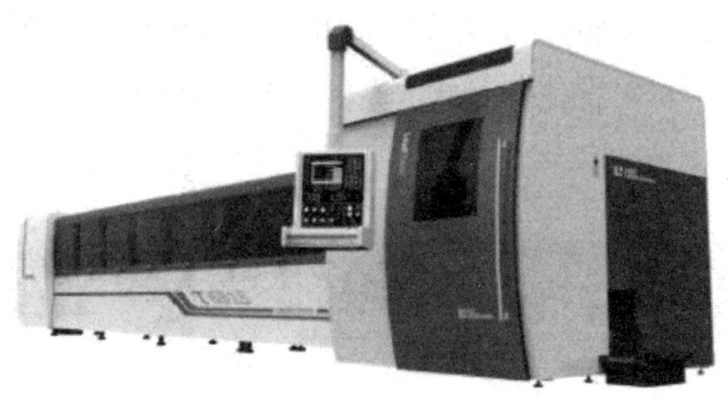

图 6-20 LEADτ-6515 激光切管机图

2）山崎马扎克FG 220 DDL全自动智能切管机。该切管机搭载DDL（DIRECT DIODE LASER，直接半导体激光）激光发生技术，除了圆形、矩形、长方形管材以外，还可以加工H形、I形、L形等型钢。只需将长型管材装上装载站，机器可以自动完成送料、3D激光切割加工、切断工件的搬出等全过程，具有高度智能化功能。装载了自动攻丝单元后，从3D激光加工到攻丝加工都可以在一台机器上完成。

图 6-21 山崎马扎克 FG 220 DDL 全自动智能切管机

6.3.3 剪切设备技术发展趋势

（1）滚切剪

当下，大中型企业已经用滚切剪代替传统的斜刃剪作为切头剪，驱动方式也由机械式转向液压式。滚切剪的发展分为三个方向：导向形式的发展、结构技术的发展和控制技术的发展。从节能减排的角度考虑，连杆的轻量化设计问题，结构技术方面的机架、夹送辊、压紧装置、剪刃间隙调整装置的改进问题，全液压滚切剪中主液压缸控制系统设计和控制精度提升问题都是未来发展需要解决的重点内容。

（2）圆盘剪

为了提高生产效率，圆盘剪已经具有双刀头在线更换的功能，但是造价较高，一些中小型企业仍然在使用单头式圆盘剪，剪切质量不高，故障率和停机率较高，因此，如何让双刀头式圆盘剪在钢铁行业中普及是一个重要问题，比如在保证剪切质量和精度的前提下，简化其重合量调整系统、侧向间隙调整机构和宽度调整机构等，通过简化机构降低设备造价。此外，提高圆盘剪的主要调节机构比如刀片重叠量调整机构、传动系统的调速等也有很好的发展前景。

（3）螺旋剪刃滚筒飞剪

螺旋剪刃滚筒飞剪采用创新设计的交流伺服控制系统，具有结构新颖、设备重量轻及剪切定尺精度高、控制精度高、技术先进、生产率高等优点，其定尺长度精度可控制在±0.5 mm以内；螺旋式剪刃的采用可大大提高剪刃寿命，降低了剪切时的力能消耗，节约成本；采用交流伺服控制系统可满足各种剪切定尺长度要求，具有更广泛的应用前景。

（4）新型冷锯技术

新型冷锯锯片铣刀采用与材料相匹配的几何角度以及特殊的刀头几何参数，不同于高速钢和硬质合金锯片铣刀的刀具几何形态，在铣削过程中表现出锋利性和易于成屑的优点；新型冷锯的优势来源于齿形的特殊设计，需要根据材料的物理性能、规格以及加工参数来确定齿形的各个设计参数。与以高速钢和硬质合金为刀具材料的传统热锯锯片铣刀相比，冷锯锯片铣刀的锯切断面质量好，定尺精度高，在新的型材生产中得到广泛的应用。

目前国产新型冷锯的生产技术逐渐成熟，在部分领域已经达到进口产品的水平，但新型冷锯所用的陶瓷合金刀头依然需要进口。虽然我国的合金生产厂家在加大陶瓷合金刀头的研发力度，但目前的产品质量的稳定性还满足不了中高端切削性能的要求。近年来为了提高断面质量和定尺精度，大中型轧钢厂逐渐用冷锯机进行定尺锯切，将来冷锯机很可能取代热锯机，因此对新型冷锯相关技术的研究具有重要意义。

第7章 轧材热处理设备工艺技术现状与发展趋势

7.1 轧材热处理设备技术发展概况

热处理是金属材料（钢铁、有色金属）生产的重要组成部分，是强化材料并发挥其潜在能力的重要工艺措施，是保证我国立足未来制造业的制高点，提高机械产品质量、延长产品寿命、创造中国品牌、增强国际市场竞争力的关键技术之一。“中国制造2025”提出的重点发展新一代信息技术高档数控机床和机器人、航空航天装备、海洋工程装备及高技术船舶、先进轨道交通装备、节能与新能源汽车电力装备、农业机械装备等重大领域，均离不开金属材料产品。金属产品的精密化、轻量化、高质量、高可靠性，以及制造过程中节材节能和低污染的高要求均与热处理息息相关，必将为热处理技术与装备技术注入新的发展动力，特别是战略性新兴产业，如新能源汽车、新材料等将成为热处理发展的新引擎。同时，随着国家对环保的不断重视，综合考虑环境影响和资源效益的现代化绿色制造模式，是可持续发展的必由之路，同时也给热处理工艺与装备的发展提出了更高要求。此外，随着近两年来国内外对智能制造的广泛关注，将信息技术深度融入产品，将催生出自下而上的产品协同设计和制造技术以及基于泛在网络的高度集成的企业信息系统，衍生出更高级次的智能热处理设备，即在两化深度融合基础上的数字化热处理产线、工厂（车间），以实现现代化的智能制造。由于我国基于智能制造的热处理技术及装备刚刚起步，热处理产业结构转型将面临新的挑战。

另一方面，我国金属材料轧材产能虽已排在世界前列，但部分高端高附加值产品仍依赖进口，其中绝大多数是热处理产品。以钢铁产品中的中厚板为例，年产量已高达7000余万t，但产品单一，同质化问题突出，尤其国际市场竞争力低下。这些问题的存在并不是由于我国轧机能力不足导致，而是与轧机配套的离、在线热处理装备及相关工艺技术仍无法满足高品质钢材生产需要。针对轧材，发达国家在热处理工艺过程的控制已实现了自动化，正朝着智能化和柔性化发展。与发达国家相比，我国在轧材热处理技术和装备方面还相对落后，尤其是自动化、智能化与柔性化相融合进程缓慢。主要表现在：(1) 高参数（高压、高真空度、高加热效率等）热处理生产线等先进装备能力不足。(2) 设备自动化、智能化程度仍亟待提高，由机器人和计算机对热处理全过程实行工艺参数和过程的全面控制，在一条生产线上可柔性组合的各种热处理设备仍十分欠缺。(3) 高精度的热处理辅助设备，如能实现装卸料、轧材在热处理线上行走精准定位的高精度定位仪，能实时控制的测温系统。(4) 智能制造基础薄弱，工艺及装备数字化率低、工艺模拟只是在大型及少数中型企业被采用，商业化软件开发远落后于发达国家，面临以智能制造为主导的第四次工业革命的严峻挑战。(5) 面向产品定制的柔性化生产水平不高。由于热处理产品的多样性，使得热处理产品质量离散性大，能够满足产品质量稳定控制的数学模型及闭环控制系统仍依赖进口。(6) 热处理产品数据库严重不足，即使在大型企业，其工艺数据库也只是雏形，不能满足热处理工艺和装备信息化数字化的技术要求。(7) 特殊轧材产品如复合板、极限规格产品、变厚度板的热处理工艺及配套装备仍亟待完善和发展。

总之，我国亟待通过技术创新，结合现阶段我国热处理产品生产实际需求，广泛采用信息技术，从装备入手，逐步优化热处理生产技术和不断研发创新热处理技术及装备，以实现优质高效清洁和精确热处理，实现产品定制化；推进我国热处理技术朝“绿色化、精密化、智能化、标准化”的方向发展，以适应中国新型工业化进程。

7.2 钢铁轧材热处理设备技术发展现状

通常，热轧钢材热处理按工艺分在线和离线两种。其中，对于性能均匀性和强度等级要求较高的低温压力容器钢板、桥梁钢板、工程机械用钢板、耐磨钢板、高层建筑钢板等则需通过离线热处理，如正火、调质以及冷轧材的退火等手段来改善组织分布，利用强韧化机制提高整体力学性能和加工性能，实现成分减量化。而在线热处理主要指基于新一代控轧控冷（TMCP）技术、即时温控以实现材料性能的改善。

7.2.1 轧材离线热处理设备技术现状

7.2.1.1 中厚板辊式淬火技术及装备

辊式淬火机是中厚板带材热处理线的核心工艺装备，其主要是通过对加热的钢板进行超快速冷却，达到良好的淬火效果，为轧材后续的回火热处理作准备，典型板带热处理工艺如图7-1所示。对于厚度为100～300 mm的特厚钢板，以获得高强度且保障均匀淬火为主要目标。在保证实现高强度且均匀淬火的同时，还要实现绿色节能的目标。国内外当前的新技术是采用先进淬火机实现特厚钢板辊式淬火技术。淬火机在瞬时冷却与持续冷却方面技术先进，设计有超宽狭缝式高压喷嘴，淬火机采用多排狭缝喷嘴并用的优势是可以使喷嘴的持续冷却能力增强，能够保持较大的钢板厚向温度梯度，这样可以使钢板心部的温度快速降低。另外，高压淬火区和中压淬火区框架单独设计，实现各淬火区辊缝单独可调，便于依据生产方式灵活选择冷却区的使用。在高压段和低压段集中喷水，并结合轧辊的作用，处理后的钢板的表面氧化铁皮最少。

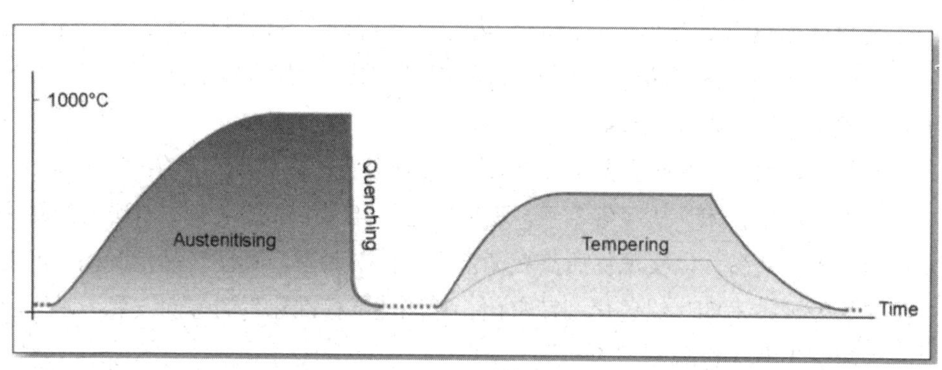

图 7-1 典型热处理工艺

辊式淬火机（淬火厚度范围为10～120 mm）及其核心淬火工艺技术被德国LOI、美国DREVER、日本IHI等少数公司长期垄断。进口设备采用垄断捆绑供货，价格高昂，供货周期长，已成为我国钢铁企业实现产品结构调整的巨大障碍。此外，进口设备不具备高品质薄规格板材（4～10 mm薄钢板）的生产能力，目前此类热处理产品仅能由瑞典SSAB公司供货，价格昂贵，生产技术完全保密，阻碍了其使用性能的发挥，限制了我国高端装备制造等领域的发展。

中厚板/特厚板（100～300 mm）辊式淬火机及高均匀性淬火技术在国外发展情况：

（1）德国LOI淬火机

德国LOI公司设计的淬火机可紧凑布置在热处理炉出口，设高、低压两个淬火区。通过计算机仿真技术，实现了喷嘴的优化设计（见图7-2），其中，高压区设三种形式的喷嘴，上下对称布置。钢板通过高压区后，温度迅速降至50 ℃以下。低压区分两段，共2×24个喷嘴。每个喷嘴钻4排孔，孔间距为72 mm，孔径为0.35 mm。低压区的作用是将钢板温度降至50 ℃以下。

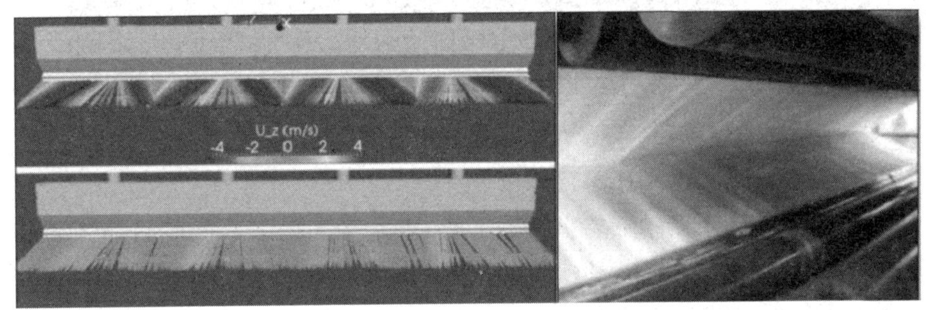

图 7-2　Tenova LOI Thermprocess 淬火机喷嘴布置示意图

现代中厚板调质生产线一般生产速度可达40～60 t/h，2017年，德国LOI公司为蒂森克虏伯设计了生产速度最大的调质机组，包括热处理炉和淬火机（见图7-3），其最大的生产速度高达105 t/h。由于该机组长度较短，其还可安置在不同的轧制线上，适用性更强。同时，基于大数据和深度自适应模型，已经能够实现面向定制化产品的热处理工艺的制定，使得产品具有良好的组织性能以及形状的均匀性，从而在制造全流程上最大限度地实现高柔性生产，满足低成本、低能耗的高效制造。

图 7-3　Tenova LOI Thermprocess 节能加热炉+辊式淬火机组

（2）石川岛播磨（IHI）淬火机

IHI曾经为巴西米纳斯-吉拉斯黑色冶金联合公司提供了淬火机，设有高压淬火段（Hi-Q）和低压淬火段（Lo-Q）。高压段用带有辊子和升降装置的升降框架运送钢板。利用上下辊间1#喷射器（窄缝式喷嘴）和2#、3#喷射器（管式喷嘴）喷射的高压水快速冷却钢板。低压段由辊间喷射器、辊道和吊起上部喷嘴的升降框架组成，在高压淬火段后继续对钢板进行冷却。为防止钢板冷却变形，淬火机设钢板押送控制机构。该机构施加给钢板0～245 kN的压力。淬火机辊缝值预先设定，通过带有弹簧的升降框架调整辊距。高压淬火段1号喷射器是淬火机的核心部分，它决定淬火机的冷却能力和钢板的平直度。淬火机有效宽度为4.3 m，有效长度为12.95 m，移送速度为低速0.004～0.067 m/s、高速0.067～0.67 m/s。高压喷射器上下各三段，低压喷射器上下各一段。淬火机传送辊道为链式驱动拖车式，辊道长为25.3 m，移送距离为6.5 m，移送速度为0.2 m/s。淬火机升降距离为0.16 m，升降速度为0.001 m/s。

国内辊式淬火机研制：

2006年以来我国在辊式淬火机的研制方面也取得了较大进展，突破了以往的技术瓶颈，已经完全具备自主化制造的能力。截至2019年，国内具有宽厚板淬火机产线约60余条，国产化率在80%以上，国内主要辊式淬火机如图7-4所示。东北大学轧制技术及连轧自动化国家重点实验室（RAL）开发出了冷却强度大、持续冷却能力强、淬火均匀的宽厚钢板辊式淬火装备及工艺技术，实现了多项技术创新：建立了多维、多变量、多场耦合条件下温度场、组织应力场计算模型，构建了宽厚钢板快速冷却理论基础；建立了旨在提高钢板心部冷速和厚向冷却均匀性的工艺规程，制定出间歇冷却、往复冷却等淬火策略，奠定了宽厚规格钢板高平直度、高均匀性淬火（NAC）的工艺基础。系统开发出高压高强度快冷技术、冷速大范围调节技术、冷却路径控制技术等淬火技术，大幅提升了心部冷速和厚向冷却均匀性。

（a）临汾钢铁3000淬火机

（b）新余钢铁3800淬火机

（c）宝钢特钢2800淬火机

（b）南京钢铁3500淬火机

图 7-4　国内主要中厚板厂辊式淬火机

国内中厚板厂辊式淬火机使用情况如表7-1所示。基于研发的宽厚板辊式淬火装备技术，开发出系列宽厚规格钢板热处理工艺及产品，主要力学性能、焊接性能等性能指标均达到企业标准和客户需求。

表 7-1　国内中厚板长辊式淬火机设备

工厂名称	辊式淬火机设备参数/mm	投产时间	设计单位
舞阳钢铁公司厚板厂	宽度：4100长度：23300	2004年	德国LOI公司
武钢中板厂	宽度：2800长度：14480	1995年	德国LOI公司
	宽度：3000长度：14480	2005年	德国LOI公司
鞍钢厚板厂	—	1991年	日本住友
上海浦钢厚板厂	—	2003年	DREVER公司
宝钢厚板厂	宽度：5000长度：22640	2005年	德国LOI公司
鞍钢5 m宽厚板厂	—	—	德国LOI公司
湘钢3800 mm中厚板厂	—	2006年	德国LOI公司
济钢中厚板厂	宽度：3650	2007年	德国LOI公司
秦皇岛金属材料有限公司	宽度：4300长度：22763	2008年3月	德国LOI公司
江苏沙钢	—	2007年	德国LOI公司
太钢集团临钢中板厂	宽度：3000长度：18040	2006年12月	东北大学RAL
	宽度：3200长度：18040	2008年11月	东北大学RAL
唐山中厚板材有限公司	宽度：3500长度：19750	2008年7月	东北大学RAL
新余钢铁公司中厚板厂	宽度：3800长度：24135	2009年1月	东北大学RAL
宝钢特钢热轧厂	宽度：2800长度：19750	2009年7月	东北大学RAL
南京钢铁公司板卷厂	宽度：3500长度：19169	2009年9月	东北大学RAL
酒泉钢铁公司	宽度：4300长度：25000	—	东北大学RAL

针对特厚钢板，目前我国已经突破了关于表面高效率可控传热、断面温度梯度控制、大速比辊速高精度控制、抗冲击重载辊道、残水快速清除、钢板表面氧化皮去除等多个方面装备技术瓶颈，已开发出能实现最厚300 mm、40～

50 t大断面特厚钢板高强均匀淬火，淬火时间与传统浸入式相比缩短近一半，淬火后板形、表面质量改善明显。这一技术突破为我国高品质特厚钢板热处理线建设提供了样板，为大单重、大断面、特殊用途厚板热处理产品研发与应用奠定了装备技术基础。

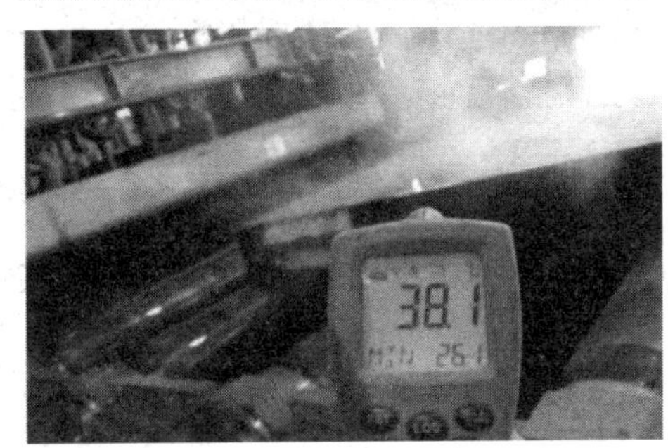

图 7-5　世界首套 300 mm 级特厚钢板辊式淬火机

在极薄钢板（4～10 mm）淬火机方面，我国也已经拥有了具有知识产权的高平直度淬火技术。极薄、超宽高强钢板典型规格为4～10 mm厚、最宽5m、最长18 m，这类钢板宽厚比大，淬火难点主要体现在：①淬火敏感性高；②组织性能一致性要求高；③易产生冷加工变形回弹，淬火变形很难通过常规矫正手段矫平。国内研究单位先后开发出钢板流量分区控制技术、冷速高精度调控技术、对称冷却技术、残余应力控制技术、全流域残水控制技术等核心技术，在国内首次实现4～10 mm极限薄规格钢板连续稳定生产（见图7-6），解决了传统薄钢板淬火后产生的叩头甩尾、横/纵向瓢曲、中浪、边浪等板形问题，4 mm钢板淬火后不平度小于6 mm/m，力学性能、加工性能及板形均优于进口钢板实物水平。

（a）quenching moment （淬火瞬间）；（b）4 mm 316L；（c）8 mm 9Ni；（d）4 mm LG700-QT；（e）5 mm NM400；（f）4 mm 304L；（g）6 mm Q960；（h）5 mm Q1100；（i）5 mm NM450

图 7-6 极薄钢板淬火后板形

7.2.1.2 节能/高精度热处理装备在轧材中的应用

（1）高精度低温退火/回火炉

通常高端钢铁产品往往需要在直接淬火装置后面通过退火/回火炉进行后续热处理以获得更好的机械性能。对于高端中厚板热处理而言，热处理炉炉温控制精度直接影响钢板板形及性能均匀性，一般要求偏差小于±5 ℃，而对于某些高端产品，如超高强工程机械用钢、低合金耐磨钢，一般要求回火炉温在300 ℃以下，且要求热处理炉低温控温精度更高。

国外发展情况：

意大利ABS Luna棒线材厂在水冷-淬火线（DQS）后装设一台步进梁式退火/回火炉（ONA）。ONA炉有先进的程序控制系统QCS（质量控制系统）和热电偶控制系统QCS。新型换热式燃烧器节省了燃料的消耗，气体循环系统保证了炉内温度的均匀性。此外，控制系统QCS还具有统计处理控制功能。钢材进入ONA炉的温度范围为100～750 ℃。

新日铁室兰厂建设了一条在线的线材淬火-回火热处理线，其设备包括淬火装置和回火炉，工艺示意图如图7-7所示。吐丝后的成环线材在辊道上运输，在该阶段控制线材后面淬火水槽的温度，随后线材进入水槽后淬火冷却。冷却后的线材在集卷器中集卷后，由吊钩送入回火炉，成卷进行回火处理。采用低温回火，以释放溶于钢中的氢，并降低线材的硬度，防止线材延迟断裂。特别是回火温度需要严格控制，炉温控制精度±3 ℃之内，炉温均匀性±4 ℃之内，以防止钢卷在回火中变形。

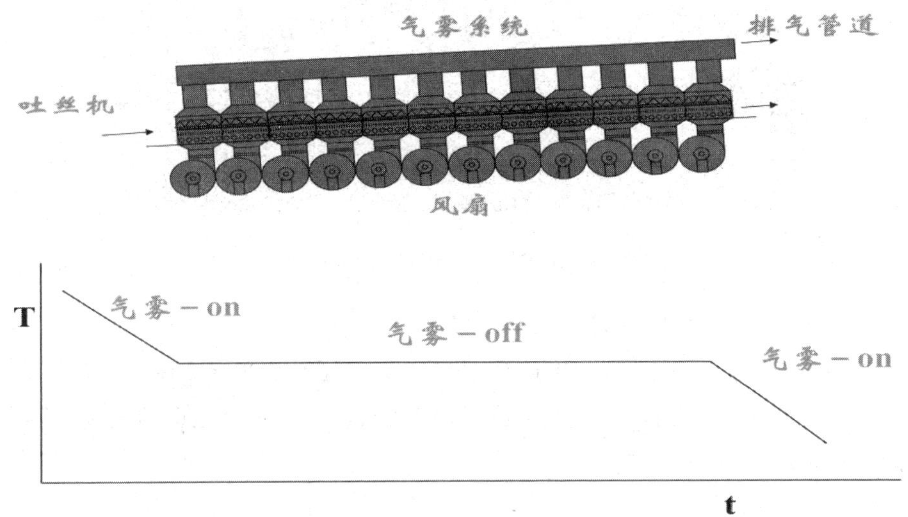

图 7-7　室兰厂线材的在线热处理工艺示意图

国内发展情况：

目前，国内钢铁企业热处理低温回火在控温精度方面仍无法满足高品质钢材生产的需要。特别是极薄高强钢板强度和硬度高，板形要求高，为获得较高强度，此类钢板需进行回火处理，但国内辊底式低温回火炉控温精度仅为±15 ℃，无法满足高强薄板±5 ℃以内的温度均匀性要求。

采用高速热风循环加热方式是解决热处理装备温度均匀性的有效途径。当前，我国自主研发了极薄高强钢板高精度低温回火炉，主要技术是采用一种强制性的对流，如图7-8所示。其主要技术特点概括如下：高速热风强制对流加热，低温时换热效率高，加热均匀；加热温度范围100～600 ℃，加热均匀性好，升温速度快；炉温控制精度±2 ℃之内，炉温均匀性±3 ℃之内；加热器可采用燃气烧嘴或电加热器，加热后钢板表面质量好；需配备一定数量的高温循环风机；满足高性能钢材高品质、高效率、低能耗、低成本生产的需要。

图 7-8　国内研制的高精度回火加热炉

（2）感应加热技术在轧制生产中的应用

感应加热是一种绿色高效的加热方式。通过感应加热对连铸坯进行补热，保证钢坯的温度均匀性好于加热前的自然状态，进一步满足后续轧制工序需要，实现钢坯的热送直轧。

国外发展情况：

新日铁公司在20世纪80年代将感应加热应用在粗轧机组后，实现了对中间坯的边部加热，边部增温达到180 ℃。意大利ABS-Luna厂通过感应加热技术，良好实现了无头连铸连轧技术。JFE西日本制铁所福山厂安装了一套中厚板在线热处理设备，可以处理的钢板宽度达到4.5 m。该系统被称为HOP（在线处理），是目前世界上唯一的一套中厚板在线热处理装置。HOP安装于矫直机之后，为了提高加热效率，简化装置，采用巨大的感应线圈，可以对钢板进行高速率加热；其采用几台高频电源并联式同步传动，钢板内部的感应发热量由通过线圈的电流精密控制，感应发热量可以方便地换算成热流量。经过Super-OLAC淬火的钢板通过HOP时，利用高效的感应加热装置进行快速回火，可以对碳化物的分布和尺寸进行控制，使其非常均匀、细小地分散于基体之上，从而实现调质钢的高强度和高韧性。基于碳化物的微细、分散、均匀控制，通过最优组织设计，可以大幅度提高材料的性能，生产的抗拉强度600～1100 MPa级调质钢具有良好的低温韧性和焊接性能。

国内发展情况：

我国在钢铁轧线上较为广泛地应用了感应加热技术。开发了系列自动化大功率感应加热系统，实现了热连轧温度分布的有效控制；应用于带钢无头轧制线，对板坯进行补热，很好地衔接热轧工艺，实现无头轧制。在钢管焊缝、型材生产透热上也已有成熟的技术及设备。宝钢开发了一种提高横向磁通感应加热带钢横向温度均匀性的装置及方法，较好地解决了冷轧薄带钢加热中由于边部效应导致的薄带钢加热温度不均匀问题。

7.2.1.3 高等级冷轧带钢退火装备技术

退火是冷轧生产中的重要工序，是通过加热、保温和冷却的方法改变钢的组织性能以获得产品所要求性能的一种热处理工艺。当前，冷轧带钢的退火方式主要分为：罩式退火和连续退火。

（1）罩式退火装备

国外发展情况：

罩式退火炉从普通的氮氢炉台，发展到全氢和强对流全氢炉台。全氢罩式炉是一种采用全氢气氛作为保护气的退火炉台，其退火周期、带钢表面光洁度及产品性能方面较氮氢炉台有大幅度提升。20世纪，奥地利EBNER公司开发生产的强对流全氢退火炉（HICON/H_2炉），开始主要用于铜材退火使用，随后被推广用于钢铁产业，并最终应用于冷轧钢卷的光亮退火。近些年，德国LOI公司也为全球多个冷轧带钢厂设计开发了高效能全氢（HPH）罩式炉，并被大批量投入市场，如图7-9所示。其设备优点表现为：采用大功率、大风量的炉台循环风机，加速了气体循环，强化了对流传热；采用全氢作为保护气氛，充分发挥了氢气质量轻、渗透能力强、导热系数大、还原能力强的优势；采用气-水冷却系统，起到了快速冷却的目的，提高了生产效率，改善了钢卷退火质量，产品深冲性好且表面光洁，充分发挥了罩式退火炉组织生产的灵活性，特别适用于小批量生产。奥地利EBNER公司为我国太钢设计制造了针对不锈钢（极）薄带的罩式光亮退火炉，如图7-10所示。最高炉温1150 ℃，炉内露点控制在－55 ℃以下，全氢保护（氢气浓度为99.99%）和精确的张力控制，张力精度可达到±3N，使带钢退火后表面质量和性能达到最佳状态，有效地保证了薄带钢的生产，表面接近无氧化，硬度值可以控制在±10 HV以内。

图 7-9　LOI 公司设计制造的现代化罩式退火炉

图 7-10　ENBER 公司为太钢设计的不锈钢（极）薄带光亮退火设备

国内发展情况：

在我国，各大型钢铁企业相继引进了强对流全氢罩式炉，并在其基础上进行结构改进与优化，来提高冷轧钢卷退火质量。通过改变导流板结构，来防止钢卷与导流板黏结。将原来罩式炉中的圆盘式导流板的上下两个圆盘面去掉，并由若干个分散布置的长条隔板来取代，一些扇形面分布在长条隔板之间，具体结构如图7-11所示。这种新型对流板的好处是氢气能较容易地从钢卷卷边空间流入卷芯空间，钢卷上下两端面氢气流量与流速较原来的普通圆盘式对流板都有了很大的提高。国内优化设计的一种新型对流板，具体结构如图7-12所示，其上下两圆盘面为平面，并且上下面板的外圈设计了一定的倾斜度，以更贴近钢卷的实际卷形，这样钢卷与导流板接触的面积最大，使钢卷端面受力的压强最小。但整体而言，我国在冷轧带钢（卷）罩式退火炉的设计研发上仍缺乏原始创新，仍停留在消化吸收国外先进技术的阶段。

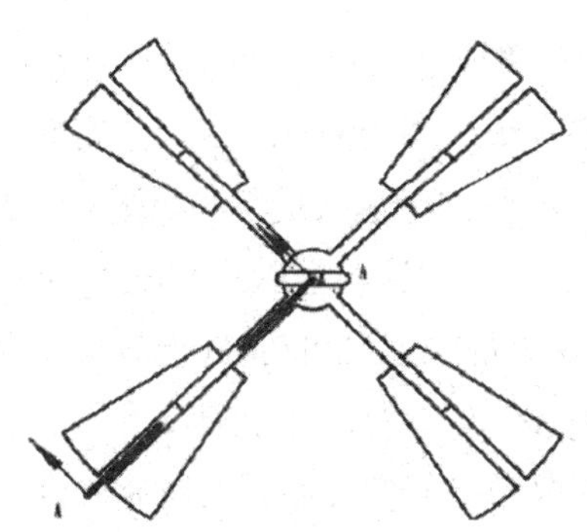

图 7-11　一种新型导流板（俯视图）

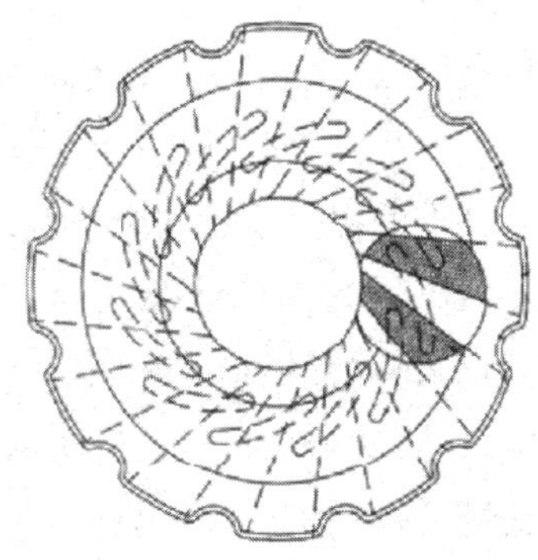

图 7-12　一种导流板结构示意图

（2）连续退火装备发展现状与趋势

与罩式退火相比，连续退火具有生产效率高、生产周期短、产品质量好、占地面积少、能耗低、劳动定员少等优点。近年来连续退火机组在全世界迅速发展，目前已建成近百条冷轧带钢连续退火线，冷轧板连续退火技术现已经成为退火工艺发展的主流。随着连续退火工艺技术和设备的不断完善和发展，产量和速度也在不断提升，机组最高年产量已经可以达到100万t/年，机组的最高速度已经达到1000 m/min。现代连续退火机组主要包括清洗、连续退火、平整、检查和精整等生产工序，其设备布置如图7-13所示。

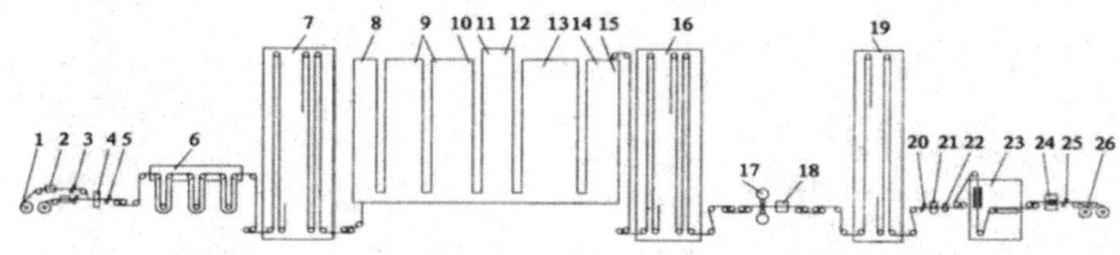

1—开卷机；2—直头机；3—入口剪；4—焊机；5，20—月牙剪；6—清洗段；7—入口活套；8—预热段；9—加热段；10—均热段；11—缓冷段；12—快冷段；13—过时效段；14—终冷段；15—水淬和干燥段；16—出口活套；17—平整机；18—干燥装置；19—检查活套；21—切边剪；22—去毛刺机；23—检查站；24—静电涂油机；25—出口飞剪；26—张力卷取机

图 7-13　连续退火机组设备布置简图

其中，连续退火炉是连续退火机组的核心设备，随着机组速度的不断提升和对产品性能要求越来越高，许多新技术逐渐得到推广应用。

国外发展情况：

以德国LOI公司为典型代表，近年来在冷轧带钢连续退火炉的设计开发上取得了较大的突破。以其多产线功能集成技术优势，自2000年以来，已为世界各大钢铁企业提供了近60余条包括冷轧带钢和硅带钢钢退火机组，如图7-14所示。2015年LOI公司为JSW为设计、安装与调试了一台生产量达33 t/h的硅带钢钢连续退火+涂镀机组（见图7-15）。该机组带钢最大速度可达180 m/min（炉内速度可达120 m/min），最高退火温度达到1100 ℃。为首钢迁钢设计了当前最大的硅带钢钢生产线（见图7-16），可用于取向与非取向硅钢的脱碳处理、酸洗、退火、平整与涂镀等。其中酸洗连退机组能力达到33 t/h，用于取向硅钢脱碳处理的退火机组能力可达9 t/h，平整涂镀机组能力达15 t/h，均为国内外最大。这些现代化机组内均采用了较为先进的节能技术，补充了带钢预热区，将已有的均热区的电加热方式改换成煤气辐射管加热方式，并可根据现场实际情况，柔性地增加余热锅炉，回收热量。

图 7-14　LOI 公司设计的系列硅带钢钢退火机组（包括用于取向硅钢罩式退火炉 MBAF）

图 7-15　LOI 为 JSW 公司设计的现代化的连退+涂镀机组

图 7-16　LOI 为首钢迁钢设计开发的世界最大的硅钢热处理产线

国内发展情况：

国内冷轧板连续退火机组虽然主要是引进国外的装备及相关技术，但经过近20年的发展，通过技术优化与设备改造，其产品种类覆盖面和性能也得到了逐渐提升，产品从仅能满足建筑和家电性能要求发展到可用于高档汽车面板，产品性能向着高强度、超深冲性和特殊性方向发展。

目前，我国连续退火炉一次冷却技术多采用强力喷吹冷却，随着对板带强度的要求越来越高，在保证板带质量的前提下尽力提高一次冷却速率是连续退火炉的发展趋势。另外，炉辊多采用双凸度设计，既可保证窄带钢又可保证宽带钢的稳定运行。高温段炉辊采用耐高温金属陶瓷爆炸喷涂涂层，使用温度可达900℃以上，提高了炉辊的使用寿命，有效防止了辊面结瘤。在加热段炉辊室采用隔热板和炉辊冷却技术，在冷却炉炉辊室采用炉辊加热技术，既可控制炉辊凸度，又可防止带钢因热冲击造成的瓢曲。炉子入口和出口采用密封辊和充氮气密封装置，防止空气进入炉内，保持炉内气氛的稳定。在产品质量检测方面，应用在线粗糙度测量系统、在线机械性能测量系统和表面自动检查系统，能及时将产品质量信息提供给操作人员。另外机组各处张力控制和防止跑偏特别是炉内张力控制和防止跑偏多采用自动化控制和检测。宝钢1420 mm CAPL机组炉内有7套CPC，可保证一及时纠偏，而国内民营企业由于更注重投入与产出的效益比，因此在满足炉内带钢稳定运行的前提下使用纠偏辊的数量较少，如果设置不当就会削弱纠偏装置的使用效果。带钢张力控制方面，目前，国产退火炉炉内张力控制技术主要表现在：①在炉子入口与出口均设置张力计，通过张力反馈，自动调节活套张力，避免张力波动的不利影响。②退火炉入口前设置跳动辊，以便减小换钢卷时的加减速，以及送入焊缝等对入口张力的影响，在发生事故停炉时，还可以补偿带钢在长度上的热胀冷缩，避免断带。③在预热段和缓冷快冷段，针对由喷气冷却造成的带钢抖动，可以通过设置稳定辊或者张力辊予以解决。④在炉上各段设置张力计。⑤炉辊采用交流电机单独传动，张力计检测出实际张力值，以VVVF控制方式调整炉辊转速，减少外界干扰，使张力保持稳定。在连退机组上某钢铁公司典型升级和改造工艺段如图7-17所示。

目前，一些专业化工程公司，将连续退火机组的国产化工作提到了重要日程，一方面，这些专业化工程公司通过从最初的工厂设计、设备引进技术咨询、转化设计，发展到国内采购、设备制造及供货、安装、调试的全方位服务，其技术集成及自主研发能力大大加强，一些关键核心技术被充分认知并逐步取得突破，综合技术能力显著提升；另一方面，钢铁生产企业工艺能力的提升及激烈的市场竞争，极大地激发了国产化需求。

图 7-17　我国某钢铁公司升级后连退机组加热段和张力活套工艺段

7.2.2 基于新一代超快冷技术的在线热处理设备技术现状

利用轧制余热对钢材进行在线热处理技术，可以省去离线热处理的二次加热工序，因而达到节约能源、简化操作、缩短产品交货期的目的。同时，在线热处理可以利用材料热轧过程中积累的应变硬化，在有些情况下可以得到比离线热处理更优的产品性能和质量。传统的在线热处理包括加速冷却和直接淬火（DQ）。传统的在线热处理工艺和装备有两方面的问题：其一，轧后冷却过程是调整材料相变组织乃至性能的重要阶段。其二，即使是冷却过程，出于冷却路径控制的需要，也不能仅靠简单的加速冷却。在传统的轧后冷却方式加速冷却和直接淬火的基础上，已经开发出实用化的超快速冷却和再加热装置等新型在线热处理设备，因而可以涵盖从加速冷却的低冷速到直接淬火高冷速的全部冷速范围。各种控制方式的开始点和终止点可以依据需要控制，冷却路径可以按照工艺要求灵活控制和调整，所以材料的相变可以处于工艺过程的精细掌控之中，这为钢铁材料的减量化生产和性能提高提供了极为广阔的空间。

超快速冷却（Ultra-Fast Cooling），是近年来利用现代连续轧制的大变形和应变积累，结合超快速冷却技术而发展起来的在线热处理技术。其工艺核心要点为：在现代热连轧过程提供的对奥氏体实施加工硬化的基础上，对轧后硬化奥氏体进行超快速冷却，获得性能优良、利于循环利用的钢铁材料，进一步节省了资源和能源，促进了可持续发展。新一代超快冷技术是研究热轧钢铁材料超快速冷却条件下的材料强化机制工艺技术以及产品全生命周期评价技术。

该技术可使得多数的热轧钢铁材料产品在不增加合金元素用量的前提下，产品强度和冲击韧性指标大幅度提高，节约钢材使用量5%～10%；提高生产效率35%以上；节能贡献率10%～15%。

7.2.2.1 国外超快冷设备技术发展现状

荷兰霍戈文（Hoogoves）钢厂最早应用超快冷技术，其开发的超快速冷却实验设备不仅使1.5 mm厚热轧带钢实现了快速冷却，还具有良好的横向和纵向板形。该装置是一段1.4 m长的冷却区，共安装3组集管，单组水流量为1000 m^3/h。但因冷却段太短，冷却能力有限，温降仅150～200 ℃，难以大幅度提高产品性能。随后又改造成7组集管的超快速冷却装置，冷却区长度扩大至3m，对于厚度2 mm的C-Mn钢和钒钢，比常规冷却下的抗拉强度和屈服强度均提高了100MPa以上。新日铁于1983年率先采用冷却前钢材矫直和约束冷却方式的冷却系统，称之为CLC（连续在线控制），并应用于生产焊接性优良的高强、高韧性钢等产品。新日铁在CLC应用的基础上，开发了新一代控制冷却系统CLC-μ。CLC-μ继续采用约束型的控制冷却方式，但在冷却喷嘴的形式和水量控制方法等方面发生了根本性改变，大大增强了冷却控制性能。其工艺原理和实施效果如图7-18（a）、（b）所示。

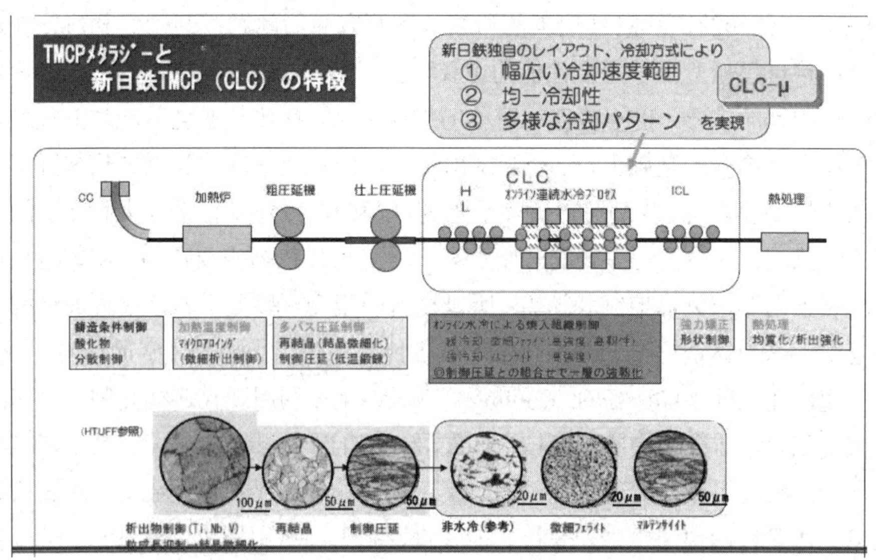

（a）新日铁超快冷技术（CLC-μ）的工艺技术示意图

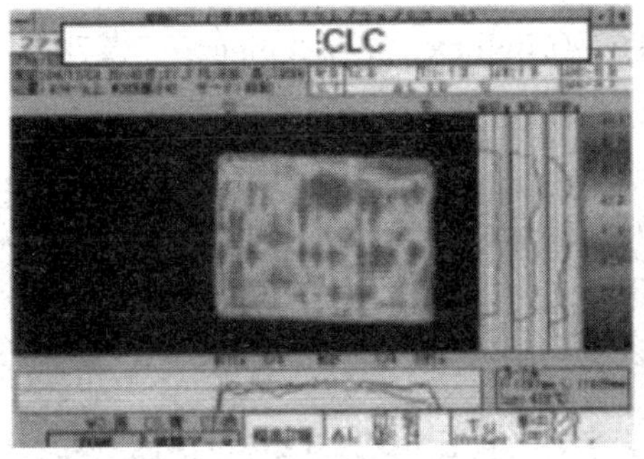

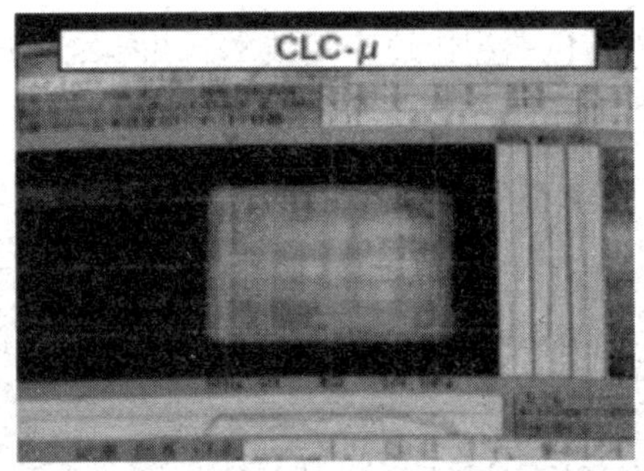

（b）新日铁超快冷技术（CLC-μ）在温度均匀性方面的实际控制效果

图 7-18　新日铁超快冷技术（CLC-μ）

20世纪90年代，比利时CRM厂对超快冷（UFC）装置进行了研究改善，减小每个管状冷却出水口的孔径，加密出水口，增加出水压力，保证小流量的水流也能打破大面积的钢板表面气膜。其冷却装置结构紧凑，冷却区长度为7～12 m。在工业试验中，水量可达1000 m^3/h，厚度为4 mm带钢的最大冷却速率为300 ℃/s。JFE在1998年对原有的冷却系统进行改造，建设了Super-OLAC（超级在线加速冷却）新型加速冷却系统，如图7-19所示。该系统的最大的特点是具有可达极限冷却的冷却速率和极高的冷却均匀性。Super-OLAC系统既可以实现加速冷却，又可以实现在线直接淬火。一套系统兼有直接淬火和加速冷却两种功能，是新一代控制冷却系统的重要特征。目前生产调质钢板主要有三种工艺，即传统的离线淬火＋离线回火工艺、在线淬火＋离线回火工艺、在线淬火＋在线回火工艺。目前第三种工艺世界上仅JFE有一套，将Super-OLAC与HOP组合起来，在轧制线上完成调质过程，可以灵活地改变轧制线上冷却、加热的模式，因此与传统的离线热处理相比，过去不可能进行的在线淬火-回火热处理，可以依照需要自由地设计和实现，组织控制的自由度大幅度增加。应用该技术，JFE已经完成了多批耐酸气X65、X70管线钢的供货任务。

近年来，韩国浦项钢铁公司在超快速冷却技术方面的开发与应用也取得了显著进展，该钢厂利用控轧和快速冷却技术（冷却速度20～50 ℃/s）获得一种低成本生产超高强度管线钢专利技术，并申请了PCT国际专利。开发的管线钢产品屈服强度可达930 MPa（X130）以上，并且能够降低Mo等合金元素的添加量。根据2010年韩国浦项钢铁公司介绍，其已在热连轧生产线上开发具有自身特色的超快速冷却技术，并称之为HDC（High Density Cooling）。图7-20为浦项超快冷设备布置示意图。

图 7-19　日本 JFE 的 Super-OLAC 控冷系统

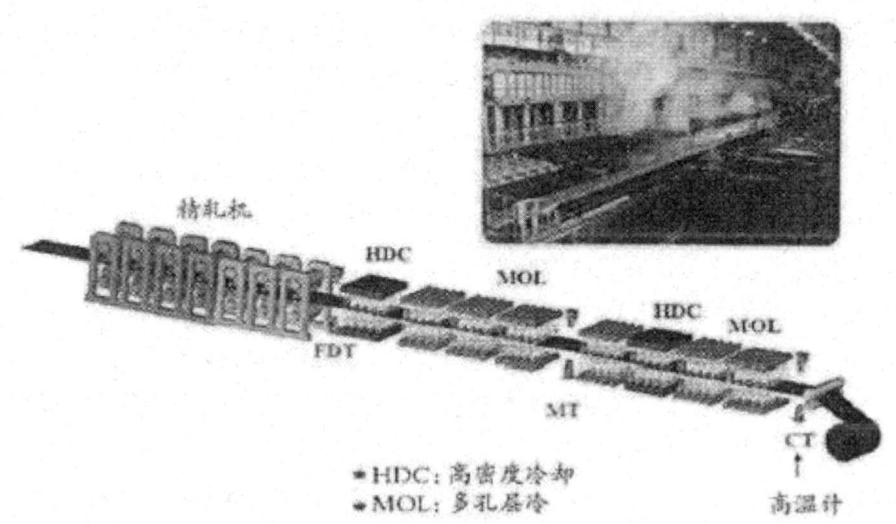

图 7-20　韩国浦项的 HDC 控冷系统

国外超快速冷却技术部分应用厂家、布置方式和代表产品等情况如表7-2所示。

表 7-2　国外超快冷技术部分应用厂家、布置方式和代表产品

企业	采用技术	安装位置	UFC使用原理	代表产品
JFE	Super-OLAC	精轧后	与HOP工艺结合，控制相变的同时使碳化物析出，使组织变得均匀或变成多相组织	高强度管线钢（X100）、耐酸性气体管线钢
NKK	Super-OLAC	精轧后	与HOP工艺结合，通过快速冷却后的加热处理促进碳向未发生相变的奥氏体聚集，获得微细状MA岛	高强度管线钢（X100）、700 MPa和800 MPa级高强度汽车用钢
浦项	MUIPIC	精轧后	轧后快速冷却或直接淬火	30 mm以上中厚板或高强度热轧板
ABS-UFC Luna	UFC	精轧后	轧制后进行快速冷却或直接淬火，再配合回火系统	特殊钢（C70、100Cr6）
蒂森克虏伯	UFC	精轧后	快速冷却后，再进行固溶热处理	不锈钢、抗腐蚀钢（NiMo16CrTi）
Areelor-Carlam	UFC	卷取前	层流冷却与UFC工艺结合，通过控制层冷与UFC之间的中间温度及卷取温度，可轻易获得多相显微组织	主要生产高抗拉强度（650～800 MPa）、延伸率（20%～25%）的双相钢

7.2.2.2 国内先进在线冷却系统发展现状

在国内，关于超快速冷却的研究起步比较晚，无论是在设计能力还是在应用程度上与国外相比都有一定的差距。北京科技大学相关研究人员在设计和应用方面做了大量的工作，并在武汉钢铁公司和舞阳钢铁公司取得了良好的效果，但主要采用层流冷却方式。而以东北大学RAL为代表的团队所开发的超快速冷却设备可实现大冷却速率、大范围水量无极调节，达到了与国外相近的冷却效果。目前，RAL针对热轧钢材冷却技术这一关键和共性技术和不同的钢材门类，开发了与之相适应的控制冷却系统，统称之为ADCOS（先进的冷却系统）。

在中厚板方面，提出了倾斜喷射的超快冷＋层流冷却的新设计概念——ADCOS-PM（中厚板轧机），采用斜喷缝隙式喷嘴＋高密管式喷嘴的混合布置，将这两种冷却方式的优点结合起来，极其均匀地将板面残存水与钢板之

间形成的气膜清除，从而实现钢板和冷却水均匀接触的全面核沸腾。这不仅提高了钢板和冷却水之间的热交换效率，而且可以实现钢板的均匀冷却，大大抑制了钢板由于冷却不均引起的翘曲。在采用ADCOS-PM作为中厚板轧后冷却系统时，由于超快冷设备的采用，为轧后冷却控制提供了多种选择方案。在轧制阶段，依据钢种的设计要求在高温轧制和低温轧制之间进行优化选择。终轧之后，可以采用超快冷或者ACC（层流冷却），实现从低冷速到高冷速的各种不同的冷却速度。如果采用超快冷，可以对终冷温度进行控制；如果终冷温度处于铁素体相变温度区间，可以称为UFC（超快速冷却）-F；如果终冷温度处于贝氏体相变温度区间，可以称为UFC-B；如果终冷温度处于马氏体相变温度以下，可以称为UFC-M，或称为DQ。对于UFC-F、UFC-B和DQ，后续还可以采用不同的热处理方式，例如不同速率的冷却、不同速率的加热、不同的加热温度区间等。通过这些冷却、加热过程，可以获得多种多样的组织，因而得到多种多样的材料性能。

将ADCOS-PM的思想延伸，进一步应用到热连轧机，ADCOS-HSM（热连轧机）应运而生。该系统在精轧机出口安装超快速冷却装置，可以对钢板实施超快速冷却。在超快速冷却系统后面，是常规的加速冷却装置。它可以单独使用，进行加速冷却，也可以与超快冷进行接力式冷却，实现高轧制速度下高冷却速度的直接淬火。如对3～4 mm厚的板带材冷却速度可达300～400 ℃/s，对20 mm左右的中厚钢板冷却速度可达50 ℃/s，为控制钢材轧后的组织和性能提供了强有力的手段。典型装备应用如图7-21所示。

（a）首钢京唐 2250 热连轧超快冷系统

（b）南钢 4700 中厚板轧后超快冷系统

图 7-21　RAL 开发的轧后快速冷却系统

在棒线材方面，针对棒材的ADCOS-BM（棒材轧机）工艺可以不改造主要设备，不降低作业率，不低温轧制，不余热淬火，由于强化了冷却效果，可以提高冷床的冷却效率，从而提高产量。利用该技术，可以在少用或者不用合金元素的情况下，利用335 MPa级的20MnSi生产HRB400、HRB500螺纹钢筋，大幅度提高了产品质量，降低了成本。RAL开发的螺纹钢筋的控冷系统如图7-22所示，该装置长度约为13 m，20 mm直径的钢筋最大冷速可达400 ℃/s。

图 7-22　RAL 开发的螺纹钢筋的控冷系统

针对H型钢的ADCOS-HBM（H型钢轧机）工艺可以对翼缘和腹板进行均匀化快速冷却，开发的H型钢超快冷系统已应用到马钢大型H型钢、莱钢型钢轧线上，冷却后H型钢平直，满足轧后矫直工序的要求，其他性能指标亦满足标准，为我国H型钢的升级换代作出了贡献。

在热轧无缝钢管方面，目前，对于适于大多数热轧无缝钢管产线及其产品的先进在线控制冷却工艺技术的工业化应用与热轧板带、中厚板等相比，由于其自身的生产工艺特点，还存在较大差异。此前国内外很多企业从自身产线特点及需求出发，或在定（减）径设备出口设置了为数很少的简易冷却喷水环，以期在不影响钢管直度的前提下尽量改善性能，但往往温降能力很小，甚至为确保钢管直度，设置的简易喷环仅有几十摄氏度的温降能力，不能满足要求；或者基于离线淬火设备思路，设置简易淬火水槽，将定径后的钢管翻至该水槽内，通过内喷外淋实现淬火，但不能实现在一定温度点停止冷却的控制冷却要求，且受设备长度限制及冷却均匀性影响，往往只能实现较短尺寸（单倍尺）的厚壁管在线淬火。东北大学RAL针对无缝钢管的ADCOS-TM（无缝管轧线），先后揭示并掌握了圆形断面特征的热轧无缝钢管高强度均匀化冷却机理以及非对称冷却条件下的温度场演变行为，开发出钢管周向与轴向均匀性冷却技术，并通过管材高强度均匀化冷却关键喷嘴结构设计，于2014年依托宝钢 ϕ460 mm PFQ生产线，成功开发出我国首台（套）兼具终冷温度精准控制和直接淬火功能的热轧无缝钢管在线控制冷却成套技术装备，如图7-23所示。

图 7-23　热轧无缝钢管厂 ϕ460 mm PFQ 在线控制冷却装备

在特殊钢方面，近年来北京科技大学与东北特钢联合攻关，提出了“快速变频幅脉冲冷却控制”在线淬火新原理，开发出国内外首条具有独立知识产权的“快速变频幅脉冲冷却控制模具扁钢在线预硬化”生产线，并一次投产成功。以在线预硬化代替离线预硬化；以气水淬火代替油、油水淬火；实现了模具钢生产短工艺流程，开发出世界首个“多波段变频幅气水组合冷却器控制系统”。开发出的“脉冲气水冷却”构建理想淬火冷却曲线和加热、轧制、在线淬火、回火组织统一调控技术，控制了淬火冷却路径，使模具钢获得期望的目标组织，实现了快淬而不易淬裂，满足生产节奏，结合多场耦合板形平直和均匀控冷技术、计算机精准控制技术和在线质量判定技术，使调试生产的模具钢产品同板硬度差达到世界先进水平；开发了“气水两相流变冷却强度最优控制”等技术，使水系统降低能耗50%。

7.3 有色金属轧材热处理设备技术发展现状

7.3.1 铝合金板带热处理设备技术

铝合金板带材以其独特和优越的性能，在航空航天、汽车等行业获得了广泛的应用。铝带材产品要求具有高的表面质量、良好的抗时效稳定性，良好的成型性、高的烘烤硬化性、良好的翻边延性、高的抗凹性、良好的油漆工艺的兼容性和油漆表面的光鲜性，要做到这些相互矛盾的性能合理匹配，其热处理难度非常高，常规热处理炉很难保证其高精度、高均匀处理的工艺要求。我国专用的高精度、高均匀性辊底式热处理炉、三级时效炉的装备和工艺技术尚由国外垄断。

近年来在铝合金板带热处理装备技术方面，我国开发了高均匀热风循环控制、均匀化加热和均匀化冷却技术、铝合金汽车板表面处理技术，研制出了具有我国自主知识产权的大型气垫炉中试装备；同时对气垫炉配套连续处理线控制技术进行研究，开发了大型汽车板气垫式连续处理线控制系统，实现了工业化应用。

7.3.1.1 汽车板、航空板气垫式连续热处理技术

气垫炉是目前同时满足ABS板表面质量及热处理工艺要求的唯一热处理装备，也是生产高性能航空、航天覆盖件的必备装备，具有如下优点：①表面质量好。它采用漂浮式加热、冷却。②性能均一性高、性能稳定性高。它温度控制精准、温度均匀性好。③生产效率高。它加热速度快、处理时间短、采用自动连续生产方式。国外关于铝带气垫炉的研发已有较成熟的经验。2019年奥地利ENBER公司为中铝瑞闽公司提供了一台产能可达10万t/年的气垫炉热处理段（见图7-24），包括固溶处理炉，空气/水淬火装置，其中独特的Smart Quench系统的冷却速率可控制在500～10℃/s之间，可以在淬火过程中的任何时间或任何位置停止淬火，并保持温度。淬火段被划分为各个独立的控制区，不仅可以避免炉子和淬火段之间的过早冷却，同时也可以保证淬火过程中最小的变形率。此外，还配备了再加热炉，用于铝带在收卷段达到所需的带材温度。同时还提供了水再冷却系统以及所有的电气设备，包括过程控制系统（PCS）。

近几年，国内东北大学RAL以研发的均匀化气流循环装置和强对流气垫射流装置为核心，研制出大型气垫式连续热处理中试装置（如图7-25所示）和中

试试验线。研发的气垫炉由加热炉和淬火装置组成。加热炉区由气流循环系统、气垫射流系统、燃烧系统、排烟系统、炉体等组成,其核心装备是热风循环系统和气垫射流系统。通过研究带材漂浮高度、喷嘴气垫压力、喷嘴出口风速、气体温度、带材张力等参数对带材漂浮特性和换热过程的影响，优化装置结构参数，开发出动态稳定漂浮技术和层级串联逆向淬火技术。相关研究成果为国产化气垫式连续热处理装备的开发及在线应用创造条件。

图 7-24　奥地利 ENBER 公司研发的大型气垫炉

图 7-25　RAL 研发的大型气垫炉中试设备

为能实现连续生产，气垫炉装备必须与连续处理线配套。处理线运行稳定性和控制精度对气垫炉至关重要，直接关系到铝带热处理表面质量和各工艺设备的正常运行。为此，RAL针对气垫炉连续处理线控制技术进行了深入研究，开发了高精度气垫式连续处理线自动化控制系统，并成功应用于广西南南铝业加工有限公司2800 mm汽车板气垫式连续热处理线，如图7-26所示。

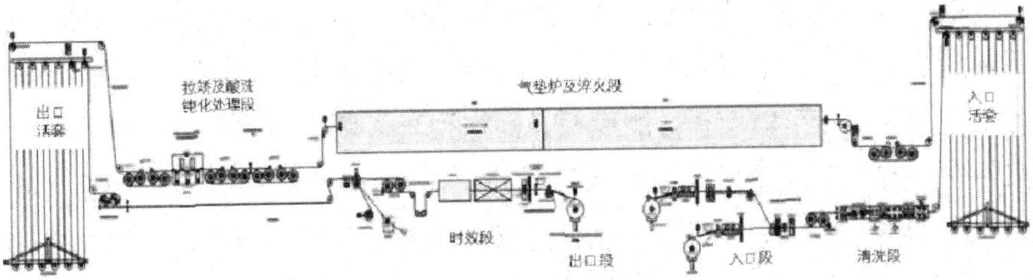

图 7-26　铝合金汽车板气垫式连续热处理线工艺布置

全线可实现高精度连续稳定运行、一键式操作生产、工序自动切换和工艺参数自动控制，减少了人工操作的错误率，降低了能源和人力消耗。开发的自动化系统切实提高了生产的自动控制水平和控制精度，较好地满足了现场的实际需要，为铝合金汽车板产品生产提供了坚实的基础。

7.3.1.2 汽车板先进无铬表面处理技术

汽车用铝合金板带的表面处理是铝合金汽车板生产的关键核心工艺技术之一。表面处理在提高铝板耐蚀性、黏结性的同时，增加对涂层的附着力，降低表面电阻，利于下游焊接组装，是汽车用铝板带生产不可或缺的关键工序。目前汽车铝板表面处理核心工艺和关键技术均由国外发达国家垄断。2014年，RAL凭借先进、完善的技术方案，击败国内外知名公司，成功中标广西南南铝加工有限公司“铝合金汽车板酸碱洗钝化表面处理项目”，RAL研发的汽车铝板表面处理系统如图7-27所示。

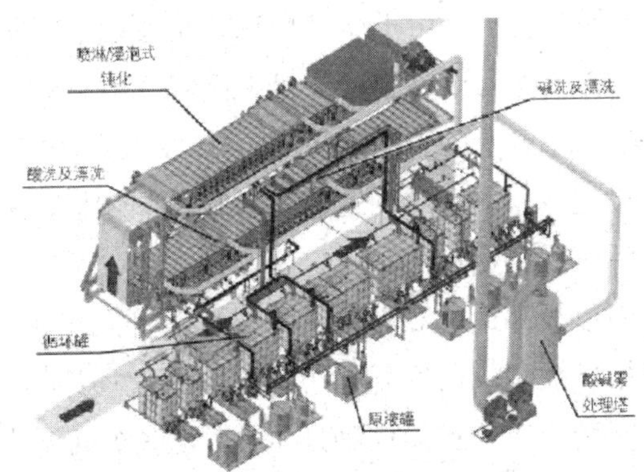

图 7-27　RAL 研发的汽车铝板表面处理系统

为了进行高端高精铝合金热处理、表面处理装备技术及工艺的研究，RAL研制了铝合金先进热处理和表面处理中试试验线，其主要功能如下：①模拟高档铝合金热处理关键装备，气垫炉、辊底炉、三级时效炉、淬火机工艺及结构；②对铝合金汽车板、航空板、舰艇板、高铁列车等所用高档铝合金板带进行类似实际生产线的工艺开发、工艺优化研究；③可进行0、T4、T4P、T6、T61、T7、T8、T8X、RRA、ORR、FTMT、双重淬火、单级、双级、三级时效处理等热处理工艺试验；④利用表面处理试验装备，开发铝合金表面化学转化和涂层工艺。中试试验线设备如图7-28所示。

图 7-28　铝合金热处理（a）及表面处理（b）中试线

7.3.1.3 铝合金中厚板辊底式高速热风循环热处理技术

铝合金中厚板的淬火最初是通过盐浴炉来进行，这种传统的淬火方式存在诸多不足：①转移时间长，严重影响产品的耐腐蚀性能；②板材在后续加工中变形大，性能不稳定；③盐浴炉内的盐浴剂是强氧化剂，易造成环境污染。20世纪70年代末，国外开发了专用于航空用铝合金厚板的热风循环辊底式固溶热处理技术。典型工艺流程为通过循环风机将高温气流从炉顶及炉底喷射到铝板上，实现快速加热。板材在炉内保温一段时间后，立即以设定速度进入淬火段。淬火段各喷嘴按设定水量、水比、辊速等参数冷却铝板。板材降到工艺温度后进入干燥区，之后移送到出料辊道上。

针对铝合金中厚板高速、高精度加热过程，开发出系列核心技术，包括：①炉内高温空气循环控制：研究开发了炉膜内流量场分布与压力场分布一致、流量场分布与温度场分布一致的控制技术，为辊底炉高温空气循环系统的设计提供技术支撑。②高温空气喷射加热技术：通过大型数值模拟仿真平台，系统研究了喷孔尺寸、阵列布局、喷射角度等关键参数对均匀高效传热的影响机制，开发了适用于辊底炉的垂直射流热空气喷嘴。③高精度全自动化控制技术：开发出新型复合式脉冲燃烧控制和前馈式温度控制方法以保证炉温控制精度和均匀性，建立了模糊PID流量闭环控制和供水前馈自动控制以保证淬火过程水量的精确喷射和流动。同时为实现全自动生产、提高工艺控制精度，设计了二级控制平台，开发了系列品种的淬火工艺控制模型。

7.3.1.4 铝合金薄带在线短流程热处理技术

退火时效处理是铝及铝合金的基本热处理形式，目前铝极薄带的研究进程主要在制备阶段，如何合理控制轧制及热处理的技术及工艺参数获得板形良好、厚度及尺寸满足使用需求的铝极薄带是目前首先要攻克的问题。

针对成卷金属薄带和极薄带的轧制生产，设计了一套控温轧制生产设备，如图7-29所示。工作辊轧制带材处为轧机辊缝，入口侧和出口侧部件包括：测张辊、转向辊、卷取机，各部件以轧机辊缝为中心由内向外依次排列；所述设备还包括：开卷加热装置、进轧机辊缝前板带补热装置和板带边部加热装置、轧辊辊面加热装置、轧辊芯部冷却及轴承座冷却机构、出轧机辊缝后板带边部加热装置和板带补热装置、卷取前加热装置，以及转向辊处加热装置和入口侧测张辊处加热装置。该装置解决了板带在线加热及板温均匀性的控制、轧辊辊面在线加热及板宽方向上的温度梯度控制和轧辊芯部和轧辊轴承座的冷却等诸多技术问题。该设备适用于铝合金等金属板带卷轧制生产，能制造出成卷的金属薄带和极薄带，实现了铝合金薄带轧制与热处理协同调控，减少了常规带材轧制后再进行热处理的工序，缩短了制造流程，更满足当前及未来的市场需求。

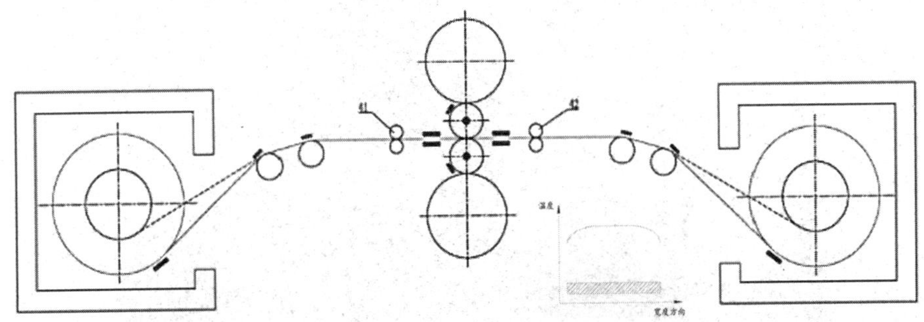

图 7-29　轧制与热处理协同调控机组示意图

7.3.2 铜合金轧材热处理设备技术

铜合金的热处理主要是再结晶退火，包括各道冷加工工序之间的中间退火以及成品的最终退火。其目的是消除冷加工硬化和恢复塑性，以利于下一道冷加工工序的进行。其常用的退火设备主要为罩式退火炉和气垫式连续退火炉。

（1）罩式退火装备技术

铜合金罩式退火炉主要用于卷坯的中间退火工序，以及对铜合金带材、线材和管材进行光亮退火，其生产组织较为灵活；气垫式连续退火炉生产能力大，退火后表面质量好，组织性能较为均匀。其中，罩式退火设备应具有非常好的炉温均匀性，使铜合金在退火温度范围内，任何一点的退火温度都控制得非常准确和均匀，这样才能得到所要求的合适的硬度值，以便进行下一步工序的加工。目前，关于铜材罩式退火装备的研究主要集中在少氧加热各项关键技术，特别是研究在不同温度场、压力场下，各类气氛与金属表面反应变化规律，优化和研发新型化学热处理技术和各类新型加热元件及辅助材料，开发多功能精密控制的罩式退火工艺与装备。铜合金罩式退火炉主要形式如图 7-30 所示。

图 7-30　铜带罩式退火炉

（2）连续退火装备技术

在铜板带加工行业，气垫式连续退火炉将成为主要的铜板带热处理装备，其不仅可提高产品质量，又可减少氧化损耗，并为铜合金的二次深加工减少了工序，节省了深加工设备，因此，对未来铜及铜合金生产，展开式光亮退火炉会随着对产品的高质量、高性能要求而显示优越性，尤其是高精度引线框架材料生产，采用该炉型将是发展趋势。图7-31为ENBER公司设计研发的可用于铜带连续退火的气垫式热处理设备。该装备自动化程度高，具有专门的电气控制系统，可进行加热和冷却处理，具有高度可调的上喷嘴，可很好地控制温度均匀性并可配备化学热处理段，适用性强。

图 7-31　ENBER 公司研发的可供铜带连续退火的气垫式炉

我国也设计开发了铜带连退用气垫炉，如图7-32所示，但与国外相比，自动化水平还较低，人为操作的影响因素较多，加热、冷却能力的适用范围较窄。

图 7-32　国内研制的铜合金气垫式连续退火炉

7.3.3 钛合金轧材热处理设备技术

钛合金轧制工艺窗口窄，属于难变形材料。而且，钛材表面在高温轧制时容易被氧化，而且表面氧化皮十分难以去除，导致轧制时容易出现表面裂纹。钛材实际轧制过程中，往往需要进行多次退火，而这种情形会急速降低轧件的表面温度，内部温度不降反增，使轧件表面与中心温度形成较大的反差，进而容易造成表面裂纹。所以，轧制的温度一定要控制得当，即所谓的“控温打钛”。目前针对钛轧材的热处理设备主要是离线的热处理炉，且多为针对零件或毛坯加热的普通加热或真空热处理。专门的在轧线上的钛合金在线热处理设备（包括加热设备和控制冷却设备）在国内外仍属空白，少见报道。

7.4 轧材热处理设备技术发展趋势

7.4.1 离线热处理的在线化与面向产品定制的集约化技术系统

目前热轧板带钢已经广泛采用轧后超快速冷却技术，但是在棒材、线材、管材以及复杂断面型材方面应用需进一步拓展，应当开发相应的工艺技术和适用的装备，解决冷却均匀性、快速性、稳定性方面的问题。合金钢、不锈钢、硅钢等产品尤其需要挖掘使用潜力，发挥其在析出、细晶、相变方面的独特作用。

由于高档钢材大多是通过离线热处理，如RQ+T来进行生产，通过进一步发挥新一代TMCP和超快冷的优势，实现DQ+T、UFC-B、UFC-B+T等在线或半在线热处理工艺，发挥钢材加工硬化的效果，取消二次加热的能源消耗和CO_2排放（取消传统的离线加热炉和淬火机），同时提高产品性能，实现高档钢铁材料的减量化制造，力争达到与HOP（在线）相同效果，如图7-33所示。新一代超快冷技术为轧钢生产过程提供了一个组织性能调控的强力手段，应当充分利用超快冷技术的组织性能调控能力，利用一种成分的材料生产不同级别、甚至不同钢种的钢材；或者利用不同成分的材料生产同一种产品，为生产计划、调度、生产、交货提供全新的技术手段，为企业的调度管理、节能降耗、降低成本开辟新的途径，促进轧制过程的减量化。同时，在组织性能预测模型的支持下，建立工艺-组织-性能的逆向优化。依据需要的屈服强度、抗拉强度、伸长率三个主要的性能指标，通过多目标优化，给出优化的成分设计和生产工艺制度，实现产品力学性能的“定制式”生产。这就需要进一步综合考量能耗、排放、生产效率和成本，开发面向产品定制化的热处理工艺及装备，例如连铸的二冷设备、控轧设备、控冷设备等，提供组织性能调控的手段，从而形成先进钢铁材料的集约化生产技术系统，技术思路如图7-34所示。

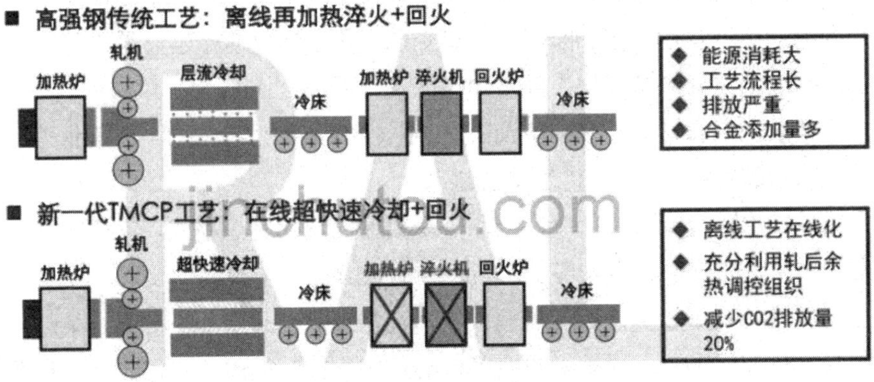

图 7-33　离线热处理在线化工艺示意图

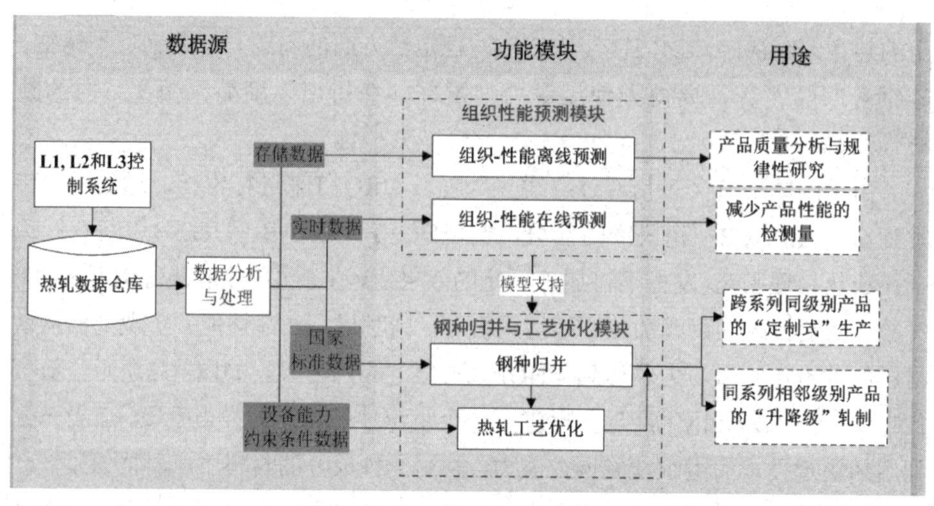

图 7-34　集约化生产技术系统的技术思路

7.4.2 热处理技术与装备的绿色化与智能化

当前工业发达国家的热处理已在真空中加热、在保护气氛中加热或采用感应加热的基础上，向智能化、数字化、机器人操作的高精密控制、高度自动化方向发展，世界发达国家80%以上的热处理设备采用计算机在线控制技术，自动化生产已成为热处理生产线的标准配置，数字化热处理车间已比比皆是。《中国制造2025》也明确提出了以加快新一代信息技术与制造业融合为主线，以推进智能制造为主攻方向。我国热处理两化融合步伐慢，智能制造基础薄弱，工艺及装备数字化率低，工艺模拟只是在大型及少数中型企业被采用，商业化软件开发远落后于发达国家，即使在大型企业，其工艺数据库也只是雏形，面临以智能制造为主导的第四次工业革命严峻的挑战。

展望未来，轧材热处理装备及工艺技术主要体现在以下两个方面：

（1）绿色热处理技术装备及工艺

绿色制造是综合考虑环境影响和资源效益的现代制造模式，是可持续发展的必由之路，同时也给热处理工艺与装备的发展提出了更高的要求。应注重开发热处理装备制造和工艺执行的相关软件，为热处理云技术应用奠定基础。研究和开发热处理工艺的计算机数值模拟与数字化控制技术，包括节能智能化管控轧材在线加热冷却相变、残余应力等工艺过程的工艺控制软件，进一步完善热处理工艺数据库，开发能在线精密控制加热和淬火工艺及智能型热处理设备以及升温和降温的同步炉温均匀控制系统（包括软件）；研究开发热处理工艺过程的多场耦合数值模拟技术与专用软件，进行热处理设备的虚拟制造和热处理虚拟生产，实现热处理生产过程的柔性化、高效化、精准化，同时开发高精度在线热处理辅助装置，如高精度定位仪，高精度实时测温系统，校对用精密传感器、仪表等。研究开发高效富氧燃烧技术和废热回收利用技术、以空气和水组合的无污染高效清洁冷却技术以及基于高效热传导和高温气体循环系统的加热技术和设备。掌握少氧加热各项关键技术，开发多功能精密控制连续式少氧化热处理生产线，开发精密可控气氛连续式热处理设备。丰富完善不同冷却条件、冷却介质下冷却能力数据库，为建立热处理工艺数据库提供支持。

（2）热处理装备的智能化

我国在轧钢产线上的热处理设备仍缺少稳定控制的数学模型以及闭环的控制系统，导致其可靠性差、材料化学成分波动性大、工艺技术不先进、人工操作多等，进而导致热处理产品质量离散性大，与国外发达国家仍有一定差距。同时，面对未来的潜在客户和高端产品的定制化，我们应该以标准化引领轧钢在线高端热处理设备发展，形成完备的高端热处理装备整机设计制造能力、数字化热处理车间一体化设计和大型工程承包能力。通过综合运用计算机技术、精密传感技术、精密控制技术，提高热处理质量和工作效率；优化工艺过程，实现节能环保；提高自动化、智能化水平，降低生产劳动强度，降低人力成本。应在以下几个方面实现突破：能够满足产品质量稳定控制的数学模型及高自动化闭环控制系统；热处理信息化云技术开发与应用，数字化在线热处理车间（工厂）设计及相关软件开发，发展以数字化、柔性化以及系统集成技术为核心的智能化热处理技术装备；发展热处理和表层改性传感器技术，力争达到国际先进水平；研发热处理机器人，即开发在各种复杂的不确定性环境中以最低限度的人工干预高度自主地实现追求目标功能的控制系统，具有高性能、稳定性、适应性、容错性、学习能力、实时性和人机协作功能。

7.4.3 特殊轧材热处理技术与装备开发

随着我国装备制造业的飞速发展，对一些特殊的金属（合金）轧材如金属复合板、变厚度板、极薄带（厚度10～100 μm，如手撕钢）以及特殊有色金属合金（如钛合金）有大量需求。

金属复合板在大型机械、船舶、海洋平台、压力容器等领域有巨大的应用前景，但相关的复合板的热处理工艺及装备不能很好地满足产品改性的要求。尤其对于异质复合板。由于组元的材料特性不同，使得组元获得最佳性能的热处理工艺不同，而不能通过传统的热处理方式来进行，研发复合板差温热处理工艺及配套装备，以最大化满足组元相获得最佳性能；同时在复合棒、线材、管材以及复杂断面型材方面应用需拓展，开发相应的工艺技术和适用的装备；开展复合板界面产物控制技术攻关。通过独特的工艺及装备设计，将复合界面的氧化物控制到极低水平，氧化物尺寸达到纳米级别；对界面产物进行控制，防止界面脆性物过度生成而恶化界面强度；开展复合轧材的控制冷却技术，通过工艺与装备的优化设计，达到能够分别控制组元层的组织性能，形成不同组元针对性的冷却路径。

作为智能轧制技术代表之一的变厚度轧制技术成功得到开发及应用，其生产的差厚板产品可根据服役过程的承载状况设计选择其形状、尺寸、性能的变化规律，更有利于发挥出材料的承载潜力，给钢及其他金属产品插上了变厚度的翅膀。差厚板的轧制使得不同的厚度区中的轧制变形量是不同的，因而导致整个零件在退火后所反映的力学性能是有差异的。因此需掌握差厚板不同厚度区域的组织性能对不同工艺参数改变的响应规律，设计并制造满足差异化需求的热处理装置及技术，实现不同厚度区的退火工艺差异化控制。需研制气氛可控热处理装备及加热元件，实现无氧化热处理和均匀性控制。开发针对差厚板热冲压工艺、模具及其温控系统，实现板材平面上各局部区域的性能定制。

随着“中国制造2025”规划的提出，微机电、微制造、机器人、智能制造等高新技术领域对优质极薄带有了更高要求。制取所需性能的极薄带材是一项既复杂又困难的技术，有些极薄带材的价格高达黄金的20倍。极薄带生产水平成为实现微制造、推进产品微型化的关键，也是一个国家微成型、微制造能力的标志之一。为了获得板形及表面质量良好的极薄带，必须掌握相应的热处理高水平设备及精密控制技术；掌握少氧加热各项关键技术，开发多功能精密控制连续式少氧化热处理生产线；开发极薄带热处理过程中残余应力实时监测与实时控制的闭环控制系统；开发极薄带快速加热技术与装备，开发横向磁通快速感应加热技术，设计高电感匹配感应器，获得均匀温度场，带钢横向稳态温度差小于±15 ℃，解决薄带钢加热中由于边部效应导致的薄带钢加热温度不均问题。开发极薄带快速冷却技术与装备。自主研发喷气、气雾和水淬等高速冷却技术，实现从缓冷到400 ℃/s的柔性化冷却速度调整，达到同一产线生产不同性能钢种、产品成分设计实现减量化的目的。

钛合金在航空航天中有着广泛的应用，但多以锻造成型配合后续的热处理成型。其他常规有色金属，如铝、铜的轧制+热处理的成型成性工艺已比较成熟，但钛合金产品质量对温度十分敏感，导致其轧制及热处理工艺仍有较多瓶颈问题悬而未决，在国内外仍处于探索阶段。为了获得高质量的钛合金轧材，热处理起着非常关键的作用。亟须储备钛合金在加热、变形、冷却过程中温度的基础数据库，改变当前“经验式”人工操作的工艺试错模式；开发在线温控检测装置及实时控制装备，研发适应自动化、数字化生产的在线监控传感器，满足钛合金轧制过程中在线测温“黑匣子”需求；自主研发少氧化加热技术，开发精密控制连续式少氧化热处理生产线，自主研发高精度氧探头、氢探头，防止有害元素带来的不利影响等。

展望未来，随着我国制造业已经步入发展的“新常态”，面向轧材的热处理装备亟须从原始性专业基础理论方面实现突破，保证基础性、系统性、前沿性技术研究和技术研发持续推进，强化自主创新成果的源头供给。

第8章　冶金轧制智能化设备技术现状与发展趋势

8.1 冶金轧制检测设备技术发展现状

8.1.1 扁平材检测设备技术

8.1.1.1 板形检测设备技术

板形检测装置是通过装嵌有高灵敏度水晶压电元件的整体型辊筒而检出轧制中的张力分布，并且处理该检出信号，显示该轧制材板形的操作支撑系统。板形检测装置的主要特长：组装有传感器的整体型板形检测辊，可以任意选择辊径、传感元件的间隔吻合工艺的表面处理，高精度，高响应性，高强度，广温度域。板形仪作为板形在线检测的核心部件，为板形控制实时准确地提供带钢的内部应力数据，是保证带钢板形质量的前提和关键。

在非接触式板形仪方面，应用最广泛的热轧非接触式板形仪是基于激光三角法原理，利用带钢表面对激光束的漫反射效应，带钢由于浪形而产生上下波动的位移量可以被激光位移传感器检测出来，计算出带钢宽度方向各位置纵向纤维的长度，进而可以获得板形信息。这种测量方法响应速度快、检测原理简单，还可以满足在线数据处理的需求。典型的有比利时Robert Pirlet开发的ROMETER-5型板形仪、法国SPIE-TRINDEL公司研制的三点式激光板形仪、REMINUM INSTRUMENTS公司研制的FIBERSHAPE板形仪，还有德国PSYSTEME公司研制的BMP-100型和BMP-110型板形仪。这几种板形检测设备的区别主要在于传感器的布置形式（斜射式、直射式），测量点的布置（3点、5点、10点布局等），为满足不同宽度带钢的移动方案（移动传感器、移动反射镜）。在激光三角法的基础上改进后，比利时IRM公司研制出了三光束

ROMETER2000板形仪，日本三菱电机研制出了双光束平坦度仪。采用激光检测带钢板形存在一定的局限性，单一激光束只能满足点、线结构的投影，一般想要检测一整段带钢的板形情况，必须发射几束或者几十束激光，这样的话会使结构相当复杂，成本变高，而且误差来源也变得很多。因此，为了能够进行面结构的投影，德国操作运行研究所、蒂森克虏伯钢铁公司和光学测量技术公司共同研制出了一种基于投影条纹法的板形测量设备，在此基础上，德国IMS公司推出了TopPlan平坦度仪，并成功应用于钢厂实际生产中。国内对非接触式板形检测设备研究方面，西安建筑冶金学院用次声级激振法进行带钢板形检测；清华大学设计的多激光束热轧带钢板形检测仪成功应用于攀钢热轧板厂；北京科技大学研制了直线型激光板形检测设备；中南大学与上海宝钢共同研制了PDZ-1激光钢板板形检测系统，等。

在接触式板形仪方面，国际上以瑞士ABB公司的分段压磁式板形仪、英国DAVY公司的分段空气轴承式板形仪、德国SUNDWIG公司的整辊多孔压电式板形仪、西门子SI-FLAT非接触板形仪应用最为广泛。国内板形检测设备研究工作从20世纪80年代开始，1982年东北重型机械学院完成了分割压磁式板形仪的制造，并进行了试验探究。燕山大学发明了一种整辊无缝式板形仪，解决了压伤和划伤带钢表面的难题；采用无线式、集成化、高精度板形信号处理系统，克服了摩擦、磨损、振动等影响，提高检测精度；首创机理、智能模型协同板形控制系统，精度高，扩展性强。板形检测分辨率0.2 I，板形控制精度6.0 I，闭环控制周期100 ms，闭环投入轧制速度60 m/min，检测辊辊面硬度60HRC。5项主要技术指标均高于瑞士ABB、德国西门子、日本三菱等公司的国际先进水平。燕山大学板形仪的研发成功实现了板形仪的国产化工业化应用，目前已应用于鞍钢1780 mm与2130 mm轧机、河北钢铁1050 mm轧机、江苏九天光电科技公司750 mm轧机等十余条生产线。

8.1.1.2 板厚检测设备技术

板带材测厚仪一般分为接触式测厚仪和非接触式测厚仪。而非接触式测厚仪常见的有γ射线测厚仪、X射线测厚仪、涡流测厚仪、光学测厚仪，其中γ射线测厚仪和X射线测厚仪的工作原理相似。

接触式测厚仪应用差动变压器位移传感器，通过电压的变化来反映测量值与标准值的差值，进而计算得到板带厚度。接触式测厚仪的工作原理是：用测厚仪检测到的板带实际值与预先设定值进行比较，如果差值为零时，放大器表头显示为零，通过信号线送到AGC系统的偏差信号为零，轧辊辊缝保持不变；如果差值为正时，即板带检测值大于设定值时，偏差信号为正（1 m相当于40 mV电压），通过AGC系统控制压下缸电磁阀关闭辊缝到板带厚度为设定值；偏差信号为负时，相反打开辊缝，上下两个探头在板带的两侧，两探头之间的距离通过步进电机预先设定为标准值。UVB TECHNIK公司金属箔连续板带测厚仪及西安艾蒙希科技接触式测厚仪均属于此类型测厚仪。

测厚仪精度一般分为静态精度和动态精度。接触式测厚仪是用上下两个探头直接测量板带的厚度，与所测板带的化学成分以及材质均匀程度无关，所以静态精度很高。而板带在轧制过程中高速运转（最高轧制速度可达 400m/min），板带还有细微的波动，在测厚仪上下两个探头中装有高精密差动变压器位移传感器，这细微的波动将使检测值与实际值之间出现误差，导致动态精度下降。

γ射线测厚仪、X射线测厚仪由射线源放射的光子通过被测物质时与物质发生相互作用，一部分发生散射、一部分被物质吸收、一部分透过物质。透过被测物的射线强度与物质的厚度有一定的关系。目前大多数非接触式测厚仪均采用此原理。比如，STEC冷轧、热轧金属板带在线测厚仪，北京中达信泰科技公司的X射线中能测厚仪，上海震格实业公司的瑞美系列测厚仪，西安艾蒙希科技公司的X射线测厚仪。

还有一些采用其他原理的非接触式测厚仪。光电方式靠钢板反射激光，根据反射位置的不同来测定钢板厚度。ABB的Millmate测厚仪系统基于PEC原理，应用电磁感应测量带材厚度。这种测量原理不受材料合金变化和测量区内环境变化的影响。测头上下半区的两组线圈产生脉冲磁场。磁场可以穿透任何非金属物质。线圈用坚固的聚酯板保护。测头的外壳由铝青铜合金制成，抗冲击防腐蚀，适合安装于轧机恶劣的环境下。北京中达信泰科技公司的光学测厚仪以光学三角测量法为基础使用多路激光源进行测量。产品厚度通过计算测量框架的气隙和每一端到测量对象表面的和的差值取得。相比于射线类的测厚仪，这些测厚仪由于工作时没有辐射，也更加安全。非接触式测厚仪在动态检测过程中，没有机械部件与板带表面直接接触，不存在板带表面划伤问题，所以板带表面质量非常高。

8.1.1.3 表面质量检测设备技术

当前板带材表面缺陷识别分类的方式有红外检测、涡流检测、漏磁检测、机器视觉检测，其中前三者存在明显的局限性，与基于CCD成像的机器视觉检测相比，只能用于某些特定环境及检测精度要求不高的地方。近些年来，随着计算机和图像处理技术的发展，对于板带材表面缺陷图像的识别分类技术也得到了不断发展，广泛应用于各热轧、冷轧及各种镀层板带材生产线上，产生了极大的生产效益。

国外对于板带材机器视觉检测的研究较早，并已经形成较为成熟的系统，广泛应用于各钢厂中。1983年，美国Honeywell公司率先在连铸板坯上研究建立基于CCD成像的表检系统，该项目确立了基于CCD成像系统的图像识别处理及特征数据处理系统的设计思想，并成为后续表检系统的主要设计依据；1986年，Westinghouse公司在美国钢铁协会的资助下，提出融合表检照明系统中明域、暗域及微光域的方法，实现了在当时最高速和最大带宽下的缺陷识别；Centro Sviluppo Materiali公司在欧洲煤钢联资助下，设计出用于检测不锈钢板带表面缺陷的表检仪，该系统可以同时检测板带上下表面孔洞缺陷，但其可识别的缺陷种类较少；芬兰Rautaruukki New Tehnology公司在表检系统中引入机器学习算法提高对缺陷识别分类的准确性；美国Cognex公司研发出一套自学习系统，大大提高了系统的检测速度；德国Parsytec公司率先在表检系统中引入人工神经网络，实现板带在高速轧制过程中极为精确的缺陷识别，并应用于各钢厂，产生了巨大的经济效益；2005年，法国VAI-SIAS公司率先研发出适用于高温复杂工况下的热轧带钢表检系统。国内的钢厂从2002年后的十余年间逐步完成了对板带材表面缺陷检测从人工到机器的转变，期间逐步考察并重资引进德国Cognex（康奈视）、美国Parsytec（百视泰）和法国VAI-SIAS（西门子-奥钢联）公司的带钢表面缺陷在线检测产品，并且不断地研发自主创新产品，使得国内在带钢表面质量缺陷控制方面得到了极大提升。北京科技大学高效轧制国家工程研究中心已经成功研发出具有完全自主知识产权的轧制板带表面检测系统。

8.1.1.4 涂层镀层厚度测量仪

目前常见的涂层镀层厚度测量仪按照测量原理分为五种：超声测厚仪、电解式测厚仪、放射测厚仪、磁性测厚仪和涡流测厚仪。

超声波测厚仪是根据超声波脉冲反射原理来进行厚度测量的，适用于各种板材和各种加工零件的精确测量，也可以对生产设备中各种管道和压力容器在使用过程中受腐蚀后的减薄程度进行监测。当探头发射的超声波通过被测物体到达材料分界面时，脉冲波被反射回探头，通过精确测量超声波在材料中传播的时间来确定被测材料的厚度。代表性产品包括：德国卡尔公司的ECHOGRAPH 1071型超声波测厚仪、北京时代之峰科技有限公司的TT300超声波测厚仪、北京亚中仪器有限公司生产的LA-30超声波测厚仪、上海华阳检测仪器有限公司生产的HCC-16P型超声波测厚仪等。

电解式测厚仪又称作库仑测厚仪，其不属于无损检测，需要破坏镀层材料，在通电条件下通过阳极溶解过程测量被溶解镀层的厚度，适用于多层电镀产品，能测出各分层厚度以及总厚，在电镀行业广泛应用。在测量过程中，被测覆盖层电气装置连接到工作电源的阳极，并暴露在适当的电解液中，与电解液中另一电极（电气装置连接到工作电源的阴极，通常就是电解杯），构成电化学体系。通过检测阳极溶解电位的变化和记录电解过程中累计的电量（电流乘以时间），根据法拉第定律计算出所测量的覆盖层厚度。代表性产品包括：德国EPK（Elektrophysik）公司的库仑镀层测厚仪GavlanoTest、美国Kocour公司的库仑电解测厚仪6000、国内东莞凯迪亚仪器的DJH电解测厚仪等。

放射测厚仪是根据射线穿透被测物体后强度的衰减来进行测厚，在实际应用中射线测厚仪在铝箔、塑料薄膜、薄钢板等材料的厚度测量中都有广泛的应用。代表性产品包括：德国Fischer公司FISCHERSCOPE-XRYXDLM型号的X射线荧光测厚仪、国内天瑞仪器的Genius XRF手持式X射线测厚仪等。

磁性测厚仪可以无损测量铁磁材料上非磁性涂层的厚度，根据工作原理分为两类：磁吸力原理测厚仪和磁感应原理测厚仪。磁吸力原理测厚仪是利用永久磁铁测头与导磁的钢材之间的吸力大小与处于这两者之间的距离成一定比例关系来测量覆层的厚度的，这个距离就是覆层的厚度，所以只要覆层与基材的导磁率之差足够大，就可以进行测量。代表性产品包括：德国EPK公司的MIKROTEST自动型覆层测厚仪、国内的时代TIME2006（原TT270）测厚仪。磁感应原理测厚仪可用于测量导磁基体上的非导磁涂层厚度，是利用测头经过非铁磁覆层而流入铁基材的磁通大小来测定覆层厚度的，覆层愈厚，磁通愈小。目前磁感应测厚仪常用于车漆厚度、铁基表面橡胶厚度、珐琅厚度等多种产品的涂覆层厚度检测。代表性产品：日本Kett公司生产的LE-900涂镀层测厚仪、北京亚中仪器有限公司生产的LAT-B涂层测厚仪等。

涡流测厚仪适合测量电导率低的薄层金属厚度。涡流涂镀层测厚仪的基本工作原理是：当测头与被测试样接触时，测头所产生的高频电磁场使置于测头下面的金属导体产生涡流，其振幅和相位是导体与测头之间非导电覆盖层厚度的函数，即该涡流产生的交变电磁场会改变测头参数，而测头参数变量的大小则取决于涂镀层的厚度。通过测量测头参数变量的大小，并将这一电信号转换处理，即可得到被测涂镀层的厚度值。代表性产品包括：日本Kett公司生产的LH-900涂镀层测厚仪、牛津仪器公司的CMI153和CMI250涂镀层测厚仪、国内上海伦捷机电仪表的TC830N涡流测厚仪等。

8.1.2 长型材在线检测技术

8.1.2.1 棒线材形状（直径和轮廓）在线检测设备技术

棒线材在线测径可连续提供断面尺寸变化信息，依据这些信息，不但使换辊、换孔及时，而且使换辊、换孔后的轧机调整和尺寸事故的排除效率大大提高，同时，在线棒线材轧机的自动化控制系统中，自动测径作为断面径向尺寸的反馈信号来控制活套和机架的张力，以实现最小偏差的轧制，其中用作在线连续自动测径的测径仪，必须耐高温、水蒸气和热铁皮的侵蚀并能抗震动，测量精度应在棒、线材标准直径的±0.15%以下，对于自动控制的连轧机，测径仪的响应时间应在10 ms以内。国内外主要产品包括：瑞士ZUMBACH公司的激光测径仪，英国IPL（SHAPE TECHNOLOGY）公司的ORBIS测径仪，德国LAP公司的RDMS测径仪，德国KOCKS公司的4D EAGLE®轮廓测量系统，达涅利的HIPROFILE®激光外形轮廓仪，瑞典LIMAB公司的热轮廓仪，天津兆瑞测控技术公司的JDC-J型线、棒材在线测径仪，成都奥美加科技的LGD、LSG系列激光测径仪等。其中：英国IPL公司研制的ORBIS棒线材测径仪，已被ABB公司用于线材轧机的自动尺寸控制系统ADC做反馈控制，可测量直径在13 mm以下的线材，其精度可达±0.025 mm。达涅利自动化公司研制开发的HiPROFILE®激光外形轮廓仪安装在轧机出口侧，可对产品最终尺寸进行无接触连续检测，实现轧机的反馈控制。

8.1.2.2 棒线材在线探伤技术

棒线材在线探伤的目的是及早发现缺陷产生的原因，及时排除，使工艺流程最优化，主要探伤技术包括涡流探伤技术和超声探伤技术等。

涡流探伤技术。贯穿涡流探伤一般可用于线速度高达70 m/s、温度1100 ℃的 ϕ5.5～13 mm的高速线材轧机。日本川崎公司的103 m/s线材轧机，韩国浦项120 m/s轧速的1、2、3号线材轧机使用的贯穿涡流探伤装置，检测缺陷界限为0.1 dmm左右。日本川崎公司在棒材生产线上还辅助有冷泄漏磁束探伤；在高速无扭线材轧机水冷段后，辅助高灵敏放射温度计，开发出能检测表面温度微小变化的探伤技术。这种温度检测法与涡流探伤相配合，能提高检测精度。

超声探伤技术。超声波探伤是利用超声能透入金属材料的深处，并由一截面进入另一截面时，在界面边缘发生反射的特点来检查零件缺陷的一种方法，当超声波束自零件表面由探头通至金属内部，遇到缺陷与零件底面时就分别发生反射波，在荧光屏上形成脉冲波形，根据这些脉冲波形来判断缺陷位置和大小。目前超声探伤厂家主要有GE、SLICKERS、钢研纳克等。

表 8-1　超声探伤设备产品对比

品牌	优势	劣势
GE	仪器人性化、稳定可靠、碳刷方式价格便宜	碳刷式旋转头技术落后；调整不变，时间长；备件价格高；售后一般
Tubscob	价格较便宜，采用无线方式	在天津大无缝两套实际使用效果不佳
Mac	价格最便宜	业绩少、检测效果不理想，杭钢检测效果差
Slickers	旋转头经久耐用，调整快，稳定性高	仪器性能可以但功能稍差，价格高
钢研纳克	性价比高，检测可靠，维护成本低，售后及时，检测速度快，设备生产周期短	品牌劣势、加工精度及稳定性稍差。调整方式与GE一样，时间较长

8.2 冶金轧制工业机器人发展现状

8.2.1 典型冶金轧制工业机器人

冶金轧制领域工业机器人应用类型主要有：安全型，将工业机器人应用于冶金轧制行业中安全要求较高的部分区域或工位上，替代安全风险较大的岗位操作，保障人员安全；替代型，以减少人力和工位为目的，将工业机器人应用于冶金行业中的相关工位，替代标准化、重复性、劳动强度较大的人工操作；智能检测，以智能化为导向，将工业机器人应用于冶金行业中的相关检测工位，包括钢水取样以及其他一些动态检测工位；防错型，以减少因人工或其他因素干扰造成的信息错误为目的，将工业机器人应用于冶金行业中的相关工位，替代信息跟踪的部分人工工作，包括贴标、打印、识别工位等；冶金轧制专用，针对工业机器人的弱点，并结合冶金行业的实施特点，研发冶金轧制领域专用机器人平台。下面介绍几种常见的机器人及应用：

（1）捞渣机器人

镀锌线锌锅钢板镀锌生产过程中，熔融锌液与空气接触会产生较多漂浮在表面的浮渣，人工清渣存在清渣不及时、清渣不彻底、清渣效率低、工人劳动强度和危害风险较大等问题，捞渣机器人的应用有利于镀锌板表面质量的提高，产品质量更可靠和稳定；不仅提高了清渣效率，而且减少了操作工在恶劣环境中的作业时间，降低了恶劣环境对操作工的伤害风险。

目前，国外捞渣机器人主要有意大利的DANIELI捞渣机器人、韩国浦项采用的LIEBE、日本NACHI捞渣机器人等。捞渣机器人的本体通常是关节式结构，与一般的工业机器人类似，但为了使机器人能够在高温状态下正常使用，通常在机器人驱动器、线缆等薄弱处包覆上耐高温材料，有的甚至加上通风系统来降低机器人内部的工作温度。捞渣机器人一般置于炉鼻子附近和V形区等易产生锌渣的地方，机器人的最远位置可达3 m，操作精度达到0.3 mm。与人工操作相比，机器人能够连续不间断地重复工作，耐压性强，操作稳定且准确度高，工作周期可调，锌液表面波动更小，锌锅外锌渣损失更少。捞渣机器人的投入使用在提高产品质量的同时，能减少很大一部分人工劳动。

与国外除渣机器人类似，国内也有企业将多自由度机器人用于除渣。宝武集团、河钢邯钢、华凌涟钢等国内多家钢铁企业都自主设计或与其他单位联合研发了捞渣机器人，如图8-1和图8-2所示。武钢设计的用于镀锌线锌锅内锌渣的清除装置，技术成果获得2012年国家科技进步二等奖，其主要是利用两个形状相同的撮箕形捞斗通过PLC控制器控制气缸收集锌渣。还有人研究了用于电力铁塔塔材热镀锌用锌渣打捞装置，捞渣机将离线工作的锌锅内的底渣和浮渣捞出来，联动开合机构安装于两个抓斗和施力装置之间，利用联动开合机构控制两个抓斗的张合，从而实现对锌渣的收集。根据锌渣的形态，也有人提出锌渣清除器的推渣装置，可以将锌渣定点抓取出来，这种装置体积小，占用空间小，但效率低，活动关节多。

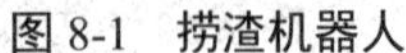

图 8-1　捞渣机器人

图 8-2　武钢锌渣清除装置

（2）钢卷打捆机

国外发达国家对打捆机的研究已进行了近50年，其钢铁企业钢卷打捆包装技术已经非常成熟。全球知名钢材包装设备企业对钢卷的打包质量都有比较严格的要求，且各自制定了打捆装备的企业标准，工业发达国家的技术水平远远领先于我国。大型带钢打捆包装装备的研发方面，具有代表性的公司包括：美国的SIGNODE公司、德国的TITANPACK公司、意大利的ITIPACK公司、瑞典的Sund Barista公司等，其产品各具特色。美国SIGNODE（信诺）公司是ITW旗下最大的子公司，也是全球最大的工业包装产品生产商，在全球工业包装领域享有盛誉。信诺公司研发的钢铁行业全自动热轧卷周向打捆机M410N配置于卷曲机后，此设备采用有扣式专用热轧打捆头，捆紧度高达20000 N，耐温性能强，工作效率高，按照产线速度，可配置单头和双头打捆机，除此以外，此公司还研发了卷眼打捆机M400-EH3，如图8-3所示。德国的TITANPACK公司主要生产自动捆扎机机头，大多用于无外包装的钢卷，其产品性能比较优越且实用性强，打包头的带钢拉紧力在2000 N到20000 N之间可调，扣子类型为免扣式和锁扣式，锁扣式具有2或3个咬痕，最大锁紧力17000 N。意大利的ITIPACK是专业从事打捆机制造的公司，此公司所研发的打捆机根据不同的用户进行设计，故有很多特殊机型，如多机头，自动放入护角及垫片等机构以及机身可旋转，机身可上下、左右移动（钢卷不动，打捆机动）等。瑞典的SundBirsta公司研制的钢材打捆机可以对不同包装形式的线材、棒材及型材进行打捆包装，如图8-4所示。SundBirsta公司研制的钢材打捆机主要由捆扎机组、液压机组、储线仓；机座；控制器：开关、电器线路板、继电器等。其中kNRA型打捆机使用3～5 mm的退火盘条，最短捆扎时间达到9 s。

图 8-3　M400-EH3 卷眼打捆机

图 8-4　SundBirsta 设计的周向打捆机

国内原西安重型机械研究所研制了应用于冷连轧机的钢卷自动打捆设备，延吉包装设备厂生产有手动半自动气压打包头，并在国内占有一定的市场。原西安重型机械研究所研制的钢卷自动打捆机是在消化武钢引进的1700 mm冷连轧机的钢卷自动打捆设备的基础上研制成功的，此设备有本体和送料装置部分组成，其本体的核心部分是机头，由气动马达、行星减速器、导向托板和卡子推进器等组成，打捆的程序是通过电器控制气动系统实现的。由吉林省延吉威冶包装设备有限公司研制成功的ZKDA-1500/32型中宽带自动打捆机，采用完全不同于传统打捆方法的新产品，主要适用于直径 ϕ1100～1500 mm，最大高度800 mm，热轧钢卷的外围自动捆扎，此设备采用无摩擦送带、夹带后气缸直接拉紧等新技术，有效地克服了国内外传统技术——导槽架与摩擦轮输送捆带的缺陷以及摩擦轮拉紧捆带的缺陷。

（3）在线喷码机器人

传统的人工喷码操作过程中，工人与高温钢卷几乎零距离，夏季工作环境温度更高，产生噪声高达100 dB以上，并伴有涂料飞沫及粉尘。且喷码模板需及时更换内容，容易犯错，喷码效果不佳，同时由于人工使吨钢成本增加约0.05元。在线喷码机器人在程序设定之后，喷号准确率100%，如图8-5所示。字符粗细可自动调节，号码美观、精准，相比原来的电弧金属丝喷号机，稳定性强，喷号速度快，解放了劳动力，很好地解决了安全隐患、环境恶劣、喷码质量差和数据追踪性差等问题。在线喷码机器人目前已经实现了国产化，中国钢研、中天钢铁等均已研制出产品并实现了工业现场应用。

图 8-5　在线喷码机器人

（4）智能天车

无人天车是高智能化物料搬运提升设备，具有高精度、高智能化等特点，在智能工厂中起到非常重要的作用，如图8-6所示。无人天车技术应用到冶金轧制领域，大大地提高了生产效率，节约了劳动成本，给企业带来了长久的经济效益，避免了对人体造成伤害，使生产更加安全。国内很多企业在无人天车的应用上都取得了不错的成绩。

图 8-6　无人天车

宝钢湛江1550冷轧无人行车全自动仓库系统（UACS）共有15部行车，宝信无人行车全自动仓库系统（UACS）在CLTS基础上，采用无线通信、精确定位、路径自动优化、激光三维扫描成像、电子防摇、多台行车协调作业等技术，并增加行车自动控制、库区自动管理等相关软件，实现库区及行车全自动无人作业与管理生产效率提高的目的。目前已在厚板、热轧、冷轧等钢制品仓库及成品库广泛应用，适用于钢卷、板坯、线材等多种物料。

柳钢无人天车采用了禁吊区域避让、路径优化、天车调度任务分配、多台天车协同作业、钢卷内径识别、钢卷夹取位置检测、防浪摆、运动检测、安全联锁、无线技术等10多项先进技术。主要技术指标包括单车作业完成单卷上料任务平均时间为200 s、双车协同作业完成双卷上料任务仅为230 s、主钩控制精度为±15 mm、大车控制精度为±25 mm、小车控制精度为±20 mm、自动作业率99.9%、防摇摆幅精度为±50 mm。

除此之外，首钢、河钢等企业的无人天车也得到了应用，鞍钢在2018年与韩国赛特科公司签署了合作协议，共同开发无人天车，还有多家企业也在陆续开展无人天车的项目研究。

8.2.2 冶金轧制工业机器人应用情况

工业机器人虽诞生于美国，从20世纪70年代起美国工业机器人发展放缓，日本从20世纪80年代超越美国。发展至今，日本和欧洲分别实现了传感器、控制器、减速器等核心零部件的完全自主化，掌握最尖端技术，统领全球工业机器人市场。全球工业机器人竞争格局中，欧日共同占据一半全球份额。

世界上最著名的机器人品牌包括日本的发那科（FANUC）、那智（NACHI）不二越、川崎机器人、爱普生（DENSOEPSON）、安川电机（Yaskawa Electric Co.），德国的库卡（KUKA），瑞典的ABB，瑞士的史陶比尔（Staubli），意大利的柯马（COMAU）等。

国外冶金轧制领域工业机器人大多是关节机器人，主要应用场景如下：

在连铸领域，应用机器人的场景或工作岗位主要有两个：一个是钢包氧枪操作和长水口处理，如钢包钢水测温、取样、测氢，钢包滑动水口操作等；另一个是结晶器自动配置保护渣、除渣等，如韩国浦项公司LiquiRob机器人系统和安赛乐米塔尔连铸机机器人系统。

在轧钢领域，常见的有热镀锌板带生产线锌锅捞渣机器人。例如，2017

年韩国浦项公司在板带镀层工序采用机器人操作气刀从而精确镀层厚度，使钢板上镀层量偏差降低了30%，提升了浦项板带制造实力。又如，达涅利公司开发的棒材轧制线去毛刺的机器人，应用于意大利ABS钢厂棒材生产线，每18 s可处理一根钢坯边缘的毛刺，应用3D立体可视性能和自适应技术，可去除圆坯周边的毛刺。

在钢管领域，由于燃气管道内径较小，人不可能进去检查内部缺陷，美国卡内基梅隆大学机器人专家组发明了无线遥控机器人"探索2号"，可以潜入复杂管道内朝任何方向旋转90°，为燃气管道做"内窥镜"检查，且一天可巡航数千米长的管道，将采集的数据送到300 m外，确定管道损坏或有严重缺陷的位置。该机器人已在加拿大燃气公司运行。

我国目前工业机器人与日欧技术差距显著，在全球产业中处于跟随地位。但我国在工业机器人的研发上也取得了不错的成绩，如国内机器人领军企业的新松（SIASUN）机器人自动化股份有限公司，另外南京埃斯顿、安徽埃夫特、广州GSK等机器人在国内的影响力也日益突出。

国际机器人联合会（IFR）发布的数据显示，2016年全球每万名人类员工中平均配有工业机器人77个，我国2016年为68个。而在全国钢铁行业平均每万名工人机器人使用量仅为4台以下，远低于国家平均水平，同时还面临着信息化基础参差不齐、信息化高端人才短缺的局面。因此，工业机器人在钢铁行业的应用日渐迫切。

虽然我国工业机器人在钢铁企业上的应用尚属于起步阶段，但也取得了重大进展。宝钢股份直属厂部应用机器人数量最多，而首钢、沙钢、河钢、山钢、柳钢等企业在工业机器人的应用上也作出了不同的尝试和努力。

宝钢股份在热镀锌板带线开发了锌锅捞渣机器人，并自主研制了世界首套轧辊补油机器人，应用于热轧厂1580磨辊车间，使注油准确率、辊号识别准确率等关键指标达到100%。另外，宝武韶钢开发了热钢坯喷号机器人，利用高压电弧产生的热能在钢坯端面刻印标识号，一次完成喷号用时30 s，不仅清晰而且可长期留存。

首钢京唐公司联合首自信公司开发了首架拆捆带机器人，已在2230 mm冷轧连退线上使用，这套机器人系统将机器人本体、智能传感和网络通信打造成机器人智能系统，利用高精度激光测距传感器自动识别出带头方向，能根据捆带位置自动完成起带、剪切动作，剪切完的废捆带能自动打卷收集并通过运输皮带传送到收集处，整个拆装过程流程紧凑，成功率高。机器人拆捆可有效保障操作人员安全，生产效率高。

沙钢集团早在2011年就启动了“机器换人”计划，国内首套电炉炉前快速在线自动测温取样机器人系引进意大利COMUA六轴自由度整机构成，仅25 s便可完成测温取样。近年来，沙钢已有100多台机器人分布在自动加渣、自动喷号等高温、高粉尘等工况恶劣岗位，并计划在未来3～5年内采用1000～1500台机器人。

山钢板坯自动喷号机器人是由该公司山信软件莱芜自动化分公司/莱钢电子自主研发的新产品。在生产线上的它，自动清洗、吸取涂料、机械臂伸展、批号喷涂，整个过程一气呵成。相较于人工，板坯自动喷号机器人一是省涂料、省人工，提高了生产作业效率；二是机器人故障率很小，设备运行非常稳定。

柳钢于2018年建立首套无人化天车系统，采用了禁吊区域避让、路径优化、天车调度任务分配、多台天车协同作业、钢卷内径识别、钢卷夹取位置检测、防浪摆、运动检测、安全联锁、无线技术等10多项先进技术。

除上述企业外，还有多家企业在机器人开发与应用上取得了不俗的成绩。机器人是企业实施智能制造很重要的组成部分，可以在提质增效、降低成本、保护操作人员避开工况恶劣环境方面起到不可或缺的作用。

我国钢铁行业应用的工业机器人有以下4个来源：一是从国外引进机器人全套系统；二是从国外引进机器人本体的主机后，经过消化，企业自己改进、仿制；三是钢企或钢企与科研单位、高校联合开发有自主知识产权的机器人系统；四是钢企与国外机器人配套厂商合作，为机器人系统开发用钢，制作关键零部件。

钢铁行业工业机器人应用存在诸多问题，如钢铁企业的个性化需求各不相同、企业信息化基础参差不齐、信息化高端人才短缺等，但工业机器人代替人工作业主要有几方面明显优势：1）对于重复性强、劳动强度高的作业，机器人作业可以大大减轻劳动者强度，避免重复劳动造成伤害；2）对于质量检测、温度测量、样品检测等标准作业，机器人作业可以避免人为失误造成误判、错判、测量不准确等，利于实现标准化作业；3）对于钢铁行业一些存在有毒有害气体和高温恶劣环境的作业，用机器人代替人工作业，能保护劳动者不受恶劣环境伤害，同时提高作业标准和劳动效率；4）通过工业机器人实现传统工艺的数字化、信息化，借助机器人的通信能力，实现数据流“不落地”，极大地提高了产线信息传递的快速性和准确性。

互联网进入移动互联时代，未来的冶金轧制工业是以“互联网+”和“大数据”为形态，以“工业4.0”为背景，以实现“智能化制造”为目标的系统化工程，将以高精尖、高品质、高附加值的钢铁生产为主要产生对象，工业机器人的引入必将对目标的实现提供一定的帮助。在用工成本不断提高的今天，一些简单重复的劳动，以及高噪声、高腐蚀、高粉尘和高危险等工种被机器人替代是未来的发展趋势。我国钢铁行业对机器人的需求已经开始增长，但还远未达到高峰期。预计钢铁行业的机器人应用会在最近3～5年逐步释放。国家大力推动新技术、新材料和新设备的开发应用，企业转型升级的进程不断加快，对我国冶金轧制行业机器人产业发展有着重要意义，使用机器人代替人工劳动是钢铁行业发展的必然趋势。随着“中国制造2025”的全面实施，工业机器人市场需求进一步扩大，工业机器人在钢铁行业的应用将成为未来钢铁企业转型升级的主要方向。

8.3 冶金轧制智能化技术发展现状

8.3.1 冶金轧制智能化技术发展概况

人工智能、物联网、大数据、云计算、机器人等新一代信息技术与先进制造技术加速融合，引发了以智能制造为核心的新一轮产业变革。国际上发达国家，如美国、德国、日本，纷纷制定规划，大力推行智能制造，实现制造业的智能化转型。对于钢铁行业而言，冶金轧制设备智能化技术即借助“互联网+”、物联网、大数据、云计算技术和智能制造技术，依托于传感器、工业软件、网络通信系统、新型人机交互方式，实现人、设备、产品等制造要素和资源的相互识别、实时联通，促进钢铁研发、生产、管理、服务与互联网紧密结合，使冶金轧制设备具有自感知、自学习、自决策、自执行、自适应等功能，推动钢铁生产方式的绿色化、网络化和智能化。

智能制造是钢铁行业转型升级的现实需要，也是钢铁行业高质量发展的有力保障。目前，钢铁智能制造正处于起步阶段，云计算、大数据等技术将实现大规模应用，工业互联网平台成为重要着力点。近年来，国家发布一系列推进智能制造的政策文件，提出发展方向和重点任务。《中国制造2025》指出“智能制造是建设制造强国的主攻方向，要研究制定智能制造发展战略，在重点制造领域和关键环节，依托优势企业，紧扣关键工序智能化、关键岗位机器人替代、生产过程智能化控制、供应链优化，建设智能工厂、数字化车间，分类实施流程制造、离散制造、智能装备和产品、新业态新模式、智能化管理、智能化服务等试点示范及应用推广，建立智能制造标准体系和信息安全保障系统，搭建智能制造网络系统平台等”。《钢铁工业调整升级规划（2016—2020年）》指出，“在十三五期间，国内钢铁工业将进入以结构调整和转型升级为主的发展阶段，钢铁工业应该积极适应、把握和引领经济发展新常态，全面提高国内钢铁工业综合竞争力，化解过剩产能，通过结构的调整、创新的驱动、绿色化发展加快实现产业优化升级，提高钢铁工业发展的质量”，而要实现上述这些目标就必须全面推进智能制造的发展，该政策为钢铁工业推进智能制造指明了方向。《智能制造工程实施指南（2016—2020）》指出，“以构建新型制造体系为目标，以推动制造业数字化、网络化、智能化为主线，重点聚焦攻克五类关键技术装备，夯实智能制造三大基础，培育推广离散型智能制造、流程型智能制造、网络协同制造、大规模个性化定制、远程运维服务等智能制造新模式，推进十大重点领域智能制造成套装备集成应用，持续推进传统制造业智能转型”。

《钢铁工业调整升级规划（2016—2020年》指出，“规划到2020年钢铁智能制造示范试点发展到10家，夯实智能制造基础，全面推进智能制造。重点培育流程型智能制造、网络协同制造、大规模个性化定制、远程运维服务等智能制造新模式试点示范”，“在基础条件好和需求迫切的重点地区、行业，选择骨干企业，围绕离散型智能制造、流程型智能制造、网络协同制造、大批量定制等方面，开展智能制造新模式试点示范，形成有效的经验和模式。到2020年，建成300个以上智能制造试点示范项目，数字化车间、智能工厂试点示范项目”。自2015年起至今，工信部陆续发布四批智能制造试点示范项目。其中，部分钢铁行业试点项目如表8-2所示。

表 8-2　钢铁企业智能制造试点示范项目

年份	企业名称	示范项目名称
2015	鞍钢集团矿业公司	冶金数字化矿山试点示范
	宝山钢铁股份有限公司	钢铁热轧智能车间试点示范
2016	河北钢铁股份有限公司唐山分公司	钢铁企业智能工厂试点示范
2017	山西太钢不锈钢股份有限公司	不锈钢冷连轧数字化车间试点示范
	宝山钢铁股份有限公司	钢铁冷轧数字化车间试点示范
	山东胜通钢帘线有限公司	高精特种钢丝智能制造试点示范
2018	鞍钢股份有限公司	钢铁厚板智能制造试点示范
	南京钢铁股份有限公司	钢铁板材智能制造试点示范
	衡阳华菱钢管有限公司	无缝钢管智能工厂试点示范

以宝钢、南钢开展智能制造的经验性实践为例介绍。

（1）宝钢打造“智慧钢铁”。2012年，宝钢提出“三大转型目标”，“从制造到服务”为首要目标，具体实践就是在淘汰落后产能的同时加快建设湛江钢铁智能“梦工厂”。旗下宝钢股份热轧智能车间、钢铁冷轧数字化车间均被工信部列入首批智能制造试点示范项目，并取得可以推广的经验。宝钢智慧钢铁由智能制造和个性化服务两翼构成：注重智能制造技术改造与应用，以信息化支撑宝钢由制造转向“智造”，与德国西门子公司合作推进“宝钢西门子联合探索工业4.0项目”，并在工信部智能制造试点项目“1580热轧智能车间”上先行先试，进而推动建立中国钢铁行业工业4．0标准，成为智能化的钢铁轧制“高效、黑灯”工厂。

（2）南钢创建“JIT+C2M”多方共赢生态圈。南钢“JIT+C2M”是基于智能制造，融合精益生产（Just in Time，准时制生产方式）和客户关系管理（Customer to Maker，用户到制造端）的服务平台。南钢推行“JIT+C2M”模式以船板定制配送为抓手，在船板定制配送取得一定市场影响力的基础上，逐步扩大定制配送的应用范围，提出“在线定制+离线深加工”的C2M生态系统建设，即利用移动互联网和大数据等技术，以用户为中心，以智能制造和精益制造为基础，以设计为方向，构建用户、场景、生态、入口、能力等5个维度的智慧生命体，并在线上、线下实现与用户的接触与交互，使传统制造转变为适应个性化需求的精益化、敏捷化、智慧化、低成本生产，构成增值的C2M生态系统。南钢“JIT+C2M”平台获得2015年全国“工业企业质量标杆”称号，作为个性化、柔性化定制新模式列入《钢铁工业调整升级规划（2016—2020年》，入选国家发展改革委2017年“互联网+”重大工程支持项目。

8.3.2 冶金轧制智能化技术发展现状

先进钢铁企业已在轧制设备智能化上开拓探索和实践，取得了较好成效。轧制设备智能化从支撑技术上体现在基于工业物联网的智能感知技术、信息融合技术、工业互联网技术、工业大数据技术和人工智能技术、信息技术等先进技术的综合。

8.3.2.1 基于工业物联网的智能感知技术

基于工业物联网的智能感知技术是为实现生产管控智能化提供基础数据的关键技术，是实现智能化制造的基础和前提。为实现制造过程管控的精准化，需借助基于工业物联网的智能感知技术，对影响产品质量、过程质量的设备、组织性能、温度、形状等状态信息进行有效的感知与监控，并在此基础上建立起面向生产现场的多源异构制造数据的感知网络。

钢铁冶金行业作为现代化、大型化制造业，冶金轧制过程所产生、采集和处理的数据日益丰富，新兴技术也开始快速渗透到了生产过程的各个环节。如，河钢邯钢基于大数据和物联网技术建设了冶金工艺数值模拟实验室，基于该实验室先后完成炼钢工序流程全自动监控系统、LF炉智能辅助系统、智能燃烧质量控制系统、热轧板性能控制模型、板形在线质量判定模型、冷轧焊接电流智能调节模型、镀锌气刀压力智能控制模型；河钢唐钢采用人工智能技术和物联网技术，建设了设备状态在线诊断系统，系统具有机械振动监测、电气性能监测、控制功能监测等功能，及时掌握设备运转状态、评估设备劣化趋势、合理制订检修计划以及优化关键备件储备。宝钢采用物联网技术，建立了板坯号识别系统、镰刀弯控制系统、精轧动态宽度控制系统等；同时，宝钢增设振动、温度、扭矩、传动、液压等检测装置，建立设备在线监测与诊断平台，完成在线/离线状态数据的收集、加工、存储，结合生产、工艺、设备等相关数据构建设备预测、诊断及综合分析系统。新兴技术的发展给钢铁行业带来了生产过程状态感知、高速数据传输、分布式计算和诊断分析等先进技术，使轧制过程在线管控进入了新的发展阶段。即采用先进的信息化技术对轧制过程状态进行监测诊断，建立基于物联网的智能化在线监控体系，实现轧制过程多工序产品质量、设备运行状态和过程自动控制的智能化管控。

8.3.2.2 信息物理融合技术

信息物理融合是连接物理世界和信息世界的关键技术，其需要重点突破的问题是如何实现生产现场全实物要素在虚拟层面的数字化、实时化、同步化，从而实现物理世界与信息世界的全面同步映射。信息物理融合的主要对象是基于智能装备的物理工厂和基于智能系统的虚拟工厂，面向智能制造的智能化装备、智能化生产线、智能化车间、智能化企业四个层面，实现智能化硬件装备与智能化软件系统之间的信息动态映射和有机融合，以物理实体建模产生的静态模型为基础，通过实时数据采集、数据集成和监控，动态跟踪物理实体的工作状态和工作进展，将物理空间中的物理实体在信息空间进行全要素重建，实现生产过程信息的多层次展示和监控、异常数据实时预警、生产状态评估和预测等，从而优化制造资源配置，提升制造过程管控能力和制造效率，支撑智能制造框架的落地实现。

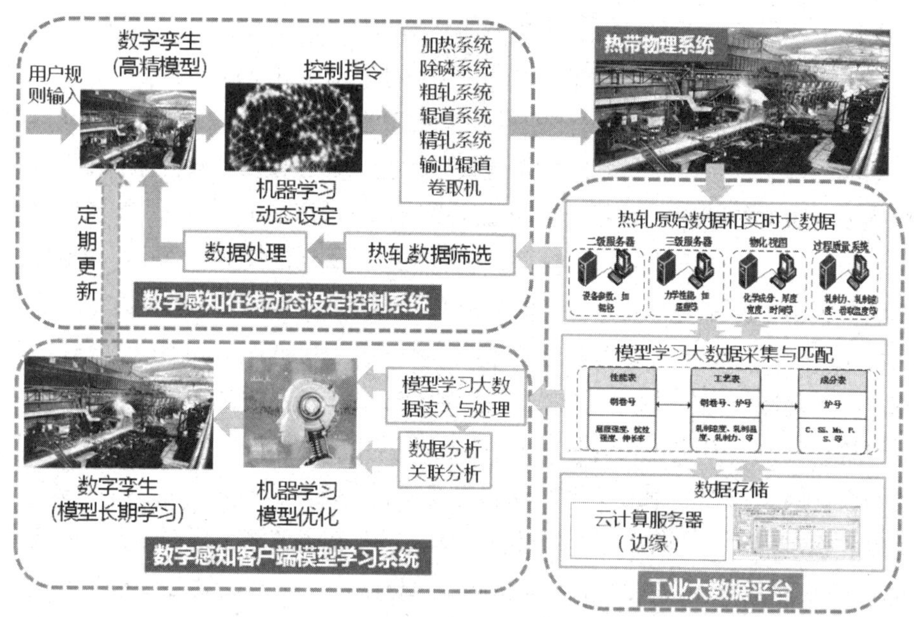

图 8-7 热轧工序中信息物理系统概念图

日本JFE钢铁公司在高炉等上游工序新增加了多种大量传感器，利用CPS的最新建模技术，实现了炉况的可视化。同时，还通过操作指导与实际行动紧密结合，实现稳定操作、最优化（节能、减排CO_2）、高效化（成本最小化）。该概念在下游工序也逐步推广，在提高生产效率与品质进一步稳定和提高中发挥着作用。机器人也可以看作CPS的一种，整个工厂也可以说是机器人的集合体，最终目标是从上游工序开始形成整个流程CPS化，从总体上提高生产效率和优化。

普锐特冶金技术公司构建了连铸机的信息物理系统化模型。通过连铸工艺模型设计和模拟试验实现了实体工厂与虚拟工厂（数字孪生体）的连接。基于该信息物理系统模型不仅可在线优化连铸工艺，而且还能通过离线模拟开发新型解决方案。同时，也可以采用模型对连铸机进行设计。结合连铸凝固过程的综合考虑，研发出了一整套适用于连铸工艺各个环节，并与连铸模型套件一起配合使用的新型模型套件，该模型可以精准控制板坯的规格尺寸，接受二次冷却和轻压下等技术。

中冶京诚工程技术有限公司利用信息物理融合技术构建了智能化设备运维管理系统。结合BIM技术，可以全面贯通设备设计、运行、检修、换件和报警等各类信息，通过三维数字化工厂平台快速定位主要设备，查看重点设备的零部件信息及拆装操作指导，针对设备的运行信息优化预测设备生产和运行状态，辅助提高设备生产效率。以数字化工厂平台为核心，可实现智能化设备巡检，可以监控设备运行状态，迅速响应报警信息，定位报警位置，关联相应的图纸资料、操作手册和设备运行信息，帮助操作人员快速处理故障，并将处理过程记录入库，形成企业专家数据库。通过智能设备运维管理平台，故障处理时间减少70%，工厂的运营效率提高50%。

图 8-8　数字化设备巡检

8.3.2.3 工业互联网技术

钢铁行业智能化大部分都停留在传统自动化加传统信息化层面，没有根本上解决成本和效率的瓶颈问题。工业互联网作为如今工业革命的核心推动力，基于工业互联网搭建云平台，实现多源信息的云计算，建立全新的工业生态系统，助推智能制造的实现。

（1）中冶赛迪工业互联网技术

2019智博会上，中冶赛迪发布了首个钢铁行业工业互联网云平台CISDigital，同时展示了基于该平台打造的无人化生产、智慧决策和无边界协同的智能钢厂。该云平台能够融合钢厂内部的智能化生产和产业链上下游企业的无边界协同，打造开放可扩展的智能化应用开发生态，为行业发展提供智能制造云化解决方案。基于该平台，宝武韶关钢铁打造了钢铁智慧中心，首次将物联网、移动互联、大数据、云计算在钢铁工业进行集中化、规模化应用，开创了炼铁的智能制造新型生产模式，是中国钢铁智能制造领域里程碑式的标杆项目。基于该平台，宝武八一钢铁打造了热轧高温无人钢卷库等智能制造。中冶赛迪和八钢联合推出的热轧智能化钢卷库系统，既是国内首个具有工业4.0标准的热轧智慧钢卷库，又是世界首套热轧高温无人钢卷库。该系统能够适应高温、复杂环境，保障库区安全、高效、可靠运转，彻底消除钢卷货物损伤。

图 8-9　工业互联网云平台 CISDigital

（2）宝钢面向钢铁行业设备远程运维的工业互联网平台

宝钢技术基于宝钢丰富的制造业经验，积极探索基于工业互联网平台的远程运维模式创新，促进设备维修实现从被动处理到主动管控、从单一数据专项分析到大数据综合分析、从基于经验的预防性维修到基于数据的预测性维修、从单纯反馈设备状态到提供整体解决方案的四个转变，初步实现与现实映射的装备运行信息的有效集成与分析挖掘，实现了远程监测、诊断等全生命周期服务支持。整个技术架构主要包括三层：平台支撑、大数据中心、服务层。平台支撑层主要实现大规模计算任务的分发管理和计算资源的协调分配等，大数据中心层主要实现数据存储、管理和分析挖掘等，服务层面向用户提供租户管理、引擎触发后台计算、服务展示等。宝钢技术建设面向钢铁行业设备远程运维的工业互联网平台，取得了阶段性成果。一是设备运维成本降低5%以上；二是检修作业效率提升10%以上，设备整体效率提升5%以上，备件使用效率提升10%；三是积极推进向远程运维平台服务转型，企业基于平台每年增加的社会市场技术服务费约2000万元以上；四是推进自主核心流程工业软件由“低中端应用市场”进入“中高端综合应用市场”，提升企业自主创新能力和产业安全保障能力。

（3）鞍山钢铁“精钢云”互联网平台

鞍钢集团携手中国云计算领军企业金山云网络技术有限公司，成功构建了针对钢铁行业的工业智能制造云平台——“精钢云”，标志着鞍钢从传统制造向智能制造迈出了重要一步。“精钢云”是运用“云+大数据+人工智能技术”，面向钢铁行业打造的工业智能制造的互联网平台。“精钢云”利用先进的互联网技术，与鞍钢原有的IT资源相结合，具备快速获取、灵活弹性、安全可靠等优点，简化端到端业务流程，提高运营效率，为实现企业数字化提供有力支撑。精钢云可以为鞍钢自主开发的各项智能制造功能系统单元提供全方位的支持，在实现用户自我价值的基础上，为行业提供系统解决方案。通过大数据、IoT、边缘计算等技术，“精钢云”平台实现对工业设备进行有效管理和监控，实现设备的自动化和智能化，同时提升工业企业在辅助决策、风险内控、绿色生产、信用评估等方面的能力；通过深度学习、图像识别技术将采集的工业图像进行场景化分析，实现智能钢材表面检测、板形识别等工业视觉场景，提升准确性和生产效率；结合云计算、区块链、物联网、人工智能等技术，建设工业领域质量跟踪、节能减排、智慧物流等应用场景。

另外，国内各大型钢铁企业均开始打造企业互联网平台。2018年5月8日，攀钢、阿里云及攀钢旗下的积微物联共同签署合作协议，三方将以攀钢为场景试点，以阿里云为技术载体，以积微物联为平台，引入ET工业大脑，计划用人工智能炼钢，着力降低生产成本，打造钢铁业智能制造标杆。2018年12月19日，河钢集团、华为、金蝶集团在深圳正式签署共建工业互联网平台合作框架协议。三方将借助自身优势，共同搭建钢铁行业工业互联网平台，助力钢铁行业数字化转型升级。2019年1月，由浪潮与山钢集团共同建设的“山钢云”正式上线运行，开启了企业上云、智能升级的新征程。2019年8月21日，腾讯云与冶金工业规划研究院正式签订战略合作协议，双方将在工业物联网领域建立长期合作，共同赋能中国钢铁行业的数字化转型，加快提升钢铁行业的“智造”水平。

8.3.2.4 轧制设备全流程智能运维技术

轧制设备是钢铁企业进行正常生产的物质基础。轧制设备的可靠性和维护效果是保障钢铁企业生存的必要条件。轧制设备健康状态的监测、诊断以及维护直接影响钢铁企业的生产经营和经济效益，已成为钢铁企业降低生产成本和保证生产效率的基础。近年来国内许多钢铁企业、科研单位都在积极开展设备诊断技术的理论研究和生产应用。

达涅利开发了轧制设备状态监测系统（称为Q3-CMS），该系统是一种预测性维护工具，它使用一个或多个参数来监测设备的工作状态，信号的任何显著变化都可能表示即将到来的伤害，可提前作出适当的决定来安排维护工作。该系统是一款灵活的模块化应用程序，并结合高品质的服务协助客户监控设备运行状态。它通常由安装在机器关键位置的特定数量的传感器、专用硬件和服务器工作站组成，可以保证振动和温度幅度的在线控制和显示，并跟踪历史数据趋势。Q3-CMS与工厂自动化平台完全集成，以便将传感器采集的数据与过程信息同步，以获得完整的设备状况。在运行模式期间监控设备状态并记录振动和温度数据并提供全面的分析，显示每个旋转设备部件的情况，从而可以在早期阶段识别故障症状，并提供有价值的信息以便安排在计划检修期间的排纠正措施。

济钢根据工业设备状态监测与故障诊断的需求，结合当前企业管理和诊断技术的发展趋势，开发了一套基于济钢OA网的远程厂设备状态点检及故障诊断系统。该系统功能模块分为用户管理、系统管理、数据采集、数据分析、诊断助手、报表中心和查询中心等。该系统能够对设备的早期故障进行有效诊断。通过对点检采集数据实时分析，能够实时掌握设备运行动态，正确分析设备的劣化趋势，做到预知维修及状态维修，能有效避免设备漏检或点检不到位现象的发生，及时发现和解决设备存在的各种隐患，降低设备运行故障率。该管理系统经过不断改进和完善，有效提升了济钢冷轧板厂的设备管理水平，为设备稳定运行提供了可靠保障。

武钢和北京英华达公司联合设计开发了热轧厂关键设备在线监测与专家诊断系统，引入北京英华达公司EN8000在线设备的状态监测与故障诊断分析系统，基于减速机的结构特点、齿轮、轴承和风机的故障机理以及现代信号处理技术、计算机技术、人工智能技术和网络通信技术，具有先进性、可靠性、实用性和可扩展性等特点。系统由186个测点传感器、10个智能数采箱、1个状态数据服务器、工程师站及监测分析和故障诊断软件构成，能够实现热轧带钢生产线机械设备运行状态的监测、设备运行寿命的预测，及时发现设备轴承、齿轮、传动轴、连接螺栓等本体零部件的缺陷情况并报警以及提出指导性的处理信息。

首自信公司联合首钢成功打造国内首个全自动排产、全自动跟踪、全自动磨削、智能化调度和装载、精细化质量检测的智能化磨辊车间，推动了磨辊车间智能化无人化发展进程，进一步展现出首钢“智”造的魅力，如图8-10所示。该项目于2018年10月份投入运行，项目成功实施后将磨辊间打造成为精准响应轧制需求的自适应磨辊间，基于轧辊、设备、人员互联互通，由磨辊间二级管理系统和智能调度跟踪系统核心大脑控制，实现了磨辊车间内生产任务全自动排产、轧辊运转的智能化调度和跟踪、轧辊上下磨床的智能装载、磨床的全自动磨削、轧辊质量精细化检测以及安全管控等功能，可与轧线无缝协同。

随着信息化与工业化技术在冶金行业的深度融合，信息技术渗透到了生产过程的各个环节。冶金轧制设备所产生、采集和处理的数据日益丰富。移动互联网、物联网、大数据带来的轧制设备健康状态感知、高速数据传输、分布式计算和诊断分析等先进技术，也将带来深刻的变革，使轧制设备的管控进入新的发展阶段。

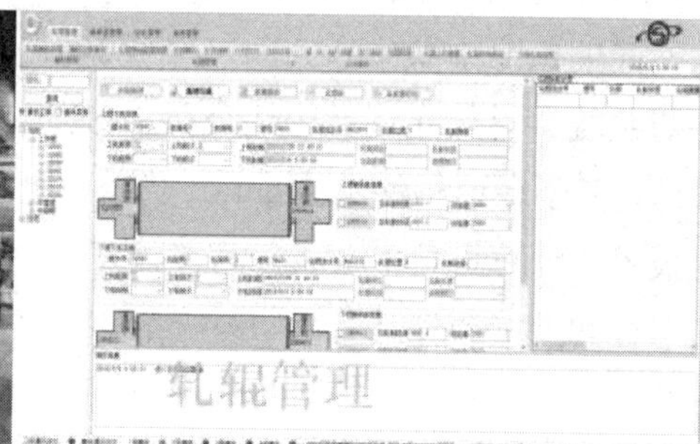

图 8-10　智能磨辊车间应用

8.3.2.5 全流程生产工艺-设备智能优化技术

我国绝大多数钢铁企业经过多年的创新发展，已经取得了较好的发展，基本实现了机械化、自动化和数字化。然而，整个冶金轧制流程具有复杂性、烦琐性的特征，就我国当前情况而言，还没有能力对整个钢铁生产流程的设备开展一体化、全流程的控制与优化。为了提升钢铁企业的智能化水平，我国很多大型钢铁企业都在物联网、云计算、大数据等现代信息技术方面投入了大量的人力、物力和财力，其中，冶金轧制工业大数据平台就是实现设备智能化的基础和前提。

钢铁生产需要经历原料→炼铁→炼钢→连铸→热轧→冷轧→出厂等过程，目前我国很多钢铁企业每个工序过程的数据信息都是毫无关系的，即所谓的信息“孤岛”，导致这些数据信息无法充分合理利用，工业数据的价值无法有效体现。通过构建工业大数据平台，可以对物联网技术、大数据技术和云计算技术进行充分利用，基于当前阶段钢铁企业拥有的数字化、自动化信息系统，实现横向上各工序数据联通、纵向上各层级互动的局面。能够快速捕获、实时监控、精准分析钢铁生产过程中产生的数据，实现数字化生产和管理。

以第四次工业革命的核心技术CPS为目标，对钢铁行业现有的自动化系统进行改造，拓展网络功能，强化计算能力和感知能力，建成可靠、实时、协作的智能化钢铁生产信息物理系统，实现钢铁行业的智能化发展。综合利用现代通信与信息技术、计算机网络技术、智能控制技术、行业技术，建立信息物理系统，使控制系统具有感知、记忆、思维、学习和自适应能力以及行为决策能力。基于单工序关键参数的精准控制，在多工序协调优化控制框架结构内完成板带轧制过程的全局优化，实现产品的高效高质生产。各部分关系如图8-11所示。

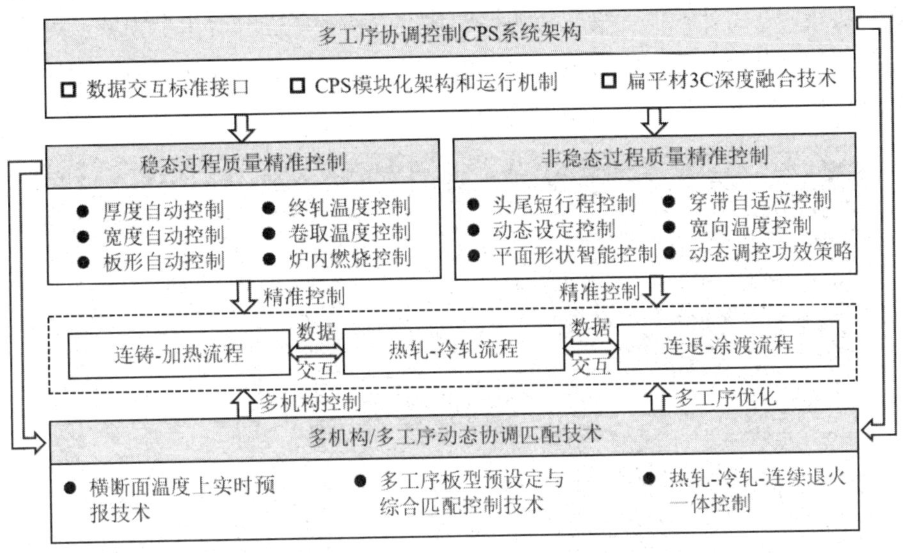

图 8-11　基于 CPS 架构的轧制多工序协调优化系统逻辑关系

在单工序关键参数精准控制基础上，在多工序协调优化控制架构内完成板带材制备过程的全局优化。主要涉及：

（1）横断面温度场实时预报技术，开发宽向水凸度、边部遮蔽/加热等协调方法和柔性控制技术；融合生产先验知识和过程时序数据，开发多工序温度路径的实时动态调整技术。

（2）热轧-冷却-冷轧-轧后热处理等多工序板形综合匹配控制技术。基于板形质量遗传特性与生产实测数据，揭示温度、相变等与残余应力的耦合关系。

（3）热轧-冷轧-连续退火一体化控制技术。通过热轧工序相变控制来调控组织类型、分布及析出状态，开发冷轧工序的缺陷密度控制策略，通过连续退火工序的铁素体再结晶、析出以及奥氏体相变行为调控成品组织形态和分布。

宝钢为国内钢铁行业首家形成智慧制造专项规划的企业，目标是构建集智能装备、智能工厂、智能互联于一体的智慧制造体系，进一步提升成本、品质和服务能力，成为钢铁企业智慧制造的领先者。宝钢1580热轧智能车间如图8-12所示，其改造将从智能装备、智能工厂与智能互联等层面分层推进，每个层面选择试点项目，逐步探索和积累经验。以工业互联网数据集成、混合模型与数据分析、多目标交互优化、智能机器人等为支撑技术，通过无人化板坯库、全流程质量监控、智能点检、机器人应用等，就热轧产线开展智能化车间的探索与实践，在工艺控制、物质能源协同化、劳动效率提升等多个领域，实现管控智能化、预测预警前瞻应变、业务协同多目标优化等智能化应用，提升产线的制造稳定性和灵活性，降低制造成本。

图 8-12　宝钢股份 1580 热轧智能车间

8.3.3 冶金轧制智能化技术发展趋势

（1）冶金装备智能化存在的问题和推进策略

虽然我国钢铁行业智能制造取得了一定成绩，但与国外钢铁企业的智能制造水平相比，仍然存在一些差距：一是钢铁行业智能制造水平不均，企业间的差距很大，宝钢很先进，钢铁智能制造水平较高，但还有大量的钢铁企业的智能制造基础有待进一步提升；二是行业基础薄弱，智能制造整体处于起步阶段，智能制造标准、软件、信息安全机制还缺少行业标准和专业人力资源匹配，还有产品兼容性及集成度方面的问题；三是创新能力不足，我国钢铁行业在信息系统和物理系统开发、管理集成方面创新能力仍然较弱，缺乏成熟的行业解决方案。钢铁行业加快推进智能制造，要重点把握好四个关键点：

一是抓好三个层面的科技攻关。钢铁行业发展智能制造需要抓好三个层面的科技攻关，即国家层面的重大科技专项攻关、行业共性技术攻关、企业层面的技术革新。先进钢铁企业可以与相关科研院所合作，共同研究重大科技专项，利用最新科技成果，提高行业智能制造的水平；其他企业可将两化深度融合作为切入点，利用行业研究成果，逐渐推进企业的智能制造。

二是制定完善的智能制造标准体系。“智能制造、标准先行”，为解决标准缺失、滞后和交叉重复等问题，同时充分发挥标准在推进智能制造发展中的基础性和引导性作用，建议由政府主导构建可以与市场标准协同发展、协调配套的新型标准体系。

三是研发智能制造关键技术。钢铁行业智能制造的实施需要突破关键信息技术，提升数字化、智能化高端装备、柔性制造工艺技术、智能控制技术的融合连接应用和对制造业生产加工全过程的有机组织能力，同时进行有效管理、研发、设计和集成制造。

四是走以自主研发为主、产学研用结合之路。发展钢铁智能制造，需要自主研发符合中国实际的钢铁智能制造集成应用解决方案。如冶金工业规划院近年来精准对接工业企业实际需求，为企业提供符合中国国情、体现国人智慧的钢铁行业智能化综合性解决方案，与企业分工合作、成果共享，实现了共赢。

冶金装备智能化作为钢铁智能制造的关键部分，也存在以上的问题，也需要把握好以上四个关键点。另外，还需要加强人才培养与使用。推进冶金装备智能化发展，人才是关键，需要熟悉钢铁流程，深度理解钢铁制造技术，能够开展冶金装备智能化技术开发、改进、业务指导的专业技术人才。可以通过和冶金高校、科研院所合作建设智能化实训基地，培养适应钢铁行业发展智能制造的高素质技术技能人才。

（2）冶金装备智能化发展路径

冶金装备技术从机械化到智能化的演进过程可以归纳为机械化—电气化—自动化—数字化—数字化+网络化—数字化+网络化+智能化。演进过程具有阶段性和融合性的特点，是相关技术发展到一定阶段和产业结合，各有其所在阶段的特点，也都面临着当时阶段所需要重点解决的问题，体现着先进信息技术与装备技术融合发展的阶段性特征。

目前我国大部分钢铁企业冶金装备技术已达到自动化水平，需要不断提升企业的数字化、网络化和智能化水平。可以采取“并行推进、融合发展”的技术路线，走一条数字化、网络化、智能化并行推进的冶金装备技术创新之路，实现中国冶金装备的智能升级、高质量发展。一方面，必须坚持“创新引领”，直接利用互联网、大数据、人工智能等最先进的技术，推进先进信息技术和装备技术的深度融合；瞄准高端方向，加快研究、开发、推广、应用新一代装备智能技术。另一方面，必须实事求是，因企制宜、循序渐进地推进钢铁企业的装备技术改造、智能升级。不同钢铁企业根据自身发展的实际需要，“以高打低”——采取先进的技术解决传统装备技术难以解决的问题，扎扎实实地完成数字化“补课”，同时，向更高的智能化水平迈进。

参考中国智能制造的发展路径，冶金装备智能化发展路径可以从以下三个层面开展：

1）战略层面：总体规划—重点突破—全面推进。国家层面要抓好装备智能化发展的顶层设计、总体规划，明确各阶段的战略目标和重点任务。有条件的经济发达地区、重点钢铁企业和研究院，要加快重点突破，先行先试，发挥好引领、表率作用。在此基础上，各个钢铁企业根据不同情况，全面推进，达到普及。

2）战术层面：探索—试点—推广—普及。总结目前冶金装备技术水平和发展经验，采用“探索—试点—推广—普及”的有序推进模式是合理和有效的选择。探索是为了验证冶金装备技术的可行性，通过探索，可以确认技术在钢铁企业是可实施的。在此基础上，少数钢铁企业进行试点。通过试点，一方面摸索出应用中出现的问题，进一步改善；另一方面让其他钢铁企业实实在在地看到智能转型的好处，诱发转型升级的内生动力。通过推广，扩大应用范围，并进一步发现问题，予以改进，使技术、装备、系统解决方案越来越成熟。通过普及，在全国钢铁企业中进行全面推广应用。这样分步的循序渐进的推进模式，可操作性强，风险小，成功率高，是一条可持续的、有效的实施路径。

3）组织层面：营造“用产学研金政”协同创新的生态系统，实施有组织的创新。装备智能化的发展一定是起源于钢铁企业的需求，因此钢铁企业在发展中处于主体地位，必须有一批系统集成商、设备和软件供应商以及开发技术和产品的研究机构共同形成产业群，从技术上保证成功，才能得以实现。金融机构将在发展过程中创新商业模式，通过融资租赁、融资担保等方式，为钢铁企业在资金上保驾护航。政府将提出相应的政策，为钢铁企业营造有利的发展环境，以促进产业集群的形成，减小金融机构的投资风险，为人才引进创造优惠的条件。汇集各方力量，实施有组织的创新。

第9章　冶金轧制设备标准现状与发展趋势

标准助推创新发展，标准引领时代进步。社会生产发展的实践证明，标准化既是社会生产发展的产物，又能推动社会生产的前进。标准化是现代化设备制造的重要条件。冶金设备的发展离不开标准化活动的推动。冶金设备标准化工作的现状体现了行业技术发展的水平，而设备的技术发展趋势引导了标准化工作发展的方向。

国际标准组织（ISO）的标准化原理委员会（STACO）一直致力于标准化基本概念的研究，先后以指南的形式给“标准”的定义作出统一的规定。1996年，ISO与国际电工委员会（IEC）联合发布第2号指南，该指南将标准定义为：“标准是由一个公认的机构指定和批准的文件。它对活动或活动的结果规定了规则、导则或特性值，供共同和反复使用，以实现在规定领域内最佳秩序的效益。”该定义明确告诉我们制定标准的目的、基础、对象、本质和作用。由于它具有国际性、权威性和科学性，无疑应该是世界各国，尤其是ISO与IEC的成员应遵循的定义。

我国是ISO与IEC的正式成员，也按照上述定义把标准表述为：“为了在一定的范围内获得最佳秩序，经协商一致制定，并由公认机构批准，共同使用和重复使用的一种规范性文件。”

9.1 国外标准化发展概况

美国、英国、德国、日本和俄罗斯是标准化工作开展比较早的国家。其中，美国、英国、德国和日本的标准化发展较为成熟，形成了一套完整的管理体制和运行模式，有力地推动了本国的经济发展，增强了国家竞争力，维护了本国在世界经济和科技上的领先地位。这些国家的标准化管理体制及其运行模式代表了当今世界标准化的先进水平和发展趋势，值得充分关注和借鉴。

9.1.1 美国标准化发展情况

美国国家标准协会（ANSI）成立于1918年，其前身为美国工程标准委员会，它是非营利性质的民间标准化团体，受政府的委托发布和管理美国国家标准，代表美国参加国际标准组织的活动，同时它还为国家标准制定组织提供资格认可。ANSI协调并指导美国全国的标准化活动，给标准制定、研究和使用单位以帮助，提供国内外标准化情报。同时，又起着美国标准化行政管理机关的作用。美国是世界范围内最早开展标准化工作的国家之一，经历了多年的发展，已形成了完善、成熟的标准化组织，积累了丰富的标准化发展经验。美国市场经济和标准化水平都处于世界领先地位，在遵循标准化自身规律的基础上，构建了标准化管理机制和运行模式。美国的标准化模式是市场主导型，政府不主导标准制定工作，只作为协调者参与标准化工作，形成了行业及专业协会等民间机构的标准占主导地位、公私部门通力合作的标准化生态系统。ANSI作为实质上的美国标准化中心组织，在国际和国内的标准化舞台上都发挥着无可比拟的作用。在未来很长一个时期，美国在国际标准化活动中的领导地位都不可撼动，美国标准在全球将得到更大范围的普及应用。

9.1.2 英国标准化发展情况

英国标准协会（BSI）成立于1901年，当时称为英国工程标准委员会。经过100多年的发展，现已成为举世闻名的，集标准研发、标准技术信息提供、产品测试、体系认证和商检服务五大互补性业务于一体的国际标准服务提供商，面向全球提供服务。英国在标准化领域有着悠久的发展历史，是最早建立全国性标准化团体的国家。英国的标准化战略目标明确，发展政策完备，标准体系健全，管理机制完善，系统运行高效。一个多世纪以来，英国的标准化一直走在世界前列，在国际标准化组织（ISO）及欧洲标准化委员会（CEN）等标准化组织中发挥着重要作用。2003年，英国政府发布了《英国标准化战略框架》。该战略框架是英国标准化未来一段时期的行动指南，对提升英国标准化国际竞争力和国际影响力具有重要作用。英国标准（BS）与国际标准的一致性非常高，许多英国标准由国际标准转化而来，也有许多国际标准是基于英国标准制定的。英国政府为鼓励和促进本国标准化发展，制定了一系列政策文件。这些文件涉及对英国国家标准机构的认可，政府如何参与标准化活动，政府在标准化方面的公共政策，以及标准版权政策等方面。这些重要的标准化政策文件构建起英国标准化发展的良好制度环境。

9.1.3 德国标准化发展情况

德国标准化协会（DIN）成立于1917年，是世界著名的标准化组织，在制定国际标准、国家标准、地区标准和行业标准方面积累了丰富经验。德国政府只认可DIN制定的标准为国家标准，且只有DIN有资格代表德国参与欧盟和国际标准化活动。作为德国的国家级标准化组织，DIN为保证德国在全球贸易中的竞争力作出了很大贡献。德国不仅是工业强国，更是标准化强国，超过80%的德国标准被欧盟标准和国际标准所采纳，标准化为德国经济社会作出了积极的贡献。德国历来高度重视标准化工作，在新的德国“工业4.0”战略计划中，将标准化摆在了十分突出和重要的位置，标准化也必将助力德国工业新一代革命性技术的研发与创新，确保德国强有力的国际竞争地位。德国于2005年发布了国家标准化战略，并对该战略进行不断的调整和优化。德国标准化战略特别强调标准与创新的结合，突出中小企业参与消费者权益保护，目的是确保德国作为国际一流工业大国的地位。

9.1.4 日本标准化发展情况

日本工业标准调查会（JISC）成立于1949年，是根据日本工业标准化法建立的全国性标准化管理机构。日本工业标准（JIS）是日本国家级标准中最重要、最权威的标准，由JISC制定。日本在第二次世界大战后的几十年迅速发展成为世界第二大经济体、国际贸易大国和技术大国，其中不断完善的标准化体制起着重要的作用。与世界上多数国家一样，日本标准管理以国家集权为主，同时注重发挥民间力量。日本现行的行政管理体制规定，经济产业省（原通商产业省）全面负责产业标准化法规制定、修改、颁布等管理工作，而JISC则具体负责日本工业标准的批准、发布等工作的执行，各个行业的技术标准的制定由相关行政管理省厅负责。日本建立了标准化高层协调机制，即成立了标准化事务战略本部，由首相担任本部长，亲自主持制定日本国家标准综合战略。日本为了有效推进国际标准化活动，注重培养熟悉ISO/IEC国际标准化活动并具有专业知识的人才，并对国际标准化人才的素质提出了很高的要求：首先英语水平要高；还要有渊博的知识，光是该领域的技术或标准化的专家还不够，还要掌握整个国际技术和经济状况的动向，以及与该技术有关的国外企业和产业的动向；懂得该领域企业和产业发展战略和有关国家政府的政策、策略等。

9.1.5 俄罗斯标准化发展情况

俄罗斯曾是计划经济国家，其苏联时期的标准化工作曾对我国产生过重要影响。由于我国和俄罗斯从计划经济到市场经济的转轨几乎同步，因而两国在标准化改革的过程中存在着许多相同的问题，面临着许多相似的挑战。俄罗斯全国标准化工作由俄罗斯联邦技术控制和计量署负责管理，而俄罗斯联邦技术监督与计量署本身并不制定标准，而是由俄罗斯联邦标准化技术委员会（TK）承担具体标准的制修订工作。俄罗斯联邦标准化技术委员会（TK）由俄罗斯联邦技术监督与计量署批准建立，负责俄罗斯全国标准的组织制定、协商、审定（包括由经营主体报送的标准）。苏联解体后，俄罗斯面临着社会转型和经济转轨，标准化管理体系也面临着由计划经济管理模式转变为市场经济管理模式，联邦政府先后出台了多项标准化法律法规。俄罗斯国家标准化工作目前最大的特点就是改革，目的是配合国家经济建设，使标准化工作迅速适应市场经济，与国际接轨。主要体现在：采用国际标准，将国际标准作为制定国家标准的基础，根据WTO/TBT规定将所有标准改为自愿性标准，加强技术法规的建设等。俄罗斯全国标准采用国际标准的比例较低，但是俄罗斯标准化发展一直处于俄罗斯战略发展的重要地位。总体来说，由于俄罗斯经济政治体制的变革，俄罗斯标准化文件种类较为混乱，层级关系复杂。但随着俄罗斯加入WTO后，其标准化战略已表现出明显的国际融合性，逐步减少标准的强制性与行政性，通过技术法规执行必须强制执行的条款，标准已成为自愿性使用的文件。目前俄罗斯国际化参与程度较弱，但在努力改善。

9.2 我国冶金轧制设备标准发展历程

2019年是新中国成立70周年，70年峥嵘岁月，70年风雨兼程，中华大地上演了从一穷二白到国富民强的沧桑巨变，作为国民经济命脉的中国冶金轧制行业也完成了从一张白纸到独占鳌头的艰难蜕变。在中国冶金轧制行业曲折而辉煌的奋斗之路中，冶金设备标准化工作发挥了重要的支撑和引领作用，走出了一条“标准体系建成—成套设备标准发展—自主技术标准壮大”的进阶之路。

9.2.1 从无到有，标准体系建成

新中国成立初期，全国统一标准不多，实际情况是使用哪个国家的产品，

设备就采用哪个国家的标准，形成了“万国牌”标准。我国第一个五年计划开始后，大规模经济建设迫切需要有统一的先进的技术标准，这期间冶金轧制行业主要是根据需要开展标准化工作，工厂标准化起了主导作用并有了显著发展。同时，用苏联标准代替“万国牌”的标准也是当时标准化工作的一个显著特点。富拉尔基重型机器厂（现在的第一重型机械集团公司）引进了苏联乌拉尔重型机器厂的全套标准，结合我国情况制定了从设计到工艺、从产品到包装，包括基础性和专业性方面的一套比较完整的企业标准。这些标准是制造业标准化发展历程中的重要组成部分，是冶金轧制行业标准化发展的基石。

第二个五年计划开始后，我国开始建立国家标准，重型机械行业标准化的工作机构确立，国家标准、部标准的制定快速发展。1959年年初，机械部通知重型行业各厂，决定重型行业的标准化工作由西安重型机械研究所负责归口管理。1989年由冶金部批准建立冶金机电标准化技术委员会，业务归口单位和秘书处设在北京冶金设备研究所。

1978年12月，党的十一届三中全会召开，会议做出了实行改革开放的新方针，将国家工作重点转移到社会主义现代化建设上来。同年，国家标准总局成立，我国的标准化事业开始进入全面发展的新时期，冶金轧制行业标准化工作迈入向技术水平提升的深入发展新阶段。

到20世纪80年代末期，经历了照搬国外标准过渡到改创自己研制标准的过程，由西安重型机械研究所归口管理的重型机械行业各级各类标准共有1251项，其中包括国标9项，部标151项，行标1076项；分为基础通用、冶炼机械、连铸机械、轧制机械、重型锻压机械、基础零部件、液压润滑设备等七大类，其中近40%的标准已经达到国际20世纪70年代先进水平。从历史发展看，这些标准已能满足当时行业需要的80%，对于指导本行业老产品整顿、新产品研制发展、缩短设计制造周期、维护设备保证生产等都起到了积极作用，取得了重要的社会和经济效益。在这段时间里，重型机械行业基础标准体系也初步形成。

9.2.2 由小到大，成套设备标准发展

20世纪90年代，国家体制改革取消了行业归口所管理制度，在原来重型机械行业标准工作的基础上申请组建了机械工业冶金设备标准化技术委员会，从事冶金设备专业领域内的国家标准、行业标准的起草和技术审查工作。随着业务管理体制的变化，2008年机械工业冶金设备标准化技术委员会与原冶金部的

冶金机电标委会共同组建了全国冶金设备标准化技术委员会，负责冶金设备专业领域的标准化工作，并一直工作至今。2008年，中国成为国际标准化组织（ISO）常任理事国，随着国家标准化政策的不断完善，冶金设备标准化工作步入快速发展期。

冶金轧制行业经历了20世纪90年代治理整顿的艰难时期，进入21世纪后步入快速发展期，产品开发和设计由引进仿制型向自主创新型转变。2008年时，我国冶金机械制造业已具备提供连铸、连轧等大型钢铁联合企业成套设备的能力。其间，标准化工作同步发展，大量的机组、生产线等成套设备标准开始制定，如：《板坯连铸机第1部分：术语》等七项连铸机标准；《宽厚板轧制设备验收规范》《热连轧机组验收规范》《冷连轧机组通用技术条件》《周期式热轧管机组》《冷轧金属板带精整剪切成套装备横切机组》等32项金属材料轧制设备标准。这些标准的制定，使冶金轧制设备大成套、大机组结束了无标可依的状态，使体系内成套设备标准比例达到10%，加上近30%的关键单体设备标准，改变了以往基础零部件和专业配套件标准占绝对多数的情况，标准体系更加完善、合理。同时，标准的发布实施，促进了我国冶金轧制设备行业自主成套能力和综合技术水平的提高。

9.2.3 由弱到强，自主技术标准壮大

成套设备集成水平的一个重要表现就是单体设备综合技术指标、配套零部件的质量和可靠性。随着我国冶金轧制设备制造基础工艺和材料技术的不断发展，“十一五”和“十二五”期间，我们的关键设备和零部件制造水平都有了飞速发展。冶金轧制标准体系内的主要单体设备都有标准，尤其是出现了一批打破国外封锁、自主开发、技术指标达到世界先进水平的产品标准，如棒材冷剪、板材冷轧飞剪、冷轧管机、两辊热轧管机等，这些标准的制定是没有东西可以借鉴的。基础零部件标准方面，在国家“一五”发展时期，重型机械行业还是全面引进苏联标准，没有自己的标准。如今我们已经具有全面完善的配套基础零部件标准体系，这些零部件标准是行业院所、企业经过多年的试验验证、技术攻关，从引进消化吸收到再创新取得的，具有完全的自主知识产权。这些标准现在不仅应用于冶金轧制行业，而且在矿山、石化、起重、港口机械、工程机械等行业也得到广泛应用。

9.3 我国冶金轧制设备标准体系

9.3.1 我国冶金轧制设备标准分类

国家标准是我国级别最高、影响最大的标准，它对涉及人民生活、经济发展等的重大事项作出规范，以建立各个领域的秩序。我国的国家标准是指对在全国范围内需要统一的技术要求，由国务院标准化行政主管部门制定并在全国范围内实施的标准。国家标准的代号由大写汉语拼音字母构成。强制性国家标准的代号为“GB”，推荐性国家标准的代号为“GB/T”。

行业标准位于我国标准级别的第二级，是仅次于国家标准的标准。行业标准主要是针对国内某个行业层次进行的标准化工作，它是行业管理需要的必然产物，是对国家标准的补充。行业标准是指没有国家标准而又需在全国某一行业范围内统一的技术标准，由国务院有关行政部门制定并报国务院标准化行政部门备案的标准。与轧制设备领域相关的行业标准主要集中在中国机械行业标准（JB）、中国黑色冶金行业标准（YB）和中国有色金属行业标准（YS）。行业标准也分为强制性标准与推荐性标准，标准代号与国家标准形式类似，即推荐性标准代号在强制性标准代号基础上加“/T”。如强制性中国机械行业标准的代号为“JB”，而推荐性中国机械行业标准的代号为“JB/T”。

多年来，在全行业标准化工作者的努力下，冶金设备行业的标准化工作取得了长足的发展，经过标准的整合、制定、修订，建立并逐渐完善了我国冶金设备标准体系。现在的冶金设备标准体系框架结构如图9-1所示，该体系框架是以产品为对象分层次建立，体系结构涵盖了七大类、五十小类的设备和零部件、元器件，做到了绝大部分产品有标准可循。体系结构层次分明，从原材料铁矿处理到轧材产品的深加工，既包含机组、整机，又有专用零部件和液压、电控系统。标准体系布局较为合理，专业覆盖比较均衡，重点突出，符合冶金设备大集成、大成套、个体差异化明显的专业特点。标准体系基本体现了产业发展现状和冶金设备制造行业的专业技术水平，满足了设计、制造、生产、检验和设备运行的需求。

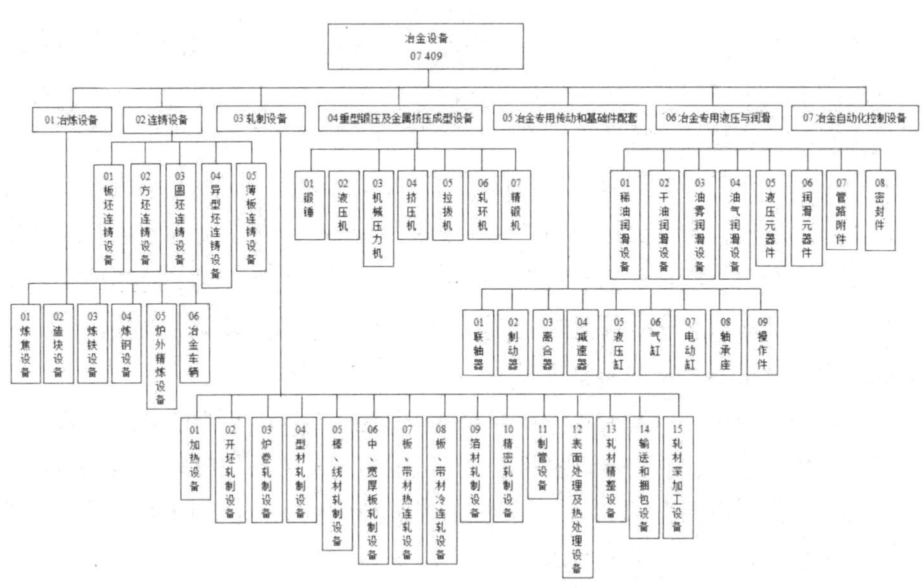

图 9-1　冶金设备标准体系框架结构

截至2019年10月，以“轧机、轧制、连轧、热轧、冷轧、牌坊、轧辊、卷取机、开卷机、酸洗、机架、热卷箱、板形仪、测厚仪、凸度仪、平整、矫直、轧管机”等关键词检索的国家标准、中国机械行业标准、中国黑色冶金行业标准和中国有色金属行业标准中与轧制设备直接相关的现行有效标准数量为181项，标准分布情况如图9-2所示。

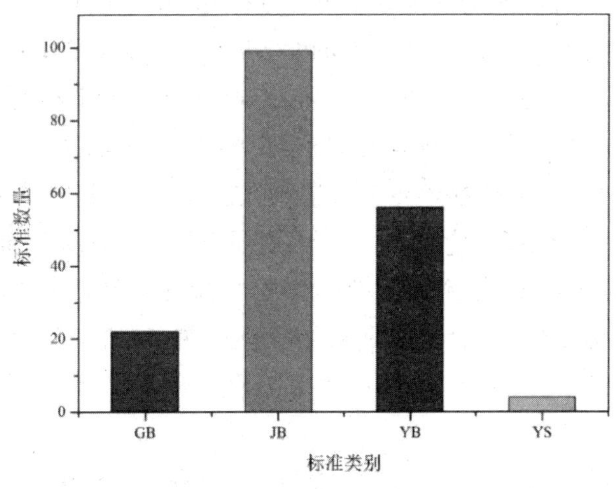

图 9-2　现行有效标准

从标准分布情况看，我国冶金轧制设备标准体系中国家标准较少，国家标准立项的重点是通用基础类、与强制性标准配套的标准，而且明确规定通用基础类标准是行业共性基础技术、工艺等。冶金设备标准体系中的国家标准数量与冶金设备行业所拥有的专业技术和设备种类的规模相比较，数量太少。目前有色金属轧制设备大多直接采用钢铁行业轧制设备的标准，我国冶金轧制设备标准体系中有色金属行业标准很少。冶金设备行业具有跨专业、跨领域、多学科的特点，基础标准的研制耗时、耗力，社会效益和经济效益见效慢，因此标准制定的速度跟不上发展的要求。

只有结合国家产业发展政策和行业结构调整的方向，创新思路，考虑各方需求，充分调动上、下游企业的积极性，以发展的眼光共同参与标准研制，才能持续开展基础共性技术、实验方法和设备通用生产规范方面标准的研制工作，以满足行业技术发展的根本需求。

9.3.2 我国冶金轧制设备标准的标龄

自标准实施之日起，至标准复审重新确认、修订或废止的时间，称为标准的有效期，又称标龄。由于各国情况不同，标准有效期也不同。以ISO为例，ISO标准每5年复审一次，平均标龄为4.92年。我国在《国家标准管理办法》中规定国家标准实施5年，要进行复审，即国家标准有效期一般为5年。

虽然无论国家标准还是行业标准定期需要进行复审，复审结论分为继续有效、修订和废止。但目前我国冶金轧制设备标准标龄长的数量总体较多，标龄分布情况如图9-3所示。从标龄分布可以看出，标龄在10年以上的标准数量占标准总数百分比超过30%，比重很大。而中国黑色冶金行业标准（YB）中涉及冶金轧制设备标准标龄长的问题尤为突出。原因是各方面的，冶金设备产品技术在近10多年有了大踏步的发展，新增设备较多，老旧设备更新换代较慢，甚至出现设备技术已经逐渐被淘汰，由于各种条件所限，旧设备仍在维持生产的情况；有些企业研发成功新技术后的产业化时间不长，制定标准的积极性不足；冶金设备标准化技术委员会根据国家政策引导，重点在解决产品无标可依的问题；因此，形成了标准制定项目多、修订项目少的局面，出现了标龄长、标准滞后的问题。

冶金设备标准化技术委员会应加强与企业的联系，了解产品制造、使用的行业实际状况，掌握标准的贯彻实施情况，考虑废止一批对应产品和技术已经淘汰的标准，并加大标准修订力度，适应行业新要求，转化一批新技术成果，重点解决标准技术滞后问题，进一步提升标准的科学性和适用性。

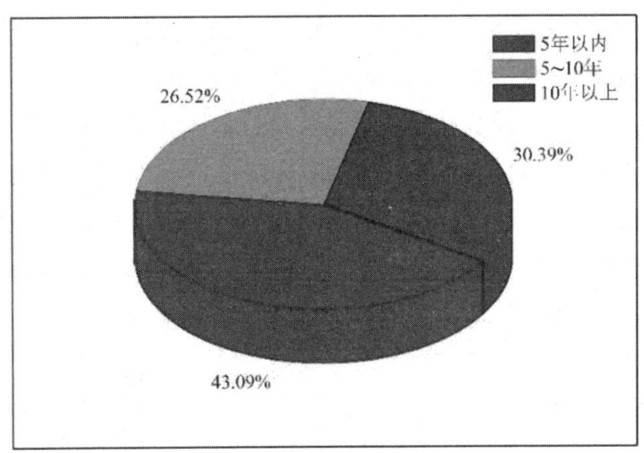

图 9-3　标准的标龄分布

9.3.3 我国冶金轧制设备标准的专业分布

统计的与轧制设备相关的现行有效标准中，按标准功能划分，产品标准数量占标准总数百分比超过70%，而基础通用标准、方法标准和管理标准数量总和仅为产品标准数量的1/3左右，尤其是方法标准和管理标准，数量非常少，如图9-4所示。今后在标准制定上，应考虑加强方法与管理领域标准的制定，使我国冶金轧制设备标准的结构在功能上更为合理。

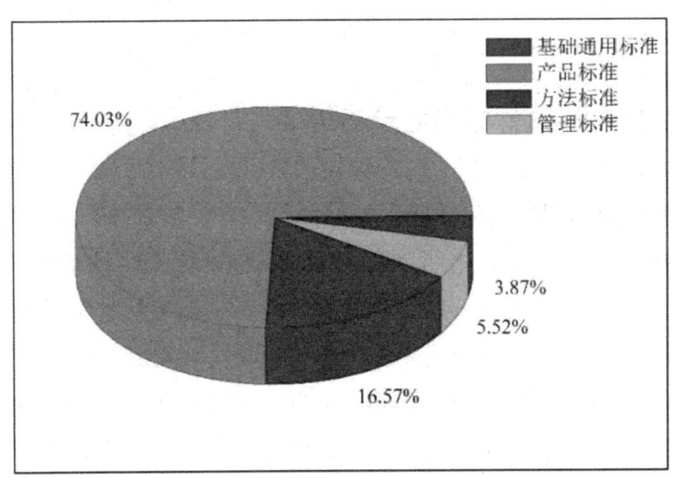

图 9-4　标准的功能分类

统计的与轧制设备相关的现行有效标准中，按标准专业划分，涉及热轧和冷轧领域的标准数量较多，两者之和超过标准总数的60%，而管棒线材和有色金属领域的标准数量都较少，如图9-5所示。目前钢铁行业轧制设备，尤其是钢铁行业板带轧制设备代表了冶金轧制设备的最高水平，所以在设备标准上，其他领域往往借鉴板带轧制设备的理论和标准。比如有色金属领域，轧制设备与钢铁行业轧制设备类似，很多有色金属轧制设备会直接采用钢铁行业轧制设备的标准。但是每个领域都有自己的特点，今后在标准制定上，应结合自身特点，考虑标准的专业化，加强管棒线和有色金属领域标准的制定，使我国冶金轧制设备标准的结构在专业上更为合理，使标准能够更好地服务于行业发展。

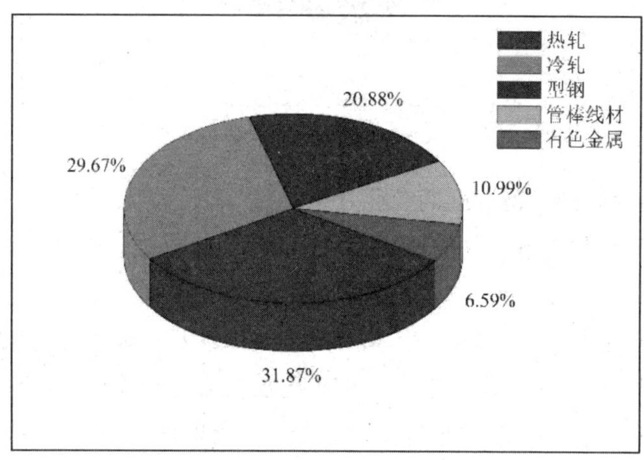

图 9-5　标准的专业分类

9.4 我国冶金轧制设备标准发展趋势

9.4.1 推进关键技术研发成果转化为标准

标准助推创新发展，标准引领时代进步，标准化工作贯穿于产品的研究、设计、开发、应用和产业化的全过程。冶金装备是工艺技术实现的载体，设备制造的新技术会不断涌现，我们要抓住机遇，以科技发展引领标准技术水平提升，及时将关键技术的研发成果转化成标准，再通过标准贯彻实施推动行业技术整体进步。例如，燕山大学自主研发的整辊无缝式板形检测辊，打破了国外长期以来的垄断，各项技术参数达到国际先进水平，在此基础上将研发成果转化成标准，制定了《冷轧带材接触式板形仪（GB/T 34902—2017）》和《冷轧带材板形闭环测控系统（GB/T 34901—2017）》两项国家标准，为推动我国板形检测技术进步作出了贡献。

9.4.2 充实涉及冶金轧制中智能制造的标准

我国2015年提出“中国制造2025”规划，推动钢铁行业智能制造的发展，促进信息化和工业化的深度融合，提高效率，提高质量，降低劳动负荷，降低生产成本，从而提升企业的竞争力。但我国冶金轧制标准主要集中在传统的机械设备，传感测试、数字化与智能化方面的标准比较薄弱，应尽快充实涉及冶金轧制中智能制造的标准。例如机械工业仪器仪表综合技术经济研究所、中国科学院沈阳自动化研究所、国机智能技术研究院等单位共同起草的《数字化车间通用技术要求（GB/T 37393—2019）》和《数字化车间术语和定义（GB/T 37413—2019）》，可用于指导数字化车间的规划、建设（新或改）验收和运营。

9.4.3 加快冶金轧制中环保和安全标准制定

钢铁工业既是高能耗行业，也是污染物排放的大户。据统计，我国钢铁工业能耗占全国总能耗的12%，污染物排放占总排放的16%，如何使钢铁生产过程绿色化，是世界钢铁行业面临的共性问题。节省资源与能源、减少排放、降低成本、提高产品性能、易于循环、实现钢材制造过程的绿色化已经成为钢铁行业绿色制造的目标。同时，冶金车间内，设备生产的工况复杂，工作人员处于高温、强噪声等恶劣生产环境当中，设备安全、人身安全时刻需要保护。涉及这些方面要求的标准属于强制性标准范畴，是国家有关法规、政策制定和管理工作的技术基础。标准的缺失使生产、管理、治理等有序活动缺少了依据和保障。应尽快开展工作，与国家有关标准、规范、制度协调配套，制定冶金设备安全要求、环境保护等范围的强制性标准，应用于生产各环节，使设备、人员等处于良好状态，符合国家政策、法律、法规。

9.4.4 我国冶金轧制设备标准的国际化

当今的国际标准化活动，在广度、深度和多样性等方面呈现出一片繁荣景象。我国已经具有自主建设年产千万吨级钢铁联合企业的能力，实现了冶金装备进口国向输出国的转变，在高效冶炼和洁净钢生产以及低成本轧制生产、淬火热处理技术等方面都具有国际竞争能力。但目前我国冶金设备专业在国际标准化组织（ISO）中没有相应的专业技术委员会（IC）和分技术委员会（SC），也没有相应的国际标准。国外一些大型冶金设备制造企业，例如西马克、三菱重工、达涅利、奥钢联等，都有各自的企业标准化体系，保证了自己产品的质量和技术优势。

我国冶金设备制造行业通过技术引进和合作生产，采用了一批国外先进标准，基本保持了与国外同类产品的技术水平的同步。我国现在已经步入冶金设备输出国的行列，为了更好地响应“一带一路”倡议，落实好《装备制造业标准化和质量提升规划》，我们应继续跟踪国外先进技术，加强自主创新和科研成果的转化，保持标准的先进性，应用先进的标准服务于冶金设备的制造，使标准成为科技创新转化为先进生产力的桥梁，努力为拥有自主知识产权的冶金装备“走出去”服务，填补空白。

冶金设备制造业的标准化工作，无论在发展思路上还是工作重点和方法上，都必须开拓创新，服务于冶金装备制造业这一发展战略，为装备制造业的关键技术研究，形成具有自主知识产权的技术和产品，实现为产业化提供标准化技术支撑。习近平总书记对标准化工作曾有过如下论述：“标准决定质量，有什么样的标准就有什么样的质量，只有高标准才有高质量”，“谁制定标准，谁就拥有话语权；谁掌握标准，谁就占据制高点”等。十九大报告中明确指出，要支持传统产业优化升级，瞄准国际标准提高水平。我们要深刻领会习近平总书记对标准化工作的要求，不断提升冶金轧制行业对标准化工作的认识，让冶金轧制标准在推动冶金轧制行业供给侧结构性改革、促进冶金轧制行业科技创新、提高冶金轧制行业国际竞争力的过程中发挥更加重要的推动和引领作用。

第10章　近十年我国冶金轧制领域科研成果现状与趋势分析

10.1 冶金轧制领域科研成果概况

冶金行业坚持“面向世界科技前沿，面向国家重大需求，面向国民经济主战场”，以习近平新时代中国特色社会主义思想为根本指导思想，贯彻国家“五位一体”的发展战略，特别是节能、绿色、高质量发展的要求，不断开展新一代冶金轧制设备技术发展方向、科研课题、新产品项目选择的研究。积极部署和组织开展科学技术创新活动，承担国家科技重大任务，取得了一系列重大科技成果，为我国科技进步和经济社会发展作出了贡献。近年来钢铁行业作为中国供给侧结构性改革的先行者，大力推进了“三去一降一补”，以化解过剩产能为突破口，实现产业结构不断优化，脱困升级，显著提高改善品种质量，科技创新成果不断涌现。

据不完全统计，近十年冶金轧制设备技术领域，成功申报立项国家级项目课题730余项，科研经费50多亿元。其中国家科技部支持项目400余项，经费将近48亿元；获批国家自然基金项目共300多项，经费约4亿元。十年来冶金轧制领域成果获各类奖项350多项，国家级奖项近200项，其中国家科技奖近70项，其中科技进步奖50余项，技术发明奖15项。省部级奖项80余项，其中中国机械工业科学技术奖20多项，冶金科学技术奖40余项。中国专利奖约170项，其中专利金奖10项，优秀奖160项。

十年间共完成重大技术创新和科研成果转化100多项，内容主要涉及设备、技术创新、新材料开发、新工艺、绿色制造、化解产能过剩等。在产品创新上，一大批高端钢铁产品的研发生产保障了国民经济各主要用钢行业的升级发展，宝武、鞍钢、首钢、河钢、马钢、本钢等企业研发生产的汽车用钢板，宝武、首钢等企业研发生产的高品质取向硅钢，产品质量已跻身国际第一方阵；在节能减排上，单位综合能耗和单位主要污染物排放大幅下降；在前瞻性技术上，薄带铸轧、薄板坯半无头连铸连轧等技术得到企业高度重视和应用。

近十年，冶金轧制设备技术领域培养杰出人才任职单位主要来自高校、冶金钢铁企业、行业协会、科研院所等，其中超过86%来自高校。各类杰出人才中具有博士学位的超过95%，教授职称占83%以上。

10.2 冶金轧制领域国家级科研项目分析

10.2.1 国家科技部重大项目课题

项目安排情况：据初步不完全统计，冶金轧制设备科学技术领域，近十年间国家科技计划共安排项目420多项，其中国家科技重大专项项目课题40余项，国家重点研发计划60余项，国家高技术研究发展计划（以下简称“863计划”）、国家重点基础研究发展计划（以下简称“973计划”）、国家科技支撑计划项目共160多项，其他专项项目150余项。

资金投入情况：国家科技计划项目中央财政拨款共计超过47亿元，其中国家科技重大专项8亿多元，国家重点研发计划超过15亿元，863计划、973计划以及科技支撑计划获中央财政拨款约20亿元，其他专项中央财政拨款3亿元左右。

本次统计数据解释：国家科技重大专项统计数据主要为“高档数控机床与基础制造装备科技重大专项（04专项）”中与冶金轧制领域相关内容；“973计划”项目数据统计主要依据为材料科学领域、制造与工程科学领域、信息科学领域；“863计划”项目数据的统计范围主要为先进制造技术领域、新材料技术领域、资源环境技术领域等；国家科技支撑计划项目的数据统计主要范围为材料、制造业、能源等。项目统计数据来源主要为国家科学技术部、国家科技管理信息系统公共服务平台、国家科技报告服务系统、中国科技统计网等，以及《中国钢铁工业年鉴》等专著。具体参见以下图表。

表 10-1　冶金轧制领域部分国家科技重大项目安排情况

金额单位：亿元

项目	总计	国家科技重大专项	863计划	973计划	科技支撑计划	国家重点研发计划	其他专项
金额	47.63	8.6	9.1	7.8	3.62	15.46	3.05
占比	100%	18.1%	19.1%	16.4%	7.6%	32.5%	6.4%
项数	427	44	74	52	41	61	155
占比	100%	10.3%	17.3%	12.2%	9.6%	14.3%	36.3%

科研项目课题承担单位主要分布在我国中东部地区，约占75%，包括北京、天津、上海、江苏、广东、河北、辽宁、湖北、山西、重庆等地。按课题承担单位统计，企业和大专院校承担的科研项目总数占比较大，分别接近40%和30%。

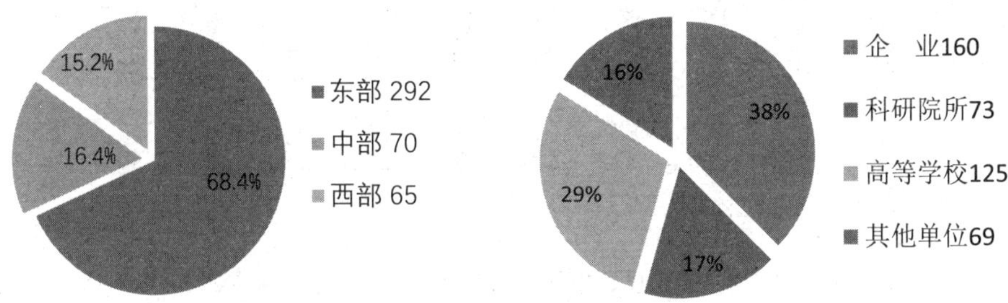

图 10-1　重大项目按承担单位所在地区分布　图 10-2　重大项目按课题承担单位性质分布情况

国家科技重大项目所研究内容主要集中在新装备设备、技术创新、新材料、新工艺开发、节能环保绿色制造、在线智能控制等方向。根据国家政策和钢铁行业需求的改变，近些年新材料研究开发、智能制造、绿色制造等方向成为热点，研发投入的人员和资金都有持续增长趋势。其中技术创新项目占32%左右，新材料开发项目约占20%，智能控制和新工艺项目各占16%和15%左右。

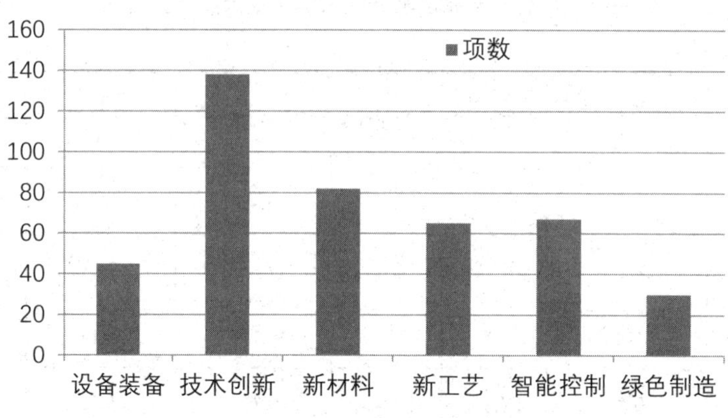

图 10-3　国家科技重大项目按研究方向分布情况

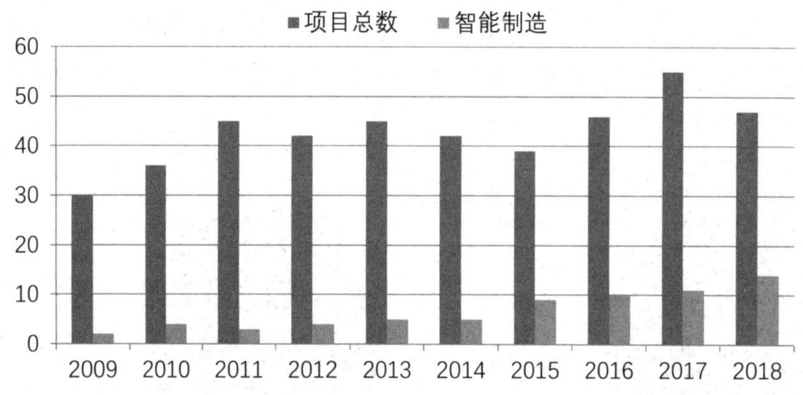

图 10-4　国家科技重大项目按研究方向变化情况（以智能制造为例）

本次国家重点研发计划项目数据主要统计范围包括：智能机器人、制造基础技术与关键部件、重大科学仪器设备开发、增材制造与激光制造、煤炭清洁高效利用和新型节能技术、固废资源化、材料基因工程关键技术与支撑平台等重点专项项目。

表 10-2　国家重点研发计划经费分配情况（按牵头单位性质统计）

金额单位：万元

	总计	高校	科研院所	企业
项数	61	19	15	27
经费	154623	49752	36961.5	67909.5
占比	100%	32.18%	23.90%	43.92%

表 10-3　国家重点研发计划项目安排情况（按项目统计）

金额单位：万元

	总计	“材料基因工程关键技术与支撑平台”重点专项	“固废资源化”重点专项	“国家质量基础的共性技术研究与应用”重点专项	“煤炭清洁高效利用和新型节能技术”重点专项	“水资源高效开发利用”重点专项
项数	61	2	9	2	2	2
经费	154623	4000	21388	2507	5758	5697
占比	100%	2.59%	13.83%	1.62%	3.72%	3.68%
	“增材制造与激光制造”重点专项	“战略性先进电子材料”重点专项	“智能机器人”重点专项	“制造基础技术与关键部件”重点专项	“重大科学仪器设备开发”重点专项	“重点基础材料技术提升与产业化”重点专项
项数	3	1	4	1	2	33
经费	9756	1472	17099.5	945	2935.5	83065
占比	6.31%	0.95%	11.06%	0.61%	1.90%	53.72%

10.2.2 国家自然基金重大项目课题

国家自然科学基金贯彻“尊重科学、发扬民主、提倡竞争、促进合作、激励创新、引领未来”的工作方针，实施源头创新战略、科技人才战略、创新环境战略和卓越管理战略，促进我国基础科学各学科均衡、协调和可持续发展。本次国家自然基金项目的统计，学科分类参考近十年工程与材料科学部相关数据，主要包括下属二级学科：金属材料（E01）、冶金与矿业（E04）、机械工程（E05）中冶金轧制领域基金项目。资助类别，包括面上项目、重点项目、重大项目、国家杰出青年科学基金等。

据初步统计，十年间冶金轧制设备技术领域共获得国家自然基金资助项目约300余项，总资助金额超过37640万元，获得资助单位60多家。其中国家杰出青年基金20多项，重大项目5项，重点项目10余项，联合基金项目45项，面上项目超过200项。详见如下图表。

表 10-4　国家自然基金项目资助情况统计表

金额单位：万元

	合计	国家杰青	国家重大科研仪器专项	重点项目	重大项目	联合基金	面上项目	优秀青年	其余	创新研究群体科学基金
项数	303	22	2	11	5	45	204	7	3	4
金额	37642	6550	460	3230	2898	7091	12929	850	184	3450
占比	100%	17.3%	1.2%	8.6%	7.7%	18.8%	34.4%	2.3%	0.5%	9.2%

表 10-5　国家自然基金项目分布情况（按资助单位性质统计）

金额单位：万元

	合计		高等院校		科研院所		其他单位	
	项数	金额	项数	金额	项数	金额	项数	金额
合计	303	37642	283	33679	12	2308.8	8	1654.2
占比	100%	100%	93.40%	89.47%	3.96%	6.13%	2.83%	4.91%

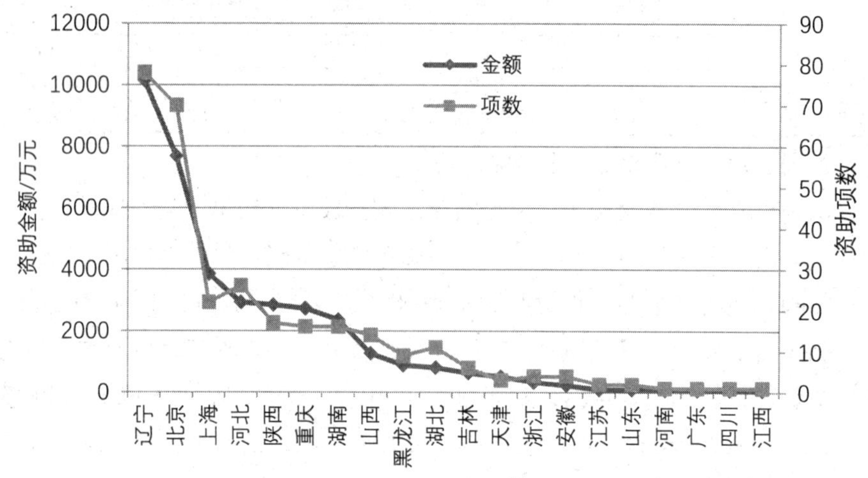

图 10-5　冶金轧制领域国家自然基金资助单位地区分布情况

自然科学基金坚持支持基础研究，着眼国家创新驱动发展战略全局，统筹实施各类项目资助计划。随着国家财政对基础研究的投入不断增长，冶金轧制领域的自然科学基金项目资助强度也在逐年稳步提高，推动我国基础研究创新环境不断优化。据初步统计，2009年资助额度1370多万元，到2018年基金资助额度增长为5260多万元，相比2009年增长近3890万元，大约翻了两番。从统计结果看，面上项目、国家杰出青年基金项目、联合基金项目的数量和金额占比较高，约占全部基金项目的70%左右。项目依托单位90%以上为高等院校和科研院所，依托单位地域分布看，主要分布在辽宁、北京、上海、河北、重庆、陕西等地，东部地区的单位超过半数。

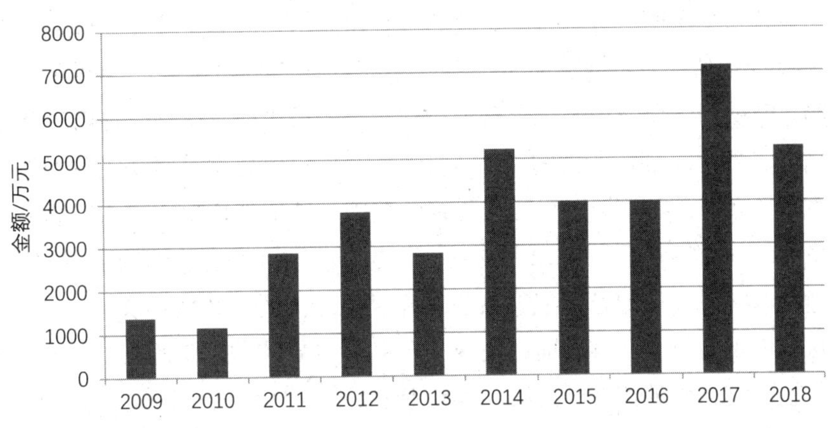

图 10-6　国家自然基金资年度资助分布情况

项目研究内容主要涉及冶金环境工程、金属材料变形性能研究、特殊性能材料制备基础研究、连铸热轧在线控制、短流程成型新工艺理论、先进钢铁材料集成计算、特殊用钢热处理和涂层机理研究、冶金轧制过程仿真模拟优化等等。金属基础材料的规模化绿色制造技术及性能的换代提升是其服务于社会绿色、创新发展的主要途径。薄带连铸技术具有短流程、绿色环保和特定凝固组织的巨大优势，为工业化规模制备宽幅、均质、低成本、易于进一步加工的高性能合金带材提供了可行的手段。

10.2.3 重大项目布局发展及其对冶金轧制设备技术创新的促进作用

从2009年到2018年，国家对冶金轧制工业建设持续加大投资，重点支持聚焦高端装备、先进材料、新工艺、智能检测、精准控制、制造服务、绿色能源环保等内容的重大科研项目。一批重大高端产业项目的加速发力，为高质量发展提供强劲新动能。积极推进顶尖科学家领衔的“产学研”模式。重点工程项目是冶金工业高质量发展的重要支撑，是产业发展、转型、聚焦的重要抓手。冶金轧制设备重大科技项目的推进实施，促进了冶金工业的发展。为了更好地贯彻“五位一体”发展战略，围绕稳中求进的工作总基调，充分发挥重大项目对于稳投资、调结构、补短板、增后劲的重要作用，聚焦提升产业竞争力，聚焦补齐基础设施短板，朝着节能、绿色、高质量发展的要求，不断开展新的科技创新和成果转化。

数据显示，冶金轧制领域科研经费投入总量整体上逐年增长，研发投入强度（研发经费与GDP的比值）同样呈持续上升态势，表明我国研发实力进一步增强，科技水平不断提高。企业、政府办科研院所、高等学校是我国科研活动的三大执行主体，近些年企业对科研经费增长的引领作用进一步凸显。2015年开始，钢铁行业全面推进绿色智能制造，所申报的项目课题研究内容和方向开始加大绿色智能制造所占的比例。推进、实现绿色转型是钢铁工业“破茧成蝶”的当务之急。必须按照全面推行绿色智能制造的战略要求，以破解资源能耗约束和缓解生态环境压力为出发点，大力加强节能减排，加快构建绿色钢铁工业体系。推进工业绿色智能发展也是建设生态文明的必然要求。

从各省份看，重大科研项目地域分布很不均衡，其中东部地区科研项目和经费数量占到全国的约70%左右，远高于中西部地区。这与我国的整体研发强度分布有关，呈现明显的“东高西低”的特征。据相关数据显示，研究与试验发展（R&D）经费投入强度（与地区生产总值之比）超过全国平均水平的省（市）有8个，分别为北京、上海、天津、江苏、广东、浙江、山东和陕西。这也直接影响重大科研项目的申报与资助分布。

10.3 冶金轧制领域获得奖项、成果与技术进展分析

10.3.1 国家级、省部级重要科技奖获奖情况

近十年间，冶金轧制设备科技领域相关成果共获得国家级科技奖项110余项，省部级奖项70多项。其中国家科学技术进步奖80项，国家技术发明奖27项，国家自然科学奖4项，中国机械工业科学技术奖26项，冶金科学技术奖46项。

本次统计数据来源为：国家科技管理信息系统管理平台、中国钢铁成果奖励网、中国机械工业科学技术奖网站。具体情况如表10-6所示。

表 10-6　冶金轧制领域获得国家科技奖励总体情况

获奖等级	国家级奖项			省部级奖项		
	国家科学技术进步奖	国家技术发明奖	国家自然科学奖	中国机械工业科学技术奖		中国钢铁工业协会、中国金属学会冶金科学技术奖
				技术发明奖	科技进步奖	
特等奖（项）	0	0	0	2	1	6
一等奖（项）	5	0	0	2	21	40
二等奖（项）	75	27	4	—	—	—
小计	80	27	4	4	22	46
总计	111			72		

表 10-7　获得国家科技奖项情况（按获奖年份）

获奖年份	2009	2010	2011	2012	2013
项数	24	19	18	17	15
获奖年份	2014	2015	2016	2017	2018
项数	19	18	17	20	15

以2016年为例，国家科学技术奖共授奖279个项目，7名科技专家和1个国际组织。其中国家最高科学技术奖2人，国家自然科学奖42项；国家技术发明奖66项；国家科技进步奖171项。钢铁行业共有7个获奖项目。

在所有获奖的科研项目中，按研究轧制产品分类统计，其中板带轧制、有色金属轧制、型钢轧制以及高性能新材料四个方向的项目居多，共占据总数的61%。按冶金轧制领域变革方向统计，短流程轧制设备技术、绿色化轧制设备技术以及自动化轧制设备技术共占据总数的69.8%。关键性技术、工艺的开发应用项目占据总量的81.3%，其余为成套装备的研发与工程应用类。

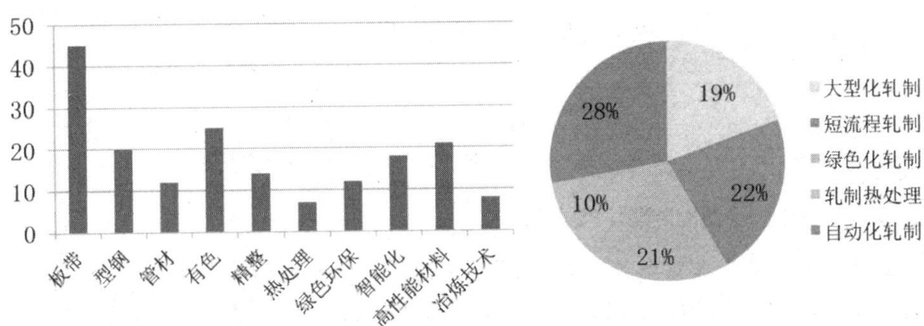

图 10-7　按项目轧制产品分类统计获奖情况　图 10-8　按项目研究领域分类统计获奖情况

10.3.2 国家级发明专利奖获奖情况

中国专利奖由国家知识产权局于1989年设立，目前已评选了15届。初步统计冶金轧制领域的相关专利获中国专利奖共170项，其中专利金奖10项左右，其余为优秀奖。发明专利中装置设备类约50项，工艺方法类120项。2009年获奖专利设计内容主要为炼钢、连铸、板带等，占据几乎全部数量。到2018年获奖专利主要研究内容已转变为以精整设备、绿色环保技术、新工艺材料等为主的发明，占据全年专利总数的80%以上。

表 10-8　2009—2018 年中国专利奖统计情况（按专利年份）

年份	2009	2010	2011	2012	2013	小计
数量	13	8	7	8	11	170
年份	2014	2015	2016	2017	2018	
数量	23	31	23	25	21	

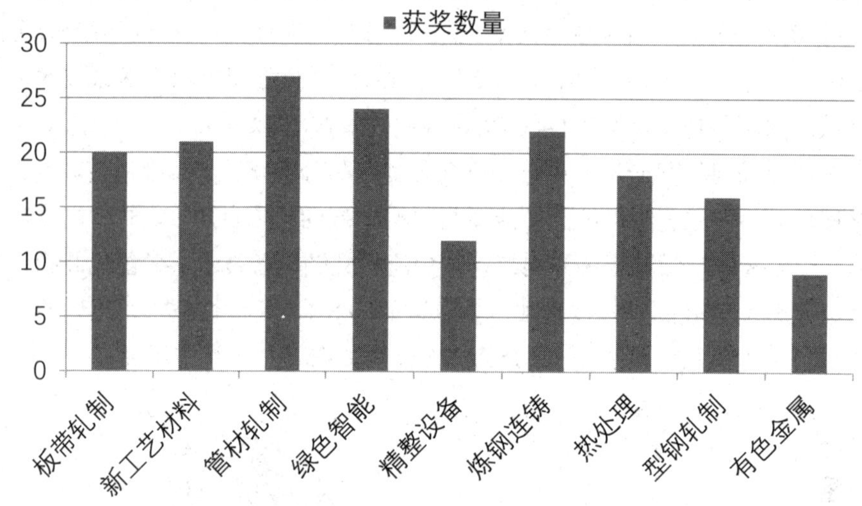

图 10-9　2009—2018 年中国专利奖统计情况（按专利内容）

10.3.3 代表性工程化成果与技术进展

目前，钢铁工业拥有了一批国际首发和产生重大影响的产品和技术。其中我国研发生产的磁轭磁极钢板、电站蜗壳用钢板等产品性能达到世界领先水平；核反应堆安全壳、核岛关键设备及核电配套结构件三大系列核电用钢在世界首座第三代核电项目CAP1400中实现应用。宝武超高强钢新品QP1180GA全球首发，成为世界上唯一能够同时批量生产第一代、第二代、第三代先进高强钢的钢铁企业。鞍钢、钢研集团等领衔的油船用高品质耐腐蚀钢联盟，经过4年的研发，不仅实现了耐腐蚀船板自主批量生产，通过了为期三年的实船建造实验验证，彻底打破了国外的垄断，而且创新了船用钢“产学研检用”的高效研发模式，实现了重大突破。

钢铁工业科技创新成果推广加快，应用效果明显。钢铁工业重点推广了工艺、装备、节能、环保、资源综合利用等一大批先进技术，在宝武集团湛江基地、山钢日照基地、首钢京唐二期等建设中得到了应用。国内已建成超大容量顶装焦炉42座，不仅提高了我国的焦炉技术装备水平，而且取得了巨大的经济和社会效益。在环保领域，钢铁工业重点推广了封闭料场或筒仓技术、高炉出铁场烟尘治理技术、焦化污水处理提标改造、综合污水深度处理技术、冶金渣高效处理及综合利用技术等。宝武集团武钢公司CSP生产线首次以单块轧制的方式连续成功生产出全球最薄热轧带钢——厚度仅0.8 mm热轧卷，为全球首创。宝武集团极薄带钢生产技术和批量生产能力达到国际先进水平。由鞍钢独家供货的1700余吨鞍钢桥梁钢从鞍钢股份鲅鱼圈分公司陆续出发，该批桥梁钢应用在世界第一大推力钢箱拱桥——广西柳州官塘大桥上。首钢成功研发生产汽车用冷轧镀锌DP980钢，突破了冷轧镀锌产线设计极限，标志着首钢自主集成的1000 MPa以上的高强汽车镀锌用钢的全流程先进制造技术成功。

通过初步统计冶金轧制领域近十年的成果及技术进展，关键技术类成果占总量的将近50%，新产品和新工艺类占成果的30%，其余20%。成果完成单位主要为钢铁企业及各地高校，企业占70%，高校占据30%左右。成果比较集中的单位包括宝钢、鞍钢、攀钢、中冶京诚、东北大学、北京科技大学等。

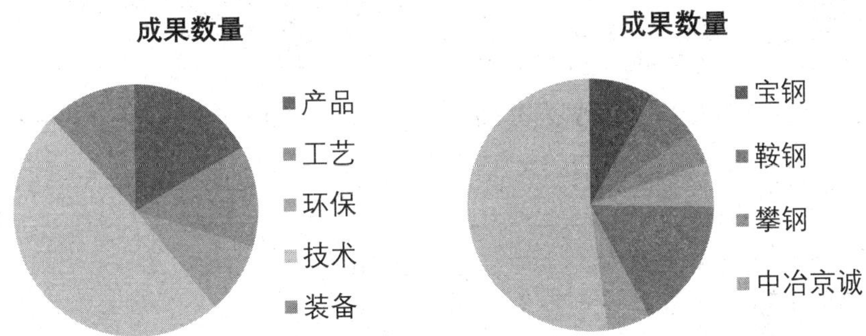

图 10-10　近十年科技成果研究内容分类统计　　图 10-11　科技成果完成单位分布统计

10.3.4 冶金轧制领域杰出科学技术人才培养情况

自2009年以来的十余年间，我国冶金轧制设备技术领域的杰出人才层出不穷，其中包括中国工程院院士、“长江学者奖励计划”特聘教授获得者（以下简称“长江学者”）、国家杰出青年科学基金获得者（以下简称“国家杰青”）、国家“千人计划”、国家高层次人才特殊支持计划（以下简称“万人计划”）等等。他们的发展成为推进我国冶金轧制科研事业发展的攻坚力量，促进了一批高水平原创成果的涌现。

据不完全统计，院士13人，长江学者16人，国家杰青22人，其余国家级人才称号获得者30多人。人才任职单位分别来自高校、科研院所、行业协会、钢铁企业等，其中超过80%的人才来自高校。这也说明了培养精英一直以来都是大学最重要的社会职能和历史使命。按学历职称，冶金轧制设备技术领域杰出人才中博士学历占96%，其余4%。教授约占82%，教授级高工和研究员各占8%左右，其余2%。从地域统计，杰出人才主要来自北京、上海、黑龙江、湖南、陕西、重庆等地。按年龄结构，院士当选年龄分布在49～71岁之间，平均年龄57.4岁。获长江学者特聘教授及青年学者年龄分布在35～46岁之间，平均年龄43.4岁。国家杰出青年基金获得者年龄分布在37～45岁之间，平均年龄43.3岁。

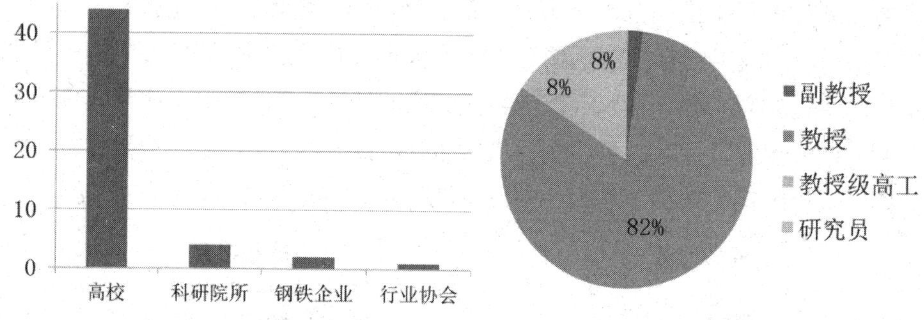

图 10-12　杰出人才任职单位类型分布

图 10-13　杰出人才专业技术职务占比

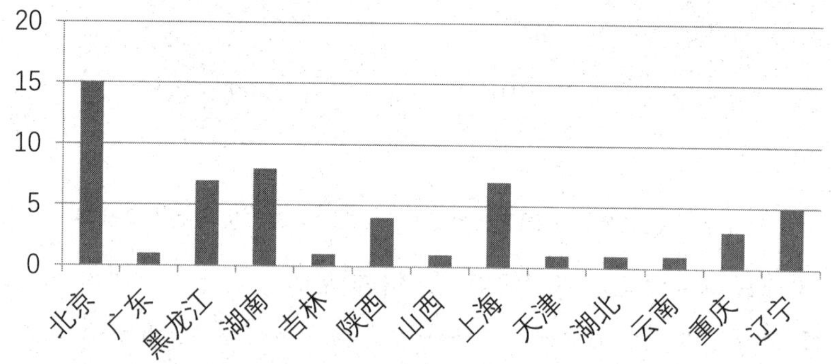

图 10-14　杰出人才所在地域分布

人是科学技术活动的核心和纽带，国家高度重视创新型人才的培养。对于一个国家或任何领域，杰出人才和精英总是社会的中坚力量与脊梁，起着引领社会发展、推动社会进步的中流砥柱作用。伴随着中国经济的发展和转型，随之而来的是对高新技术人才的巨大需求，尤其对具有创新能力的科研人才的需求。人才培养与科研成果是辩证关系，科研者的能动性和创造力要比任何一种生产实物性产品的劳动重要得多。不能只重视出科研成果，而忽视出人才，做到两方面相辅相成。冶金轧制领域杰出人才以高度的社会责任感和饱满的热情投入工程科技人才培养工作，他们承担起国家重大科技项目、重大攻关项目的研究，不断地取得一大批科研成果，为国家培养优秀的硕士、博士研究生。行业多年来紧密围绕国家工程科技人才培养和队伍建设的战略需求，加强教育界、产业界和科技界的联系，面向工程实践、面向国家战略、面向未来发展，充分发挥杰出人才的引领作用，为教育强国建设提供智力支持。

10.3.5 冶金轧制装备技术创新与重大科技成果转化的关联作用分析

“科技成果转化”是中国过去40年科技体制改革中出现频率最高的关键词，是中国科技体制改革，乃至市场化改革进程中不能忽略的主题。科学研究的进展、技术的创新以及由此转化而来的经济实力，已成为世界各国发展综合国力和保持国际地位时需要考虑的重要因素。在全世界范围内来看，创新科技成果的应用对于劳动生产率提高的贡献已高达80%左右。

政府主导的科技发展模式，导致大量的人才和资金越来越集中在高校和科研院所，然而科研院所和高校的研发并不直接面向市场需求。这样导致一些技术成果被搁置，很多成果停留在实验室阶段不能满足企业的实际需要，难以转化成现实生产力。企业作为市场主体的一方，自主研发能力和自主创新意识较弱，或者没有自己研发的技术创新成果，而购买的技术成果又与市场需求脱节而难以转化。需要合适的高科技成果来提升自身竞争能力和赢利能力的企业始终不能有效地参与到科技成果转化中去，导致大量科技成果得不到有效的转化和利用。党的十八大以来，以习近平同志为核心的党中央高度重视科技创新工作，提出创新驱动发展战略，将科技创新置于国家发展全局的核心位置。科技创新对于推进“四个全面”战略布局，落实国家总体安全观，发挥着至关重要的战略支撑作用。着力构建以企业为主体、市场为导向、产学研相结合的技术创新体系，强化科研、企业主体、主管部门的联合作用，激发科研院所、高校和企业的创新创造力，突出企业在市场创新中的主体地位，使企业真正成为技术开发和企业技术创新成果转化主体，是促进企业技术创新成果转化的根本点。充分发挥大中型企业和企业集团在科技成果产业化方面的骨干作用。高校作为国家科技创新体系的重要组成部分，不仅要承担理论科学研究工作，更要推动科研成果的实际转化，将成果快速实现产业化。高校技术创新成果必须转化为现实生产力，才能推动社会经济的发展。我国重新修订《中华人民共和国促进科技成果转化法》，颁布《实施〈中华人民共和国促进科技成果转化法〉若干规定》，出台《促进科技成果转移转化行动方案》，完成科技成果转化“三部曲”，推动科技成果使用、处置和收益权“三权下放”，提高科技成果转化的法定奖励比例，特别是个人比例，用制度手段与经济激励推动技术转移转化；先后设立促进科技成果转化引导基金、实施技术创新引导专项、推进金融对科技成果转化的支持；推进技术转移示范机构建设、知识产权服务业和科技中介机构发展，出台《国家技术转移体系建设方案》，加强专业化技术转移服务体系建设，构建科技成果转化服务平台；建立完善科技报告制度和科技成果信息系统，构建有利于科技成果转化的科研评价体系，为科技成果转化创造良好的制度环境。

十年来，钢铁行业认真贯彻执行党的相关精神和政策，积极推进供给侧结构性改革，化解过剩产能取得重大突破，科技创新取得显著成绩，为中国钢铁工业实现既大又强的转变奠定坚实的基础。这些研发成果很大程度上解决了一些制约行业发展的技术瓶颈，使钢铁工业整体水平迈上了新台阶。完善以企业为主体的产学研合作体系，推进科研成果转化和企业人才培养。充分发挥科研实体、高校和企业在创新、研发、市场、应用等方面的积极性，是社会创新体系和创新型国家建设的有效途径。

第11章　冶金轧制设备技术专利现状与发展趋势

运用专利信息大数据和专利分析技术，全面梳理冶金轧制产业现状，分别从产业技术发展趋势、技术路线、专利布局等方面入手，比较不同钢铁企业的研发重点、专利技术优势和劣势，研究重点钢铁企业的专利技术竞争力。通过专利信息分析实现专利数据与产业运行决策的深度融合，为我国冶金轧制设备的技术创新战略制定、京津冀冶金轧制企业分布以及技术装备决策等提供理论与数据支持。

本报告检索介质时间截至2019年12月31日，在此之前公开并被检索数据库所收录的专利数据纳入本报告的分析范围内。

（1）样本选择。本报告的数据源自CNKI专利数据库、国家知识产权局专利数据库以及INNOGRAPHY平台。

（2）检索策略。本报告是以关键词和IPC分类号相结合作为主要检索手段进行检索。

（3）处理方法。本报告采用宏观数据分析和重点关注点分析相结合的研究方式。通过对专利数据在时间、地域、技术、申请人与专利权人等维度进行分析，得到宏观的分析结果；对重点关注的专利权人及专利技术进行深入分析，得到其专利布局和技术发展情况等；将专利分析结果与产业实际相结合，得出相关结论。主要内容包括：专利申请趋势分析、国家区域分布分析、京津冀地区分布分析、技术构成分布分析、主要申请人的专利申请分析、重要专利分析等，在此基础上对专利技术内容进行定性剖析，了解重要技术分支的重要专利，分析技术热点。

11.1 冶金轧制设备行业专利分析综述

11.1.1 冶金轧制设备行业全球专利统计分析

11.1.1.1 全球专利发展趋势

本部分检索时间为1960—2018年，检索范围为全球100多个国家和地区专利数据。全球范围内冶金轧制的研究起步很早，早在20世纪二三十年代就已经出现相关专利申请，总体呈现上扬、伴有阶段性回落的态势，从技术发展的角度看，总体分为以下四个阶段：

（1）快速发展期（1960—1990年）：随着工业技术飞速发展，冶金轧制相关专利的申请量开始快速上升，到1990年全球申请量达到3200件。

（2）缓慢调整上升期（1990—2003年）：随着国外冶金轧制技术趋于成熟，专利申请趋于缓慢调整上升期。

（3）飞速发展期（2004—2012年）：从图11-1中可见，全球轧制技术申请呈现飞速发展，主要是受中国申请呈现井喷增长的影响。

（4）衰退期（2013—2018年）：受国际金融危机影响，2013年开始，冶金轧制专利申请量呈现衰退趋势。

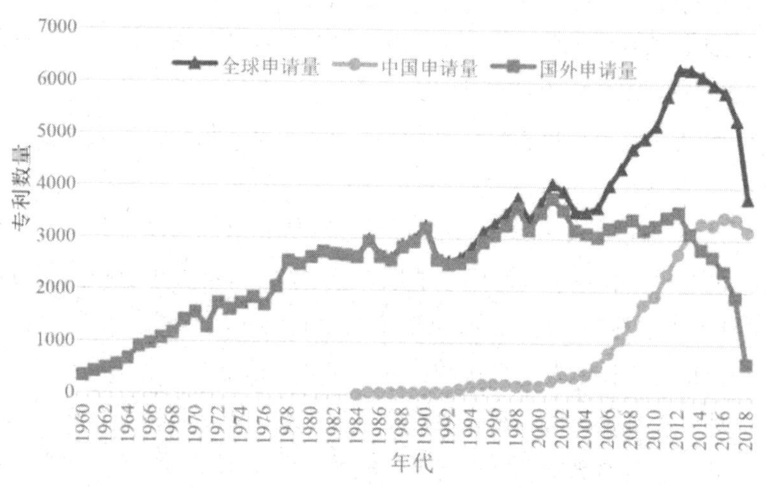

图 11-1　冶金轧制全球专利申请趋势图

11.1.1.2 专利申请国家和地区

专利申请的地域分布情况，可以反映企业对产品的市场战略布局中心。通过对冶金轧制设备技术专利申请的所在国家和地区产权组织进行统计，得到主要原创国家/地区的专利申请分布，如图11-2所示，由图可知，排名前三的国家是中国、日本和美国，其总和占据了所有专利申请量的一半，是冶金轧制设备技术的主要技术市场。

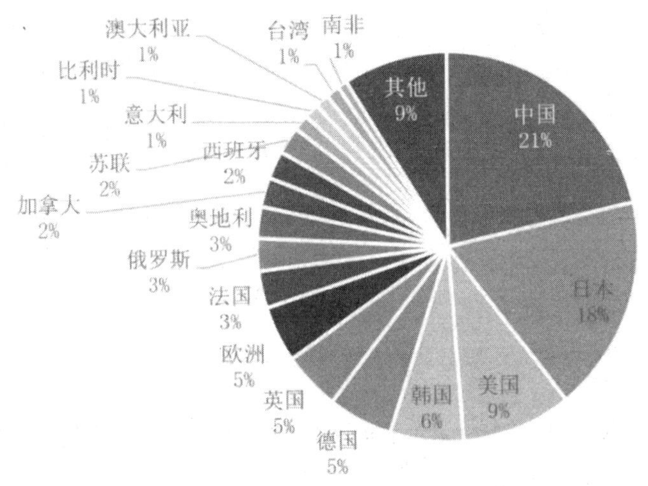

图 11-2　主要原创国家/地区的专利申请分布

11.1.1.3 重要申请人与市场竞争力分析

图11-3是全球申请人TOP20专利统计图。由图可知，全球TOP20申请人包括8家日本企业，4家德国企业，中国、奥地利各2家企业，美国、意大利、韩国和英国各1家企业。日本、德国的企业最为活跃；各申请人平均授权率达到65%，其中，中国冶金股份有限公司的授权率为85%，排名第一。

Innography气泡图是直观体现专利权人之间的技术差距与实力对比的分布图，横坐标上气泡的大小与专利权人所持有专利的专利强度、专利类型分布广度、引用情况相关，横坐标上气泡越大说明该专利权人的专利技术水平越高；纵坐标上气泡的大小与专利权人的总资产、专利国家分布范围、专利涉案情况等有关，纵坐标上气泡越大说明专利权人的企业实力越强。图11-4显示了全球TOP20专利权人的市场竞争力，可见，冶金轧制技术的全球市场，日本住友金属工业株式会社、杰富意钢铁株式会社、SMS（西马克或迪马格）技术实力最强，我国宝钢的技术实力排名全球第五位；在经济实力上，日本株式会社日立制作所占据首位，宝钢在轧制工艺创新的经济实力排名第十四。

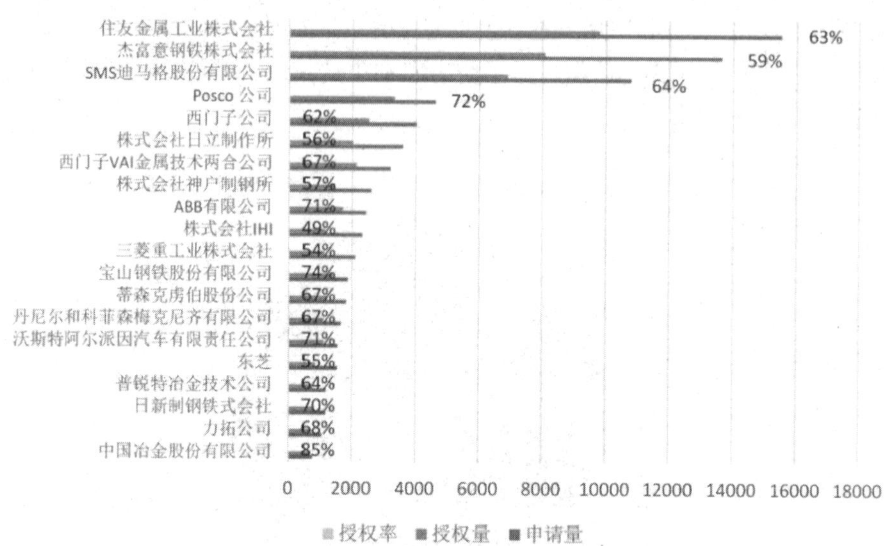

图 11-3 全球申请人 TOP20 专利统计图

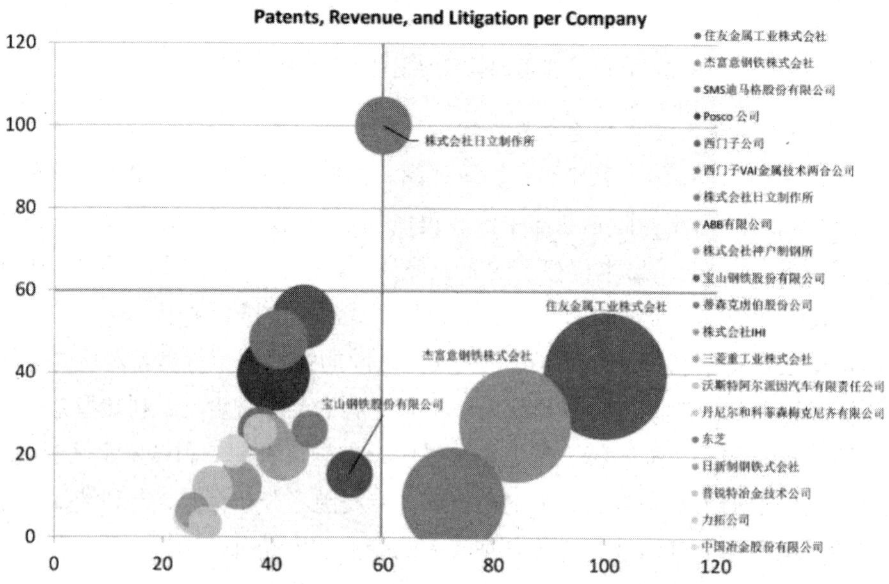

图 11-4 全球 TOP20 专利权人市场竞争力气泡图

11.1.1.4 **技术主题分析**

（1）技术主题聚类分析

图11-5是全球冶金轧制技术主题聚类分析结果。由图11-5可知，全球冶金轧制一级技术主题主要集中在轧机、冷轧、热轧、薄板、热处理、工作辊等；二级技术主题主要集中在连续退火、淬火机、连铸连轧、剪切设备、酸洗、轧制方法、板形控制、轧管、无缝钢管、轧制工艺、晶粒度等。

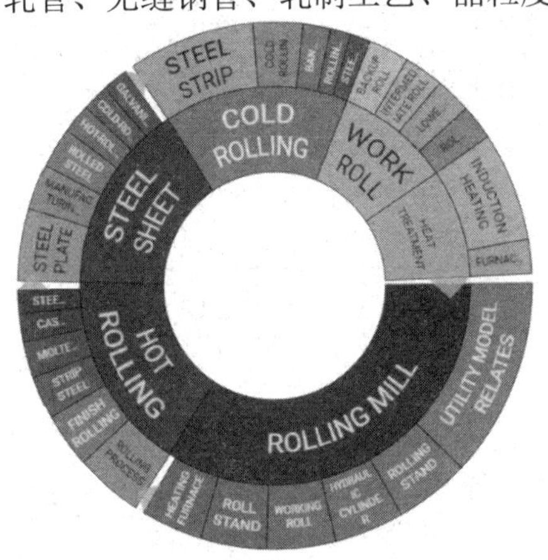

图 11-5　全球冶金轧制技术主题聚类分析结果

（2）专利技术领域分析

图11-6与表11-1显示了全球冶金轧制专利的TOP20国际专利分类（IPC）分布及其含义。

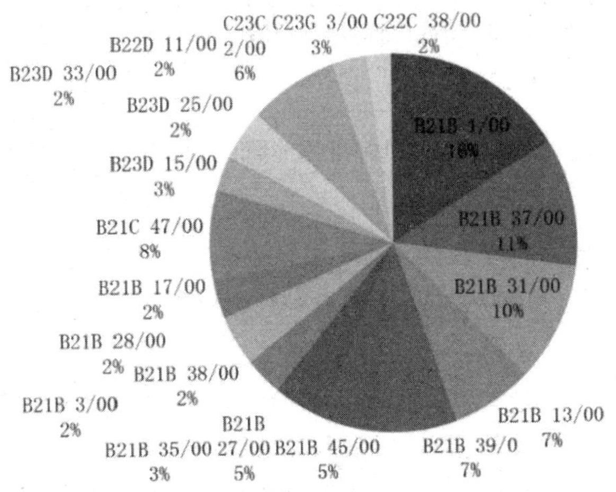

图 11-6　全球冶金轧制主要 IPC 分布

表 11-1　TOP20 IPC 及其含义

主要IPC	含义
B21B1/00	轧制方法制造实心半成品或成型截面的轧机；轧制车间的布置，如机座分组
B21D11/00	连续铸造
B21B37/00	专门适用于轧机或其加工产品的控制设备或方法
C21D1/00	热处理一般方法或设备，例如退火、硬化、淬火或回火
B21B31/00	轧机机座结构；轧辊、轧辊座或机架的安装、调节和更换
C23C2/00	用熔融态覆层材料且不影响形状的热浸镀工艺及其所用设备
B21C47/00	金属线、金属带或其他柔性金属材料的卷紧、卷绕或开卷
B21B39/00	适用于有关轧机零部件和轧件移动、定位或控制的装置
C21D9/00	热处理炉，例如适合于特殊产品的退火、硬化、淬火或回火
B21B45/00	配置或安装于轧机内、用于轧件表面处理设备
B21B13/00	轧机机座，即由机架、轧辊和附件组成的组装件
B21B2700	轧辊；轧辊的润滑、冷却或加热
C22C38/00	铁基合金，例如合金钢
B21D3/00	金属棒、管、型材或由此制造的特定产品的矫直
C21D8/00	通过伴随有变形的热处理或变形后再进行热处理来改变物理性能
B21B21/00	间歇步动式轧管
B21B35/00	用于轧机驱动装置
F23D14/00	燃烧器，例如加压以液态贮存的气体燃料
B23D15/00	用相互平行剪刃切割的剪床或剪切装置
B21B3/00	需要专门轧制方法的特殊成分合金材料的轧制

11.1.2 冶金轧制设备行业中国专利统计分析

11.1.2.1 中国专利发展趋势

中国冶金轧制的研究开始较晚，1985年4月1日专利法实施才开始出现专利申请，从21世纪开始出现井喷式增长趋势。图11-7是冶金轧制中国专利申请趋势图，从技术发展的角度上看，总体分为以下三个阶段：

起步期（1985—2000年）：中国冶金轧制技术处于起步阶段，20世纪末期开始缓慢上涨。

井喷增长期（2001—2012年）：国外技术趋于成熟，呈现调整期，但是中国轧制技术呈现井喷式发展。

调整期（2013—2018年）：受金融危机影响，中国专利申请进入调整期。

图 11-7 冶金轧制中国专利申请趋势图

11.1.2.2 京津冀地区轧制技术专利分析

（1）轧制技术专利的申请与授权

图11-8是京津冀地区专利情况图。由图11-8可知，针对轧制技术，京津冀地区总计申请专利4922件，授权量为3872，总申请量与授权量上河北处于领先地位，而授权专利中发明专利的授权率，天津为10%，北京为47%，河北为27%，可见，北京发明专利授权率较高。

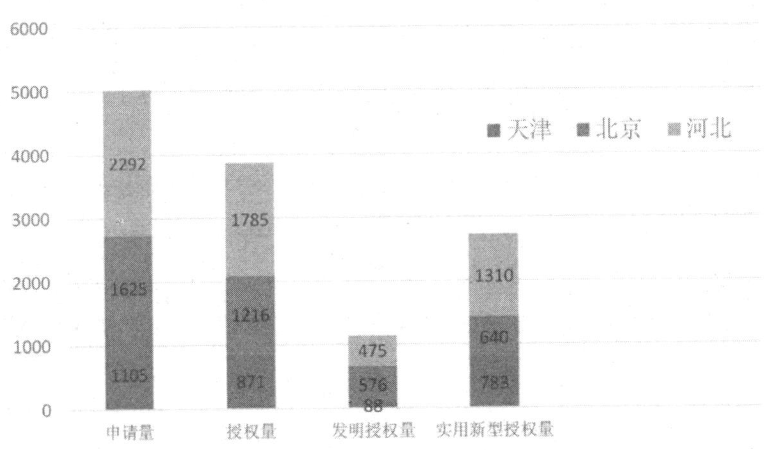

图 11-8 京津冀地区专利情况

（2）轧制技术市场竞争情况

图11-9给出了京津冀TOP20专利权人的市场竞争力，其中北京科技大学与燕山大学的技术实力最强，首钢公司的综合实力最强。

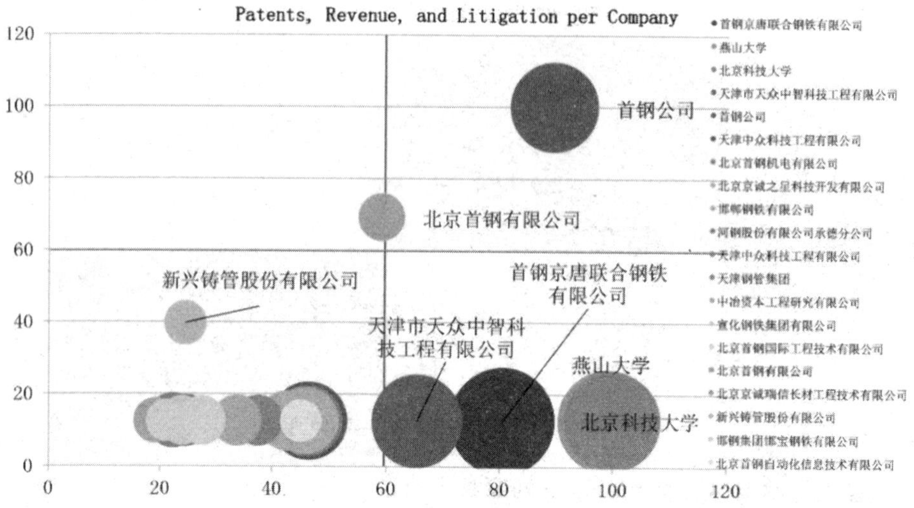

图 11-9　京津冀 TOP20 专利权人市场竞争力气泡图

11.1.2.3 重要申请人与市场竞争力分析

图11-10是中国申请人TOP20专利统计图。从图11-10可见，TOP20申请人包括3家日本企业，2家德国企业，卢森堡、韩国企业各1家，9家中国企业，4所中国高校与研究院。可以看出，中国市场的冶金轧制技术较为活跃，日本、德国的企业在中国进行专利技术布局；各申请人专利授权率均在60%以上，平均授权率达到78%。东北大学、燕山大学、北京科技大学授权率均在80%以上。

图11-11是中国TOP20专利权人市场竞争力气泡图。横轴代表专利权人的技术实力，纵轴代表专利权人的经济实力。由图11-11可知，中国企业宝钢、中冶南方和鞍钢的技术实力排名前三；韩国浦项、德国西门子、日本日立的经济实力占据中国市场前三位；高校中，东北大学、北京科技大学与燕山大学在中国市场的技术实力排名分别第六、十、十一位。

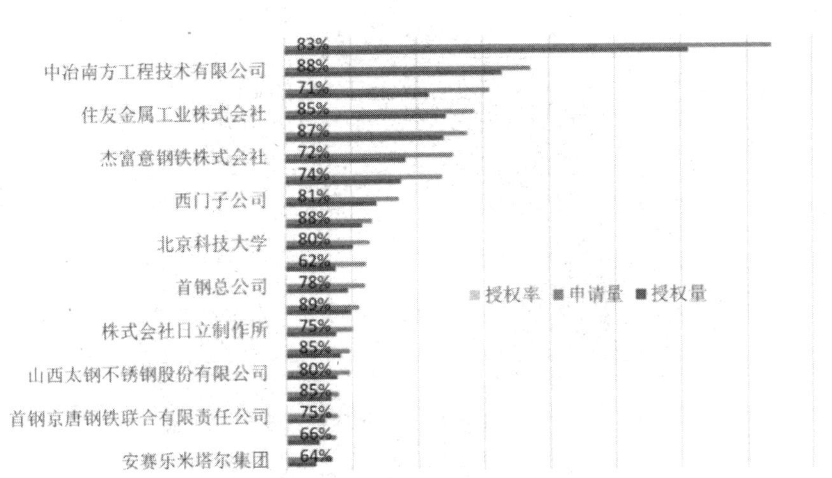

图 11-10　中国申请人 TOP20 专利统计图

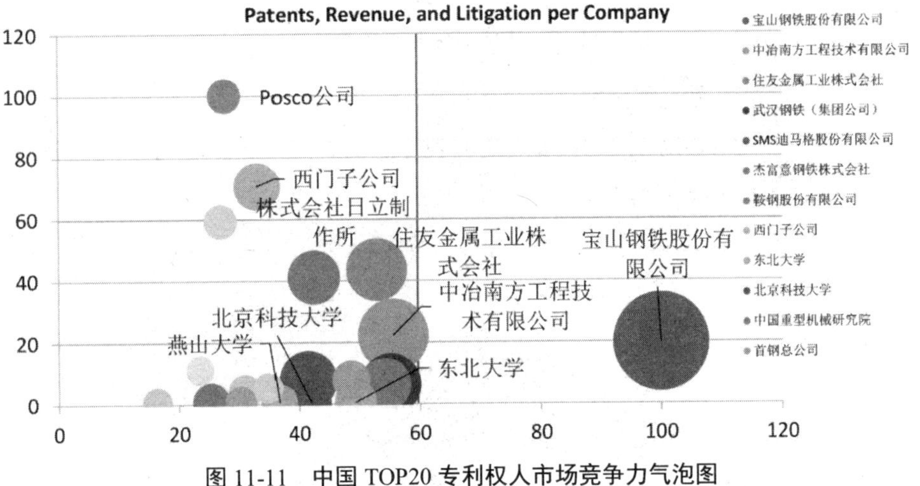

图 11-11　中国 TOP20 专利权人市场竞争力气泡图

11.1.2.4 技术主题分析

（1）技术主题聚类分析

从图11-12可见，中国冶金轧制一级技术主题分支主要集中在模型、轧机、冷轧、钢板、剪板机、热处理等，二级技术主题分支主要包括液压缸、加热炉、精轧机、轧制方法、飞剪、连铸机、带钢、酸洗、铜带、连退等。

图 11-12 中国冶金轧制技术分支

（2）专利技术领域分析

图11-13与表11-2显示了中国冶金轧制专利的TOP20国际专利分类（IPC）分布及其含义。

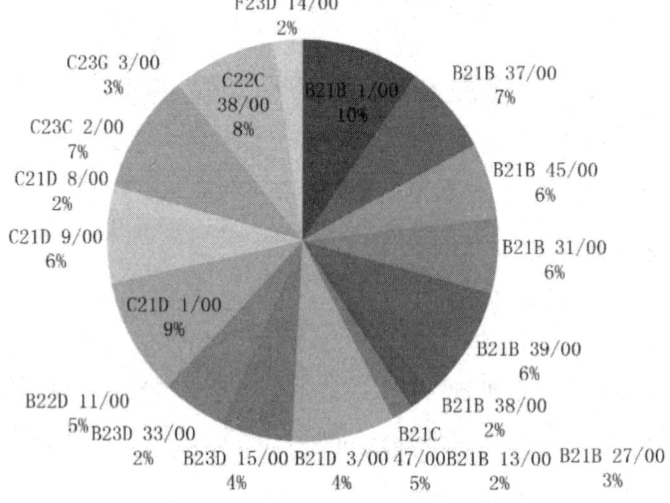

图 11-13 中国冶金轧制主要 IPC 分布

表 11-2　TOP20 IPC 及其含义

主要IPC	含义
B21B1/00	金属轧制的方法或制造实心半成品或成型截面的轧机；轧机机列内的加工序列；轧制车间的布置，如机座的分组，轧道的顺序或分轧道变换的顺序
C21D1/00	热处理的一般方法或设备，例如退火、硬化、淬火或回火
C22C38/00	铁基合金，例如合金钢
B21B37/00	专门适用于金属轧机或其加工产品的控制设备或方法
C23C2/00	用熔融态覆层材料且不影响形状的热浸镀工艺；其所用的设备
C21D9/00	热处理，例如适合于特殊产品的退火、硬化、淬火或回火；所用的炉子
B21B45/00	专门配置于或安装于轧机内或专为与金属轧机连用的工件表面处理设备
B21B31/00	轧机机座结构；轧辊、轧辊座或机架的安装、调节或更换
B21B39/00	结合于或配置于或专门适用于有关金属轧机的工件的移动、支承或定位或控制其运动的装置
B22D11/00	金属铸造；用相同工艺或设备的其他物质的铸造
B21C47/00	金属线、金属带或其他柔性金属材料的卷紧、卷绕或开卷，仅以与金属加工有关的特点为特征的
B21D3/00	金属棒、管、型材或由此制造的特定产品的矫直或复形，无论是否与金属板部件相结合
B23D15/00	用相互平行运动的刀片切割的剪床或剪切装置
B21B2700	轧辊；轧辊使用时的润滑、冷却或加热
C23G3/00	金属材料清洗或酸洗用的设备
B23D33	剪床或剪切设备的附属装置
F23D14/00	燃烧气体燃料的燃烧器，例如加压以液态贮存的气体燃料
B21B38/00	专门适用于金属轧机的测量方法和装置，如位置检测、产品的检验
B21B13/00	金属轧机机座，即由机架、轧辊和附件组成的组装件
C21D8/00	通过伴随有变形的热处理或变形后再进行热处理来改变物理性能

11.2 板带生产设备技术分支专利分析

11.2.1 板带轧制主要设备

11.2.1.1 总体发展趋势

（1）全球发展趋势

板带轧机设备包括板带轧机、零部件和轧机检测设备等。板带轧机设备专利技术全球专利申请的年度趋势如图11-14所示，整体呈曲折增长趋势，总体趋势可以分为以下阶段：

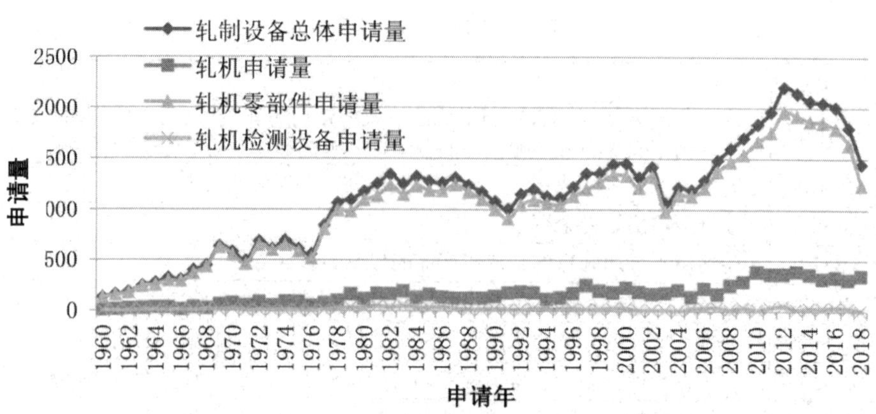

图 11-14 板带轧机设备全球年申请量变化趋势

起步期（1975年以前）：“二战”以后，机械制造、造船、建筑、桥梁、压力容器及大直径传输管线等产业的发展，特别是海上运输、能源开发与焊接技术的进步，对钢板的需求量和品种质量方面提出了更高的要求。全球范围内板带轧机设备的申请量处于迅速发展时期。

增长期（1975—2002年）：20世纪七八十年代日本经济崛起，掀起了全球第二次板带轧机的建设高潮，板带的生产开始走向现代化，促使机械、船舶、汽车、家电、交通及建筑等各个领域得到迅速发展，之后关于板带轧机设备研究热度一直保持到2000年。

飞速增长期（2003—2012年）：2003年开始，世界第三次板带轧机建设高潮在中国大地上掀起，板带轧机技术的逐渐成熟与普及，全球经济一体化的发展对钢铁工业的进步也提出了越来越高的要求，节能降耗、先进高强钢和高表面质量产品的需求推动板带工艺技术创新。2012年，全球板带轧机设备领域的专利量达到峰值，为2202项。

调整下滑期（2013年之后）：2013年开始，受国际金融危机影响，全球钢铁市场需求减弱，板带轧机设备开始下滑，但是仍然维持在1500项以上。轧机整机设备与零部件设备专利申请数量相差比较大，检测设备申请量最少，基本维持在每年20项左右。

（2）中国发展趋势

由图11-15可见，“二战”以后，国外轧机设备专利呈现快速增长趋势；

到20世纪80年代后，由于技术趋于成熟，呈现平稳。2010年之后，受全球钢铁产能影响，轧机设备申请量呈现急剧下滑趋势。而对于中国来说，由于国内相关研究起步较晚以及中国专利法1985年开始实施，在1992年以前我国在轧机设备的研究也有了初步萌芽，之后十年，我国的申请量开始缓慢增长，从2004年开始，随着工业技术的飞速发展，国内轧机设备申请量开始迅速增长，虽然从2013年以后，受全球金融危机影响，中国国内轧机设备申请量呈现短暂下滑，但2015年之后又呈现快速增长趋势。

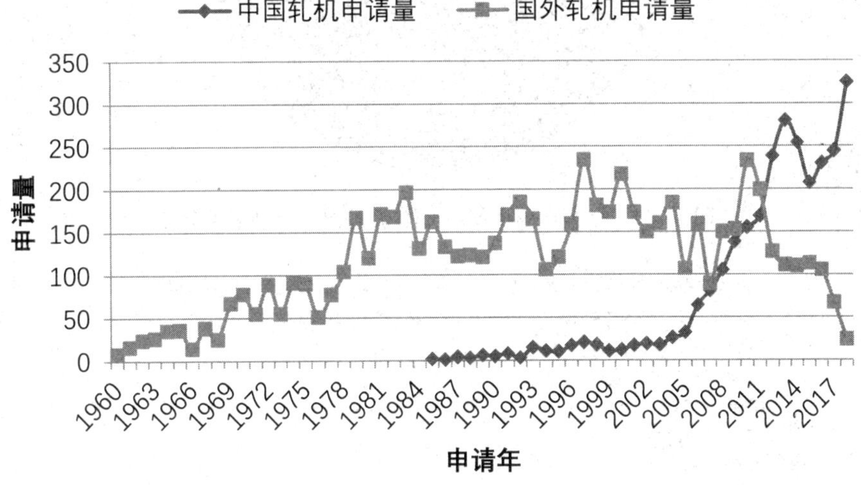

图 11-15　轧机设备国外及中国年申请量变化趋势

11.2.1.2 专利申请国家和地区

根据专利申请的地域分布情况，可以反映企业对产品的市场战略布局中心。通过对板带轧机设备专利申请的所在国家和地区产权组织进行统计，得到如图11-16所示的专利申请主要原创国家/地区专利申请分布。从图11-16中可以看出，排名前五的国家是日本、中国、德国、美国、韩国，其总和占据了所有专利申请量的61%，是轧机设备最主要的技术市场。

图11-17是主要专利申请原创国家/地区的专利申请情况，由图11-17可知，在轧机设备授权中，日本专利授权率在申请量TOP10国家中最低，我国的专利授权率要高于日本，俄罗斯（苏联）专利授权率最高。

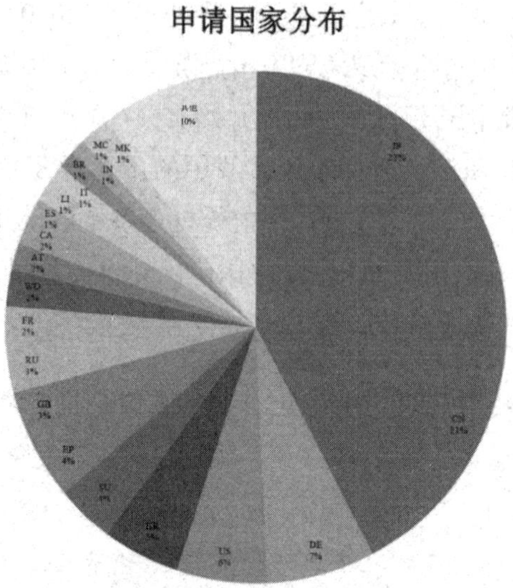

申请国家分布

图 11-16　专利申请主要原创国家/地区的专利申请分布

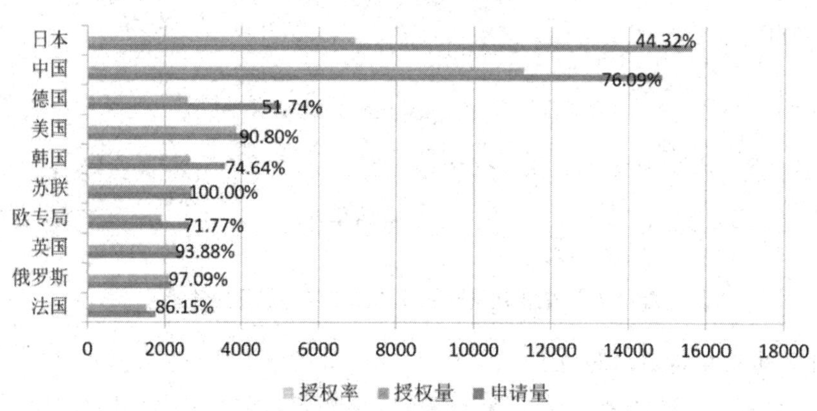

图 11-17　专利申请主要原创国家/地区的专利申请分布

11.2.1.3 重要申请人与市场竞争情况

（1）全球专利情况

图11-18是全球前二十名的专利申请人情况。由图可知，TOP20申请人包括8家日本企业，4家德国企业，中国、奥地利各2家企业，法国、意大利、韩国和瑞士各1家企业。由此可以看出，在轧制设备技术上，主要的区域集中在欧洲和亚洲，欧洲国家中德国的企业最为活跃；亚洲国家中日本企业最为活跃。中国企业专利授权率较高，其中宝山钢铁股份有限公司的授权率为82%，排名第一。

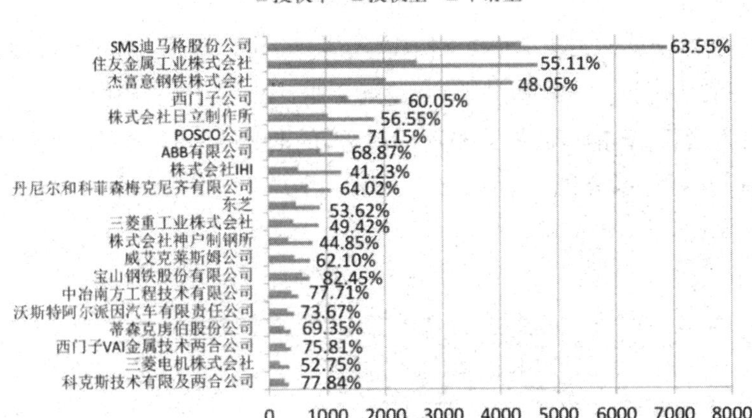

图 11-18　全球专利申请人 TOP20

图11-19是全球TOP20专利权人的市场竞争力，横轴代表专利权人的技术实力，纵轴代表专利权人的经济实力。可见，在轧机设备技术上，德国SMS和日本住友金属工业株式会社两家公司的技术实力最强，宝钢的技术实力排名全球第三；在经济实力上，日本株式会社日立制作所远远高于其他企业，西门子公司紧随其后，而且这两个企业技术实力也不差，是全球后续发展最有力的企业。中国宝钢、中冶南方和鞍钢3家企业进入前列。

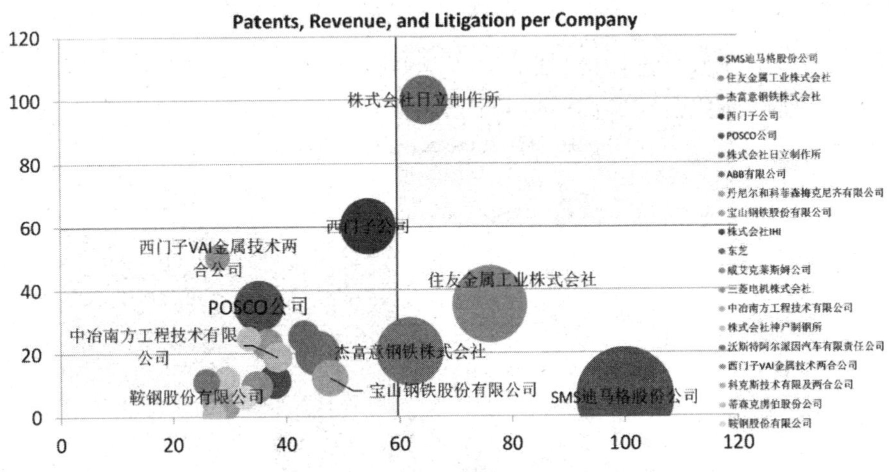

图 11-19　全球 TOP20 专利权人市场竞争力气泡图

（2）中国专利情况

图11-20是全球前二十名的专利申请人情况。由图可知，TOP20申请人包括18家企业和2所高校，日本和德国各有2家企业。可以看出，国内企业宝钢和中冶南方最为活跃，鞍钢与武钢紧跟其后，德国的两家企业技术实力也不容小觑，排在前列。从授权率分析，两所高校，燕山大学与北京科技大学技术实力相当，均为70%以上。

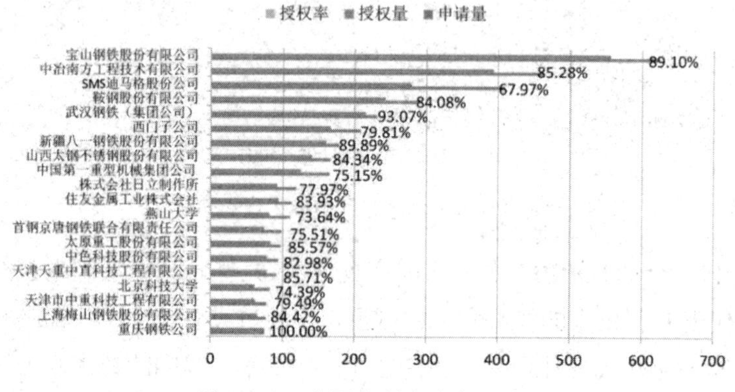

图 11-20 **中国专利申请人 TOP20**

图11-21是中国TOP20专利国内外专利权人的市场竞争力，横轴代表专利权人的技术实力，纵轴代表专利权人的经济实力，可见，轧制设备在中国市场，宝钢技术实力最强，住友金属工业株式会社的经济实力最强；总计4家外企在中国市场进行了轧制工艺技术布局，分别有2家日本企业、2家德国企业；总体上来说日本企业经济实力都远高于中国企业。

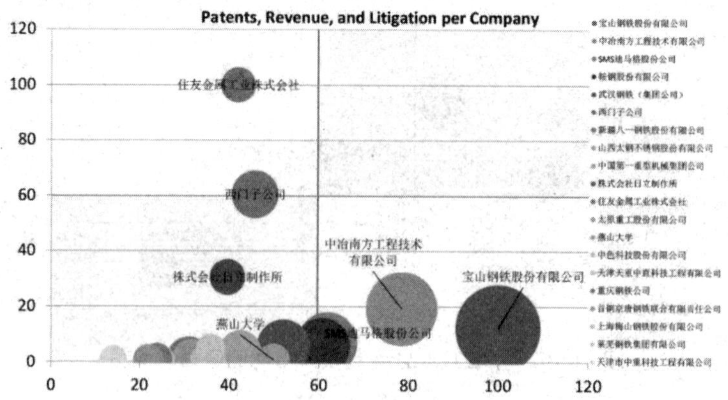

图 11-21 **中国 TOP20 专利国内外专利权人市场竞争力气泡图**

11.2.1.4 技术主题分析

（1）技术聚类分析

图11-22是全球板带轧机设备技术分支聚类分析图。从图11-22可见，板带轧机设备一级技术分支主要集中在轧机、工作辊和板带材等，二级技术分支主要包括轧机机架、工作辊、冷轧、热轧、轴承座、支撑辊、中间辊、轴向力等。

图 11-22　全球板带轧机设备技术分支

（2）核心专利技术

Innography提供的专利强度分析参考了10余个专利评价相关指标，包括：专利权利要求数量、引用先进技术文献数量、专利被引用次数、专利及专利申请案的家族、专利申请时程、专利年龄、专利诉讼和其他因素。本书选取专利强度数值90分以上的板带轧机设备专利总计65条，具体如表11-3所示。

表 11-3　板带轧机设备专利强度 90 分以上全球专利

序号	专利公告号	专利题名	专利权人	申请日期	专利强度
1	US8919162	Method of rolling a metal strip with adjustment of the lateral position of a strip and suitable rolling mill	Arcelormittal	2008/5/27	92
2	EP2058059	Methods and apparatus to drive material conditioning machines	Bradbury, J. W.	2008/11/5	92
3	US7373857	Composite metal article and method of making	William Engineering LLC	2002/7/29	92
4	EP1210993	Device and method for cooling hot rolled steel band and method of manufacturing the hot rolled steel band	Jfe Holdings, Inc.	2001/2/28	92

（续表）

序号	专利公告号	专利题名	专利权人	申请日期	专利强度
5	US8445811	Device for the weld joining of sheet metal strips	Primetals Technologies Limited	2007/8/8	91
6	US8307685	Multi-directionally swept beam, roll former, and method	Shape Corp	2009/4/7	91
7	US8950227	Method and device for preparing hot-rolling stock	Primetals Technologies Limited	2010/3/22	91
8	US8966951	Spraying method and device for a rolling plant	Primetals Technologies Limited	2009/2/2	91
9	US9016528	Beverage dispensing apparatus comprising an integrated pressure reducing channel	Anheuser-busch Inbev N.v./s.a.	2010/12/16	91
10	US9751165	Control method for mill train	Primetals Technologies Limited	2012/5/4	91
11	US8029338	Grinding wheel for roll grinding application and method of roll grinding thereof	Sandvik Ab	2004/3/8	91
12	US8050792	Method and device for optimization of flatness control in the rolling of a strip	Abb Ltd	2006/5/8	91
13	US8070556	Grinding wheel for roll grinding and method of roll grinding	Sandvik Ab	2008/9/25	91
14	US8382920	Methods of producing deformed metal articles	Global Advanced Metals Pty. Ltd.	2007/3/7	91
15	US8881569	Rolling mill stand for the production of rolled strip or sheet metal	Primetals Technologies Limited	2007/6/13	91
16	CN101374611	Methods of producing deformed metal articles	Cabot Corporation	2007/3/6	91
17	EP1935521	A hot rolling mill for a steel plate or sheet and hot rolling methods using such mill	Jfe Holdings, Inc.	2006/8/29	91
18	US8893537	Methods and apparatus to drive material conditioning machines	The Bradbury Co Inc	2008/10/29	90
19	CN101678419	Device for impact temperature distribution on width	Sms. Demag Ag	2008/4/3	90
20	CN103252349	Method and apparatus for lubricating rollers	Siemag Weiss Gmbh & Co. Kg	2008/4/4	90
21	GB2481482	Improvements in sensors	University Of Manchester	2011/4/27	90

（续表）

序号	专利公告号	专利题名	专利权人	申请日期	专利强度
22	US8490447	Method for adjusting a state of a rolling stock, particularly a near-net strip	Primetals Technologies Limited	2008/7/24	90
23	US8613815	Sheet forming of metallic glass by rapid capacitor discharge	California Institute Of Technology	2011/12/23	90
24	CN102083560	Method and apparatus to suppress vibrations in a rolling mill	Siemens Ag	2009/5/7	90
25	CN102056690	Method and apparatus for a combined casting-rolling installation	Siemens Ag	2009/3/4	90
26	US8745889	Measurement stand and method of its electrical control	Helmut Fischer Gmbh	2010/3/16	90
27	US8777277	Pipe element having shoulder, groove and bead and methods and apparatus for manufacture thereof	Victaulic Company	2011/11/30	90
28	EP2221121	Strip rolling mill and its control method	Nippon Steel & Sumitomo Metal Corporation	2008/10/30	90
29	CN101839681	Measure the method for stand and electrical control thereof	Helmut Fischer Gmbh Inst Fuer	2010/3/16	90
30	EP2500114	Cold rolling apparatus and method for cold rolling	Primetals Technologies Limited	2009/11/9	90
31	US9174258	Apparatus and process for forming profiles with a variable height by means of cold rolling	Data M Software Gmbh	2008/12/10	90
32	EP2464470	Method and device for automatically adjusting the position of working rolls in rolling equipment	Primetals Technologies Limited	2009/11/4	90
33	CN102612414	Rolled material production equipment and cold rolling process	Hitachi, Ltd.	2009/11/9	90
34	US9289909	Razor cartridge and mechanical razor comprising such a cartridge	Bic Sa	2009/4/15	90
35	US9314828	Method for adjusting a discharge thic kNess of rolling stock that passes through a multi-stand mill train, control and/or regulation device and rolling mill	Siemens Ag	2009/10/15	90
36	US9404992	Sensors	University Of Manchester	2012/4/27	90
37	DE102009050710	Wire rolling stand with single drive	Siemag Weiss Gmbh & Co. Kg	2009/10/26	90

（续表）

序号	专利公告号	专利题名	专利权人	申请日期	专利强度
38	EP2957359	Plant for the production of flat rolled products	Danieli & C Officine Meccaniche S.p.a.	2011/5/9	90
39	CN103635798	Electromagnetic sensor and calibration therefor	University Of Manchester	2012/4/27	90
40	US9598254	Roll type material feeding apparatus and method	Vamco International, Inc.	2011/8/22	90
41	US6508128	Method and device for monitoring a bearing arrangement	Skf Ab	2001/4/17	90
42	US6675622	Process and roll stand for cold rolling of a metal strip	Air Products & Chemicals, Inc.	2001/5/1	90
43	US6766934	Method and apparatus for steering strip material	Nucor Corporation	2002/8/6	90
44	US6887356	Hollow cathode target and methods of making same	Global Advanced Metals Pty. Ltd.	2001/11/9	90
45	US6920912	Casting steel strip	Castrip LLC	2003/4/11	90
46	US7023347	Method and system for forming a die frame and for transferring dies therewith	Zebra Technologies Corp.	2003/5/6	90
47	US7509735	In-frame repairing system of gas turbine components	Siemens Ag	2004/4/22	90
48	DE10015285	Rolling train for rolling of metal pipes, rods or wires	Kocks Technik	2000/3/28	90
49	EP1537920	Installation for making a cut, crease and the like having a plate-shaped frame		2004/12/1	90
50	EP1221562	Metal push belt and oil specification related thereto	Robert Bosch Gmbh	2000/12/28	90
51	US8356536	Installation for making a cut, crease and the like having a plate-shaped frame		2004/12/1	90
52	DE10305039	Roll stand for rolling rod or tubular material	Kocks Technik	2003/2/7	90
53	US9550592	Method for moving a packed section about a remote manufacturing yard	Air Liquide	2014/5/22	90
54	US5636543	Hot steel plate rolling mill system and rolling method	Hitachi, Ltd.	1994/3/1	90
55	US5701775	Process and apparatus for applying and removing liquid coolant to control temperature of continuously moving metal strip	The Aditya Birla Group	1993/9/22	90

（续表）

序号	专利公告号	专利题名	专利权人	申请日期	专利强度
56	US6698498	Casting strip	Nucor Corporation	2001/10/24	90
57	US7802365	Window component scrap reduction	Altus Capital Partners LLC	2005/3/21	90
58	EP1829625	Method for supplying lubricating oil in cold rolling	Arcelormittal	2005/11/17	90
59	EP1577410	Hot milled wire rod excelling in wire drawability and enabling avoiding heat treatment before wire drawing	Kobe Steel, Ltd.	2003/9/24	90
60	US8720244	Method of supplying lubrication oil in cold rolling	Nippon Steel & Sumitomo Metal Corporation	2005/11/17	90
61	CN101111330	Composite profile provided with a support body made of a light metal material and a profiled strip and a method for producing said profile	Swiss American Products, Inc.	2005/12/20	90
62	US8479550	Method for the production of hot-rolled steel strip and combined casting and rolling plant for carrying out the method	Primetals Technologies Limited	2006/11/3	90
63	DE10261077	Flat guide module, in particular for a rolling stand, and rolling method for a rolling stand with flat guide module	Fur Betriebsforschungsinstitut Vdeh Institut Fur Angewandte Forschung Gmbh Sohnstrabe 65 4000 Dusseldorf West Germany	2002/12/20	90
64	EP1752549	Process for manufacturing grain-oriented magnetic steel spring	Thyssenkrupp Ag	2005/8/3	90
65	EP1752548	Method for producing a magnetic grain oriented steel strip	Thyssenkrupp Ag	2005/8/3	90

11.2.2 板带轧制辅助设备

11.2.2.1 总体发展趋势

（1）全球发展趋势

板带轧制辅助设备专利技术的全球专利申请的年度趋势如图11-23所示，

整体呈增长趋势，总体趋势可以分为以下阶段：

缓慢增长期（1960—2004年）：20世纪60年代，板带辅助设备的研究处于技术研发和专利申请的起步阶段，全球范围内关于板带辅助设备的专利申请量较少。20世纪70年代到21世纪初，随工业技术的飞速发展，板带辅助设备专利的申请量开始逐渐上升。

飞速增长期（2005—2018年）：2005年开始，板带辅助设备技术的逐渐成熟与普及，全球经济一体化发展对钢铁工业技术进步也提出了越来越高的要求，促使板带辅助设备专利的申请量快速增长，进入飞速增长期，2017年，全球板带轧制辅助设备领域的专利量达到1936项。

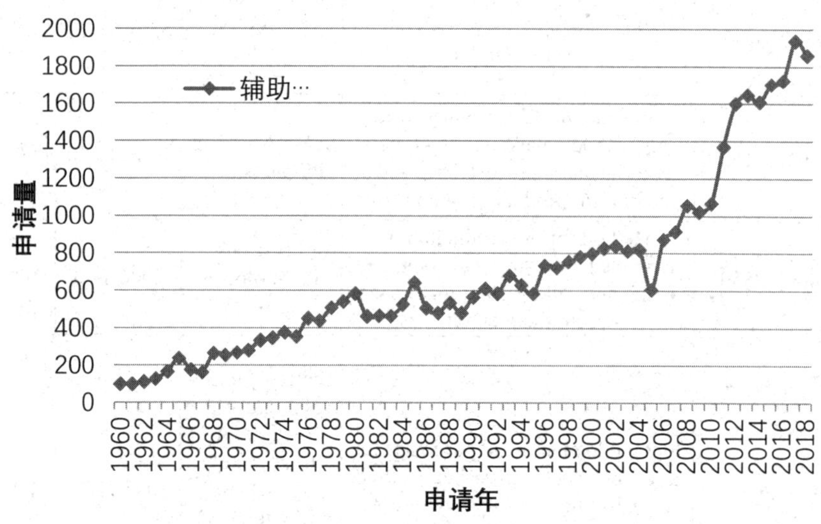

图 11-23　板带辅助设备全球年申请量变化趋势

（2）中国发展趋势

图11-24是板带轧制辅助设备国外与中国年申请量变化趋势对比图。由图11-24可见，由于国内对板带轧制辅助设备研究起步较晚以及中国专利法1985开始实施，在1992年以前我国在相关方面处于萌芽阶段，每年专利量在个位数徘徊。之后十年我国的申请开始缓慢增长，从2005年开始，随着工业技术飞速发展，国内板带辅助设备专利申请量开始飞速增长。虽然进入21世纪以后，由于国外板带辅助设备方面已经发展成熟，相关专利量申请量开始出现下滑趋势，但国内依旧呈现快速增长的趋势。

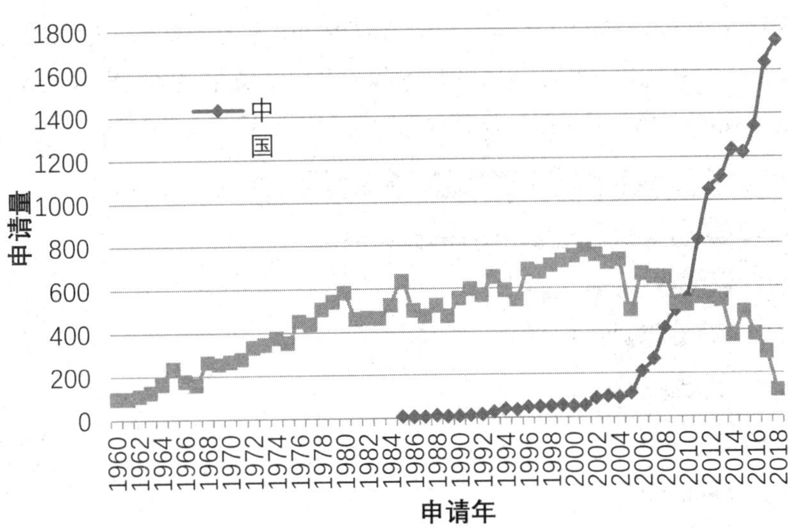

图 11-24　板带辅助设备国外及我国年申请量变化趋势

11.2.2.2 专利申请国家和地区

通过对板带辅助设备专利申请所在国家和地区产权组织的分析，得到图11-25专利申请主要原创国家/地区的专利申请分布图。由图11-25可以看出，排名前六的国家是分别是中国、日本、德国、美国、韩国、英国，其总和占据了所有专利申请量的55%，是板带辅助设备最主要的技术市场。

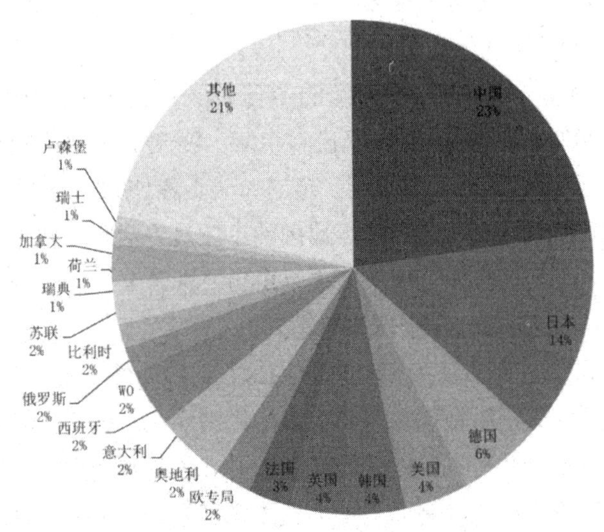

图 11-25　专利申请主要原创国家/地区的专利申请分布

图11-26是板带辅助设备专利申请量TOP10国家的授权率。根据图11-26显示，板带轧制辅助设备中，我国和日本的专利申请总量最多，日本专利授权率在申请量TOP10国家中最低，仅为46%，我国专利授权率为77%。

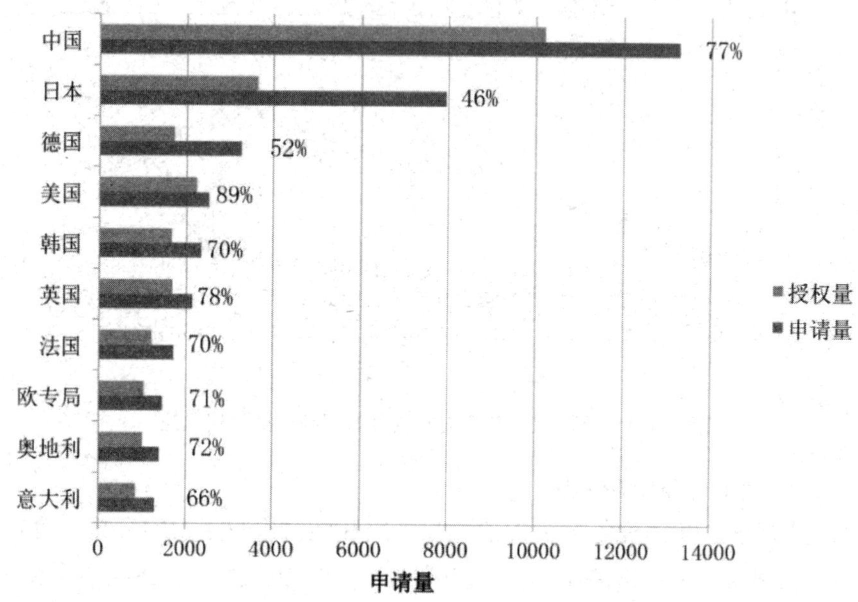

图 11-26　申请量 TOP10 国家授权率

11.2.2.3 **重要申请人与市场竞争情况**

（1）全球专利情况

图11-27是板带轧制辅助设备方面的全球专利申请人TOP20情况。由图11-27可知，TOP20专利申请人包括6家日本企业，4家德国企业，3家中国企业，2家奥地利企业，美国、韩国、意大利、英国、瑞士各1家企业，可以看出，在轧制板带辅助设备专利申请上，日本、德国的企业最为活跃；武汉钢铁集团公司的授权率为91%，授权率在全球申请人TOP20中排名第一，宝山钢铁股份有限公司的专利申请量为412件，全球排名第六。

图11-28是带轧制辅助设备方面全球TOP20专利权人的市场竞争力，横轴代表专利权人的技术实力，纵轴代表专利权人的经济实力，可见，板带辅助设备在中国市场，日本住友金属工业株式会社、德国SMS两家技术实力最强，宝钢技术实力排名全球第四；在经济实力上，日本株式会社日立制作所占据首位，宝钢在板带辅助设备创新的经济实力排名第十一。

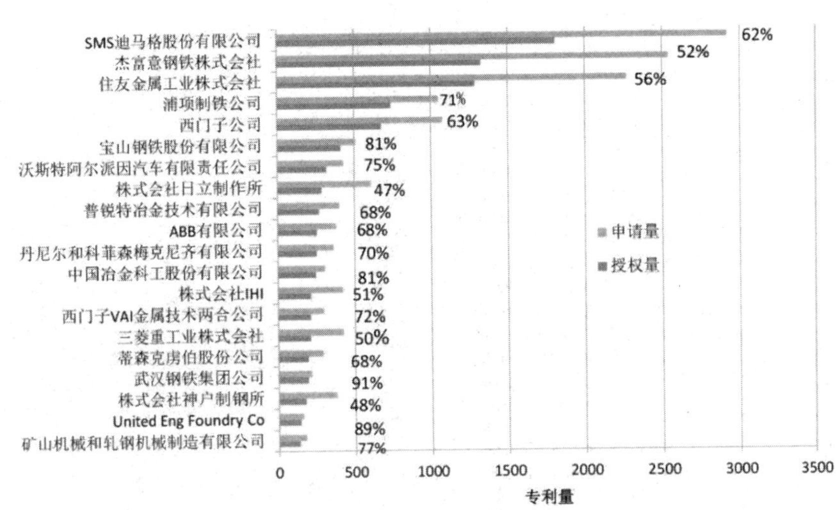

图 11-27　全球专利申请人 TOP20

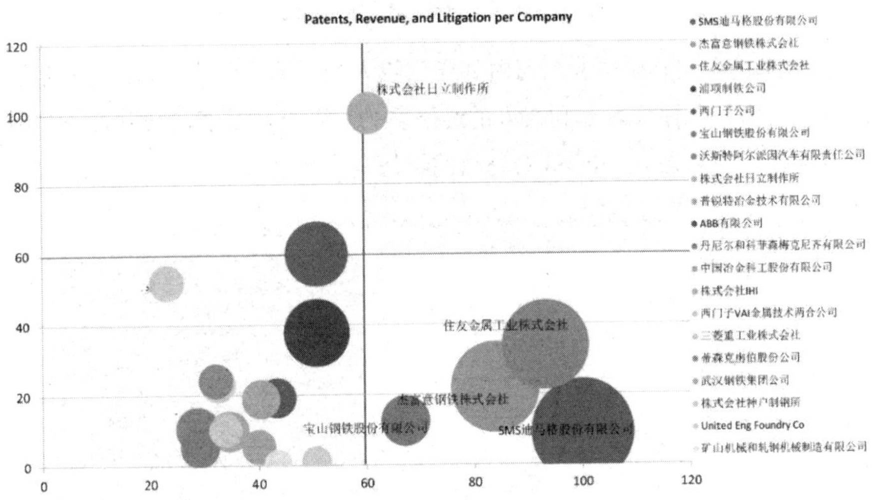

图 11-28　全球 TOP20 专利权人市场竞争力气泡图

（2）中国专利情况

图11-29是板带轧制辅助设备方面的中国申请人TOP22。从图11-29可见，在板带辅助设备的中国市场，TOP22申请人包括18家企业，3所高校与1所研究院，其中德国和日本各2家企业，韩国1家企业，可以看出，在板带辅助设备方面，三所高校中，从授权率分析，从高到低依次为北京科技大学、燕山大学、东北大学，且北京科技大学申请量要高于上述两所高校。国内企业宝钢最为活跃。

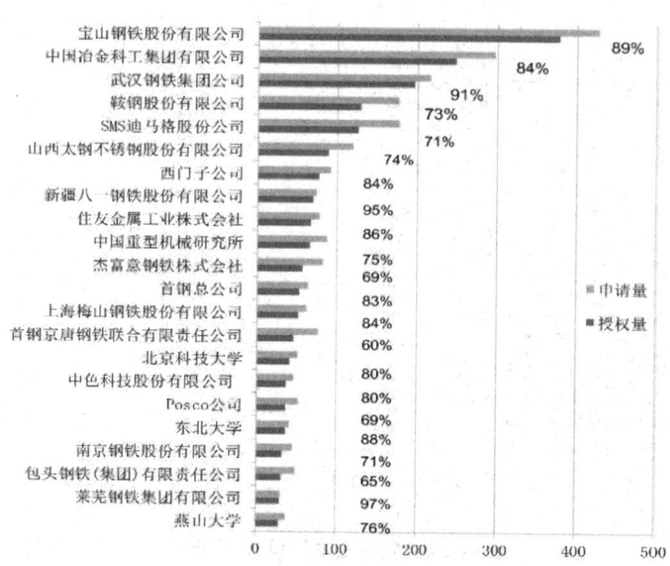

图 11-29　中国专利申请人 TOP22

图11-30是中国TOP20专利国内外专利权人的市场竞争力，横轴代表专利权人的技术实力，纵轴代表专利权人的经济实力，可见，板带辅助设备在中国市场，宝钢技术实力最强，POSCO公司的经济实力最强。

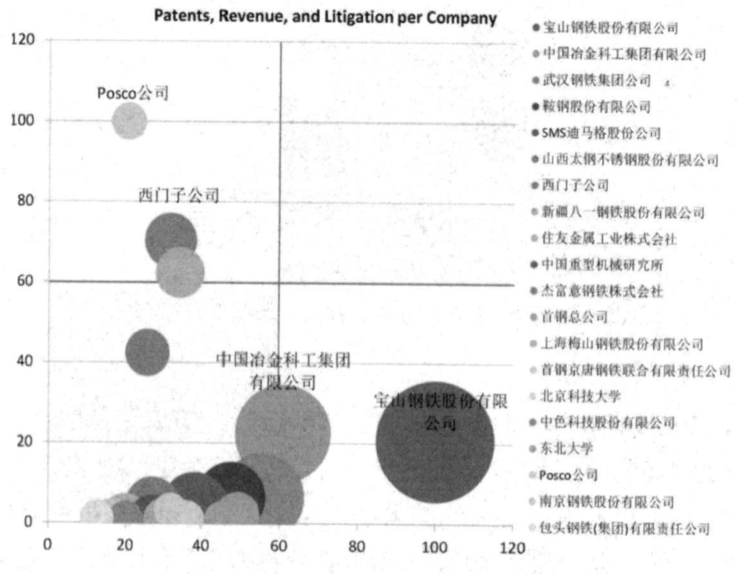

图 11-30　中国 TOP20 国内外专利权人市场竞争力气泡图

11.2.2.4 技术主题分析

（1）技术聚类分析

图11-31是全球板带辅助设备技术分支聚类分析图。从图11-31可见，辅助设备一级技术分支主要集中在轧机、剪切设备、薄板带、热轧等，二级技术分支主要包括飞剪、酸洗、卷取机、控制系统、液压系统、镀锌、热卷箱等。

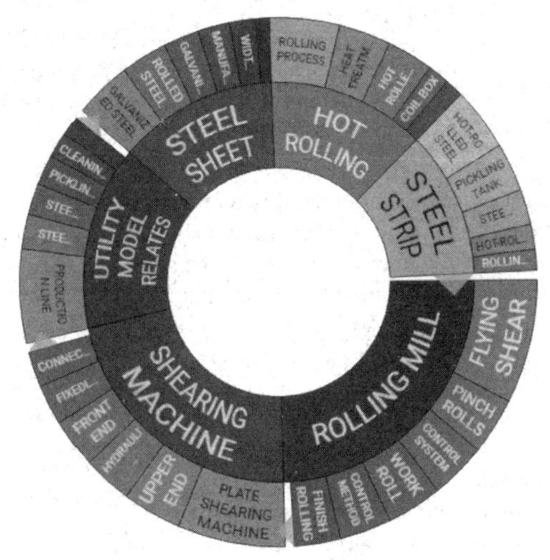

图 11-31　全球板带辅助设备技术分支

（2）核心专利技术

Innography提供的专利强度分析参考了10余个专利评价相关指标，包括：专利权利要求数量、引用先进技术文献数量、专利被引用次数、专利及专利申请案的家族、专利申请时程、专利年龄、专利诉讼和其他因素。选取专利强度数值90分以上的板带辅助设备专利总计51条，具体如表11-4所示。

表 11-4　专利强度 90 分以上全球专利

序号	专利公告号	专利题名	专利权人	申请日	专利强度
1	US7147933	Tin-silver coatings	Snag, LLC	2005/3/15	93
2	US8926771	Seamless precision steel tubes with improved isotropic toughness at low temperature for hydraulic cylinders and process for obtaining the same	Tenaris Connections B.v.	2006/6/29	93
3	US6924044	Tin-silver coatings	Snag, LLC	2001/11/14	91
4	US7337642	Roll-former apparatus with rapid-adjust sweep box	Shape Corporation	2005/6/13	91

（续表）

序号	专利公告号	专利题名	专利权人	申请日	专利强度
5	US7374810	Method for precision bending of sheet of materials, slit sheets fabrication process	Industrial Origami, Inc.	2004/9/27	91
6	US7808109	Fretting and whisker resistant coating system and method	Wells Fargo Bank, National Association	2008/6/24	91
7	EP1072695	Method of removing scales and preventing scale formation on metal material and apparatus therefore	Nippon Steel & Sumitomo Metal Corporation	2000/1/25	91
8	EP1980638	High-strength hot-dip zinced steel sheet excellent in moldability and suitability for plating, high-strength alloyed hot-dip zinced steel sheet, and processes and apparatus for producing these	Nippon Steel Corporation	2006/7/31	91
9	EP1688509	High strength and high toughness magnesium alloy and method for production thereof	Kawamura, Yoshihito	2004/11/26	91
10	US9156070	Cold rolled material manufacturing equipment and cold rolling method	Primetals Technologies Japan, Ltd.	2009/6/26	91
11	US6698498	Casting strip	Nucor Corporation	2001/10/24	90
12	US6743396	Method for producing almn strips or sheets	Hydro Aluminium Deutschland Gmbh	2002/4/2	90
13	US6877349	Method for precision bending of sheet of materials, slit sheets fabrication process	Industrial Origami, Inc.	2002/9/26	90
14	US6920912	Casting steel strip	Castrip, LLC	2003/4/11	90
15	US7152450	Method for forming sheet material with bend controlling displacements	Industrial Origami, Inc.	2004/3/3	90
16	US7391116	Fretting and whisker resistant coating system and method	Wells Fargo Bank, National Association	2004/10/12	90
17	US7464574	Method for forming sheet material with bend facilitating structures into a fatigue resistant structure	Industrial Origami, Inc.	2006/4/25	90
18	US7530249	Method utilizing power adjusted sweep device	Shape Corp.	2007/10/26	90
19	US7608155	High strength, hot dip coated, dual phase, steel sheet and method of manufacturing same	Nucor Corporation	2006/9/27	90
20	EP1634975	Hot dip alloyed zinc coated steel sheet and method for production thereof	Nippon Steel Corporation, Jp	2004/3/30	90

（续表）

序号	专利公告号	专利题名	专利权人	申请日	专利强度
21	EP1466994	Zinc-plated steel sheet excellent in corrosion resistance after coating and clarity of coating thereon	Nippon Steel & Sumitomo Metal Corporation	2003/1/8	90
22	US7882718	Roll-former apparatus with rapid-adjust sweep box	Shape Corporation	2007/3/21	90
23	CN1985016	High-strength hot-dip galvanized steel sheet and method for producing the same	Nippon Steel + Sumitomo Metal Corporation	2004/1/15	90
24	CN101371321	Method of producing a strip of nanocrystalline material and device for producing a wound core from said strip	Imphy Alloys	2006/5/19	90
25	US8150544	Method and device for controlling an installation for producing steel	Primetals Technologies Germany Gmbh	2004/7/26	90
26	CN101336308	High-strength hot-dip zinced steel sheet excellent in moldability and suitability for plating, high-strength alloyed hot-dip zinced steel sheet, and processes and apparatus for producing these	Nippon Steel + Sumitomo Metal Corporation	2006/7/31	90
27	US8312801	Methods and apparatus to adjust the lateral clearance between cutting blades of shearing machines	The Bradbury Company Inc.	2008/12/11	90
28	CN101312797	Method for levelling a strip-like or sheet flat product in a levelling machine with overlapping rollers and levelling installation therefor	Siemens Vai Metals Tech Sas	2006/11/15	90
29	US8464654	Hot-dip galvanizing installation for steel strip	Primetals Technologies France Sas	2008/2/8	90
30	US8479550	Method for the production of hot-rolled steel strip and combined casting and rolling plant for carrying out the method	Primetals Technologies Austria Gmbh	2006/11/3	90
31	EP2087948	Cold rolled material production equipment and cold rolling method	Mitsubishi-hitachi Metals Machinery, Inc.	2006/11/20	90
32	US8578576	Machine to produce expanded metal spirally lock-seamed tubing from solid coil stock	Helix International, Inc.	2008/3/17	90
33	US8707529	Method and apparatus for breaking scale from sheet metal with recoiler tension and rollers adapted to generate scale breaking wrap angles	The Material Works, Ltd.	2008/12/11	90

（续表）

序号	专利公告号	专利题名	专利权人	申请日	专利强度
34	DE102010024714	Method for stretch bending of metal strips and stretch bending plant	Bwg Bergwerk-Und Walzwerk-maschinenbau Gmbh	2010/6/23	90
35	DE102006054383	Method, apparatus and their use for pulling or braking a metallic material	Sms Group Gmbh, De	2006/11/17	90
36	CN102149500	Processing is used for supporting the transportation and heat of the material has a bead welding roller method for restoring worn in the roller the invention claims a method for	Siemens Vai Metals Tech Gmbh	2009/3/2	90
37	US9109273	High strength steel sheet and hot dip galvanized steel sheet having high ductility and excellent delayed fracture resistance and method for manufacturing the same	Posco	2008/9/1	90
38	US9126250	Leveling machine with multiple rollers	Primetals Technologies France Sas	2009/9/30	90
39	CN102658294	Toy industry a low carbon steel precise cold rolling thin steel band process method thereof and use thereof	Yongxin Precision Material （wuxi） Co., Ltd.	2012/5/9	90
40	EP2500114	Cold rolling apparatus and method for cold rolling	Primetals Technologies Japan, Ltd.	2009/11/9	90
41	CN102699019	The invention claims a co mmunication industry this utility model claims a semiconductor etching precision stainless steel band manufacturing technique thereof and use thereof	Yongxin Precision Material （wuxi） Co., Ltd.	2012/4/24	90
42	DE102005044339	Method for operating a winder machine	Siemens Aktiengesellschaft	2005/9/16	90
43	CN102612414	Rolled material production equipment and cold rolling process	Mitsubishi Hitachi Metals	2009/11/9	90
44	EP1890829	Roll-former apparatus with rapid-adjust sweep box and method using such an apparatus	Shape Corp.	2006/6/9	90
45	EP1829983	Method and facility for hot dip zinc plating	Kabushiki Kaisha Kobe Seiko Sho	2005/12/21	90
46	CN103391823	For increasing the apparatus and method of the efficiency of rolling and forming and leveling system	The Bradbury Co., Inc.	2011/10/6	90

（续表）

序号	专利公告号	专利题名	专利权人	申请日	专利强度
47	US9550592	Method for moving a packed section about a remote manufacturing yard	L'air Liquide, SociÉtÉ Anonyme Pour L'etude Et L'exploitation Des ProcÉdÉs Georges Claude	2014/5/22	90
48	EP2957359	Plant for the production of flat rolled products	Danieli & C. Officine Meccaniche Spa	2011/5/9	90
49	EP1860204	High tension steel plate, welded steel pipe and method for production thereof	Nippon Steel Corporation, Jp	2006/3/8	90
50	DE102009019255	Spray nozzle arrangement for descaling	Spraying Systems Co.	2009/4/30	90
51	EP2062992	Apparatus and process for producing steel sheet plated by hot dipping with alloyed zinc	Nippon Steel Corporation, Jp	2007/10/3	90

11.2.3 板带轧制生产工艺

11.2.3.1 总体发展趋势

（1）全球发展趋势

板带生产工艺专利技术的全球专利申请年度趋势如图11-32所示，整体呈快速增长趋势，总体趋势可以分为以下几个阶段：

起步期（1970年以前）：20世纪70年代起，全球范围内关于板带生产工艺的申请量较少，其技术发展程度相对较低，全球申请人对板带材生产工艺的研究处于技术研发和专利申请的起步阶段。

增长期（1971—2003年）：随着工业技术的飞速发展，板带生产工艺专利的申请量开始逐渐上升。

飞速增长期（2004—2012年）：2004年开始，板带生产工艺技术的逐渐成熟与普及，全球经济一体化的发展对钢铁工业的进步也提出了越来越高的要求，节能降耗、先进高强钢和高表面质量产品的需求推动板带材生产工艺技术创新，2012年，全球板带生产工艺领域的专利量达到峰值，为3901项。

调整下滑期（2013年之后）：2013年开始，受国际金融危机影响，全球钢铁市场需求减弱，板带生产工艺创新有所下滑，2013年至今的申请量虽然出现下滑，但是仍然维持在2000项左右。

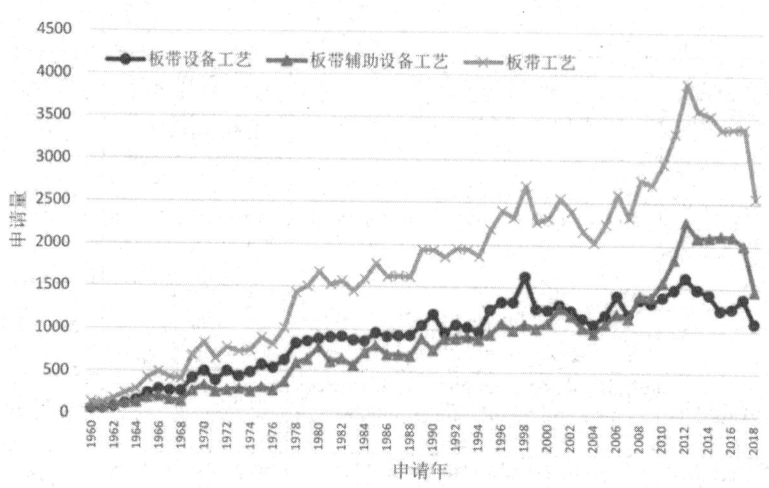

图 11-32　板带工艺全球年申请量变化趋势

（2）中国发展趋势

图11-33是板带生产工艺国内外专利年申请量变化趋势图。由图11-33可见，轧制生产工艺专利申请量全球总体呈上升趋势，而在中国国内的专利申请，由于国内相关研究起步较晚以及中国专利法1985开始实施，在1992年以前我国在轧制生产工艺方面的研究也有了初步的萌芽，之后的十年，我国的申请量开始缓慢增长，从2004年开始，随着工业技术的飞速发展，国内轧制生产工艺专利申请量开始迅速增长，虽然从2013年以后，受全球金融危机影响，国外轧制工艺申请量呈现下滑，但中国轧制工艺申请继续增长，只是增长幅度有所减缓。

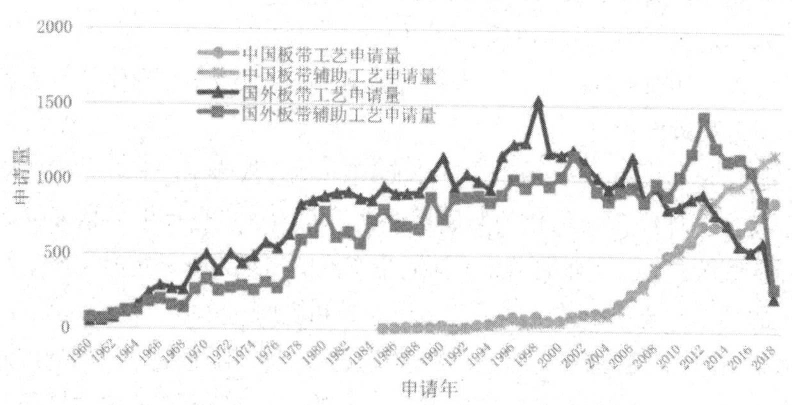

图 11-33　板带生产工艺国内外专利年申请量变化趋势

11.2.3.2 专利申请国家和地区

图11-34是专利申请主要原创国家/地区的专利申请分布图。根据专利申请的地域分布情况，可以反映企业对产品的市场战略布局中心。由图11-34可知，排名前五的国家是日本、中国、韩国、美国、德国，其总和占据了所有专利申请量的61%，是板带生产工艺最主要的技术市场。

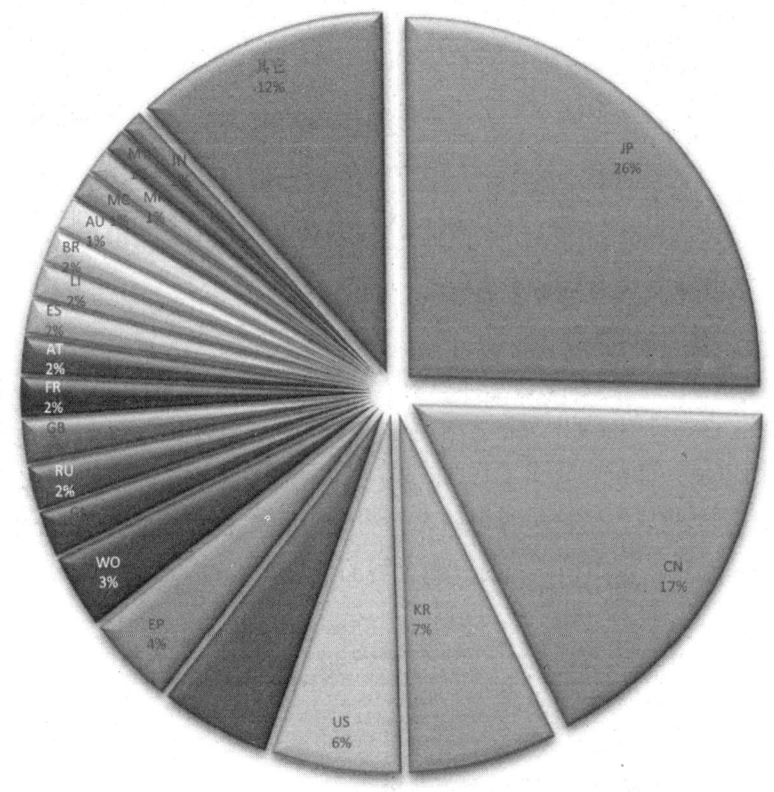

图 11-34　专利申请主要原创国家/地区的专利申请分布

图11-35是板带生产工艺相关专利申请量TOP10国家的授权率。根据图11-35可知，板带生产工艺中，日本专利申请量最高，而授权率在申请量TOP10国家中最低，我国的专利申请量排第二，而授权率要高于日本。

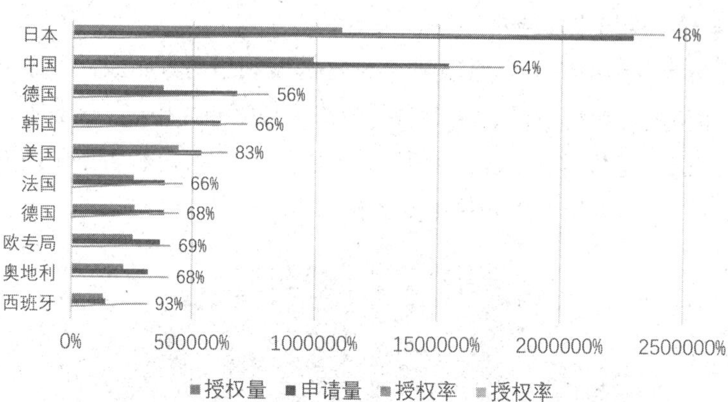

图 11-35 申请量 TOP10 国家授权率

11.2.3.3 重要申请人与市场竞争情况

（1）全球专利情况

图11-36是轧制工艺专利全球申请人TOP21情况。从图11-36可见，TOP21申请人包括8家日本企业，4家德国企业，中国、美国各2家企业，奥地利、意大利、西班牙、韩国和瑞士各1家企业，可以看出，在轧制生产工艺技术上，日本、德国企业最为活跃；各申请人专利申请量均在400件以上，平均授权率达到60%，其中，宝山钢铁股份有限公司的授权率为69%，排名第一。

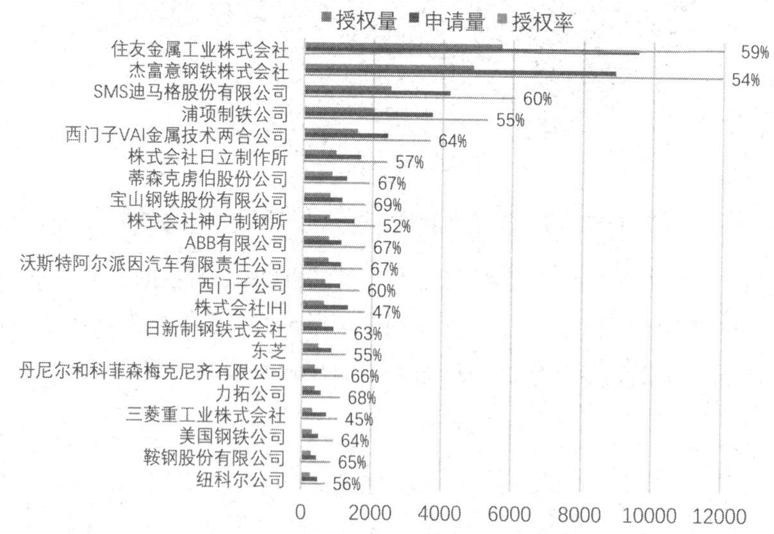

图 11-36 全球专利申请人 TOP21

图11-37是全球TOP20专利权人的市场竞争力情况。由图可知，轧制生产工艺在全球市场，日本住友金属工业株式会社与杰富意钢铁株式会社两家公司的技术实力最强，宝钢的技术实力排名全球第三；在经济实力上，德国西门子公司占据首位，宝钢在轧制工艺创新的经济实力排名第十二。

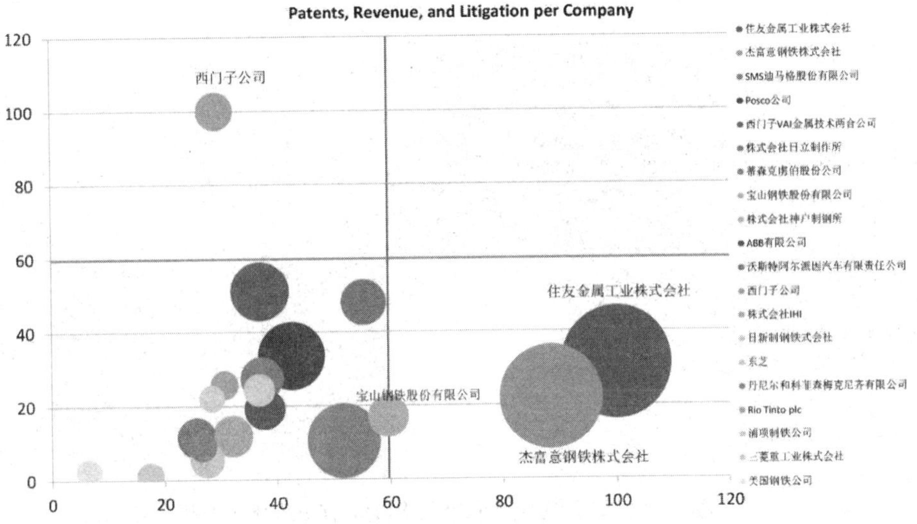

图 11-37　全球 TOP20 专利权人市场竞争力气泡图

（2）中国专利情况

图11-38是轧制工艺专利中国申请人TOP20情况。从图11-38可见，TOP20申请人包括16家企业，3所高校与1所研究院。可以看出，在轧制工艺技术上，从授权率分析，三所高校中，燕山大学与北京科技大学技术实力相当，均为75%；东北大学申请量要高于上述两所高校，但是授权率稍低一些，为69%。国内企业宝钢、鞍钢与武钢最为活跃。

图11-39是中国TOP20专利国内外专利权人的市场竞争力，横轴代表专利权人的技术实力，纵轴代表专利权人的经济实力。可见，轧制工艺在中国市场，宝钢技术实力最强，POSCO公司的经济实力最强；总计7家外企在中国市场进行了轧制工艺技术布局，分别有3家日本企业、2家德国企业、1家韩国企业和1家奥地利企业。

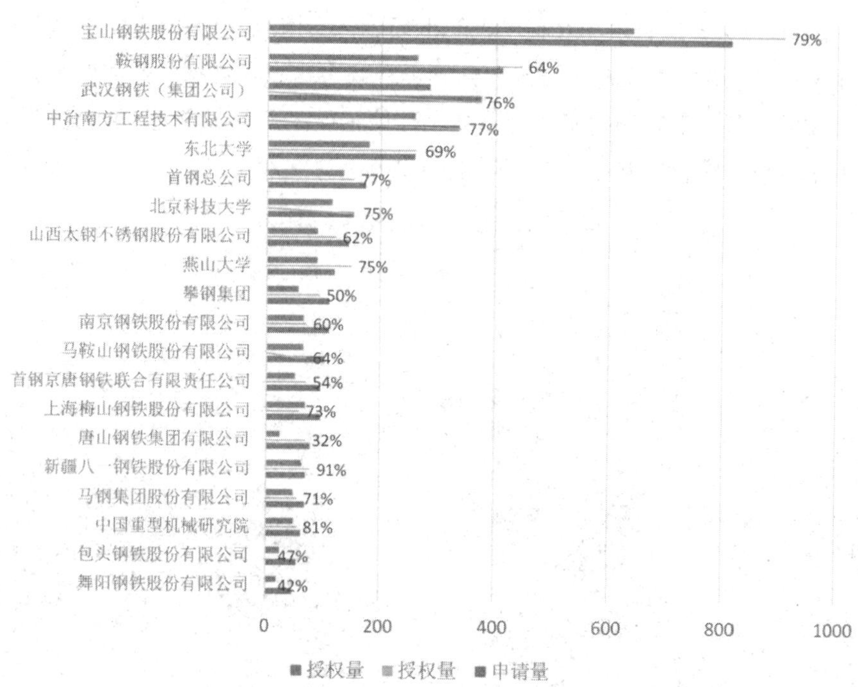

图 11-38　轧制工艺专利中国申请人 TOP20 情况

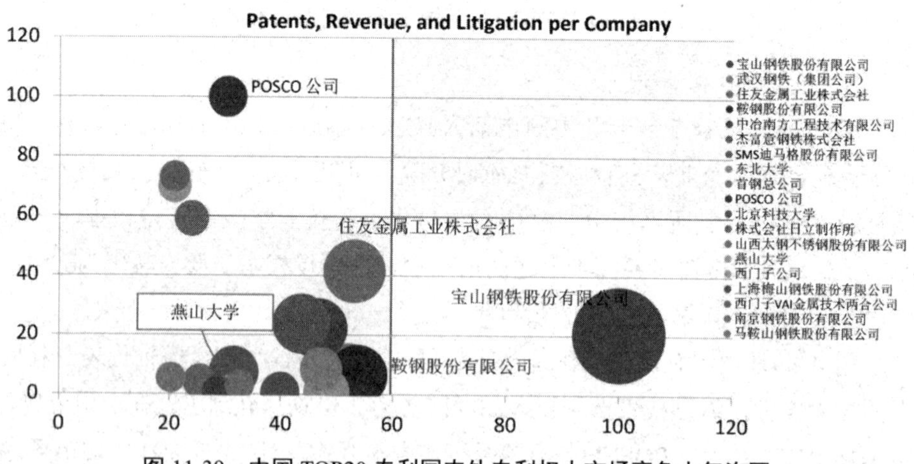

图 11-39　中国 TOP20 专利国内外专利权人市场竞争力气泡图

11.2.3.4 技术主题分析

（1）技术聚类分析

图11-40是全球轧制工艺专利技术分支聚类分析图。由图11-40可知，板带

轧制工艺一级技术分支主要集中在轧机、冷轧、热轧、板带钢、连铸连轧与板形控制工艺，二级技术分支主要包括轧制力、轧制方法、工作辊、轧机辊缝、薄带板形控制、辊形控制、热处理工艺等。

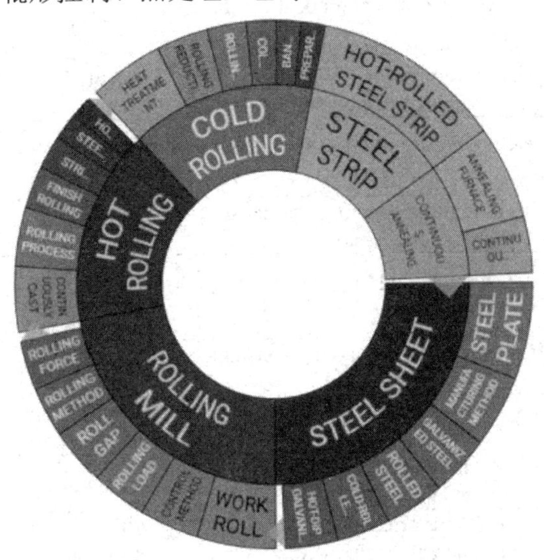

图 11-40 全球轧制工艺技术分支聚类分析图

（2）核心专利技术

Innography提供的专利强度分析参考了10余个专利评价相关指标，包括：专利权利要求数量、引用先进技术文献数量、专利被引用次数、专利及专利申请案的家族、专利申请时程、专利年龄、专利诉讼和其他因素。

选取专利强度数值90分以上的轧制工艺专利总计169条。具体如表11-5所示。

表 11-5 专利强度 90 分以上全球专利

序号	专利公告号	专利题名	专利权人	申请日	专利强度
1	US8715427	Ultra high strength steel composition, the process of production of an ultra high strength steel product and the product obtained	Arcelormittal	2002/8/28	93
2	US8926771	Seamless precision steel tubes with improved isotropic toughness at low temperature for hydraulic cylinders and process for obtaining the same	Techint Spa	2006/6/29	93

（续表）

序号	专利公告号	专利题名	专利权人	申请日	专利强度
3	US7472740	Method for casting composite ingot	The Aditya Birla Group	2004/6/23	92
4	US8444092	Metal sheets and plates having friction-reducing textured surfaces and methods of manufacturing same	Arconic Inc.	2009/8/5	92
5	CN101961779	Method for producing magnesium alloy product	Sumitomo Electric Industries, Ltd.	2005/6/28	92
6	CN1829817	Method for producing a hardened steel part	Voestalpine Ag	2004/6/9	92
7	US9512506	High strength and high conductivity copper alloy rod or wire	Mitsubishi Materials Corporation	2009/2/23	92
8	EP1918394	High strength and sagging resistant fin material	Graenges Sweden Ab, Se	2007/10/10	92
9	US9925736	Sandwich structure	Celltech Metals, Inc.	2013/12/13	92
10	US6581675	Method and apparatus for continuous casting of metals	Arconic Inc.	2000/4/11	91
11	US6620265	Method for manufacturing an aluminum alloy fin material for brazing	Furukawa-sky Aluminum Corporation	2002/5/20	91
12	US6770150	Process for removing deposits from enclosed chambers	Steris Corporation	2000/3/9	91
13	US7182825	In-line method of making heat-treated and annealed aluminum alloy sheet	Arconic Inc.	2004/2/19	91
14	US7296614	Method and apparatus for controlling the formation of crocodile skin surface roughness on thin cast strip	Nucor Corporation	2005/12/13	91
15	US7516775	Homogenization and heat-treatment of cast metals	The Aditya Birla Group	2006/10/27	91
16	US7556084	Long wear side dams	Nucor Corporation	2006/3/24	91
17	EP1638715	Method for casting composite ingot	The Aditya Birla Group	2004/6/23	91
18	US5830291	Method for producing bright stainless steel	Jewel Acquisition, LLC	1996/10/8	91
19	US7808109	Fretting and whisker resistant coating system and method	Wells Fargo & Company	2008/6/24	91
20	US7819170	Method for casting composite ingot	The Aditya Birla Group	2008/11/13	91
21	US7832242	Method for producing a hardened profile part	Voestalpine Ag	2004/6/9	91
22	US7841380	Producing method for magnesium alloy material	Sumitomo Electric Industries, Ltd.	2005/6/28	91

（续表）

序号	专利公告号	专利题名	专利权人	申请日	专利强度
23	US7963136	Process and apparatus for the continuous production of a thin metal strip	Primetals Technologies Limited	2005/9/20	91
24	US8021497	Method for producing a hardened steel part	Voestalpine Ag	2004/6/9	91
25	US8050792	Method and device for optimization of flatness control in the rolling of a strip	Abb Ltd	2006/5/8	91
26	US8142575	High strength aluminum alloy fin material for heat exchanger and method for production thereof	Nippon Light Metal Co., Ltd.	2005/1/28	91
27	CN1980759	Magnesium alloy material and its manufacture method, magnesium alloy product and method for producing magnesium alloy product	Sumitomo Electric Industries, Ltd.	2005/6/28	91
28	EP1072695	Method of removing scales and preventing scale formation on metal material and apparatus therefore	Nippon Steel & Sumitomo Metal Corporation	2000/1/25	91
29	US8365806	Method and device for producing a metal strip by continuous casting and rolling	Siemag Weiss Gmbh & Co. Kg	2006/12/7	91
30	CN101125472	Hot-dip galvanized thin steel sheet, thin steel sheet processed by hot-dip galvanized layer, and a method of producing the same	Nippon Steel & Sumitomo Metal Corporation	2002/6/6	91
31	EP1777022	Method for producing magnesium alloy product	Sumitomo Electric Industries, Ltd.	2005/6/28	91
32	EP1980638	High-strength hot-dip zinced steel sheet excellent in moldability and suitability for plating, high-strength alloyed hot-dip zinced steel sheet, and processes and apparatus for producing these	Nippon Steel & Sumitomo Metal Corporation	2006/7/31	91
33	US8578747	Metal sheets and plates having friction-reducing textured surfaces and methods of manufacturing same	Arconic Inc.	2012/3/20	91
34	US8614008	Plate	Arcelormittal	2007/3/29	91
35	EP1806421	High young's modulus steel plate, zinc hot dip galvanized steel sheet using the same, alloyed zinc hot dip galvanized steel sheet, high young's modulus steel pipe, and method for production thereof	Nippon Steel & Sumitomo Metal Corporation	2005/7/27	91

（续表）

序号	专利公告号	专利题名	专利权人	申请日	专利强度
36	EP1288325	Method for production of galvannealed sheet steel	Jfe Holdings, Inc.	2001/1/15	91
37	US8864921	Method for annealing a strip of steel having a variable thic kNess in length direction	Muhr Und Bender Kg	2008/3/19	91
38	US9023488	Steel sheet for hot pressing and method of manufacturing hot-pressed part using steel sheet for hot pressing	Jfe Holdings, Inc.	2011/8/2	91
39	US9095885	Refractory metal plates with improved uniformity of texture	Glas Trust Corporation Limited	2008/8/5	91
40	US9156070	Cold rolled material manufacturing equipment and cold rolling method	Primetals Technologies Limited	2009/6/26	91
41	EP2128289	Steel sheet for cans, hot-rolled steel sheet to be used as the base metal and processes for production of both	Jfe Holdings, Inc.	2008/2/22	91
42	US9611527	Method for the hot-dip coating of a flat steel product containing 2-35 wt.% of mn, and a flat steel product	Thyssenkrupp Ag	2010/4/22	91
43	EP2241727	Method for regenerating gas turbine blade and gas turbine blade regenerating apparatus	Mitsubishi Heavy Industries, Ltd.	2008/2/14	91
44	US9970092	Galvanized steel sheet and method of manufacturing the same	Nippon Steel & Sumitomo Metal Corporation	2012/9/28	91
45	US10030280	Steel sheet and method for manufacturing steel sheet	Nippon Steel & Sumitomo Metal Corporation	2011/10/21	91
46	EP1978113	High-strength galvannealed sheet steels excellent in powdering resistance and process for production of the same	Kobe Steel, Ltd.	2006/12/1	91
47	CA2841291	Multi-alloy vertical semi-continuous casting method	Constellium N.v.	2012/7/10	91
48	US10351937	High-strength steel sheet excellent in impact resistance and manufacturing method thereof, and high-strength galvanized steel sheet and manufacturing method thereof	Nippon Steel & Sumitomo Metal Corporation	2012/7/27	91

（续表）

序号	专利公告号	专利题名	专利权人	申请日	专利强度
49	US6120621	Cast aluminum alloy for can stock and process for producing the alloy	Rio Tinto Plc	1996/7/8	90
50	US6489035	Applying resistive layer onto copper	Nik Raw Material Usa Inc.	2000/7/31	90
51	US6503565	Metal treatment with acidic, rare earth ion containing cleaning solution	Co mmonwealth Scientific & Industrial Research Organisation	1997/9/29	90
52	US6722002	Method of producing ti brazing strips or foils	Sherwin-williams Company	2002/12/16	90
53	US6672368	Continuous casting of aluminum	Arconic Inc.	2002/2/19	90
54	US6686061	Steel plate having tin+cus precipitates for welded structures, method for manufacturing same and welded structure made therefrom	Posco	2002/7/16	90
55	US6698498	Casting strip	Nucor Corporation	2001/10/24	90
56	US6797411	Galvanized steel sheet, method for manufacturing the same, and method for manufacturing press-formed product	Jfe Holdings, Inc.	2003/6/18	90
57	US6869691	High strength hot-dip galvanized steel sheet and method for manufacturing the same	Jfe Holdings, Inc.	2002/10/17	90
58	US6896033	Cooling drum for continuously casting thin cast piece and fabricating method and device therefor and thin cast piece and continuous casting method therefor	Nippon Steel & Sumitomo Metal Corporation	2002/1/11	90
59	US6920912	Casting steel strip	Castrip LLC	2003/4/11	90
60	US6942013	Casting steel strip	Nucor Corporation	2002/6/5	90
61	US7011139	Method of continuous casting non-oriented electrical steel strip	Ak Steel Holding Corporation	2003/2/25	90
62	US7088247	Amorphous alloys for magneto-acoustic markers having reduced, low or zero cobalt content, and associated article surveillance system	Johnson Controls International Plc	2003/10/8	90

（续表）

序号	专利公告号	专利题名	专利权人	申请日	专利强度
63	US7267890	High-strength hot-dip galvanized steel sheet and hot-dip galvannealed steel sheet having fatigue resistance corrosion resistance ductility and plating adhesion after servere deformation and a method of producing the same	Nippon Steel & Sumitomo Metal Corporation	2003/12/5	90
64	US7334446	Method for producing a striplike pre-material made of metal, especially a pre-material which has been profiled into regularly reoccurring sections, and device therefor		2000/5/11	90
65	US7338718	Zinc hot dip galvanized steel plate excellent in press formability and method for production thereof	Jfe Holdings, Inc.	2005/2/9	90
66	US7391116	Fretting and whisker resistant coating system and method	Wells Fargo & Company	2004/10/12	90
67	US7396420	Hot-dip galvanized hot-rolled and cold-rolled steel sheets excellent in strain age hardening property	Jfe Holdings, Inc.	2003/5/2	90
68	DE4236657	Deflection roller measuring	Betr Forsch Inst Angew Forsch	1992/10/30	90
69	EP1199376	Plated steel product, plated steel sheet and precoated steel sheet having excellent resistance to corrosion	Nippon Steel & Sumitomo Metal Corporation	1999/12/27	90
70	EP1352100	Flux and process for hot dip galvanization	Fontaine Holdings Nv	2001/11/23	90
71	EP1488863	System and method for optimizing the control of the quality of thic kNess in a rolling process	Abb Ltd	2004/6/4	90
72	US7608155	High strength, hot dip coated, dual phase, steel sheet and method of manufacturing same	Nucor Corporation	2006/9/27	90
73	EP1026287	Process for production of copper or copper base alloys	Dowa Mining Co Ltd	2000/2/2	90
74	US7673485	Hot press forming method	Nippon Steel & Sumitomo Metal Corporation	2005/7/22	90
75	EP1143022	Method for producing a thin steel plate having high strength	Jfe Holdings, Inc.	2000/9/13	90

（续表）

序号	专利公告号	专利题名	专利权人	申请日	专利强度
76	RU2384648	Steel sheet with coating by zinc alloy, applied by method of dip galvanising into melt and method of its receiving	Tata Sons Ltd	2005/6/23	90
77	EP1439240	Method for hot-press forming a plated steel product	Nippon Steel & Sumitomo Metal Corporation	2002/10/23	90
78	EP1634975	Hot dip alloyed zinc coated steel sheet and method for production thereof	Nippon Steel & Sumitomo Metal Corporation	2004/3/30	90
79	EP1651789	Method for producing hardened parts from sheet steel	Voestalpine Ag	2004/6/9	90
80	US7794552	Method of producing austenitic iron/carbon/manganese steel sheets having very high strength and elongation characteristics and excellent homogeneity	Arcelormittal	2005/11/4	90
81	US7871478	Homogenization and heat-treatment of cast metals	The Aditya Birla Group	2009/2/27	90
82	EP1354970	High-strength molten-zinc-plated steel plate excellent in deposit adhesion and suitability for press forming and process for producing the same	Nippon Steel & Sumitomo Metal Corporation	2001/12/27	90
83	CN101144162	Hot press forming method, electroplating steel products thereof and preparation method for the same	Nippon Steel & Sumitomo Metal Corporation	2002/10/23	90
84	CN101272873	Method and device for producing a metal strip by continuous casting and rolling	Siemag Weiss Gmbh & Co. Kg	2006/12/7	90
85	EP1225246	Zn-al-mg-si alloy plated steel product having excellent corrosion resistance	Nippon Steel And Sumikin Coated	2000/8/9	90
86	EP1482066	Surface treated steel plate and method for production thereof	Jfe Holdings, Inc.	2003/2/26	90
87	CN101300092	Method for casting metal ingot, metal ingot and method for manufacturing metal sheet product using same	The Aditya Birla Group	2006/10/27	90
88	CN1985016	High-strength hot-dip galvanized steel sheet and method for producing the same	Nippon Steel & Sumitomo Metal Corporation	2004/1/15	90

（续表）

序号	专利公告号	专利题名	专利权人	申请日	专利强度
89	CN101405421	Highly corrosion-resistant hot dip galvanized steel stock	Nippon Steel & Sumitomo Metal Corporation	2007/3/14	90
90	CN1942595	In-line method of making heat-treated and annealed aluminum alloy sheet	Alcoa Inc.	2005/2/11	90
91	EP1829625	Method for supplying lubricating oil in cold rolling	Arcelormittal	2005/11/17	90
92	CN101336308	High-strength hot-dip zinced steel sheet excellent in moldability and suitability for plating, high-strength alloyed hot-dip zinced steel sheet, and processes and apparatus for producing these	Nippon Steel & Sumitomo Metal Corporation	2006/7/31	90
93	CN1860249	High-yield-ratio high-strength thin steel sheet and high-yield-ratio high-strength hot-dip galvanized thin steel sheet excelling in weldability and ductility as well as high-yield-ratio high-strength alloyed hot-dip galvanized thin steel sheet and manufacture method thereof	Nippon Steel & Sumitomo Metal Corporation	2004/9/30	90
94	CN101627142	Cold rolled and continuously annealed high strength steel strip and method for producing said steel	Tata Sons Ltd	2008/2/22	90
95	US8308622	Centrifugally cast composit roll	Hitachi, Ltd.	2006/3/13	90
96	EP1616973	Zinc hot dip galvanized steel plate excellent in press formability and method for production thereof	Jfe Holdings, Inc.	2003/10/17	90
97	CN101297055	Corrosion resistance improved steel sheet for automotive muffler and method of producing the steel sheet	Posco	2006/10/25	90
98	EP1577410	Hot milled wire rod excelling in wire drawability and enabling avoiding heat treatment before wire drawing	Kobe Steel, Ltd.	2003/9/24	90
99	US8342232	Speed synchronization system of aluminum alloy slab continuous casting and rolling line and production facility and method of production of aluminum alloy continuously cast and rolled slab using same	Nippon Light Metal Co., Ltd.	2006/9/25	90

（续表）

序号	专利公告号	专利题名	专利权人	申请日	专利强度
100	CN101264681	Hot-dip galvannealed steel sheet, steel sheet treated by hot-dip galvannealed layer diffusion and a method of producing the same	Nippon Steel & Sumitomo Metal Corporation	2002/6/6	90
101	EP2177641	Steel plate having a galvanized corrosion protection layer	Voestalpine Ag	2004/6/9	90
102	US8479550	Method for the production of hot-rolled steel strip and combined casting and rolling plant for carrying out the method	Primetals Technologies Limited	2006/11/3	90
103	CN101489702	Method of producing a copper alloy wire rod and copper alloy wire rod	The Furukawa Electric Co., Ltd.	2007/6/1	90
104	CN101932744	Process for producing high-strength hot-dip galvanized steel sheet with excellent processability	Jfe Holdings, Inc.	2009/1/19	90
105	EP2087948	Cold rolled material production equipment and cold rolling method	Hitachi, Ltd.	2006/11/20	90
106	US8663818	High corrosion resistance hot dip galvanized steel material	Nippon Steel & Sumitomo Metal Corporation	2007/3/14	90
107	CA2553910	High strength aluminum alloy fin material for heat exchanger and method for production thereof	Nippon Light Metal Co., Ltd.	2005/1/28	90
108	CN102056690	Method and apparatus for a combined casting-rolling installation	Siemens Ag	2009/3/4	90
109	US8720244	Method of supplying lubrication oil in cold rolling	Nippon Steel & Sumitomo Metal Corporation	2005/11/17	90
110	US8784578	High strength galvanized steel sheet with excellent workability and method for manufacturing the same	Jfe Holdings, Inc.	2010/2/19	90
111	US8828557	High strength galvanized steel sheet having excellent formability, weldability, and fatigue properties and method for manufacturing the same	Jfe Holdings, Inc.	2010/4/27	90
112	DE102010024714	Method for stretch bending of metal strips and stretch bending plant	Bwg Bergwerk-Und Walzwerk-maschinenbau Gmbh	2010/6/23	90
113	EP1842935	Aluminum alloy plate and process for producing the same	Kobe Steel, Ltd.	2006/1/13	90

（续表）

序号	专利公告号	专利题名	专利权人	申请日	专利强度
114	CN102300707	The manufacture method of the punch components applying and by the parts of its manufacture	Arcelormittal	2010/2/1	90
115	US8927113	Composite metal ingot	The Aditya Birla Group	2012/10/9	90
116	US8960265	Method and apparatus for controlling variable shell thic kNess in cast strip	Nucor Corporation	2010/10/29	90
117	US8985190	Multi-alloy vertical semi-continuous casting method	Constellium N.v.	2012/7/10	90
118	CN102333901	High-strength hot-dip galvanized steel plate of excellent workability and manufacturing method therefor	Jfe Holdings, Inc.	2010/2/19	90
119	CN102149500	Processing is used for supporting the transportation and heat of the material has a bead welding roller method for restoring worn in the roller the invention claims a method for	Siemens Ag	2009/3/2	90
120	EP2138596	Steel sheet for use in can, and method for production thereof	Jfe Holdings, Inc.	2008/4/14	90
121	EP2253729	High-strength metal sheet for use in cans, and manufacturing method therefor	Jfe Holdings, Inc.	2009/3/18	90
122	CN101765469	A thin cast strip product with microalloy additions, and method for making the same	Nucor Corporation	2008/5/6	90
123	US9109273	High strength steel sheet and hot dip galvanized steel sheet having high ductility and excellent delayed fracture resistance and method for manufacturing the same	Posco	2008/9/1	90
124	US9109275	High-strength galvanized steel sheet and method of manufacturing the same	Nippon Steel & Sumitomo Metal Corporation	2010/8/31	90
125	CN102658294	Toy industry a low carbon steel precise cold rolling thin steel band process method thereof and use thereof	Yongxin Precision Material Wuxi Co Ltd	2012/5/9	90
126	CN102699019	The invention claims a co mmunication industry this utility model claims a semiconductor etching precision stainless steel band manufacturing technique thereof and use thereof	Yongxin Precision Material Wuxi Co Ltd	2012/4/24	90

（续表）

序号	专利公告号	专利题名	专利权人	申请日	专利强度
127	CN102625863	Is set with a metal anti-corrosive coating layer of steel component and method for manufacturing steel component	Thyssenkrupp Ag	2010/2/24	90
128	EP1752549	Process for manufacturing grain-oriented magnetic steel spring	Thyssenkrupp Ag	2005/8/3	90
129	EP1752548	Method for producing a magnetic grain oriented steel strip	Thyssenkrupp Ag	2005/8/3	90
130	EP1972698	Hot-dip zinc-coated steel sheets and process for production thereof	Jfe Holdings, Inc.	2006/12/25	90
131	US9297394	Metal sheets and plates having friction-reducing textured surfaces and methods of manufacturing same	Arconic Inc.	2013/11/11	90
132	EP1950317	Steel sheet for continuous cast enameling with excellent resistance to fishscaling and process for producing the same	Nippon Steel & Sumitomo Metal Corporation	2006/11/9	90
133	EP1707645	Hot dip zinc plated high strength steel sheet excellent in plating adhesiveness and hole expanding characteristics	Nippon Steel & Sumitomo Metal Corporation	2005/1/13	90
134	EP1829983	Method and facility for hot dip zinc plating	Kobe Steel, Ltd.	2005/12/21	90
135	US9314828	Method for adjusting a discharge thic kNess of rolling stock that passes through a multi-stand mill train, control and/or regulation device and rolling mill	Siemens Ag	2009/10/15	90
136	EP1193323	Plated steel product having high corrosion resistance and excellent formability and method for production thereof	Nippon Steel & Sumitomo Metal Corporation	2001/2/28	90
137	US9375809	Method of butt-welding a coated steel plate	Arcelormittal	2015/9/25	90
138	EP1557478	High corrosion-resistant hot dip coated steel product excellent in surface smoothness and formability, and method for producing hot dip coated steel product	Nippon Steel & Sumitomo Metal Corporation	2003/10/27	90
139	EP1367143	Hot dip zinc plated steel sheet having high strength and method for producing the same	Jfe Holdings, Inc.	2002/2/26	90

（续表）

序号	专利公告号	专利题名	专利权人	申请日	专利强度
140	EP1997927	Highly corrosion-resistant hot dip galvanized steel stock	Nippon Steel & Sumitomo Metal Corporation	2007/3/14	90
141	EP2067870	Enameling steel sheet highly excellent in unsusceptibility to fishscaling and process for producing the same	Nippon Steel & Sumitomo Metal Corporation	2007/8/13	90
142	EP2143822	Plated steel sheet for cans and process for producing the same	Nippon Steel & Sumitomo Metal Corporation	2008/4/4	90
143	US9493861	High strength and sagging resistant fin material	Graenges Sweden Ab, Se	2009/10/6	90
144	US9512499	Method for manufacturing hot stamped body having vertical wall and hot stamped body having vertical wall	Nippon Steel & Sumitomo Metal Corporation	2011/10/21	90
145	CN101678419	Device for impact temperature distribution on width	Sms. Demag Ag	2008/4/3	90
146	CN103252349	Method and apparatus for lubricating rollers	Siemag Weiss Gmbh & Co. Kg	2008/4/4	90
147	US9580786	High mn steel sheet for high corrosion resistance and method of manufacturing galvanizing the steel sheet	Posco	2006/12/20	90
148	EP2957359	Plant for the production of flat rolled products	Danieli & C Officine Meccaniche S.p.a.	2011/5/9	90
149	US9598745	Method for manufacturing hot stamped body and hot stamped body	Nippon Steel & Sumitomo Metal Corporation	2011/10/21	90
150	EP2233598	Method for producing a coatable and/or joinable sheet metal part with a corrosion protection coating	Bayerische Motoren Werke Ag	2010/3/19	90
151	EP1860204	High tension steel plate, welded steel pipe and method for production thereof	Nippon Steel & Sumitomo Metal Corporation	2006/3/8	90
152	CN102695889	For the bear box of rolling bearing and for the roll line for the continuously casting machine for combining the antifriction-bearing case	Skf Ab	2010/9/24	90
153	EP2730671	Hot-dip plated cold-rolled steel sheet and process for producing same	Nippon Steel & Sumitomo Metal Corporation	2012/6/29	90

（续表）

序号	专利公告号	专利题名	专利权人	申请日	专利强度
154	EP2062992	Apparatus and process for producing steel sheet plated by hot dipping with alloyed zinc	Nippon Steel & Sumitomo Metal Corporation	2007/10/3	90
155	US9909194	Process for manufacturing press-hardened coated steel parts and precoated sheets allowing these parts to be manufactured	Arcelormittal	2013/9/6	90
156	EP1281778	Method of manufacturing grain-oriented electrical steel sheet	Jfe Holdings, Inc.	2002/8/2	90
157	US10000833	Thick, tough, high tensile strength steel plate and production method therefor	Jfe Holdings, Inc.	2014/3/11	90
158	US10029294	Method for manufacturing hot-press formed steel-member, and the hot-press formed steel-member	Kobe Steel, Ltd.	2013/3/29	90
159	EP2270257	Plated steel sheet and method of hot stamping plated steel sheet	Nippon Steel & Sumitomo Metal Corporation	2009/4/21	90
160	EP2402470	High-strength hot-dip galvanized steel plate of excellent workability and manufacturing method therefor	Jfe Holdings, Inc.	2010/2/19	90
161	US10131970	High strength and sagging resistant fin material	Graenges Sweden Ab, Se	2007/10/12	90
162	EP1808505	Cold rolled high strength thin-gauge steel sheet excellent in elongation and hole expandibility	Nippon Steel & Sumitomo Metal Corporation	2005/10/5	90
163	EP2775007	A process for the production of a grain-oriented electrical steel	Voestalpine Ag	2013/3/8	90
164	EP2762582	High-strength galvannealed steel sheet of high bake hardenability, high-strength alloyed galvannealed steel sheet, and method for manufacturing same	Nippon Steel & Sumitomo Metal Corporation	2012/9/28	90
165	EP2258886	High-strength hot-dip galvanized steel sheet with excellent processability and process for producing the same	Jfe Holdings, Inc.	2009/1/19	90
166	EP2371979	High-strength cold-rolled steel sheet having excellent workability, molten galvanized high-strength steel sheet, and method for producing the same	Jfe Holdings, Inc.	2009/11/27	90
167	US10294553	Method of annealing aluminium alloy sheet material	Sankyo Tateyama Inc.	2015/9/3	90

（续表）

序号	专利公告号	专利题名	专利权人	申请日	专利强度
168	EP2463395	Steel sheet for radiation heating, method of manufacturing the same, and steel processed product having portion with different strength and method of manufacturing the same	Nippon Steel & Sumitomo Metal Corporation	2010/8/5	90
169	EP2738278	High-strength steel sheet and high-strength galvanized steel sheet excellent in shape fixability, and manufacturing method thereof	Nippon Steel & Sumitomo Metal Corporation	2012/7/27	90

11.3 管材生产设备技术分支专利分析

11.3.1 **总体发展趋势**

（1）全球发展趋势

管材设备及工艺专利技术全球专利申请的年度趋势如图11-41所示，其总体趋势可以分为以下几个阶段：

图 11-41　管材设备及工艺全球年申请量变化趋势

起步期（1960—1980年）：全球范围内关于管材设备及工艺的专利申请量逐年增长，1964—1967年、1976—1980年全球申请人对管材工艺及设备的研究出现了两次快速增长。

发展成熟期（1981—2000年）：1981—1989年管材设备及工艺的申请量增长缓慢，1990—2000年申请量略有下降，这一时期管材设备及工艺技术逐渐成熟。

飞速增长期（2001—2013年）：2001年开始，全球经济一体化的发展对钢铁工业需求激增，节能降耗、高品质管材产品的需求推动管材设备及工艺技术创新，2013年全球管材设备及工艺的专利量达到峰值，为977项。

调整下滑期（2014年之后）：2014年开始，受国际金融危机影响，全球钢铁市场需求减弱，管材设备及工艺专利申请量急速下滑，到2018年降至643项。

（2）中国发展趋势

图11-42是管材设备及工艺国外及中国年申请量变化趋势情况。由图11-42可见，我国的管材设备及工艺专利申请自1985年中国专利法实施开始缓慢增长；从2004年开始，随着工业技术的飞速发展，国内管材设备及工艺专利申请量开始迅速增长；2013年，中国管材设备及工艺专利申请量为484项，与当年国外管材设备及工艺专利申请量的总和（493项）相当；2013年之后，受全球金融危机影响，国外管材设备及工艺专利申请量断崖式下降；到2018年，年申请量仅为55项，而国内管材设备及工艺专利申请量持续增长，2018年年申请量达到588项。

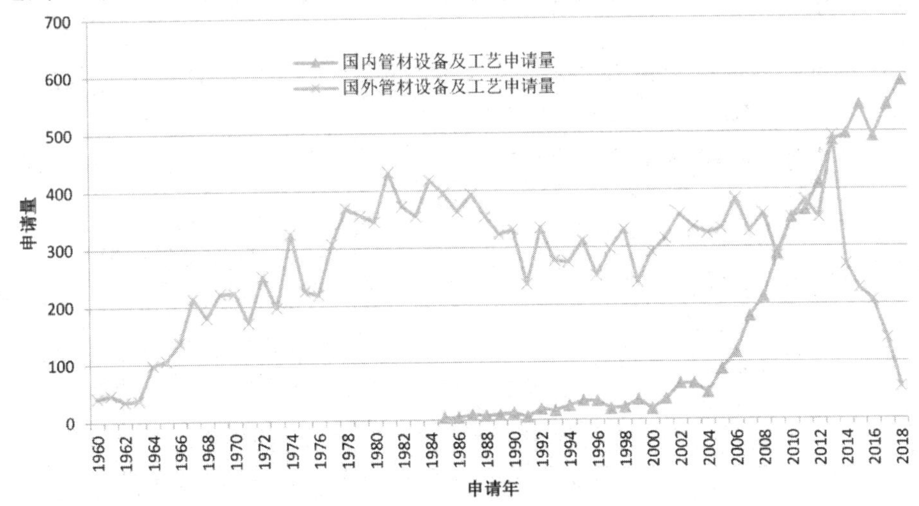

图 11-42　管材设备及工艺国外及中国年申请量变化趋势

11.3.2 专利申请国家和地区

通过对管材设备及工艺专利申请的所在国家和地区知识产权组织分析，得到图11-43专利申请主要原创国家/地区的专利申请分布，从图11-43中可以看出，排名前五的国家是中国、日本、德国、美国、英国，其总和占据了所有专利申请量的47%，是管材设备及工艺最主要的技术市场。

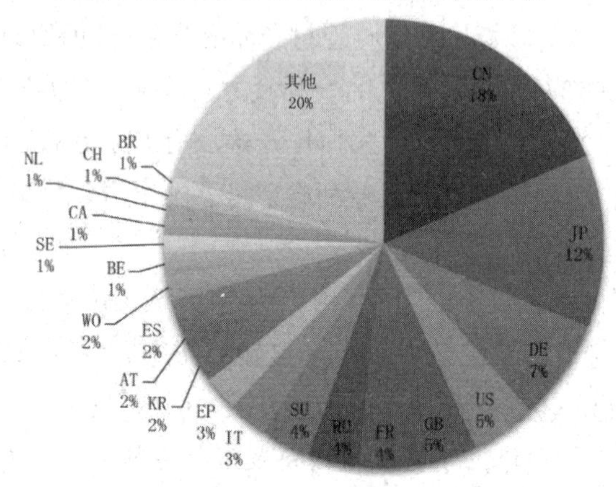

图 11-43　专利申请主要原创国家/地区的专利申请分布

图 11-44 是管材设备及工艺专利申请量 TOP10 国家授权率。根据图 11-44 可知，管材设备及工艺中，我国的专利申请量第一，其次是日本、德国和美国；授权率方面，中国、美国和英国的授权率较高，日本和德国的授权率较低。

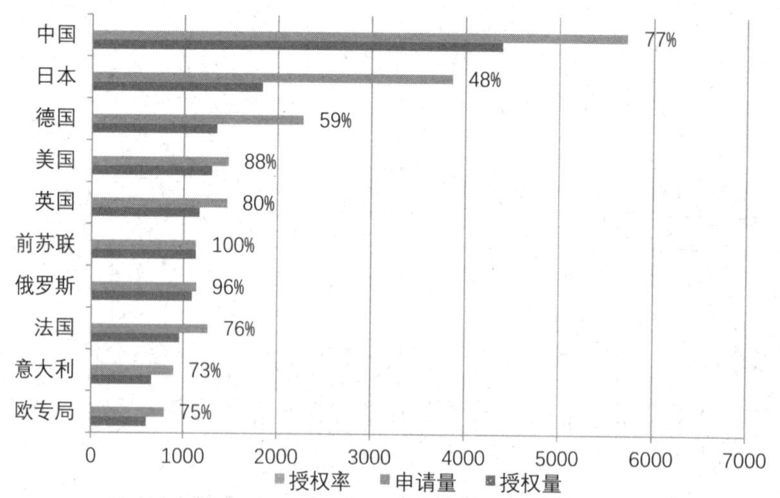

图 11-44　申请量 TOP10 国家授权率

11.3.3 重要申请人与市场竞争情况

（1）全球专利情况

图11-45是管材设备技术专利全球申请人TOP21情况。从图11-45可见，TOP21申请人包括6家德国企业，5家日本企业，3家英国企业，2家意大利企业，中国、俄罗斯、韩国、卢森堡、瑞士各1家企业。在管材设备及工艺技术上，德国、日本的企业最为活跃，各申请人专利申请量均在100件以上，其中住友金属工业株式会社的申请量2278项、授权量1384项，均排名第一；住友金属工业株式会社、SMS公司、杰富意钢铁株式会社、ABB有限公司的申请量和授权量都超过了500项。

图11-46是全球TOP21专利权人的市场竞争力，横轴代表专利权人的技术实力，纵轴代表专利权人的经济实力，可见，全球专利权人在管材设备及工艺方面，日本住友金属工业株式会社的技术实力最强，德国SMS公司与日本杰富意钢铁株式会社两家公司的技术实力次之。全球TOP20专利权人包括了三家国内企业，分别是宝山钢铁股份有限公司、中冶南方工程技术有限公司和鞍钢股份有限公司。在经济实力上，韩国Posco公司占据首位。

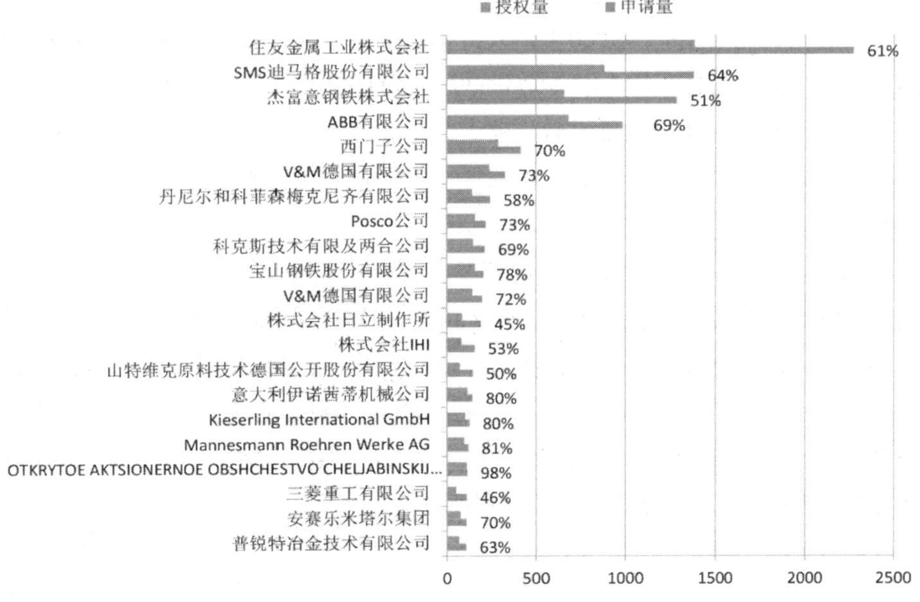

图 11-45　全球专利申请人 TOP21

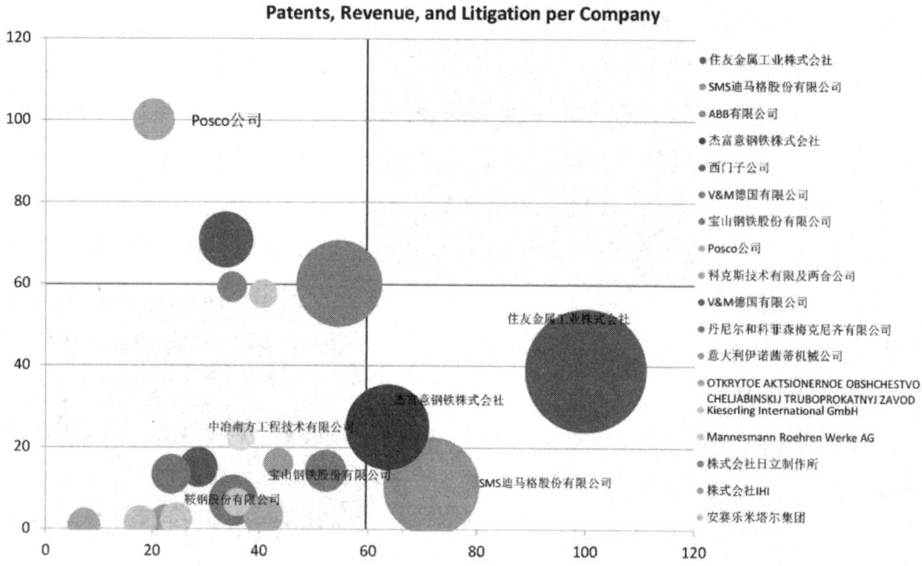

图 11-46　全球 TOP20 专利权人市场竞争力气泡图

（2）中国专利情况

图11-47是管材设备技术专利中国申请人TOP20情况。从图11-47可见，在管材设备与工艺方面，TOP20申请人包括16家企业、3所高校与1所研究院，3所高校中，太原科技大学专利申请量最高，为31项，燕山大学和北京科技大学相当，均为26项；从授权量来看，燕山大学和太原科技大学相当，均为20项；从授权率来看，燕山大学较高，为77%。国内企业中宝钢、鞍钢与中冶南方最为活跃。

图11-48是中国TOP20专利国内外专利权人的市场竞争力情况，横轴代表专利权人的技术实力，纵轴代表专利权人的经济实力，可见，管材设备与工艺在中国市场，住友金属工业株式会社的综合实力最强，宝山钢铁股份有限公司技术实力最强，SMS公司的经济实力最强；总计4家外企在中国市场进行了管材设备与工艺技术布局，分别有2家日本企业、2家德国企业；有2所高校进入市场竞争力TOP20，分别是燕山大学和太原科技大学。

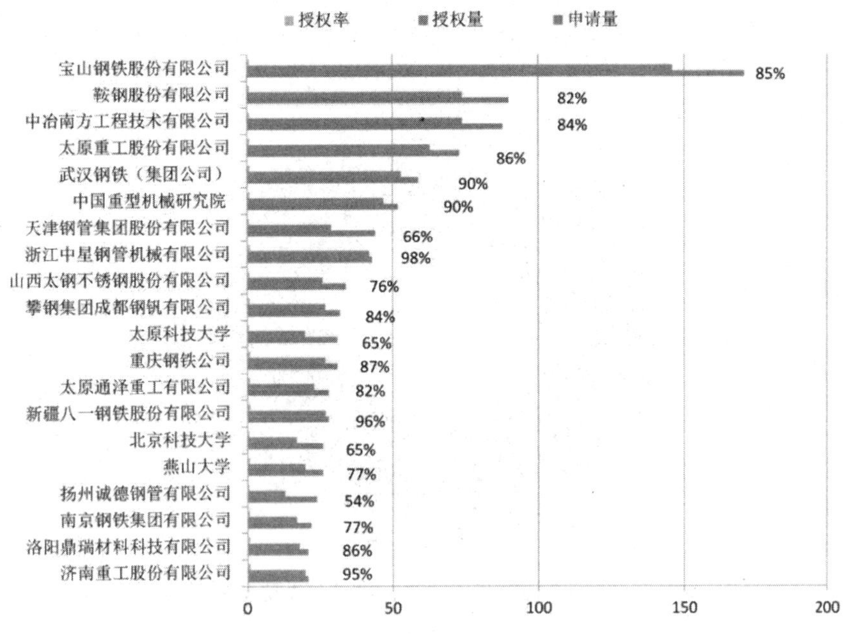

图 11-47　中国申请人 TOP20

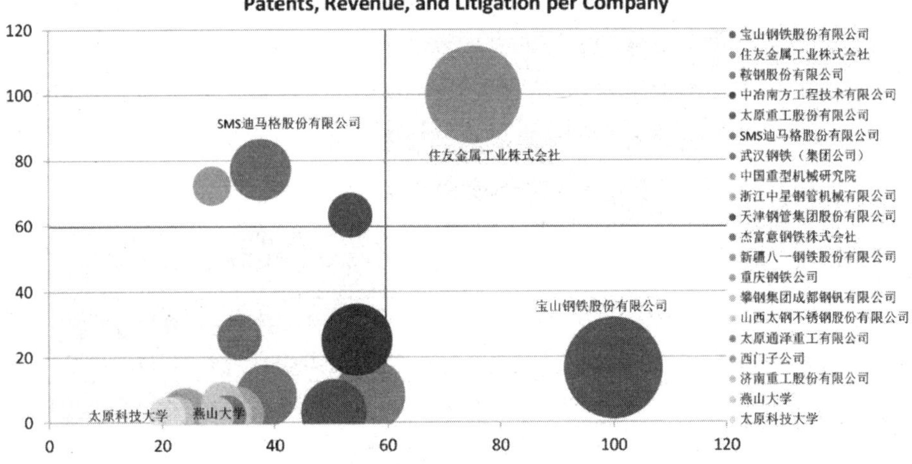

图 11-48　中国 TOP20 专利国内外专利权人市场竞争力气泡图

11.3.4 技术主题分析

（1）技术聚类分析

图11-49是全球管材设备与工艺技术分支聚类分析图。由图可知，管材设备与工艺一级技术分支主要集中在轧机、冷轧、钢管、周期轧管机、管壁厚度，

二级技术分支主要包括轧管、无缝管、无缝钢管、轧制工艺、皮尔格轧制、热轧工艺等。

图 11-49　全球管材设备与工艺技术分支聚类分析图

（2）核心专利技术

Innography提供的专利强度分析参考了10余个专利评价相关指标，包括：专利权利要求数量、引用先进技术文献数量、专利被引用次数、专利及专利申请案的家族、专利申请时程、专利年龄、专利诉讼和其他因素。选取专利强度数值90分以上的管材设备与工艺专利总计18条，具体如表11-6所示。

表 11-6　专利强度 90 分以上全球专利

序号	专利公告号	专利题名	专利权人	申请日	专利强度
1	US8926771	Seamless precision steel tubes with improved isotropic toughness at low temperature for hydraulic cylinders and process for obtaining the same	Techint Spa	2006/6/29	93
2	US9340847	Methods of manufacturing steel tubes for drilling rods with improved mechanical properties, and rods made by the same	Techint Spa	2012/4/10	91
3	US8082768	Piercing and rolling plug, method of regenerating such piercing and rolling plug, and equipment line for regenerating such piercing and rolling plug	Nippon Steel & Sumitomo Metal Corporation	2009/6/24	90

（续表）

序号	专利公告号	专利题名	专利权人	申请日	专利强度
4	US8777277	Pipe element having shoulder, groove and bead and methods and apparatus for manufacture thereof	Victaulic Company	2011/11/30	90
5	EP2198984	Piercing plug, method for regenerating piercing plug, and regeneration facility line for piercing plug	Nippon Steel & Sumitomo Metal Corporation	2008/10/20	90
6	US6675622	Process and roll stand for cold rolling of a metal strip	Air Products & Chemicals, Inc.	2001/5/1	90
7	DE10015285	Rolling train for rolling of metal pipes, rods or wires	Kocks Technik	2000/3/28	90
8	US7748597	Device for production of a tube	Siemag Weiss Gmbh & Co. Kg	2004/4/27	90
9	US8070887	High-strength steel sheet and high-strength steel pipe excellent in deformability and method for producing the same	Nippon Steel & Sumitomo Metal Corporation	2003/4/9	90
10	EP1375681	High-strength high-toughness steel , method for producing the same and method for producing high-strength high-toughness steel pipe	Nippon Steel & Sumitomo Metal Corporation	2003/5/26	90
11	US10047416	Hot rolled steel sheet and method for manufacturing the same	Jfe Holdings, Inc.	2013/9/11	90
12	US7856940	Control module for a nozzle arrangement	Microjet Gmbh	2005/11/14	90
13	US8479550	Method for the production of hot-rolled steel strip and combined casting and rolling plant for carrying out the method	Primetals Technologies Limited	2006/11/3	90
14	US8578576	Machine to produce expanded metal spirally lock-seamed tubing from solid coil stock	Brooks Automation, Inc.	2008/3/17	90
15	US8784581	Fe-ni alloy pipe stock and method for manufacturing the same	Nippon Steel & Sumitomo Metal Corporation	2006/12/22	90
16	EP1777314	Raw pipe of fe-ni alloy and method for production thereof	Nippon Steel & Sumitomo Metal Corporation	2005/6/29	90

（续表）

序号	专利公告号	专利题名	专利权人	申请日	专利强度
17	EP1860204	High tension steel plate, welded steel pipe and method for production thereof	Nippon Steel & Sumitomo Metal Corporation	2006/3/8	90
18	CN103080940	For producing the method for optimization, continual curvature 2d or 3d rolling profile change curve and corresponding equipment	Data M Sheet Metal Solutions Gmbh, 83626 Valle, De	2011/7/19	90

11.4 型材生产设备技术分支专利分析

11.4.1 **总体发展趋势**

（1）全球发展趋势

型材设备及工艺专利技术的全球专利申请的年度趋势如图11-50所示，总体趋势可以分为以下阶段：

图 11-50　型材设备及工艺全球年申请量变化趋势

起步期（1960—1975年）：全球范围内关于型材设备及工艺的专利申请量逐年增长，1960—1964年期间型材设备及工艺的申请量变化不大，1965—1975年全球申请人对型材工艺及设备的研究迅速增长。

发展成熟期（1976—2008年）：1976年型材设备及工艺专利申请量达到237项后急速下滑，1977—1979年迅速回升，1980—2008年年申请量在调整中增长，这一时期型材设备及工艺技术逐渐成熟。

飞速增长期（2009—2018年）：2009年开始，型材设备及工艺专利申请量迅猛增长，2014年，全球型材设备及工艺的年专利申请量达到峰值，为848项。

（2）中国发展趋势

型材设备及工艺专利技术的中国专利申请的年度趋势如图11-51所示。由图11-51可见，我国的型材设备及工艺专利申请自1985中国专利法实施开始缓慢增长，从2004年开始，随着工业技术的飞速发展，国内型材设备及工艺专利申请量开始迅速增长，2011年，中国型材设备及工艺专利申请量为374项，超过了当年国外型材设备及工艺专利申请量的总和（338项）；2013年之后，国内型材设备及工艺专利申请量持续增长，2018年年申请量达到734项；而国外的型材设备及工艺专利年申请量1997年达到峰值463项，此后呈下降趋势，尤其在2009年后，年申请量迅速下降，2018年年申请量仅有54项。

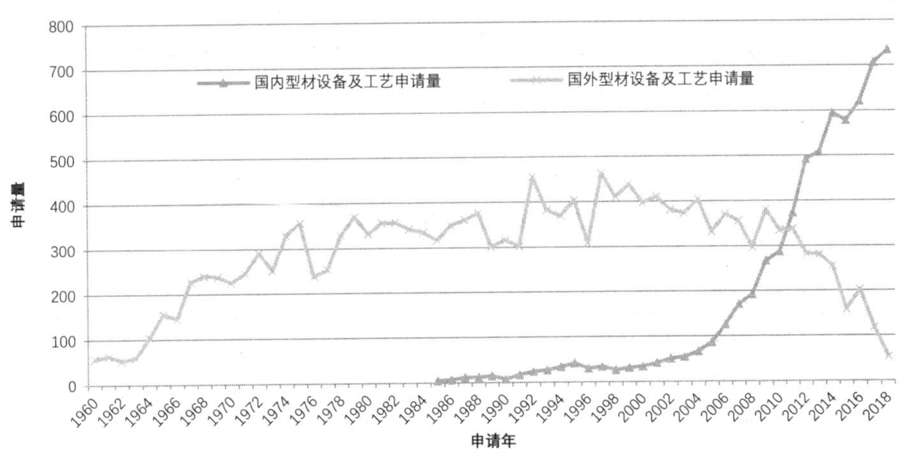

图 11-51　型材设备及工艺国外及中国年申请量变化趋势

11.4.2 专利申请国家和地区

通过对型材设备及工艺申请的所在国家和地区知识产权组织分析，得到图11-52专利申请主要原创国家/地区的专利申请分布。从图11-52中可以看出，排名前五的国家是中国、日本、德国、美国、英国，其总和占据了所有专利申请量的49%，是型材设备及工艺最主要的技术市场。

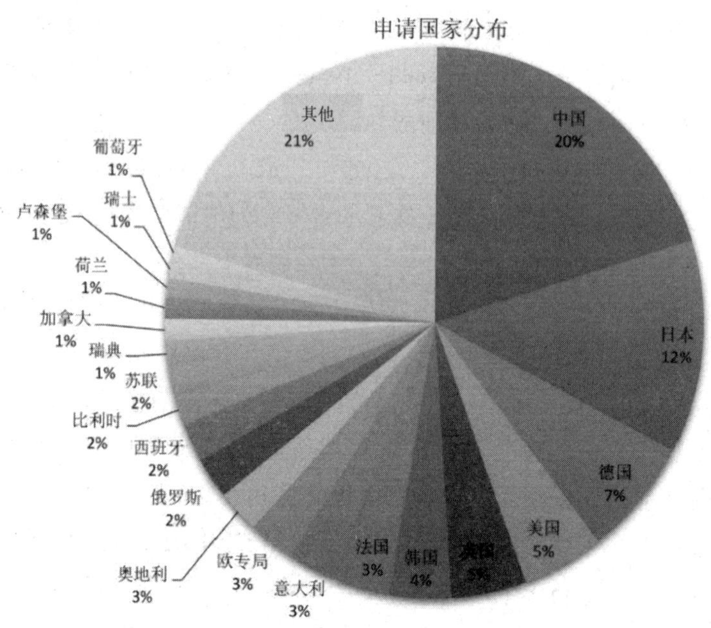

图 11-52　专利申请主要原创国家/地区的专利申请分布

根据图11-53显示，型材设备及工艺中，美国专利授权率在申请量TOP10国家中最高，为90%；日本专利授权率在申请量TOP10国家中最低，为50%；我国的专利授权率为76%。

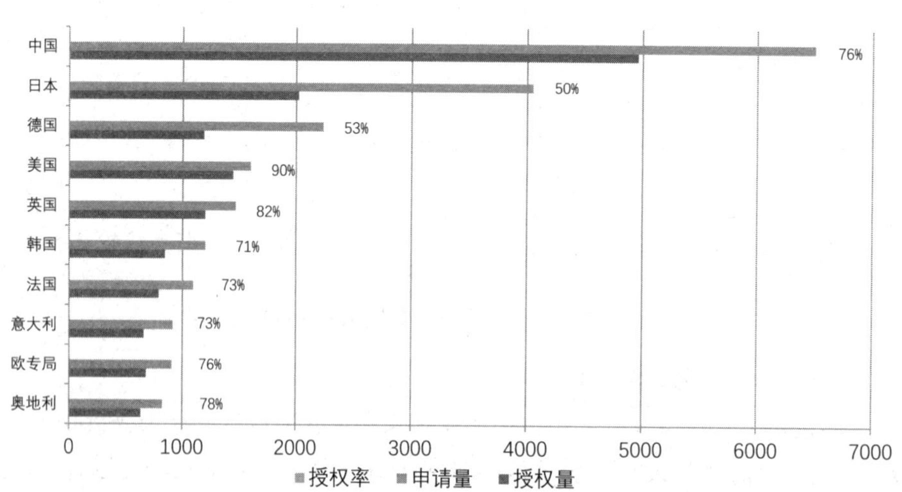

图 11-53　申请量 TOP10 国家授权率

11.4.3 重要申请人与市场竞争情况

（1）全球专利情况

图11-54是型材生产设备技术专利全球申请人TOP20情况。从图11-54可见，TOP20申请人包括6家日本企业，3家德国企业，中国、英国、奥地利、意大利各2家企业，美国、韩国、瑞士各1家企业。可以看出，在型材设备与工艺技术上，日本、德国的企业最为活跃；各申请人专利申请量均在100件以上，SMS公司的申请量1997项、授权量1304项，均排名第一；SMS公司、住友金属工业株式会社、西门子公司、杰富意钢铁株式会社的申请量都超过了1000项；宝山钢铁股份有限公司的授权率最高，为87%。

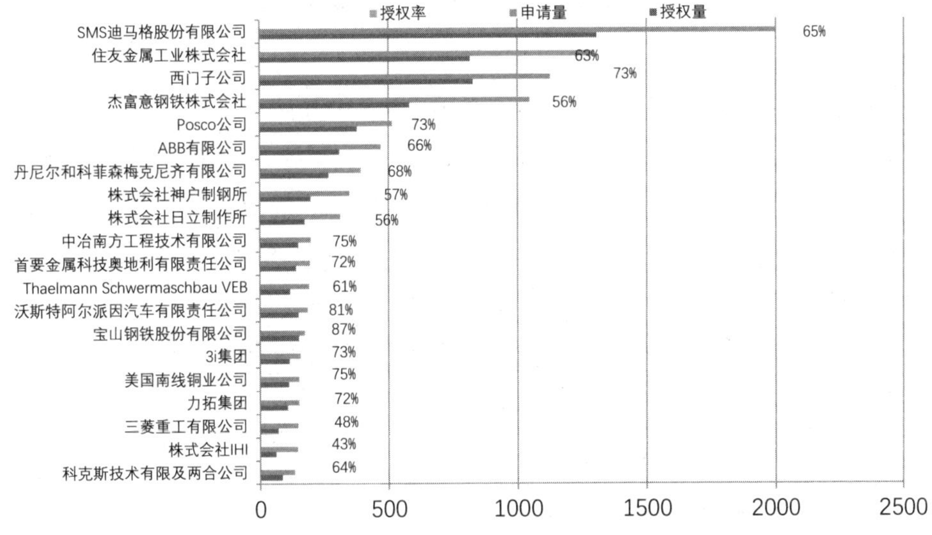

图 11-54　型材生产设备技术专利全球申请人 TOP20

图11-55是全球TOP20专利权人的市场竞争力情况，横轴代表专利权人的技术实力，纵轴代表专利权人的经济实力，可见，全球专利权人在型材设备及工艺方面，德国SMS公司的技术实力最强，日本住友金属工业株式会社、德国西门子公司与日本杰富意钢铁株式会社3家公司的技术实力次之；全球TOP20专利权人包括了3家国内企业，分别是宝山钢铁股份有限公司、鞍钢股份有限公司和武汉钢铁；在经济实力上，宝山钢铁股份有限公司占据首位。

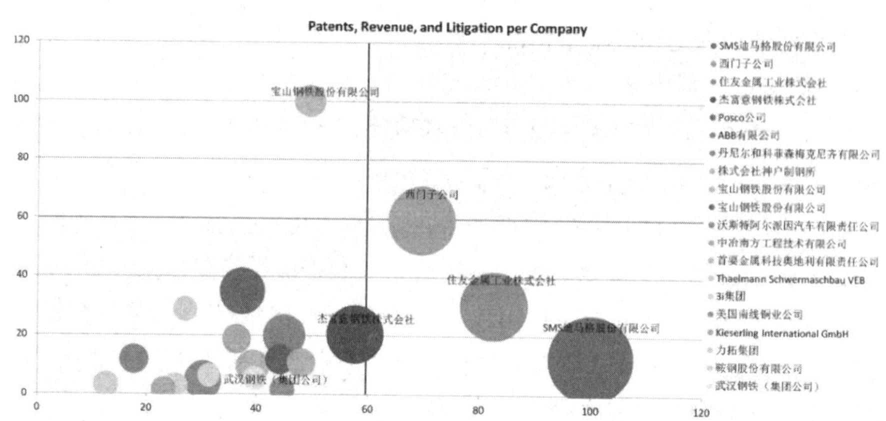

图 11-55 全球 TOP20 专利权人市场竞争力气泡图

（2）中国专利情况

图11-56是型材生产设备技术专利中国申请人TOP20情况。从图11-56可见，TOP20申请人包括17家企业、2所高校与1所研究院。可以看出，在型材设备与工艺方面，2所高校中，北京科技大学专利申请量最高，为58项，燕山大学的专利授权率最高，为87%。国内企业中冶南方、宝钢与鞍钢最为活跃。

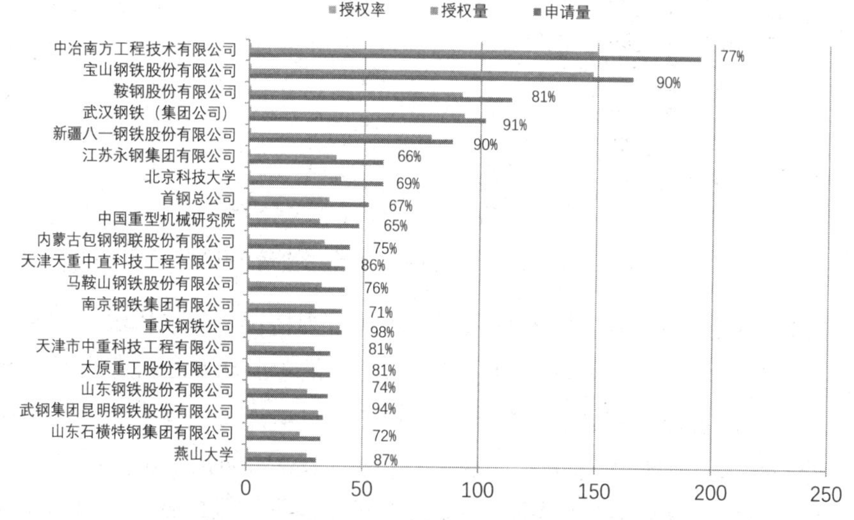

图 11-56 型材生产设备技术专利中国申请人 TOP20

图11-57是中国TOP20专利国内外专利权人的市场竞争力情况，横轴代表专利权人的技术实力，纵轴代表专利权人的经济实力，可见，型材设备与工艺在

中国市场，中冶南方工程技术有限公司的技术实力最强，宝山钢铁股份有限公司技术实力最强，住友金属工业株式会社的经济实力最强；总计3家外企在中国市场进行了型材设备与工艺技术布局，分别有2家日本企业、1家德国企业；高校中北京科技大学进入市场竞争力TOP20。

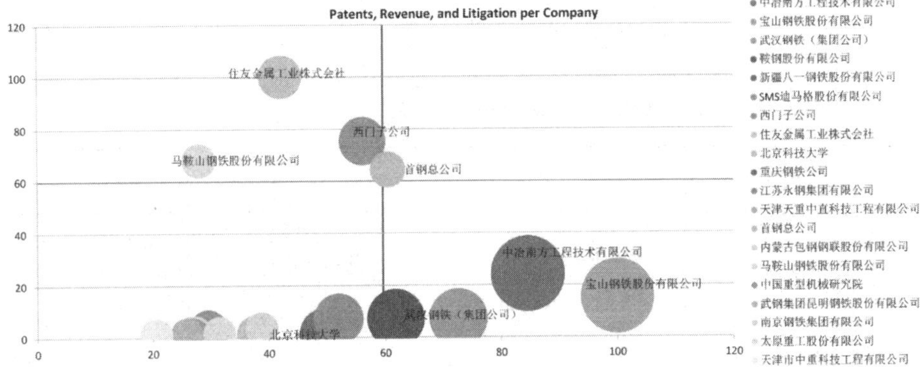

图 11-57　中国 TOP20 专利国内外专利权人市场竞争力气泡图

11.4.4 技术主题分析

（1）技术聚类分析

图11-58是全球型材设备与工艺技术分支聚类图。从图11-58可见，型材设备与工艺一级技术分支主要集中在轧机、线棒材、冷床、矫直机、冷却水等，二级技术分支主要包括轧制工作辊、轧制工艺、热轧、冷轧、水冷等。

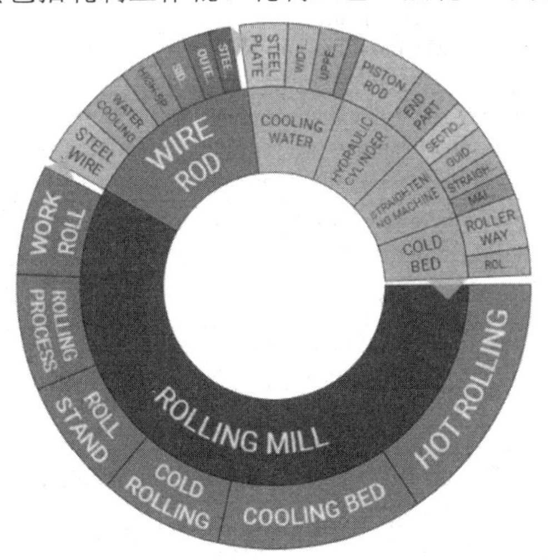

图 11-58　全球型材设备与工艺技术分支聚类图

（2）核心专利技术

Innography提供的专利强度分析参考了10余个专利评价相关指标，包括：专利权利要求数量、引用先进技术文献数量、专利被引用次数、专利及专利申请案的家族、专利申请时程、专利年龄、专利诉讼和其他因素。

选取专利强度数值90分以上的型材设备与工艺专利总计28条。具体如表11-7所示。

表 11-7　专利强度 90 分以上全球专利

序号	专利公告号	专利题名	专利权人	申请日	专利强度
1	US7373857	Composite metal article and method of making	William Engineering LLC	2002/7/29	92
2	US8950227	Method and device for preparing hot-rolling stock	Primetals Technologies Limited	2010/3/22	91
3	US7337642	Roll-former apparatus with rapid-adjust sweep box	Shape Corp	2005/6/13	91
4	EP1952902	Cooling apparatus for hot rolled steel band and method of cooling the steel band	Jfe Holdings, Inc.	2006/11/9	91
5	EP1935521	A hot rolling mill for a steel plate or sheet and hot rolling methods using such mill	Jfe Holdings, Inc.	2006/8/29	91
6	US8716624	Method for forming tubular beam with center leg	Shape Corp	2013/10/11	90
7	CN102056690	Method and apparatus for a combined casting-rolling installation	Siemens Ag	2009/3/4	90
8	US8777277	Pipe element having shoulder, groove and bead and methods and apparatus for manufacture thereof	Victaulic Company	2011/11/30	90
9	EP2415536	Cooling device for hot rolled steel sheet	Jfe Holdings, Inc.	2010/3/25	90
10	DE102009050710	Wire rolling stand with single drive	Siemag Weiss Gmbh & Co. Kg	2009/10/26	90
11	DE102009019255	Spray nozzle arrangement for descaling	Spraying Systems Co	2009/4/30	90
12	US6920912	Casting steel strip	Castrip LLC	2003/4/11	90
13	EP1045043	Method of manufacturing shaped articles of a 2024 type aluminium alloy	Constellium N.v.	2000/4/10	90
14	US7146835	Method and apparatus to reduce slot width in tubular members	Rgl Reservoir Management Inc.	2004/4/16	90

（续表）

序号	专利公告号	专利题名	专利权人	申请日	专利强度
15	US7152450	Method for forming sheet material with bend controlling displacements	Industrial Origami, Inc.（n. D. Ges. D. Staate, Us	2004/3/3	90
16	US7168546	Roller mountable to a cooling bed plate transfer grid		2004/6/25	90
17	DE10015285	Rolling train for rolling of metal pipes, rods or wires	Kocks Technik	2000/3/28	90
18	US7748597	Device for production of a tube	Siemag Weiss Gmbh & Co. Kg	2004/4/27	90
19	US9550592	Method for moving a packed section about a remote manufacturing yard	Air Liquide	2014/5/22	90
20	US6769279	Multiroll precision leveler with automatic shape control	Machine Concepts, Inc.	2002/10/16	90
21	EP1577410	Hot milled wire rod excelling in wire drawability and enabling avoiding heat treatment before wire drawing	Kobe Steel, Ltd.	2003/9/24	90
22	US7530249	Method utilizing power adjusted sweep device	Shape Corp	2007/10/26	90
23	US7882718	Roll-former apparatus with rapid-adjust sweep box	Shape Corp	2007/3/21	90
24	US8479550	Method for the production of hot-rolled steel strip and combined casting and rolling plant for carrying out the method	Primetals Technologies Limited	2006/11/3	90
25	US8578576	Machine to produce expanded metal spirally lock-seamed tubing from solid coil stock	Brooks Automation, Inc.	2008/3/17	90
26	EP1890829	Roll-former apparatus with rapid-adjust sweep box and method using such an apparatus	Shape Corp	2006/6/9	90
27	CN103391823	For increasing the apparatus and method of the efficiency of rolling and forming and leveling system	The Bradbury Company Inc　Air Industrial Park Po Box 667 Moundridge Kansas 67107 A Corp Of Kansas	2011/10/6	90
28	CN102658294	Toy industry a low carbon steel precise cold rolling thin steel band process method thereof and use thereof	Yongxin Precision Material Wuxi Co Ltd	2012/5/9	90

11.5 有色金属轧制设备技术分支专利分析

此部分针对铜、铝、钛、镁四种有色金属，分别对其轧制技术专利进行分析。对铜轧制技术的分析主要包括铣面机、热轧机、冷轧机（包括粗轧、中轧、精轧）、CVC、X轧机、二十辊轧机辊、铜箔轧机、拉弯矫直/拉矫机、卷取机、连铸连轧、挤压等方面专利分析；针对铝、钛、镁主要分析热轧、冷轧、铸轧、连铸连轧、拉矫、卷取、铣皮等方面的专利。

11.5.1 铜轧制技术专利分析

11.5.1.1 铜轧制技术总体发展趋势

（1）全球发展趋势

图11-59是铜轧制技术全球年申请量变化趋势图。从图11-59来看，全球铜轧制技术经过平稳起步阶段（1960—1968年）之后经历了两个繁荣期，在第一个繁荣期（1969—1976年）过后，进入了一段较长时间的调整期（1977—2006年），而后又迅速发展，进入第二个繁荣期（2007—2012年），之后调整下滑期（2013年至今）。

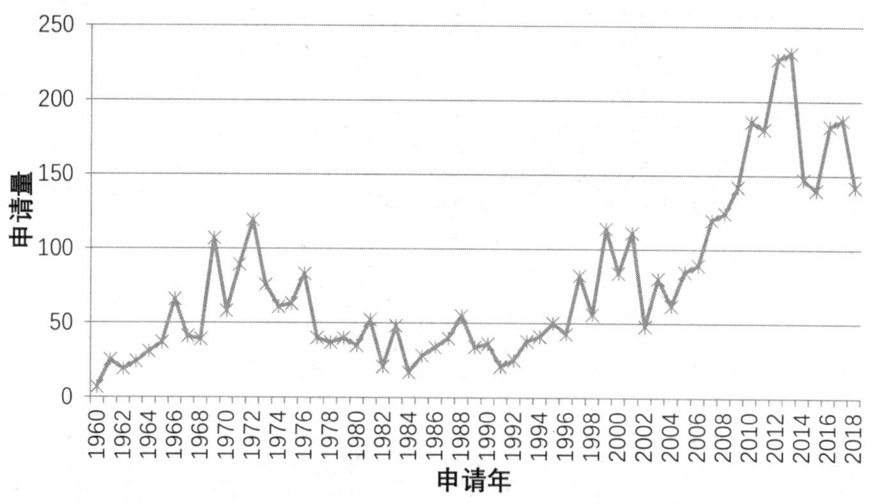

图 11-59　铜轧制技术全球年申请量变化趋势

（2）中国发展趋势

图11-60为铜轧制技术中国年申请量变化趋势图，与全球趋势和国外年申请量变化趋势对比发现，铜轧制技术中国年申请量总体呈上升趋势。从中国专利法1985开始实施，在1985—2004年阶段，铜轧制技术处于初步萌芽，从2004年开始，随着工业技术的飞速发展，国内铜轧制专利申请量开始迅速增长。而国外受全球金融危机影响，从2012之后，铜轧制专利申请量迅速下降。

图 11-60　铜轧制技术中国年申请量变化趋势

11.5.1.2 铜轧制技术专利申请国家和地区

通过对铜轧制技术专利申请的所在国家和地区产权组织分析，得到图11-61专利申请主要原创国家/地区的专利申请分布。从图11-61中可以看出，排名前五的国家是中国、日本、英国、美国、德国，其总和占据了所有专利申请量的50%，是铜轧制技术最主要的技术市场。

图11-62是铜轧制技术专利申请量TOP10国家授权率。根据图11-62显示，铜轧制技术中，英国专利授权率最高，德国专利授权率在申请量TOP10国家中最低，我国的专利申请量和授权量都最高，但授权率仅高于日本和英国。

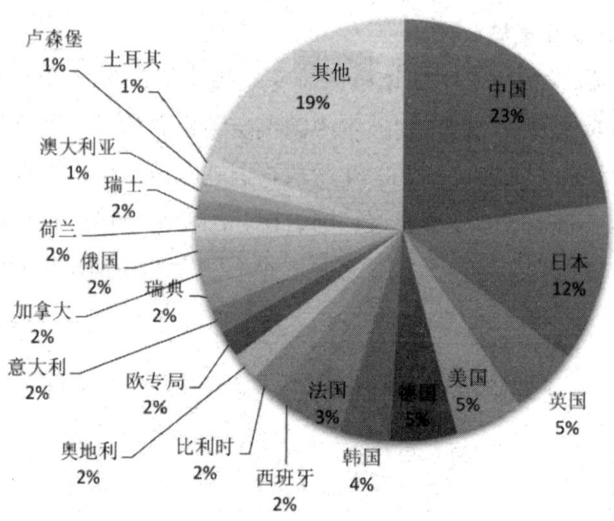

图 11-61　专利申请主要原创国家/地区的专利申请分布

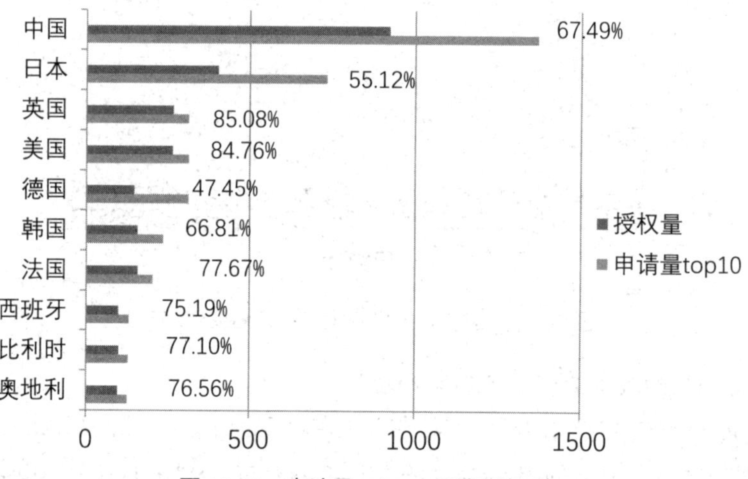

图 11-62　申请量 TOP10 国家授权率

11.5.1.3 铜轧制技术重要申请人和市场竞争力情况

（1）铜轧制技术全球专利情况

图11-63是铜轧轧制设备技术专利全球申请人TOP20情况。从图11-63可见，TOP20申请人包括7家日本企业，4家德国企业，2家中国企业，比利时、英国、瑞士、挪威、芬兰、韩国、美国各1家企业，可以看出，在铜轧制技术上，日本、德国的企业最为活跃。中国的两家企业分别为宝山钢铁集团和上海必达意

有限公司，分别排名第十四、第十二位。

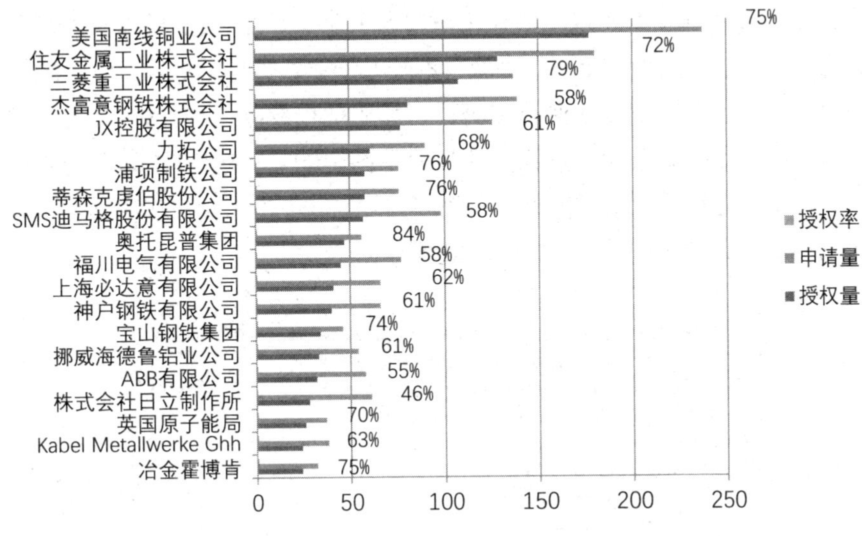

图 11-63　全球申请人 TOP20

图11-64是全球TOP20专利权人的市场竞争力情况，横轴代表专利权人的技术实力，纵轴代表专利权人的经济实力，可见，铜轧制技术在全球市场，美国南线铜业公司和日本住友金属工业株式会社在技术和经济上实力较强；日本三菱重工业株式会社技术实力较强，日本JX控股有限公司在经济实力上较强。宝钢在铜轧制技术创新的综合实力排名第十四位，技术实力较强。

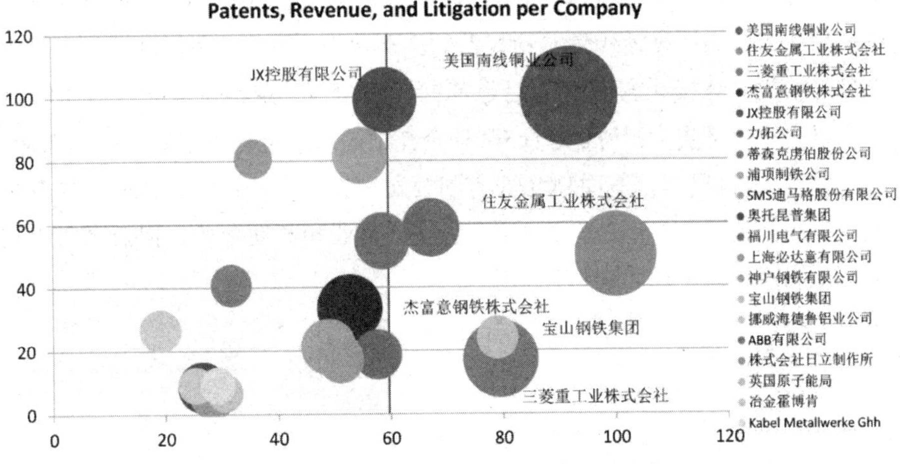

图 11-64　全球 TOP20 专利权人市场竞争力气泡图

（2）铜轧制技术中国专利情况

从图11-65可见，TOP14申请人包括12家企业，2所高校，可以看出，在轧制工艺技术上，从授权率分析，全威（铜陵）铜业科技有限公司、贵溪金川铜业有限公司、上虞市银家铜业有限公司三家企业授权率达到100%，宝山钢铁集团、武汉钢铁有限公司、首钢集团授权率高于80%。2所高校分别为北京科技大学和中南大学，北京科技大学授权率为88%，中南大学授权率稍低一些，为56%。国内企业中宝钢、武钢与鞍钢最为活跃。

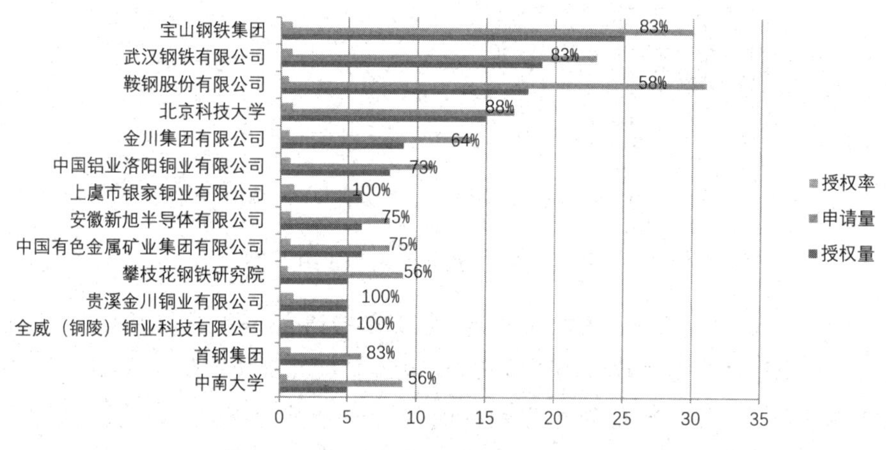

图 11-65　中国申请人 TOP14

图11-66显示了中国TOP20专利国内外专利权人的市场竞争力，横轴代表专利权人的技术实力，纵轴代表专利权人的经济实力，可见，在铜轧制技术的中国市场，宝钢技术实力最强，之后是攀钢、武钢、北京科技大学；日本的JX控股有限公司经济实力最强。总计5家外企在中国市场进行了铜轧制技术布局，5家企业全部来自日本，其中JX控股有限公司、株式会社日立制作所、住友金属工业株式会社3家企业经济实力超过了中国企业和其他企业，但技术实力弱于宝钢、武钢、鞍钢和北京科技大学。

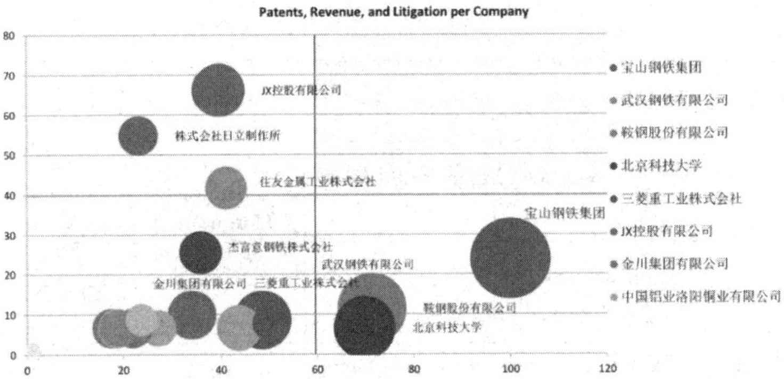

图 11-66　中国 TOP20 专利国内外专利权人市场竞争力气泡图

11.5.1.4 铜轧制技术主题分析

（1）技术聚类分析

图11-67是全球铜轧制技术分支聚类图。从图11-67可见，轧制工艺一级技术分支主要集中在铜合金、冷轧、热轧、带钢、铸造机和抗拉强度，二级技术分支主要包括热处理、精轧、轧机、钢板、屈服强度、连铸轧、晶粒度等。

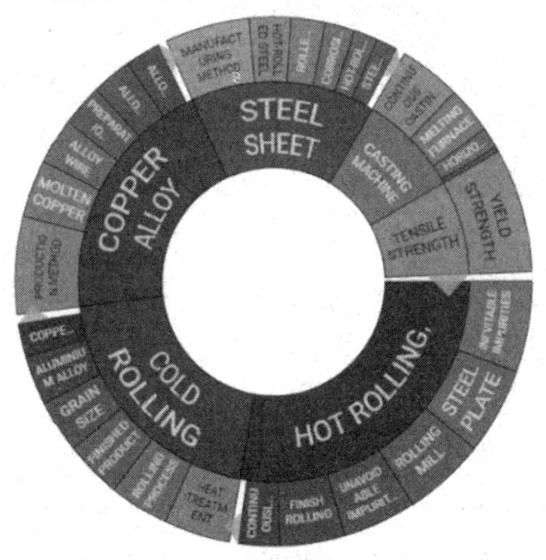

图 11-67　全球铜轧制技术分支聚类图

（2）核心专利技术

Innography提供的专利强度分析参考了10余个专利评价相关指标，包括：专利权利要求数量、引用先进技术文献数量、专利被引用次数、专利及专利申请案的家族、专利申请时程、专利年龄、专利诉讼和其他因素。选取专利强度数值90分以上的铜轧制技术专利总计13条，具体如表11-8所示。

表 11-8　专利强度 90 分以上全球专利

序号	授权公告号	专利题名	专利权人	申请日期	专利强度
1	US9163300	High strength and high conductivity copper alloy pipe, rod, or wire	Mitsubishi Materials Corporation	2009/2/23	93
2	US9512506	High strength and high conductivity copper alloy rod or wire	Mitsubishi Materials Corporation	2009/2/23	92
3	CA2638403	Aluminum alloy for extrusion and drawing processes	Rio Tinto Plc	2008/7/31	91
4	US9879334	Abrasion resistant steel plate or steel sheet excellent in resistance to stress corrosion cracking and method for manufacturing the same	Jfe Holdings, Inc.	2012/3/28	91
5	US9938599	Abrasion resistant steel plate or steel sheet excellent in resistance to stress corrosion cracking and method for manufacturing the same	Jfe Holdings, Inc.	2012/3/28	91
6	US6120621	Cast aluminum alloy for can stock and process for producing the alloy	Rio Tinto Plc	1996/7/8	90
7	US6686061	Steel plate having tin+cus precipitates for welded structures, method for manufacturing same and welded structure made therefrom	Posco	2002/7/16	90
8	EP1375681	High-strength high-toughness steel , method for producing the same and method for producing high-strength high-toughness steel pipe	Nippon Steel & Sumitomo Metal Corporation	2003/5/26	90
9	CN101297055	Corrosion resistance improved steel sheet for automotive muffler and method of producing the steel sheet	Posco	2006/10/25	90
10	US8375840	Ballistic strike plate and assembly	Bourque, Robert	2010/7/6	90
11	CN101489702	Method of producing a copper alloy wire rod and copper alloy wire rod	The Furukawa Electric Co., Ltd.	2007/6/1	90
12	EP1860204	High tension steel plate, welded steel pipe and method for production thereof	Nippon Steel & Sumitomo Metal Corporation	2006/3/8	90
13	EP2762582	High-strength galvannealed steel sheet of high bake hardenability, high-strength alloyed galvannealed steel sheet, and method for manufacturing same	Nippon Steel & Sumitomo Metal Corporation	2012/9/28	90

11.5.2 铝、钛、镁轧制技术专利分析

11.5.2.1 总体发展趋势

（1）全球发展趋势

铝、钛、镁专利技术的全球专利申请的年度趋势如图11-68所示，整体呈增长趋势，总体趋势可以分为以下阶段：起步期（1970年以前）、增长期（1971—2003年）、飞速增长期（2004—2012年）、调整下滑期（2013年之后），这与轧制技术的整体发展趋势比较吻合。20世纪70年代起，全球范围内关于有色金属轧制的申请量较少，其技术发展程度相对较低，处于技术研发和专利申请的起步阶段。随着工业技术的飞速发展，申请量开始逐渐上升，2004年开始，全球经济一体化的发展对钢铁工业的进步也提出了越来越高的要求，也推动了有色金属轧制技术的发展。2012年，铝、钛、镁轧制领域的专利量都分别达到峰值。2013年开始，受国际金融危机影响，全球钢铁市场需求减弱，有色金属创新也有所下滑。

图 11-68　铝、钛、镁轧制技术全球年申请量变化趋势

（2）中国发展趋势

图11-69是铝、钛、镁轧制技术中国年申请量变化趋势图。从图11-69铝、钛、镁轧制技术中国年申请量变化趋势可以看出，自1985年开始，铝、钛、镁

技术创新经历了一段长时间的起步阶段，到2004年左右开始分别进入快速发展期，到2012年达到专利申请的峰值。但相对于全球的总体趋势，中国年申请趋势在2012年之后下滑趋势并不明显，处于相对稳步的调整期。

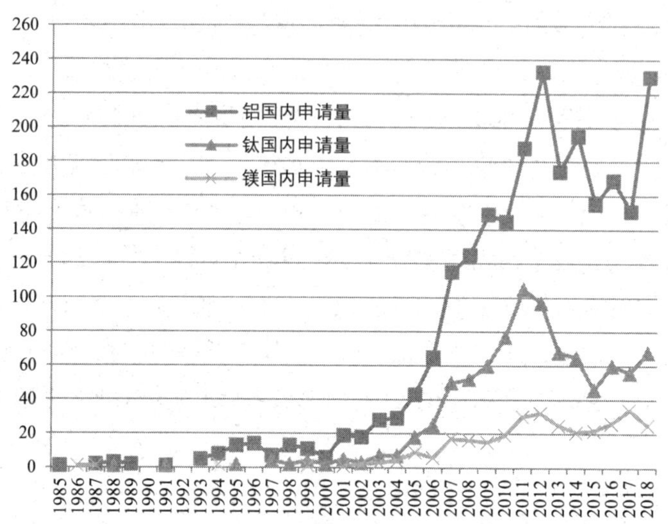

图 11-69　铝、钛、镁轧制技术中国年申请量变化趋势

11.5.2.2 专利申请国家和地区

表11-9为铝、钛、镁轧制技术专利申请量在全球排在前十位的国家，中国和日本在申请量和授权量上始终处在前两位，申请量TOP10国家的授权率都高于60%，其中，美国在铝轧制技术专利的授权率最高，为73%；俄罗斯在钛轧制技术专利的授权率最高，为96%；英国和西班牙在镁轧制技术的专利授权率最高，为78%。

表 11-9　申请量 TOP10 国家授权率

铝				钛				镁			
国家	申请量	授权量	授权率	国家	申请量	授权量	授权率	国家	申请量	授权量	授权率
中国	2399	1594	66%	中国	916	583	64%	中国	325	201	62%
日本	2207	1357	61%	日本	789	533	68%	日本	251	174	69%
德国	787	482	61%	韩国	328	228	70%	德国	107	70	65%
美国	705	513	73%	德国	269	181	67%	美国	89	64	72%
韩国	703	437	62%	美国	252	160	63%	英国	88	69	78%
欧专局	546	371	68%	欧专局	196	144	73%	韩国	80	52	65%

（续表）

铝				钛				镁			
国家	申请量	授权量	授权率	国家	申请量	授权量	授权率	国家	申请量	授权量	授权率
法国	506	324	64%	法国	192	136	71%	西班牙	77	60	78%
西班牙	458	297	65%	英国	184	131	71%	法国	72	52	72%
英国	454	274	60%	西班牙	181	131	72%	欧专局	71	53	75%
奥地利	398	245	62%	俄罗斯	136	131	96%	意大利	51	34	67%

11.5.2.3 重要申请人与市场竞争情况

表11-10为铝、钛、镁轧制技术专利全球重要申请人，从中可以看出，日本的住友金属工业株式会社、杰富意钢铁株式会社、神户钢铁有限公司，奥地利的西门子VAI金属技术两合公司，德国的蒂森克虏伯股份公司在三种有色金属的轧制技术创新方面都比较活跃，中国的宝山钢铁在铝、钛轧制技术专利授权量也较高。

表 11-10　全球重要申请人

铝		钛		镁	
申请人	授权量	申请人	授权量	申请人	授权量
住友金属工业株式会社	716	住友金属工业株式会社	494	力拓公司	56
杰富意钢铁株式会社	621	杰富意钢铁株式会社	329	住友金属工业株式会社	52
力拓公司	260	蒂森克虏伯股份公司	121	株式会社神户制钢所	49
蒂森克虏伯股份公司	234	神户钢铁有限公司	96	挪威海德鲁铝业公司	46
西门子VAI金属技术两合公司	220	西门子VAI金属技术两合公司	91	蒂森克虏伯股份公司	42
SMS迪马格股份有限公司	179	浦项制铁公司	85	杰富意钢铁株式会社	33
神户钢铁有限公司	175	宝钢集团	53	住友电气工业有限公司	28
浦项制铁公司	141	现代钢铁公司	44	日本轻金属有限公司	26
宝山钢铁集团	112	日新制钢铁式会社	36	西门子VAI金属技术两合公司	20
肯联铝业	90	鞍钢股份有限公司	29	天空实业有限公司	19

表11-11为国内重要申请人，基于授权量，宝钢在铝、钛轧制技术专利授权量上排在首位，北京科技大学排在镁轧制技术专利授权量的首位，东北大学在三种有色金属轧制技术方面都比较活跃，燕山大学的镁轧制技术专利授权量排在第十一位。

表 11-11　国内重要申请人

铝轧制技术 国内重要申请人	钛轧制技术 国内重要申请人	镁轧制技术 国内重要申请人
宝钢集团	宝钢集团	北京科技大学
东北大学	鞍钢股份有限公司	太原科技大学
武汉钢铁公司	武汉钢铁有限公司	东北大学
鞍钢钢铁有限公司	西部钛业科技有限公司	中国有色金属股份有限公司
中国有色金属股份有限公司	洛阳双瑞钛精铸钛业有限公司	东北轻合金公司
新仁铝业控股有限公司	东北大学	山西银光华盛镁业有限公司
中南大学	西北有色金属研究所	西部钛业科技有限公司
西南铝业（集团）有限公司	首钢集团	洛阳铜加工集团有限公司
北京交通大学	云南钛业公司	重庆大学
镇江鼎盛铝业股份有限公司	东北轻合金公司	太原华鑫城机电设备有限公司
首钢集团	湖南湘头金天钛金属有限公司	燕山大学
北京科技大学	攀钢钢铁研究院	沈阳理工大学
		中国镁业有限公司

11.5.2.4 **技术主题分析**

选取专利强度数值90分以上的铝、钛、镁、轧制技术专利总计57条。具体如表11-12所示。

表 11-12　专利强度 90 分以上全球专利

序号	授权公告号	专利题名	专利权人	申请日期	专利强度
1	EP1918394	High strength and sagging resistant fin material	Graenges Sweden Ab, Se	2007/10/10	92
2	EP1918394	High strength and sagging resistant fin material	Graenges Sweden Ab, Se	2007/10/10	92
3	US7182825	In-line method of making heat-treated and annealed aluminum alloy sheet	Arconic Inc.	2004/2/19	91
4	EP2088218	High young's modulus steel plate and process for production thereof	Nippon Steel & Sumitomo Metal Corporation	2007/11/7	91
5	US6904663	Method for manufacturing a golf club face	Kps Capital Partners Lp	2002/11/4	91
6	US9879334	Abrasion resistant steel plate or steel sheet excellent in resistance to stress corrosion cracking and method for manufacturing the same	Jfe Holdings, Inc.	2012/3/28	91
7	US9938599	Abrasion resistant steel plate or steel sheet excellent in resistance to stress corrosion cracking and method for manufacturing the same	Jfe Holdings, Inc.	2012/3/28	91

（续表）

序号	授权公告号	专利题名	专利权人	申请日期	专利强度
8	EP1806421	High young's modulus steel plate, zinc hot dip galvanized steel sheet using the same, alloyed zinc hot dip galvanized steel sheet, high young's modulus steel pipe, and method for production thereof	Nippon Steel & Sumitomo Metal Corporation	2005/7/27	91
9	US9879334	Abrasion resistant steel plate or steel sheet excellent in resistance to stress corrosion cracking and method for manufacturing the same	Jfe Holdings, Inc.	2012/3/28	91
10	US9938599	Abrasion resistant steel plate or steel sheet excellent in resistance to stress corrosion cracking and method for manufacturing the same	Jfe Holdings, Inc.	2012/3/28	91
11	US8142575	High strength aluminum alloy fin material for heat exchanger and method for production thereof	Nippon Light Metal Co., Ltd.	2005/1/28	91
12	US9493861	High strength and sagging resistant fin material	Graenges Sweden Ab, Se	2009/10/6	90
13	EP2050833	High-tension welded steel pipe for automotive structural member and process for producing the same	Jfe Holdings, Inc.	2007/6/19	90
14	US10131970	High strength and sagging resistant fin material	Graenges Sweden Ab, Se	2007/10/12	90
15	CN102216474	Manganese steel strip having an increased phosphorus content and process for producing the same	Voestalpine Ag	2009/11/12	90
16	US8951366	High-strength cold-rolled steel sheet and method of manufacturing thereof	Nippon Steel & Sumitomo Metal Corporation	2011/1/26	90
17	EP2295615	High-strength hot-rolled steel sheet for line pipe excellent in low-temperature toughness and ductile-fracture-stopping performance and process for producing the same	Nippon Steel & Sumitomo Metal Corporation	2009/5/25	90
18	EP2530179	High-strength cold-rolled steel sheet, and process for production thereof	Nippon Steel & Sumitomo Metal Corporation	2011/1/26	90
19	US6672368	Continuous casting of aluminum	Arconic Inc.	2002/2/19	90
20	US6686061	Steel plate having tin+cus precipitates for welded structures, method for manufacturing same and welded structure made therefrom	Posco	2002/7/16	90

（续表）

序号	授权公告号	专利题名	专利权人	申请日期	专利强度
21	US6743396	Method for producing almn strips or sheets	Norsk Hydro Asa	2002/4/2	90
22	US7004228	Process for producing, through strip casting, raw alloy for nanocomposite type permanent magnet	Hitachi, Ltd.	2003/3/25	90
23	US7011139	Method of continuous casting non-oriented electrical steel strip	Ak Steel Holding Corporation	2003/2/25	90
24	US7105066	Steel plate having superior toughness in weld heat-affected zone and welded structure made therefrom	Posco	2003/10/30	90
25	EP1045043	Method of manufacturing shaped articles of a 2024 type aluminium alloy	Constellium N.v.	2000/4/10	90
26	US7879287	Hot-rolled steel sheet for high-strength electric-resistance welded pipe having sour-gas resistance and excellent weld toughness, and method for manufacturing the same	Jfe Holdings, Inc.	2005/2/3	90
27	CN1942595	In-line method of making heat-treated and annealed aluminum alloy sheet	Alcoa Inc.	2005/2/11	90
28	EP1375681	High-strength high-toughness steel , method for producing the same and method for producing high-strength high-toughness steel pipe	Nippon Steel & Sumitomo Metal Corporation	2003/5/26	90
29	EP2138596	Steel sheet for use in can, and method for production thereof	Jfe Holdings, Inc.	2008/4/14	90
30	EP2050833	High-tension welded steel pipe for automotive structural member and process for producing the same	Jfe Holdings, Inc.	2007/6/19	90
31	EP2295615	High-strength hot-rolled steel sheet for line pipe excellent in low-temperature toughness and ductile-fracture-stopping performance and process for producing the same	Nippon Steel & Sumitomo Metal Corporation	2009/5/25	90
32	EP2392682	Thick high-tensile-strength hot-rolled steel sheet with excellent low-temperature toughness and process for production of same	Jfe Holdings, Inc.	2010/1/29	90
33	US6722002	Method of producing ti brazing strips or foils	Sherwin-williams Company	2002/12/16	90

（续表）

序号	授权公告号	专利题名	专利权人	申请日期	专利强度
34	US6686061	Steel plate having tin+cus precipitates for welded structures, method for manufacturing same and welded structure made therefrom	Posco	2002/7/16	90
35	US6743396	Method for producing almn strips or sheets	Norsk Hydro Asa	2002/4/2	90
36	EP1045043	Method of manufacturing shaped articles of a 2024 type aluminium alloy	Constellium N.v.	2000/4/10	90
37	US7879287	Hot-rolled steel sheet for high-strength electric-resistance welded pipe having sour-gas resistance and excellent weld toughness, and method for manufacturing the same	Jfe Holdings, Inc.	2005/2/3	90
38	EP1375681	High-strength high-toughness steel , method for producing the same and method for producing high-strength high-toughness steel pipe	Nippon Steel & Sumitomo Metal Corporation	2003/5/26	90
39	EP1568792	Hot-rolled steel sheet for high-strength electric-resistance welded pipe and method for manufacturing the same	Jfe Holdings, Inc.	2005/2/15	90
40	US9945015	High-tensile steel plate giving welding heat-affected zone with excellent low-temperature toughness, and process for producing same	Jfe Holdings, Inc.	2012/10/1	90
41	US10047416	Hot rolled steel sheet and method for manufacturing the same	Jfe Holdings, Inc.	2013/9/11	90
42	US10072323	Hot rolled ferritic stainless steel sheet, method for producing same, and method for producing ferritic stainless steel sheet	Nippon Steel And Sumikin Stainles Steel Corporation	2015/10/2	90
43	EP2762582	High-strength galvannealed steel sheet of high bake hardenability, high-strength alloyed galvannealed steel sheet, and method for manufacturing same	Nippon Steel & Sumitomo Metal Corporation	2012/9/28	90
44	EP1577410	Hot milled wire rod excelling in wire drawability and enabling avoiding heat treatment before wire drawing	Kobe Steel, Ltd.	2003/9/24	90
45	CN101696483	Bake-hardening hot-rolled steel sheet with excellent workability and process for producing the same	Nippon Steel & Sumitomo Metal Corporation	2006/1/12	90

（续表）

序号	授权公告号	专利题名	专利权人	申请日期	专利强度
46	EP1808505	Cold rolled high strength thin-gauge steel sheet excellent in elongation and hole expandibility	Nippon Steel & Sumitomo Metal Corporation	2005/10/5	90
47	CN101501234	Duplex stainless steel	Industeel Creusot	2007/6/15	90
48	US9493861	High strength and sagging resistant fin material	Graenges Sweden Ab, Se	2009/10/6	90
49	US10131970	High strength and sagging resistant fin material	Graenges Sweden Ab, Se	2007/10/12	90
50	US6743396	Method for producing almn strips or sheets	Norsk Hydro Asa	2002/4/2	90
51	EP1045043	Method of manufacturing shaped articles of a 2024 type aluminium alloy	Constellium N.v.	2000/4/10	90
52	EP1375681	High-strength high-toughness steel , method for producing the same and method for producing high-strength high-toughness steel pipe	Nippon Steel & Sumitomo Metal Corporation	2003/5/26	90
53	EP2762582	High-strength galvannealed steel sheet of high bake hardenability, high-strength alloyed galvannealed steel sheet, and method for manufacturing same	Nippon Steel & Sumitomo Metal Corporation	2012/9/28	90
54	EP1577410	Hot milled wire rod excelling in wire drawability and enabling avoiding heat treatment before wire drawing	Kobe Steel, Ltd.	2003/9/24	90
55	EP1808505	Cold rolled high strength thin-gauge steel sheet excellent in elongation and hole expandibility	Nippon Steel & Sumitomo Metal Corporation	2005/10/5	90
56	CN101501234	Duplex stainless steel	Industeel Creusot	2007/6/15	90
57	CA2553910	High strength aluminum alloy fin material for heat exchanger and method for production thereof	Nippon Light Metal Co., Ltd.	2005/1/28	90

11.6 热处理设备技术分支专利分析

11.6.1 总体发展趋势

（1）全球发展趋势

热处理设备包括加热设备和冷却设备。热处理设备专利技术的全球专利申请的年度趋势如图11-70所示，整体呈增长趋势。随着工业技术的飞速发展，热处理设备专利的申请量开始逐渐上升；2004年开始，随着板带工艺技术的逐渐成熟与普及，全球经济一体化的发展对钢铁工业的进步也提出了越来越高的要求，节能降耗的需求推动热处理设备技术不断创新。2014年，全球冶金轧制设备工艺领域的专利量达到峰值，为1833项。但从2014年开始，受国际金融危机影响，全球钢铁市场需求减弱，热处理设备创新也有所下滑，2014年至今的申请量虽然出现下滑，但是仍然维持在1500项以上。冷却设备相对于加热设备发展缓慢，在2000年以后才出现快速增长趋势，其受金融危机的影响不大，仍然保持每年800项的申请量。

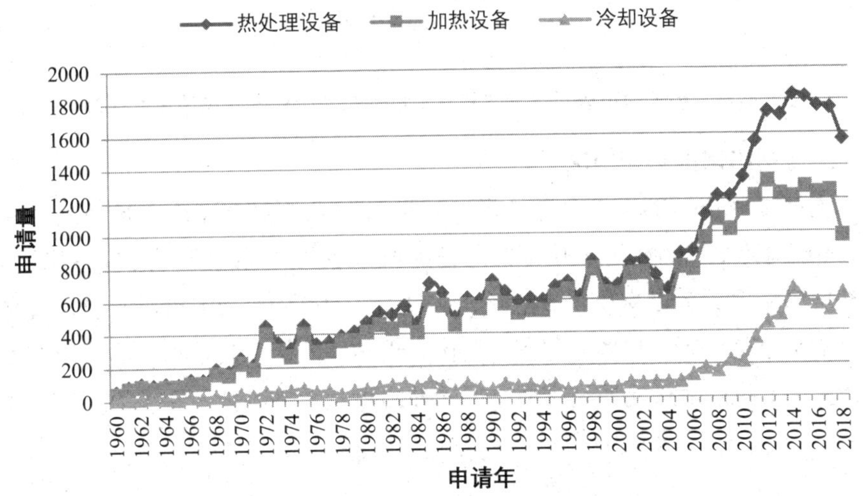

图 11-70　热处理设备全球年申请量变化趋势

（2）中国发展趋势

由图11-71可见，国外热处理设备总体呈上升趋势，但在2012年之后受全球金融危机影响，国外热处理设备申请量呈现下滑。而我国的专利申请，由于国内相关研究起步较晚以及中国专利法1985开始实施，在2003年以前我国在热处理设备方面的研究也有了初步的萌芽，之后随着经济的快速发展，我国的热处理设备专利申请开始迅速增长，并且没有受到全球金融危机的影响。对于冷却设备，国外研究相对比较少，而国内自2003年出现井喷式增长，远高于国外。

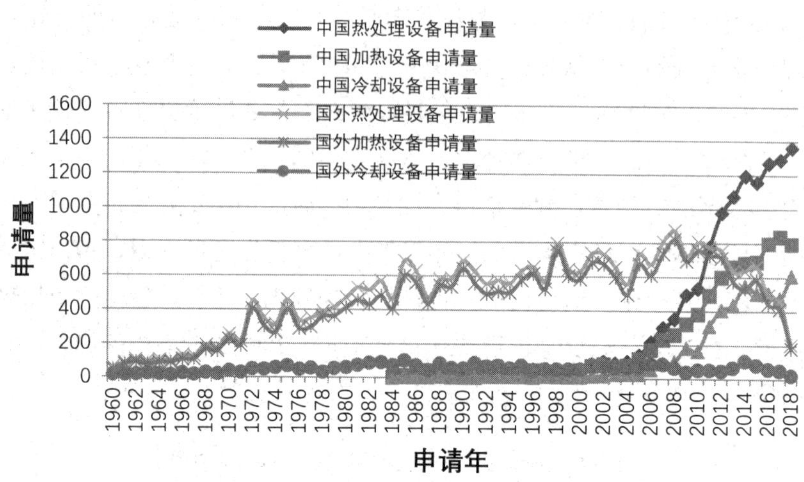

图 11-71　热处理设备及其加热和冷却设备国外及中国年申请量变化趋势

11.6.2 专利申请国家和地区

根据专利申请的地域分布情况，可以反映企业对产品的市场战略布局中心。通过对热处理设备专利申请的所在国家和地区产权组织，分析得到图11-72专利申请主要原创国家/地区的专利申请分布，从图11-72中可以看出，排名前六位的国家是中国、日本、德国、美国、英国、法国，其总和占据了所有专利申请量的47%，是热处理设备最主要的技术市场。

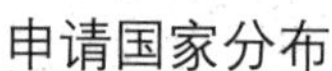

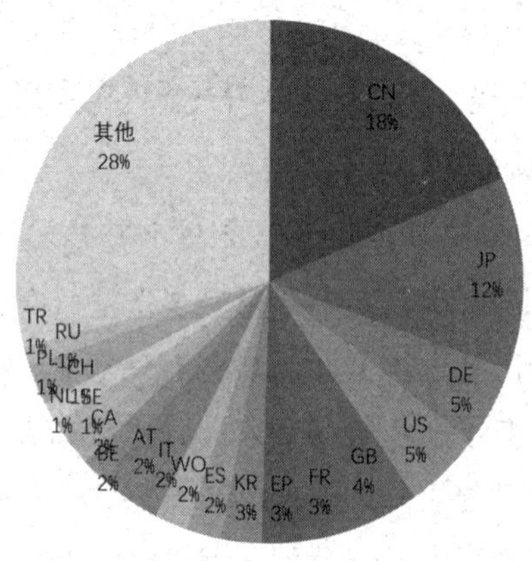

图 11-72　专利申请主要原创国家/地区的专利申请分布

根据图11-73显示，在热处理设备申请中，美国专利授权率在申请量TOP10国家中最高，我国的专利虽然申请量最高，但授权率处于中等。

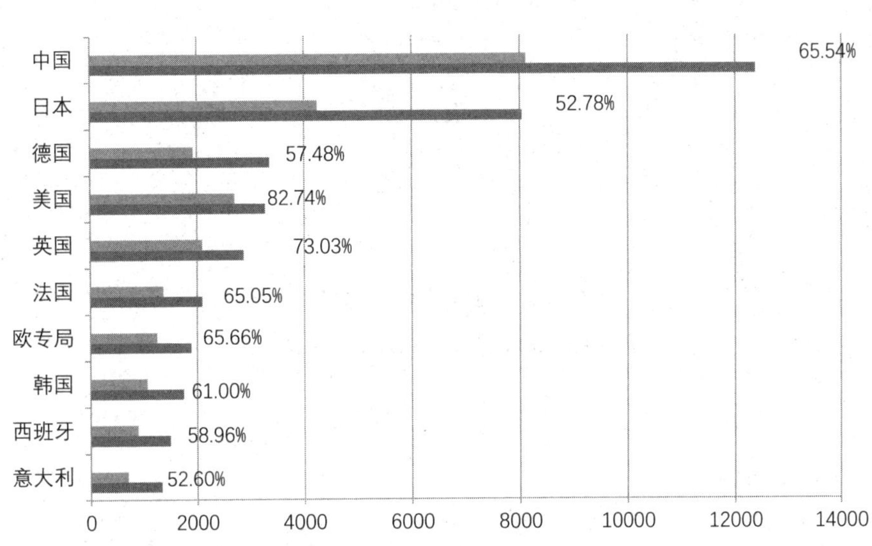

图 11-73　申请量 TOP10 国家授权率

11.6.3 重要申请人与市场竞争情况

（1）全球专利情况

图11-74是热处理设备技术专利全球申请人TOP20情况。从图11-74可见，TOP20申请人包括8家日本企业，4家德国企业，3家德国企业，中国、奥地利、法国、韩国和瑞士各1家企业，可以看出，在热处理设备上，日本企业最为活跃，前五名企业日本占据4家；中国仅有宝钢一家企业进入，且排在第十五名。对于授权率来说，各个企业均在50%～60%。

图11-75显示了全球TOP20专利权人的市场竞争力，横轴代表专利权人的技术实力，纵轴代表专利权人的经济实力，可见，在技术实力上，日本住友金属工业株式会社和杰富意钢铁株式会社两家公司最强；在经济实力上，日本浦项制铁公司和德国西门子VAI金属技术两合公司占据首位，宝钢在热处理设备上创新的经济实力排名第十六位。

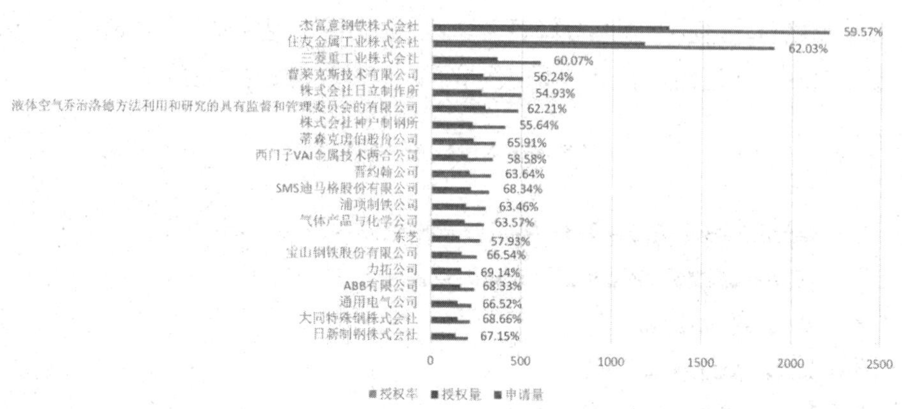

图 11-74 全球申请人 TOP20

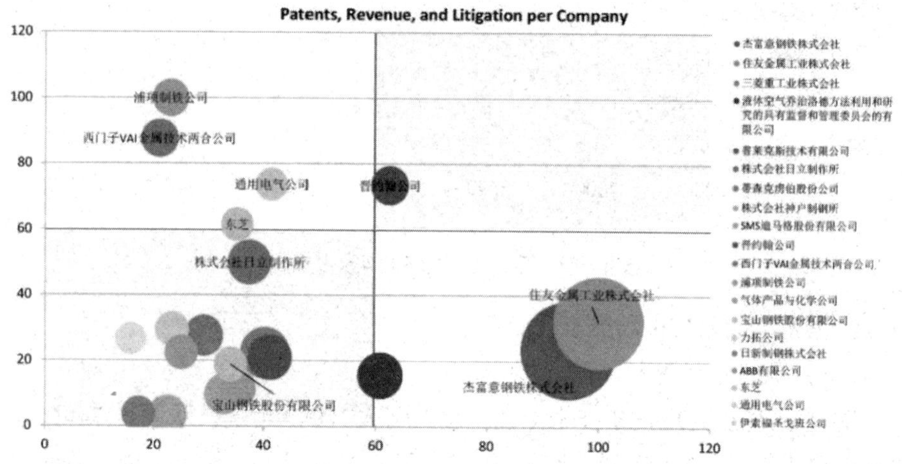

图 11-75 全球 TOP20 专利权人市场竞争力气泡图

（2）中国专利权情况

图11-76是热处理设备技术专利中国申请人TOP20情况。从图11-76可见，TOP20申请人包括12家企业、7所高校与1所研究院，日本2家企业。可以看出，在热处理设备技术上，从授权率分析，7所高校授权率较高，其中燕山大学、东北大学和上海交通大学授权率都高于80%。国内企业宝钢、武钢和鞍钢最为活跃，日本2家企业也排在前列。

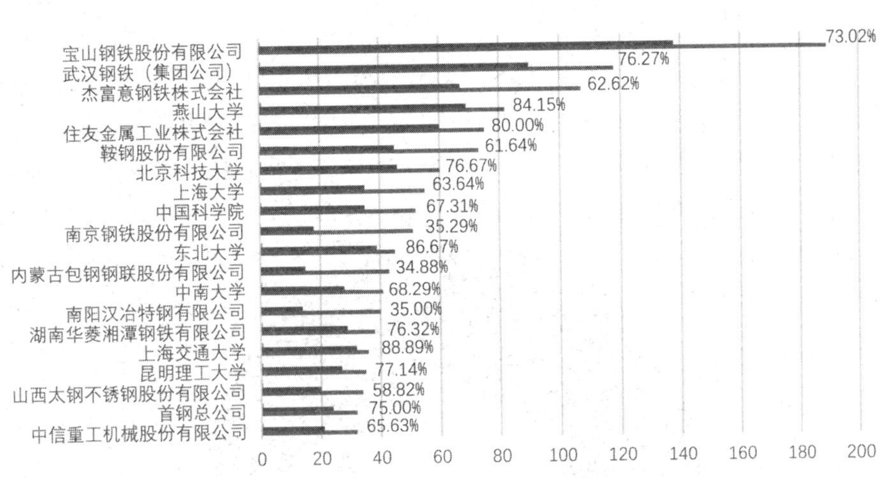

图 11-76　中国申请人 TOP20

图11-77显示了中国TOP20专利国内外专利权人的市场竞争力，横轴代表专利权人的技术实力，纵轴代表专利权人的经济实力，可见，热处理设备在中国市场，宝钢技术实力最强，日本三菱重工业株式会社的经济实力最强，中石化总公司经济实力紧跟其后；总计3家外企在中国市场进行了热处理设备技术布局，分别有2家日本企业和1家美国企业。

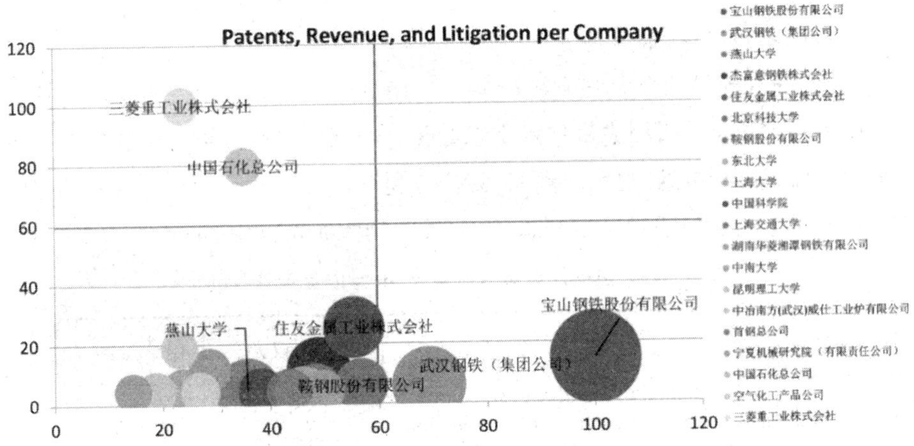

图 11-77　中国 TOP20 专利国内外专利权人市场竞争力气泡图

11.6.4 技术主题分析

（1）技术聚类分析

图11-78是全球热处理设备技术分支聚类图。从图11-78可见，热处理设备一级技术分支主要集中在热处理、感应加热、带钢、连续退火和淬火机等，二级技术分支主要包热处理、淬火槽、钢板、炉体、淬火机床、退火炉、连续退火、腐蚀、侧壁、感应加热、加热线圈、加热炉等。

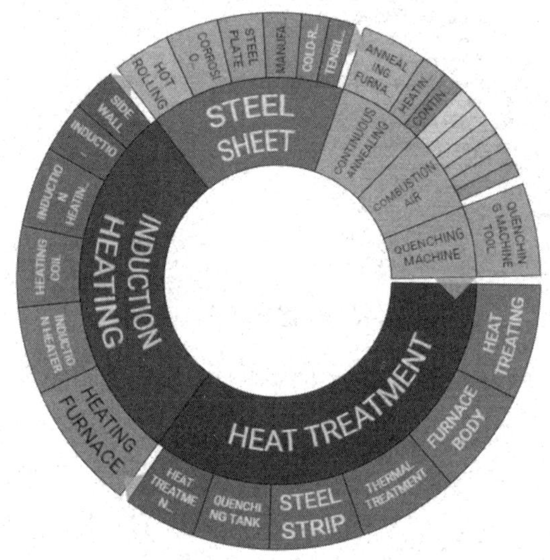

图 11-78　全球热处理设备技术分支聚类图

（2）核心专利技术

Innography提供的专利强度分析参考了10余个专利评价相关指标，包括：专利权利要求数量、引用先进技术文献数量、专利被引用次数、专利及专利申请案的家族、专利申请时程、专利年龄、专利诉讼和其他因素。选取专利强度数值90分以上的热处理设备专利总计164条，具体如表11-13所示。

表 11-13　热处理设备专利强度 90 分以上全球专利

序号	专利公告号	专利题名	专利权人	申请日期	专利强度
1	US8322253	Method of manufacturing a utility kNife blade having an induction hardened cutting edge	Stanley Black & Decker, Inc.	2005/7/8	93
2	US8021135	Mold apparatus for forming polymer and method	Saudi Basic Industries Corporation	2008/6/5	92

（续表）

序号	专利公告号	专利题名	专利权人	申请日期	专利强度
3	EP1918394	High strength and sagging resistant fin material	Graenges Sweden Ab, Se	2007/10/10	92
4	US8840735	Fatigue damage resistant wire and method of production thereof	Fort Wayne Metals Research Products Corp.	2009/9/18	92
5	US7141768	Fastening device	Handy & Harman Ltd.	2001/4/24	92
6	US8449288	Urea-based mixing process for increasing combustion efficiency and reduction of nitrogen oxides（nox）	The Power Industrial Group Ltd	2006/6/19	92
7	US9797595	Fuel combustion system with a perforated reaction holder	Clearsign Combustion Corporation	2014/2/14	92
8	EP1217299	Device and method for feeding fuel	Nippon Furnace Co Ltd	2000/8/15	92
9	US7878798	Coanda gas burner apparatus and methods	Koch Industries	2006/6/14	92
10	US7887645	High permeability grain oriented electrical steel	Ak Steel Holding Corporation	2001/5/2	92
11	US7909601	Dual fuel gas-liquid burner	Exxon Mobil Corporation	2006/1/24	92
12	US8075305	Dual fuel gas-liquid burner	Exxon Mobil Corporation	2006/1/24	92
13	US8316550	Induction hardened blade	Stanley Black & Decker, Inc.	2008/2/6	92
14	US9200355	Process for manufacturing iron-carbon-manganese austenitic steel sheet with excellent resistance to delayed cracking, and sheet thus produced	Arcelormittal	2007/7/6	92
15	EP2039994	Method and apparatus for operating a fuel flexible furnace to reduce pollutants in emissions	General Electric Company	2008/9/12	91
16	US9221704	Through-port oxy-fuel burner	Air Products & Chemicals, Inc.	2011/11/15	91
17	CA2781203	Electrical transformer assembly	Hydro Quebec	2010/11/18	91
18	EP3330390	Nickel-chromium alloy	Schmidt + Clemens Gmbh + Co. Kg	2009/10/13	91

（续表）

序号	专利公告号	专利题名	专利权人	申请日期	专利强度
19	US6846175	Burner employing flue-gas recirculation system	Exxon Mobil Corporation	2003/3/14	91
20	US6866502	Burner system employing flue gas recirculation	Exxon Mobil Corporation	2003/3/14	91
21	US6869277	Burner employing cooled flue gas recirculation	Exxon Mobil Corporation	2003/3/14	91
22	US6877980	Burner with low nox emissions	Exxon Mobil Corporation	2003/3/14	91
23	US6893251	Burner design for reduced nox emissions	Exxon Mobil Corporation	2003/3/14	91
24	US6893252	Fuel spud for high temperature burners	Exxon Mobil Corporation	2003/3/14	91
25	US6896738	Induction heating devices and methods for controllably heating an article	Cree, Inc.	2001/10/30	91
26	US6957955	Oxygen enhanced low nox combustion	Linde Plc	2002/12/19	91
27	US6991687	Vacuum carburizing with napthene hydrocarbons	Norman Hay Plc	2002/7/26	91
28	US7114881	Method and apparatus for welding pipes together	Eni S.p.a.	2003/7/10	91
29	US7163392	Three stage low nox burner and method	Honeywell International Inc.	2004/9/3	91
30	US7390189	Burner and method for combusting fuels	Air Products & Chemicals, Inc.	2004/8/16	91
31	CN1780925	High strength al-zn alloy and method for producing such an alloy product	Corus Aluminium Walzprod Gmbh	2004/4/9	91
32	CN103146969	High strength al-zn alloy and method for producing such an alloy product	Corus Aluminium Walzprod Gmbh	2004/4/9	91
33	DE112013004368	Method and system for laser hardening a surface of a workpiece	Etxe-tar, S.a	2013/8/29	91
34	US9879334	Abrasion resistant steel plate or steel sheet excellent in resistance to stress corrosion cracking and method for manufacturing the same	Jfe Holdings, Inc.	2012/3/28	91

（续表）

序号	专利公告号	专利题名	专利权人	申请日期	专利强度
35	US9938599	Abrasion resistant steel plate or steel sheet excellent in resistance to stress corrosion cracking and method for manufacturing the same	Jfe Holdings, Inc.	2012/3/28	91
36	US10173379	Device for heating a mold	Roctool Societe Anonyme	2015/4/13	91
37	US7433639	Fixing device	Panasonic Corporation	2006/4/11	91
38	US4935594	Eroding electrode, in particular a wire electrode for the sparkerosive working	Berkenhoff Gmbh	1988/10/21	91
39	US7901204	Dual fuel gas-liquid burner	Exxon Mobil Corporation	2006/1/24	91
40	US8142575	High strength aluminum alloy fin material for heat exchanger and method for production thereof	Nippon Light Metal Co., Ltd.	2005/1/28	91
41	CN101506402	Process for manufacturing iron-carbon-manganese austenitic steel sheet with excellent resistance to delayed cracking, and sheet thus produced	Arcelormittal	2007/7/6	91
42	US7775791	Method and apparatus for staged combustion of air and fuel	General Electric Company	2008/2/25	90
43	US8100095	Combustion devices for powdered fuels and powdered fuel dispersions	Su mmerhill Biomass Systems, Inc.	2009/5/15	90
44	US8371371	Apparatus for in-situ extraction of bitumen or very heavy oil	Siemens Ag	2008/8/21	90
45	US8408896	Method, system and apparatus for firing control	Chicago Bridge & Iron Company N.v.	2007/7/25	90
46	US8444828	Pyrolyzer furnace apparatus and method for operation thereof	Nucor Corporation	2007/12/19	90
47	US8505496	Method for burning coal using oxygen in a recycled flue gas stream for carbon dioxide capture	Her Majesty The Queen In Right Of Canada	2007/5/18	90
48	CN101678570	Mold apparatus for forming polymer and method	Saudi Basic Industries Corporation	2008/6/6	90
49	US9039407	Powdered fuel conversion systems and methods		2009/4/7	90

（续表）

序号	专利公告号	专利题名	专利权人	申请日期	专利强度
50	US9493861	High strength and sagging resistant fin material	Graenges Sweden Ab, Se	2009/10/6	90
51	EP2050833	High-tension welded steel pipe for automotive structural member and process for producing the same	Jfe Holdings, Inc.	2007/6/19	90
52	EP2157193	Metal plate induction heating device and induction heating method	Nippon Steel & Sumitomo Metal Corporation	2008/4/16	90
53	US9739482	Premixing-less porous hydrogen burner	Technipfmc Plc	2008/2/14	90
54	US10131970	High strength and sagging resistant fin material	Graenges Sweden Ab, Se	2007/10/12	90
55	US7653995	Weld repair of superalloy materials	Siemens Ag	2006/8/1	90
56	US8167610	Premix furnace and methods of mixing air and fuel and improving combustion stability	Melrose Plc	2010/6/3	90
57	US8336359	Method for selectively forming（plastic working）at least one region of a sheet metal layer made from a sheet of spring steel, and a device for carrying out this method	Elringklinger Ag	2009/3/10	90
58	US8350196	Radio frequency antenna for heating devices	Tsi Corp	2008/2/6	90
59	US8561601	Heat exchanger with fastener	Lennox International Inc.	2010/7/12	90
60	US8646275	Gas-turbine lean combustor with fuel nozzle with controlled fuel inhomogeneity	Rolls-royce Group Plc	2012/3/8	90
61	US8683993	Header box for a furnace, a furnace including the header box and a method of constructing a furnace	Lennox International Inc.	2010/7/12	90
62	EP2037172	Gas turbine manager furnace with fuel nozzle with controlled fuel homogeneity	Rolls-royce Group Plc	2008/9/5	90
63	US8727767	Multi-mode combustion device and method for using the device	Air Products & Chemicals, Inc.	2010/1/15	90
64	US8955776	Method of constructing a stationary coal nozzle	General Electric Company	2010/2/26	90
65	CN102812134	System and method for treating an amorphous alloy ribbon	Hydro Quebec	2010/11/18	90

（续表）

序号	专利公告号	专利题名	专利权人	申请日期	专利强度
66	CN101903553	Corrosion resistance and excellent processing performance the high purity of the ferritic stainless steel and manufacturing method thereof	Nippon Steel & Sumitomo Metal Corporation	2009/1/13	90
67	US9247590	Control unit of induction heating unit, induction heating system, and method of controlling induction heating unit	Nippon Steel & Sumitomo Metal Corporation	2010/11/22	90
68	US9249482	Nickel-chromium-alloy	Schmidt + Clemens Gmbh + Co. Kg	2009/10/13	90
69	US9433035	Wire electrode annealing processing method and wire electric discharge machining device	Mitsubishi Electric Corporation	2011/11/14	90
70	EP2249081	Biomass center air jet burner	Babcock & Wilcox Enterprises, Inc.	2010/4/29	90
71	DE102008049178	Method for producing a molded component with regions of different strength from cold strip	Bilstein Gmbh & Co. Kg	2008/9/26	90
72	DE102009026935	Hardening machine for inductive hardening under inert gas	Ema Indutec Gmbh	2009/6/15	90
73	EP2392682	Thick high-tensile-strength hot-rolled steel sheet with excellent low-temperature toughness and process for production of same	Jfe Holdings, Inc.	2010/1/29	90
74	US6461145	Flat flame burners	Heurtey Petrochem Sa	2000/2/24	90
75	US6616442	Low nox premix burner apparatus and methods	Koch Industries	2000/11/30	90
76	US6705117	Method of heating a glass melting furnace using a roof mounted, staged combustion oxygen-fuel burner	Messer Industries USA, Inc.	2001/3/2	90
77	US6715432	Solid fuel burner and method of combustion using solid fuel burner	Mitsubishi Heavy Industries, Ltd.	2002/3/19	90
78	US6716292	Unwrought continuous cast copper-nickel-tin spinodal alloy	Castech, Inc.	1995/11/3	90
79	US6743396	Method for producing almn strips or sheets	Norsk Hydro Asa	2002/4/2	90

（续表）

序号	专利公告号	专利题名	专利权人	申请日期	专利强度
80	US6796790	High capacity/low nox radiant wall burner	Koch Industries	2001/9/7	90
81	US6875965	Multiple head induction sealer apparatus and method	Auto-kaps, LLC, New York	2003/11/25	90
82	US6889619	Solid fuel burner, burning method using the same, combustion apparatus and method of operating the combustion apparatus	Mitsubishi Heavy Industries, Ltd.	2002/11/13	90
83	US6890172	Burner with flue gas recirculation	Exxon Mobil Corporation	2003/3/14	90
84	US6923643	Premix burner for warm air furnace	Honeywell International Inc.	2003/6/12	90
85	US6951454	Dual fuel burner for a shortened flame and reduced pollutant emissions	Babcock & Wilcox Enterprises, Inc.	2003/5/21	90
86	US6986658	Burner employing steam injection	Exxon Mobil Corporation	2003/3/14	90
87	US6994760	Method of producing a high strength balanced al-mg-si alloy and a weldable product of that alloy	Corus Aluminium Walzprodukte Gmbh	2003/6/2	90
88	US7025590	Remote staged radiant wall furnace burner configurations and methods	Koch Industries	2004/1/15	90
89	US7029271	Flameless oxidation burner	Ws Waermeprozesstechnik Gmbh	2003/4/17	90
90	US7033446	Vacuum carburizing with unsaturated aromatic hydrocarbons	Norman Hay Plc	2002/7/26	90
91	US7153129	Remote staged furnace burner configurations and methods	Koch Industries	2004/3/24	90
92	US7182823	Copper alloy containing cobalt, nickel and silicon	Wells Fargo & Company	2003/6/30	90
93	US7198482	Compact low nox gas burner apparatus and methods	Koch Industries	2004/3/9	90
94	US7244119	Compact low nox gas burner apparatus and methods	Koch Industries	2004/2/10	90
95	US7267793	Furnace for vacuum carburizing with unsaturated aromatic hydrocarbons	Norman Hay Plc	2006/4/14	90
96	US7282171	Method for oxy-fuel combustion	Jupiter Energy Limited	2003/5/29	90

（续表）

序号	专利公告号	专利题名	专利权人	申请日期	专利强度
97	US7303388	Staged combustion system with ignition-assisted fuel lances	Air Products & Chemicals, Inc.	2004/7/1	90
98	US7377986	Method for production of non-oriented electrical steel strip	Ak Steel Holding Corporation	2006/7/27	90
99	EP1236691	Method for glass melting using roof-mounted oxy-fuel burners	Linde Plc	2002/3/2	90
100	EP1454998	Vacuum carbo-nitriding method	Koyo Thermo Sys Kk	2001/12/13	90
101	US7770528	Solid fuel burner, solid fuel burner combustion method, combustion apparatus and combustion apparatus operation method	Mitsubishi Heavy Industries, Ltd.	2006/12/4	90
102	CN1973056	Process for producing an aluminium alloy brazing sheet, aluminium alloy brazing sheet	Corus Aluminium Walzprod Gmbh	2005/5/25	90
103	EP1314791	Low carbon martensitic stainless steel and method for production thereof	Jfe Holdings, Inc.	2001/8/31	90
104	JP4969015	Solid fuel burner and combustion method using solid fuel burner	Babcock-hitachi Kabushiki Kaisha 6-2 Ohte-machi 2-chome Chiyoda-ku Tokyo Japan A Corp Of Japan	2001/8/3	90
105	EP1514949	Ferritic stainless steel plate with ti and method for production thereof	Jfe Holdings, Inc.	2003/6/16	90
106	EP1306614	Solid fuel burner	Mitsubishi Heavy Industries, Ltd.	2001/8/3	90
107	EP1612481	Staged combustion process with ignition-assisted fuel lances	Air Products & Chemicals, Inc.	2005/6/28	90
108	EP1753885	Process for producing an aluminium alloy brazing sheet, aluminium alloy brazing sheet	Oaktree Capital Group, LLC	2005/5/25	90
109	EP1530005	Solid fuel burner and related combustion method.	Babcock-hitachi Kabushiki Kaisha 6-2 Ohte-machi 2-chome Chiyoda-ku Tokyo Japan A Corp Of Japan	2004/11/10	90

（续表）

序号	专利公告号	专利题名	专利权人	申请日期	专利强度
110	US8703064	Hydrocarbon cracking furnace with steam addition to lower mono-nitrogen oxide emissions	Westlake Chemical Corporation	2011/4/8	90
111	CN103403205	Oxidation resistance and excellent in high-temperature strength high purity ferritic stainless steel plate and manufacturing method thereof	Nippon Steel & Sumitomo Metal Corporation	2012/1/23	90
112	CN103443543	Burner for burning solid fuel burner and burning solid fuel boilers boiler and boiler and method for operating	Mitsubishi Heavy Industries, Ltd.	2012/3/7	90
113	US9377190	Burner with a perforated flame holder and pre-heat apparatus	Clearsign Combustion Corporation	2015/6/16	90
114	US9388981	Method for flame location transition from a start-up location to a perforated flame holder	Clearsign Combustion Corporation	2015/6/16	90
115	US9562682	Burner with a series of fuel gas ejectors and a perforated flame holder	Clearsign Combustion Corporation	2015/6/16	90
116	JP6099745	Heating device and continuous metal plate heating mechanism including the same	Posco	2013/7/29	90
117	US9622297	Metallic body induction heating apparatus	Tokuden Co.,ltd.	2012/12/7	90
118	US9677760	Furnace heating combustion apparatus	Osaka Gas Co., Ltd.	2011/1/28	90
119	CN104284993	Magnesium alloy, its production method and application thereof	Biotronik Gmbh & Co.	2013/6/20	90
120	US9739483	Fuel/air mixture and combustion apparatus and associated methods for use in a fuel-fired heating apparatus	Paloma Limited	2013/11/19	90
121	US9883551	Induction heating system for food containers and method	Silgan Holdings Inc.	2013/3/15	90
122	CN104903647	Fuel combustion system with perforation stable reaction device	Clearsign Combustion Corporation	2014/2/14	90
123	CN104884868	Startup method and mechanism for the burner with perforation flameholder	Clearsign Comb Corp	2014/2/14	90

（续表）

序号	专利公告号	专利题名	专利权人	申请日期	专利强度
124	US10197270	Combustion burner for boiler	Mitsubishi Heavy Industries, Ltd.	2014/3/11	90
125	CN105899876	For operate include hole flame holder combustion system method	Clearsign Combustion Corporation	2015/2/17	90
126	US5847370	Can coating and curing system having focused induction heater using thin lamination cores	Nordson Corporation	1995/4/20	90
127	US6237510	Combustion burner and combustion device provided with same	Babcock-hitachi Kabushiki Kaisha 6-2 Ohte-machi 2-chome Chiyoda-ku Tokyo Japan A Corp Of Japan	1998/3/19	90
128	US6365883	U-shaped adhesive bonding apparatus	Arendals Fossekompani Asa	1999/9/2	90
129	US6383461	Fuel dilution methods and apparatus for nox reduction	Koch Industries	2000/4/12	90
130	US6394792	Low nox burner apparatus	Zeeco Inc	2000/3/10	90
131	US6431857	Catalytic combustion device emitting infrared radiation	Ajc, France	2000/2/22	90
132	US6485289	Ultra reduced nox burner system and process	Synopsys, Inc.	2001/1/8	90
133	US6588230	Sealed, nozzle-mix burners for silica deposition	Corning Incorporated	1999/7/30	90
134	EP1205710	Combustion method and burner	Nippon Furnace Kogyo Kk	2000/8/17	90
135	EP0754912	Combustion process and apparatus therefor containing separate injection of fuel and oxidant streams	Air Liquide	1996/7/16	90
136	US7550675	Aluminum conducting wire	The Furukawa Electric Co., Ltd.	2007/8/8	90
137	EP0098492	Method for the production of railway rails by accelerated cooling in line with the production rolling mill	Algoma Steel Corp Ltd	1983/6/27	90
138	US7833009	Oxidant injection method	Air Products & Chemicals, Inc.	2005/9/1	90

（续表）

序号	专利公告号	专利题名	专利权人	申请日期	专利强度
139	US7878130	Overfiring air port, method for manufacturing air port, boiler, boiler facility, method for operating boiler facility and method for improving boiler facility	Mitsubishi Heavy Industries, Ltd.	2005/11/3	90
140	CN101107377	Method for producing austenitic iron-carbon-manganese metal sheets, and sheets produced thereby	Arcelormittal	2006/1/10	90
141	EP1634856	Combustion method with staged oxidant injection	Air Products & Chemicals, Inc.	2005/9/8	90
142	EP1816227	Steel pipe for air bag inflator and method for production thereof	Nippon Steel & Sumitomo Metal Corporation	2005/10/24	90
143	IN216984	Low nox forming burner apparatus and method of burning liquid and gaseous fuels	Koch Industries	2001/6/22	90
144	EP1852875	Aluminum conductive wire for automobile wiring	The Furukawa Electric Co., Ltd.	2006/2/7	90
145	US7679036	Method and device for inductively heating conductive elements in order to shape objects	Roctool Societe Anonyme	2005/3/18	90
146	DE102004037620	Fuel-oxygen burner with variable flame length	Air Liquide	2004/8/2	90
147	CN101120617	Induction heating device for metal plate	Nippon Steel & Sumitomo Metal Corporation	2006/2/9	90
148	RU2417265	Procedure for production of sheet out of iron-carbon-manganese austenite steel super-resistant to delayed cracking and sheet manufactured by this procedure	Arcelormittal	2007/7/6	90
149	EP1867923	Coanda gas burner apparatus and methods	Koch Industries	2007/6/13	90
150	US8293167	Surface treatment of metallic articles in an atmospheric furnace	Norman Hay Plc	2006/11/21	90
151	EP1273671	Dezincification resistant copper-zinc alloy and method for producing the same	Diehl Stiftung & Co Kg	2002/7/5	90

（续表）

序号	专利公告号	专利题名	专利权人	申请日期	专利强度
152	CN101297055	Corrosion resistance improved steel sheet for automotive muffler and method of producing the steel sheet	Posco	2006/10/25	90
153	US8337197	Coanda gas burner apparatus and methods	Koch Industries	2012/3/28	90
154	US8389910	Inductively heated windshield wiper assembly	Tsi Corp	2007/8/8	90
155	US8394213	Process for coating a hot- or cold-rolled steel strip containing 630% by weight of mn with a metallic protective layer	Thyssenkrupp Ag	2007/8/20	90
156	US8529247	Coanda gas burner apparatus and methods	Koch Industries	2012/3/28	90
157	CA2553910	High strength aluminum alloy fin material for heat exchanger and method for production thereof	Nippon Light Metal Co., Ltd.	2005/1/28	90
158	US8714969	Staged combustion method with optimized injection of primary oxidant	Air Liquide	2004/12/6	90
159	US8851883	Preheating of fuel and oxidant of oxy-burners, using combustion air preheating installations	Air Liquide	2006/8/17	90
160	US9181824	Method for producing an internal combustion engine valve and valve obtained in this manner	Eramet Sa	2007/1/22	90
161	EP1752549	Process for manufacturing grain-oriented magnetic steel spring	Thyssenkrupp Ag	2005/8/3	90
162	EP1752548	Method for producing a magnetic grain oriented steel strip	Thyssenkrupp Ag	2005/8/3	90
163	EP2025766	Process for producing grain-oriented magnetic steel sheet with high magnetic flux density	Nippon Steel & Sumitomo Metal Corporation	2007/5/22	90
164	EP2048252	Process for manufacturing aluminum alloy fin material for heat exchanger and process for manufacturing heat exchanger through brazing of the fin material	Nippon Light Metal Co., Ltd.	2007/6/8	90